数学のエッセンスと問題演習②

代数と幾何を繋ぐ図形

鶴迫 貴司 著

現代数学社

꧁ はじめに ꧂

本書は，月刊誌『現代数学』の2019年4月号からの連載記事「試行と思考の整理（第13話から第24話まで）」と2020年4月号からの連載記事「読んでもムダ？ な数学のページ（第1話から第9話まで）」をまとめたものです．月刊誌では，タイトルにあるテーマを採用し続け，図形に関する話題を提供しては，答えにたどり着くまでの考察は愚直でありながらも，代数的な分野と幾何的な分野のつながりをより楽しくなるように配慮しました．

そこで，本書は，それらを改編し加筆することで，図形の問題に対するアプローチの面白さや美しさを少しでも多く含むことができるように再構成しました．また，前編の『数学のエッセンスと問題演習①場合の数・確率・整数論』と少しでも連綿的な部分が生じることができるように，代数的な部分もとりあげながら話をすすめ，それらにも配慮した次第でいます．

さて，日本の社会的構造の話の一部ですが，少子化が加速し，それに伴う「学び」の質的変化がここ数年で大きく変化しています．例えば，大学進学では約半数が一般入試を経ずして，進学（入学）している実情があるなど，30年前の大学入試とは大きく様変わりしています．受験勉強は致し方ない側面をもち手段の「学び」が蔓延っていますが，手段でない「学び」を充実させることにシフトできる時機でもあるということで，すなわち，探究型の「学び」が大きくとりあげられているようです．また，これに伴い，データを利活用する生成AIを利活用した「学び」も介入しつつ，個別最適化の学びと呼ばれるほどの「学び」の実現に向け動いている部分もあるようです．

では，なぜそれほどまでにツールが揃っていながらも，より高尚な内容に踏み込めないのかということが根源的な課題として浮き彫りになります．そこで，本書では，図形に関するいくつかの問題を網羅的な内容で届けることではなく，局所的な内容でありながら，それらがどのような問題を紐解き解決できるのかといった「学び」を提供できるものとして，各章には Round Up 演習を設け，図形の問題を紐解くエッセンスを感受できるように配慮しました．そのため，たくさんの図形の問題を解きたいという人には，本書はむいていないかもしれません．

本書に記載し触れ合う例題や題材（問題）などは，上記の「学び」の一部をすすめるものであり，中学や高校で学ぶ基礎・基本的な内容は，「学び」を楽しむ土台そのものだと感じています．そして，それらをいつしか社会に還元できる素地が生じる部分が多くなればなるほど，「教育」または各教科での「学び」の意義がさらに深まるものだと信じています．

中学や高校での「学び」は，知識と技能の習得からはじまることが多いようですが，身につけた数少ない知識と技能によって，ある問題に取り組みそれらを紐解いていく過程には，思考することが根幹にあり，あーでもないこーでもないなどの判断をしつつも，失敗しながら思考をめぐらすことそのものに表現することの面白さや楽しさが含まれています．昨今では，いかにはやく正解にたどりつけるかにスポットライトがあてられる場面もありますが，教育の観点からすると，考察する（思いめぐる）ことが評されれば，正解にたどりつかなかっていたとしても，一人で考察したことはその人の中に生き続けるわけですから，それも十分に意義あるものだと個人的には考えています．ある問題が解けなくても，考えることの面白さや楽しさがその人の中に生まれていれば「学ぶ」ことそのものにアレルギーは生じないはずです．「外から入ったものは家宝あらず」とは，「学力」

においても成り立つことであり，苦労して得られたものは一生の宝となり喜びにもなり得るものと思います．

そこで本書では，中学や高校で習得した知識と技能を，分野や単元ごとではなく，問題を考察するためのエッセンスを綴っています．ですから，高校数学の数学Ⅲ「微分・積分」などの基礎・基本的な内容も一部に利活用していることを予めご承知ください．話の内容も中学数学や高校数学の順序通りにすすむものではありませんので，その部分につきましてもご了承ください．もし，解説や解答で利活用されている内容で，基礎・基本的な部分が未習得であったり忘れているのであれば，中学や高校の教科書やそれに準拠する問題集や参考書などを利活用して頂けると，また新たな数学観が生じる可能性がありますから楽しみが何倍にも膨れ上がっていくことになります．

さらに，各章における講座の内容を反映した問題やその周辺に存在する問題を Round up 演習という形で各章の最後にまとめていますので，おもいっきり楽しんで頂けると思います．図形的な内容を一通り習得しているのであれば，いきなりこの Round up 演習から取り組んで頂いても構わないでしょう．その Round up 演習の解答・解説は本書の後半にまとめて記していますので，参考にしてください．これ以上，本書の内容を言いすぎるのは，かえって読者の皆様の数学観や思うところを阻害する可能性もありますから，この程度にとどめておき，読者の皆様の判断で自由にしていただくのが著者としての本望です．

最後に，本書をすすめるにあたって数学的な話を少ししておきます．それは分野や単元に関することです．高校で習得する図形の分野や単元については，教科書によると

① 図形と計量　② 平面図形の性質　③ 図形と方程式

④ 三角関数　⑤ ベクトル　⑥ 複素数平面

となっており，それぞれの分野や単元におけるエッセンスを簡単に述べておくと

① 線分の長さを三角比を用いて表す.

② 平面図形における有名な定理や公式を習得し，それらを平面や空間にも利活用する.

③ 座標を設定し，直線や円などを解析的に考察する.

④ 加法定理などを利用し，未知数（辺の長さや角）に対して柔軟に考察する力を養成する.

⑤ ①〜④のいいところをピックアップし結合して得られた概念であり，図形に対するアプローチをさらに加速させる.

⑥ ①〜⑤を内包し，図形のまとめとなる.

このように，それぞれの分野や単元を学ぶ意義（目的）について，その分野や単元を学ぶことで，どのようなことが成し得ることができるのかを把握することは,「学び」の種も後々にたくさん実ることになるかと思います. 本書では，高校の教科書で扱っていない定理なども解答・解説などでさらっと利用しますが，その一部については，証明を少しだけ述べることにします. なぜなら，証明をする過程で，数学的なものの見方や捉え方などといった考察する手がかりが含まれているからです.

では，本章にすすめてまいりますが，本書の単行本化にあたりましては，多大なるご配慮を賜りました現代数学社 富田 淳氏に，この場をお借りして謹んで御礼申し上げます. 並びに，本書を手にとられた読者の皆様にとって少しでも意義ある形で実り多きなることを祈念しています.

令和 6 年 10 月 25 日

鶴迫 貴司

目　次

数式が奏でる図形の囁き
～代数と幾何の間で～

中学数学では，平面図形において，図形の性質やその関係に着目し，それらを一つずつ論理的にとりあげては，図形の数量的なものを決定するエッセンスを考察し，数学的であり図形的な眼力を養っていることでしょう．また，空間図形においては，平面上の性質を空間図形でも利活用できるようにと，その工夫を見出す力を養っています．例えば，三角形の合同条件や相似条件などをたよりにし，図形の基本的な性質を論理的に確かめ，平行線と線分の比についての性質を習得しては，それらを三角形以外の図形にも応用できるような力を育んでいます．また，円周角と中心角の関係や三平方の定理なども習得し，空間図形を扱いながらも，その中の一部の図形を切りとって，平面で習得した知識と技能を利用できるようにと，その対応力も培っており，ある程度まとまってくる段階で，高校数学にバトンタッチすることになります．

「**はじめに**」のところで述べたように，高校数学では，図形に関する「学び」は代数的なエッセンスを習得または導入した上で，スタートとして，**図形と計量**の分野からとりあげることがどうも多いようですが，それをここで一つずつ述べて解説することは本意ではなく，もし，それらを達観したいのであれば，高校数学の教科書を参考にされることもよいと思います．

そこで，この第 1 章の役割は，中学校や高校において，様々な数式を習得することによって，それらがどのような図形的なエッセンスを含んでいるのかを確かめることにしたいと思います．

高校の教科書にも記載されている内容について，見落としがちな基本的な内容をはじめに確認しておきましょう．

例題 1

$0 \leqq \theta < 2\pi$ のとき，次の方程式を解け．

(1) $\sin\theta + \sqrt{3}\cos\theta = \sqrt{3}$

(2) $\sqrt{3}\sin\theta - \cos\theta = \sqrt{2}$

参 考　これらの類の方程式を解く際には，作業的な要素が強くなっており，**三角関数の合成**で処理することで終始されている可能性が否めません．三角関数の合成は問題を解く上で，必要不可欠なエッセンスの一つですが，このような問題こそ，xy 平面上（座標平面上）における**単位円と直線**の交点における連綿的な問題として捉えておくことが，数学的なものの見方や捉え方の一つだと感じます．そうすることで，**例題 1** は次の**例題 2** にも橋渡し的な問題として位置付けることができます．

解答 1

(1)（素直に合成してみます）

与えられた方程式は

$$2\left(\sin\theta \cdot \frac{1}{2} + \cos\theta \cdot \frac{\sqrt{3}}{2}\right) = \sqrt{3}$$

$$\sin\left(\theta + \frac{\pi}{3}\right) = \frac{\sqrt{3}}{2}$$

と変形できる．

このとき，$0 \leqq \theta < 2\pi$ より

$$\frac{\pi}{3} \leqq \theta + \frac{\pi}{3} < \frac{7}{3}\pi$$

であり，この範囲で

$$\theta+\frac{\pi}{3}=\frac{\pi}{3},\ \frac{2}{3}\pi$$

であるから，すなわち

$$\theta=0,\ \frac{\pi}{3}$$ 答

である．

参考　三角関数を合成し，方程式を解くことで得られた θ の値は，$x^2+y^2=1$ と $\sqrt{3}x+y=\sqrt{3}$ との交点に対応します．その交点と原点とを結ぶ直線が x 軸の正の方向とのなす角 θ を意味し，**図形的**（直線の傾き，すなわち，正接（タンジェント））な考察にも踏み込めます．その手続きをみておきましょう．

解答 2

ここで，$x=\cos\theta$，$y=\sin\theta$ とおくと，与式は

$$y=-\sqrt{3}(x-1)$$

と表せ，すなわち

$$y-0=-\sqrt{3}(x-1)$$

であり，この直線は xy 平面上における点 A$(1, 0)$ を通り傾きが $-\sqrt{3}$ の直線であるから，この直線は x 軸の正の方向となす角は $\frac{2}{3}\pi$ である．

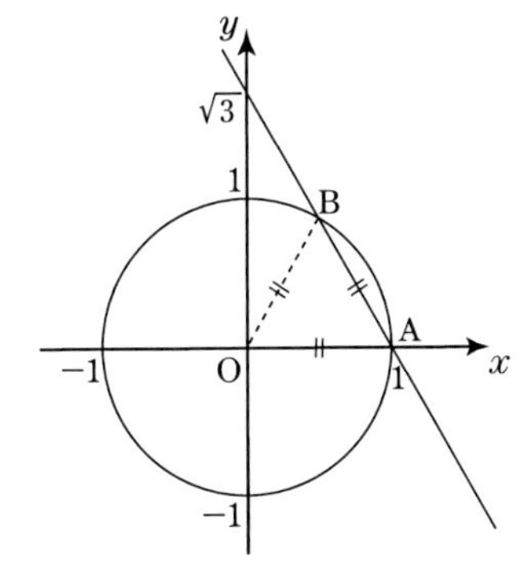

したがって，これらの位置関係を図示すると，図のようになり，△OAB は正三角形であり，円と直線との交点について，原点 O とその交点を結ぶ直線が x 軸の正の方向となす角が求める

θ の値であるから

$$\theta = 0,\ \frac{\pi}{3}$$ 答

である．

(2)　(1) と同様に考えると，与式は

$$\sqrt{3}\,y - x = \sqrt{2}$$

であり，すなわち

$$y = \frac{1}{\sqrt{3}}\{x - (-\sqrt{2})\}$$

である．

これは点 $\mathrm{C}(-\sqrt{2},\ 0)$ を通る傾き $\frac{1}{\sqrt{3}}$ の直線であるから，y 軸との交点は $\mathrm{E}\left(0,\ \frac{\sqrt{6}}{3}\right)$ であり，x 軸の正の方向となす角は $\angle\mathrm{OCE} = \frac{\pi}{6}$ である．

これを図示すると，単位円との交点は2点 D と F が 存在する．このとき，△ODC（または △OFC ）において正弦定理を用いると

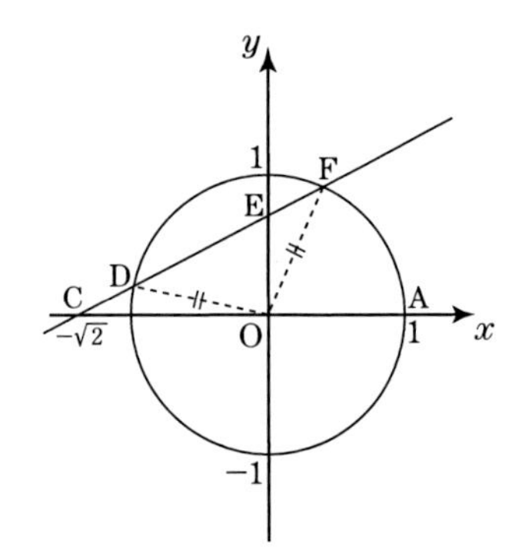

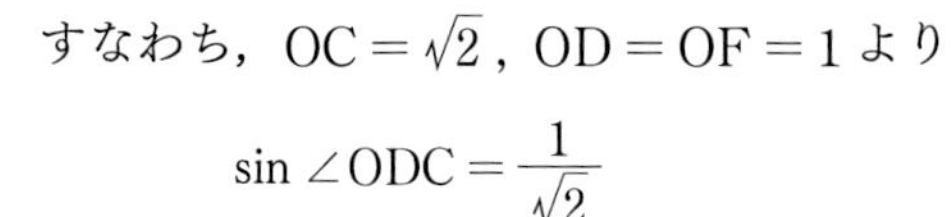

$$\frac{\mathrm{OC}}{\sin\angle\mathrm{ODC}} = \frac{\mathrm{OD}}{\sin\frac{\pi}{6}} \quad \left(\frac{\mathrm{OC}}{\sin\angle\mathrm{OFC}} = \frac{\mathrm{OF}}{\sin\frac{\pi}{6}}\right)$$

すなわち，$\mathrm{OC} = \sqrt{2}$，$\mathrm{OD} = \mathrm{OF} = 1$ より

$$\sin\angle\mathrm{ODC} = \frac{1}{\sqrt{2}}$$

であり，$\angle\mathrm{ODC}$ の候補は

$$\frac{\pi}{4},\ \frac{3}{4}\pi$$

であるから，図において

$$\angle \mathrm{ODC} = \frac{3}{4}\pi \quad \left(\angle \mathrm{ODF} = \frac{\pi}{4}\right)$$

である．

また，もう一つは

$$\angle \mathrm{OFC} = \frac{\pi}{4}$$

であるから，△ODF は直角二等辺三角形であり，内角と外角の関係より

$$\angle \mathrm{DOC} = \angle \mathrm{ODF} - \angle \mathrm{OCD} = \frac{\pi}{4} - \frac{\pi}{6} = \frac{\pi}{12}$$

である．

したがって，求める θ の値（∠AOF，∠AOD）は

$$\angle \mathrm{AOF} = \angle \mathrm{OCF} + \angle \mathrm{OFC} = \frac{5}{12}\pi,$$

$$\angle \mathrm{AOD} = \pi - \angle \mathrm{DOC} = \frac{11}{12}\pi$$ 答

である．

参考　直線の方程式と単位円の方程式を連立させ，2 つの交点 D，F の x 座標をそれぞれ α, β とすると，**解と係数の関係**から，線分 DF の長さが定まります．そのようにしたときには，**代数的**な役割を確認することもできるでしょう．

例題 2

m を実数の定数とする θ に関する方程式 $\sin\theta - m\cos\theta = \sqrt{2}\,m$ が，$\frac{\pi}{2} \leqq \theta < \pi$ のところに異なる 2 つの実数解をもつとき，定数 m のとり得る値の範囲を求めよ．

参考　この**例題2**も単位円と直線との位置関係を題材にしたものです．それと合わせ，知識と技能の一つである**点と直線との距離の公式**をここで確認しておきましょう．

解答

単位円 $x^2+y^2=1$ と直線

$$mx-y+\sqrt{2}\,m=0 \qquad \cdots\cdots ①$$

が，第2象限および y 軸 $\left(\theta=\dfrac{\pi}{2}\right)$ を含む部分において，異なる2つの点を共有すればよい．

また，①は m の値に関係なく，$(x+\sqrt{2})m+(-y)=0$ より，点 $(-\sqrt{2},\,0)$ を通る．そこで，直線①が点 $(0,\,1)$ を通るとき，

$$m=\frac{1}{\sqrt{2}}$$

であり，第2象限と y 軸で共有点が2つ存在する．

一方，直線①が第2象限で単位円に接するとき，円の中心 $(0,\,0)$ と直線①の距離が半径 1 に等しいとき，点と直線の距離の公式より

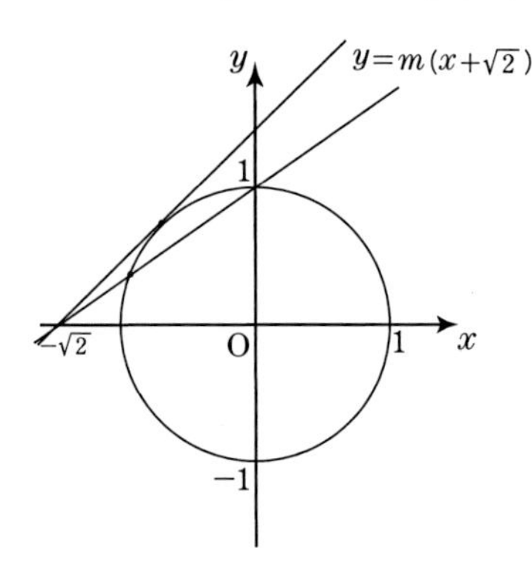

$$\frac{|\sqrt{2}\,m|}{\sqrt{m^2+1}}=1$$

すなわち

$$m=\pm 1$$

であり，$m>0$ であるから

$$m=1$$

である．

したがって，定数 m のとり得る値の範囲は

$$\frac{1}{\sqrt{2}} \leqq m < 1 \qquad \text{答}$$

である.

このように，円と直線に関する問題は，変幻自在に問われながらも，基礎・基本的な定理を利活用することがどうも多いようです．その内容を次に確認しておきましょう.

例題 3（大阪大）

座標平面上に原点Oを中心とする半径の円Cがある．点A$(-2,\ 0)$を通る直線が$y>0$の範囲にある点Pにおいて円Cと接するとする．自然数$n \geqq 2$に対して点Aを通る$(n-1)$本の直線で∠OAPをn等分する．これらの直線を直線AOとなす角が小さいものから順に$\ell_1,\ \ell_2,\ \cdots,\ \ell_{n-1}$とし，直線$\ell_k$と円$C$の2つの交点のうち点Aに近い方を$\mathrm{Q}_k$，他方を$\mathrm{R}_k$とする.

(1)　$\mathrm{AR}_k{}^2-\mathrm{AQ}_k{}^2$を$n$と$k$を用いて表せ.

(2)　極限値 $\displaystyle\lim_{n\to\infty}\frac{1}{n}\sum_{k=1}^{n-1}(\mathrm{AR}_k{}^2-\mathrm{AQ}_k{}^2)$ を求めよ.

解答

(1) 点A$(-2, 0)$を通る直線が$y>0$の範囲において，点Pで円Cに接するとき，△OAPは，$2:1:\sqrt{3}$の直角三角形となるから

$$\angle\mathrm{OAP}=\frac{\pi}{6},\ \angle\mathrm{AOP}=\frac{\pi}{3}$$

である.

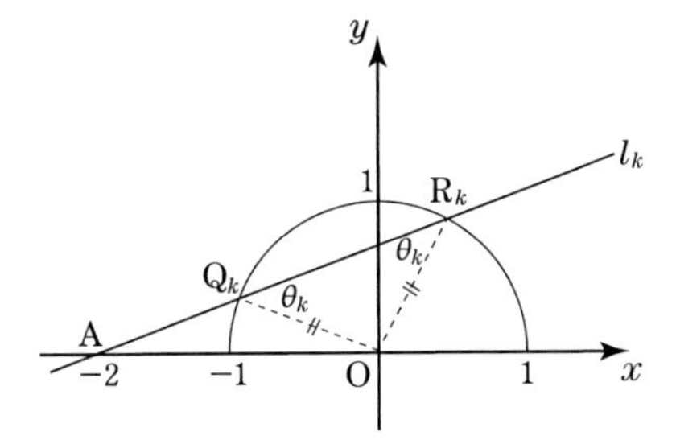

ここで，条件より，

$\angle \mathrm{OAP}=\dfrac{\pi}{6}$ を n 等分するから，直線 ℓ_k と x 軸の正の方向とのなす角は

$$\angle \mathrm{OAR}_k=\frac{k}{6n}\pi$$

である．

ここで，$\angle \mathrm{OQ}_k\mathrm{R}_k=\angle \mathrm{OR}_k\mathrm{Q}_k=\theta_k$ とおくと，内角と外角の関係より

$$\angle \mathrm{AOR}_k=\pi-\left(\theta_k+\frac{k}{6n}\pi\right)$$
$$\angle \mathrm{AOQ}_k=\theta_k-\frac{k}{6n}\pi$$

であり，$\triangle \mathrm{AOR}_k$ において，余弦定理を用いると

$$\begin{aligned}\mathrm{AR}_k{}^2&=2^2+1^2-2\cdot 2\cdot 1\cdot\cos\left\{\pi-\left(\theta_k+\frac{k}{6n}\pi\right)\right\}\\&=5+4\cos\left(\theta_k+\frac{k}{6n}\pi\right)\end{aligned}$$

である．

また，$\triangle \mathrm{AOQ}_k$ において，余弦定理を用いると

$$\begin{aligned}\mathrm{AQ}_k{}^2&=2^2+1^2-2\cdot 2\cdot 1\cdot\cos\left(\theta_k-\frac{k}{6n}\pi\right)\\&=5-4\cos\left(\theta_k-\frac{k}{6n}\pi\right)\end{aligned}$$

であるから，これらの辺ごとの差より

$$\begin{aligned}\mathrm{AR}_k{}^2-\mathrm{AQ}_k{}^2&=4\left\{\cos\left(\theta_k+\frac{k}{6n}\pi\right)+\cos\left(\theta_k-\frac{k}{6n}\pi\right)\right\}\\&=8\cos\theta_k\cos\frac{k}{6n}\pi \qquad \cdots\cdots ①\end{aligned}$$

である．（①の導出は，2式を加法定理で展開して導出 または 三角関数の和 → 積でも導出可）

さらに，$\triangle \mathrm{AOR}_k$ において，正弦定理を用いると，$\dfrac{\mathrm{OA}}{\sin\angle \mathrm{OR}_k\mathrm{A}}$

$$=\frac{\mathrm{OR}_k}{\sin\angle\mathrm{OAR}_k}$$ より

$$\frac{2}{\sin\theta_k}=\frac{1}{\sin\frac{k}{6n}\pi}$$

すなわち

$$\sin\theta_k=2\sin\frac{k}{6n}\pi$$

であり，θ_k は鋭角であるから，これを $\cos^2\theta_k+\sin^2\theta_k=1$ に用いると，

$$\cos\theta_k=\sqrt{1-4\sin^2\frac{k}{6n}\pi}$$

である．

したがって，これを①に用いると

$$\mathrm{AR}_k^{\,2}-\mathrm{AQ}_k^{\,2}=8\cos\frac{k}{6n}\pi\sqrt{1-4\sin^2\frac{k}{6n}\pi}$$ 答

である．

(2) 区分求積法より，求める極限値は

$$(\text{与式})=\int_0^1 8\cos\frac{\pi}{6}x\sqrt{1-4\sin^2\frac{\pi}{6}x}\,dx$$

であり，ここで $t=2\sin\frac{\pi}{6}x$ とおくと，

x	$0\longrightarrow 1$
t	$0\longrightarrow 1$

，$dx=\frac{3}{\pi}\cdot\frac{1}{\cos\frac{\pi}{6}x}dt$

であるから

$$(\text{与式})=8\cdot\frac{3}{\pi}\int_0^1\sqrt{1-t^2}\,dt$$

である．

このとき，$\int_0^1\sqrt{1-t^2}\,dt$ は，単位円の $\frac{1}{4}$ の面積を示唆するから，求める極限値は

$$8\cdot\frac{3}{\pi}\cdot\frac{\pi}{4}=6$$ 答

である.

さて，この問題は**ピタゴラス数**を想起することもできる図版（構図）でしょう.

例題4

中心がO，半径が1の円 C の周上に点 A$(-1, 0)$ をとる．また，点Aを通る直線で傾きが正の整数 m であるものを考え，この直線と円 C との交点で点Aと異なる点をPとする.

(1) 点Pの座標を m を用いて表せ.

(2) p, q, r はすべて正の整数とする．また，$p^2+q^2=r^2$ を満たす正の整数の組 (p, q, r) を考える．ただし，p, q, r はどの2つをとっても1以外の公約数をもたず $p \leqq q$ を満たすものとする．このとき, (1) を用いて

（i） pq は12で割り切れることを示せ.

（ii） $p+q+r \leqq 100$ を満たす正の整数の組 (p, q, r) のうち，$p+q+r$ の最大値を求めよ．また，そのときの整数 (p, q, r) の組を求めよ.

参考　ピタゴラス数の有名な性質（？）について，いくつか列挙し紹介だけしておきます．各自で確認をすることで，いくつかの観点を養えるのではないでしょうか.

自然数 x, y, z は互いに素であり，$x^2+y^2=z^2$ を満たすとき，

① x, y, z のうち1つが偶数，他の1つは奇数である

② x, y のうち少なくとも一方は3の倍数である

③ x, y のうち少なくとも一方は 4 の倍数である

④ x, y, z のうち少なくとも 1 つは 5 の倍数である

⑤ この三角形の内接円の半径はつねに整数である

⑥ この三角形の面積は 6 の倍数である

⑦ (x, y, z) の組は無数に存在する

⑧ x, y, z がこの順に等差数列をなすものは，$(3, 4, 5)$ を整数倍したものに限る

解答

(1)　$x^2+y^2=1$ と $y=m(x+1)$ を連立させ，整理すると

$$(1+m^2)x^2+2m^2x+m^2-1=0$$

であり，この x に関する 2 次方程式の解の一つに点 A の x 座標である

$$x=-1$$

があるから，点 P の x 座標を p とすると，解と係数の関係より

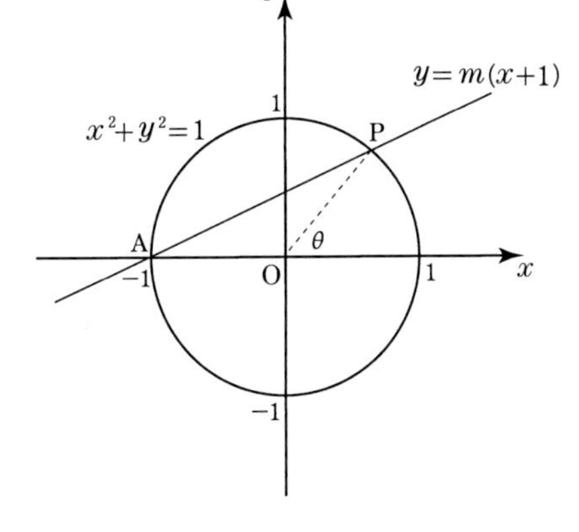

$$\begin{cases} -1+p=-\dfrac{2m^2}{1+m^2} \\ (-1)\cdot p=\dfrac{m^2-1}{1+m^2} \end{cases}$$

である．

いずれの式からも

$$p=\frac{1-m^2}{1+m^2}$$

が得られ，直線の方程式 $y=m(x+1)$ の x にこれを用いると，y 座標は

$$y = m\left(\frac{1-m^2}{1+m^2}+1\right) = \frac{2m}{1+m^2}$$

である．

　したがって，求める点Ｐの座標は m を用いて表すと

$$\left(\frac{1-m^2}{1+m^2},\ \frac{2m}{1+m^2}\right)$$ 答

である．

(2)

（ｉ）（1）で得られた (x, y) は，単位円周上の点であり，これらは $(\cos\theta, \sin\theta)$ に対応するから，

　円 $x^2+y^2=1$（または $\cos^2\theta+\sin^2\theta=1$）に代入すると，

$$(1-m^2)^2+(2m)^2=(1+m^2)^2$$

が得られる．

　ここで，条件より p, q, r はすべて正の整数だから，上式は

$$(2m)^2+(m^2-1)^2=(1+m^2)^2 \quad \cdots\cdots ★$$

としてよい．

　そこで，$p=2m$，$q=m^2-1$ とおくと，$m=1, 2$ では，条件 $p \leqq q$ を満たさないが，$m \geqq 3$ の整数に対して，p と q の積は

$$pq=2(m-1)m(m+1)$$

である．

　このとき，$(m-1)m(m+1)$ は連続する３つの整数の積であり，連続する３つの整数の中には，少なくとも一つ２と３を因数にもつ整数が存在し，しかも２と３は互いに素であるから，これらの積は６の倍数であり，その２倍は12の倍数である．

　したがって，12で割り切れるから，これで示せた．　終

（ii）（ｉ）の★において，$m \geqq 3$ の整数に対し，条件に関する

p, q, r はどの 2 つをとっても 1 以外の公約数をもたず $p \leqq q$ であるものを考えていくと，

$m=3$ のとき，$6^2+8^2=10^2$ （不適）

$m=4$ のとき，$8^2+15^2=17^2$

$m=5$ のとき，$10^2+24^2=26^2$ （不適）

$m=6$ のとき，$12^2+35^2=37^2$

$m=7$ のとき，$14^2+48^2=50^2$ （不適）

のようになる．

このとき，$p+q+r \leqq 100$ を満たす $p+q+r$ が最大のものは

$$(p, q, r)=(12, 35, 37)$$ 答

であるから

$$p+q+r=84$$ 答

である．

上述したような条件設定では，ピタゴラス数のすべてが現れるわけではありません．そのようなところにも注意をし，数学的な観点を養っておきたいものです．

そこで，直線の傾きについて，p, q は互いに素な正の整数であるとし，上記の m を有理数 $\dfrac{q}{p}$ と変更すると，点 P の座標は

$$\left(\frac{p^2-q^2}{p^2+q^2},\ \frac{2pq}{p^2+q^2}\right)$$

と表せ，これよりピタゴラス数を定めていくことが一般的なものといえるのではないのでしょうか．

また，**例題 4 (1)** の 答 で得られた形を得る方法としては，次のようなアプローチも存在します．例えば，

点 A(1, 0) があり，m を正の実数として，直線 $y=mx$ に関して点 A を対称移動させた点を A′ とすると，正射影の話にもちこみ，三

角関数との相性を考えたり，複素数平面などを利用することによっても解決できます．

ここでは，三角関数との相性を確認しておきましょう．

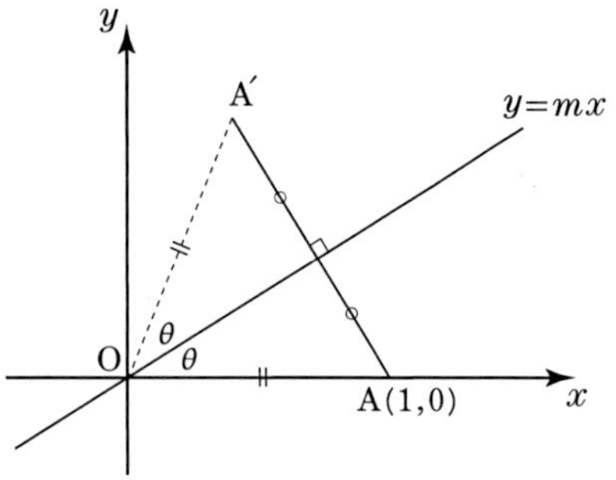

図のように直線 $y=mx$ が x 軸の正の方向となす角を θ とすると，加法定理（この加法定理は回転の機能も有するありがたい定理である）より

$$A'(\cos 2\theta,\ \sin 2\theta)$$

であり，$\tan\theta=m$ より

$$\cos\theta=\frac{1}{\sqrt{m^2+1}},\ \sin\theta=\frac{m}{\sqrt{m^2+1}}$$

であるから

$$\cos 2\theta=2\cos^2\theta-1=\frac{1-m^2}{1+m^2}$$

$$\sin 2\theta=2\sin\theta\cos\theta=\frac{2m}{1+m^2}$$

すなわち，点 A′ の座標は

$$A'\left(\frac{1-m^2}{1+m^2},\ \frac{2m}{1+m^2}\right)$$

である．

また，次のような考え方も存在します．

m は正の実数すべてを動くものとし，2 点 $(-1, 0)$ と $(1, 0)$ がある．このとき，点 $(-1, 0)$ を通る傾き m の直線と点 $(1, 0)$ を通る傾き $-\frac{1}{m}$ の直線はそれぞれ

$$y=m(x+1),\ y=-\frac{1}{m}(x-1)$$

と表せるから，この 2 つの直線の交点を Q とすると，点 Q の座標は

$$\left(\frac{1-m^2}{1+m^2},\ \frac{2m}{1+m^2}\right)$$

である.

ここで，$m \longrightarrow \infty$ としたとき，交点 Q が限りなく近づく点を A とすると，

$$\lim_{m\to\infty}\frac{1-m^2}{1+m^2}=\lim_{m\to\infty}\frac{\dfrac{1}{m^2}-1}{\dfrac{1}{m^2}+1}=-1,\quad \lim_{m\to\infty}\frac{2m}{1+m^2}=0$$

であるから，点 A の座標は

$$\mathrm{A}(-1,\ 0)$$

である．また，$m \longrightarrow +0$ としたとき，交点 Q が限りなく近づく点を B とすると，点 B の座標は

$$\mathrm{B}(1,\ 0)$$

である.

そこで，交点 Q とこの 2 点 A, B でつくる △ABQ の面積の最大値は，図形的に解決することもでき，相加平均と相乗平均の大小関係の不等式を用いて算出することができます.

このようにピタゴラス数をつくることにもいろいろなアプローチがあり，その周辺にはちょっとした観方を変化させる多彩な問題も存在します.

ちなみに，△ABQ の面積の最大値は，線分 AB = 2（一定）であるから，点 Q の y 座標で決まり，すなわち，$m>0$ であるから

$$(\text{点 Q の } y \text{ 座標})=\frac{2m}{1+m^2}=\frac{2}{m+\dfrac{1}{m}}$$

とでき，相加平均と相乗平均の大小関係より

$$\frac{2}{m+\dfrac{1}{m}}\leqq\frac{2}{2\sqrt{m\cdot\dfrac{1}{m}}}=1$$

が得られ，等号が成り立つとき，△ABQ の面積の最大値を与えるか

ら，

$m=1$ のときであり，面積の最大値は 1

である．

図形的な考察をすれば，点 Q が $(0,\ 1)$ に一致したとき，$\triangle$ABQ の面積が最大になることは明らかでしょう．**代数的**なエッセンスと**幾何的**なエッセンスの織り合わせによって，多面的なものの見方が増殖しているのではないのでしょうか．

さて，直角三角形の 3 辺の長さ（ピタゴラス数）について，それらに，素数のエッセンスを加味すると，ちょっとした変化が生まれ，他の数学的な観点を確認することもできるようになります．

例題 5

3 辺の長さがすべて整数である直角三角形において，p は 3 以上の素数とし，直角をはさむ 2 辺の辺の長さを $p,\ a$ とする．このとき，a は 4 で割り切れることを示せ．

解答

直角三角形の斜辺の長さ（整数）を b とする．そこで，三平方の定理より，整数 $a,\ p,\ b$ は $b^2=p^2+a^2$ を満たすから，

この式は

$$(b+a)(b-a)=p^2 \qquad \cdots\cdots ①$$

と変形できる．

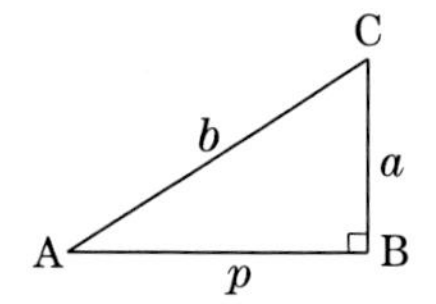

このとき，p は 3 以上の素数であり，

$0<b-a<b+a$ であるから，①において

$$b+a=p^2,\ b-a=1$$

の組み合わせしか存在しないことがわかる．

2 式目から

$$b=a+1$$

であり，これを 1 式目に用いて，a について解くと

$$2a+1=p^2$$

すなわち

$$a=\frac{(p-1)(p+1)}{2} \qquad \cdots\cdots ②$$

である．

このとき，p は 3 以上の素数であるから

(Ⅰ) $p=3$ のとき；

$$a=\frac{2\cdot 4}{2}=4$$

であり，これは 4 で割り切れる．

(Ⅱ) p が 3 より大きい素数のとき；

素数 p は 2 でも 3 でも割り切れないから，正の整数 k を用いて，

$$p=6k-1,\ 6k+1$$

と表せる．

(ア) $p=6k-1$ のとき，②より

$$a=\frac{(6k-2)\cdot 6k}{2}=2\cdot 3k\cdot(3k-1)$$

であり，$3k\cdot(3k-1)$ は連続する 2 つの整数の積であるから，連続する 2 つの整数の中には，少なくとも 1 つ 2 を因数にもつから，それを 2 倍した数は 4 の倍数である．

(イ) $p=6k+1$ のとき，②より

$$a=\frac{6k\cdot(6k+2)}{2}=2\cdot 3k\cdot(3k+1)$$

であり，$3k\cdot(3k+1)$ は連続する 2 つの整数の積であるから，同

じく 4 の倍数である.

したがって，a は 4 で割り切れることが示せた. **終**

ちょっとしたことですが，この**例題5**において，$\tan\angle A$，$\tan\angle C$ は整数にならないことがわかります．なぜなら，直角三角形 ABC において，②より

$$\tan\angle A=\frac{(p-1)(p+1)}{2p},\quad \tan\angle C=\frac{2p}{(p-1)(p+1)}$$

であり，$\dfrac{(p-1)(p+1)}{2}$ は 4 の倍数であり，素数 p は 3 以上の素数であるから，これは p で割り切れないことがわかります.

一方，$\dfrac{2}{(p-1)(p+1)}$ も，$\tan\angle A$ を逆数にしたものだから，これも 4 で割り切れません.

このように，ある特徴をもつ条件（上の例では，素数）を加味し，いろいろと試行錯誤すると，有名性質には届きはしませんが，探究できる素地が生まれる可能性は多々あることがわかります.

では，**代数的**なイロを少し濃くしながらも，図形的な観点も確認できる問題にすすみましょう.

例題 6（名古屋工業大）

x についての 2 次方程式

$$x^2-\frac{2t}{1+t}x+\frac{1}{2}\left(\frac{1-t}{1+t}\right)^2=0 \qquad \cdots\cdots ※$$

において，t は 1 以上の実数値をとって変化するとき，次の問いに答えよ．

(1) 方程式 ※ は異なる 2 つの実数解をもつことを示せ．

(2) 方程式 ※の異なる 2 つの実数解を α, β とするとき，点 (α, β) の存在範囲を図示せよ．

解答

(1)　方程式※の判別式を D とすると，

$$\frac{D}{4}=\left(\frac{t}{1+t}\right)^2-\frac{1}{2}\left(\frac{1-t}{1+t}\right)^2$$

$$=\frac{t^2+2t-1}{2(1+t)^2}$$

$$=\frac{(t+1)^2-2}{2(1+t)^2}>0 \quad (\because\ t\geqq 1)$$

であり

$$D>0$$

であるから，方程式※は異なる 2 つの実数解をもつことが示せた．

終

(2)　異なる 2 つの実数解が α, β であるから，※において，解と係数の関係より

$$\alpha+\beta=\frac{2t}{1+t} \qquad \cdots\cdots ①$$

$$\alpha\beta=\frac{1}{2}\left(\frac{1-t}{1+t}\right)^2 \qquad \cdots\cdots ②$$

である．これより t を消去することで，α と β の関係を得ることが

できる．

このとき，①は

$$\alpha+\beta=2-\frac{2}{1+t}$$

と変形でき，$t \geqq 1$ であるから，

$$1 \leqq \alpha+\beta<2 \qquad \cdots\cdots ③$$

である．

そこで，①において，t について解くと，

$$(\alpha+\beta)(1+t)=2t$$

$$\{2-(\alpha+\beta)\}t=\alpha+\beta$$

$$t=\frac{\alpha+\beta}{2-(\alpha+\beta)}$$

であり，これを②に用いると，

$$2\alpha\beta\left\{1+\frac{\alpha+\beta}{2-(\alpha+\beta)}\right\}^2=\left\{1-\frac{\alpha+\beta}{2-(\alpha+\beta)}\right\}^2$$

$$2\alpha\beta=\{1-(\alpha+\beta)\}^2$$

$$(\alpha+\beta)^2-2(\alpha+\beta)+1=2\alpha\beta$$

すなわち

$$(\alpha-1)^2+(\beta-1)^2=1 \qquad \cdots\cdots ④$$

である．

したがって，③と④から点 (α, β) の軌跡は

中心 $(1, 1)$，半径 1 の円周の太線実線部である．　答

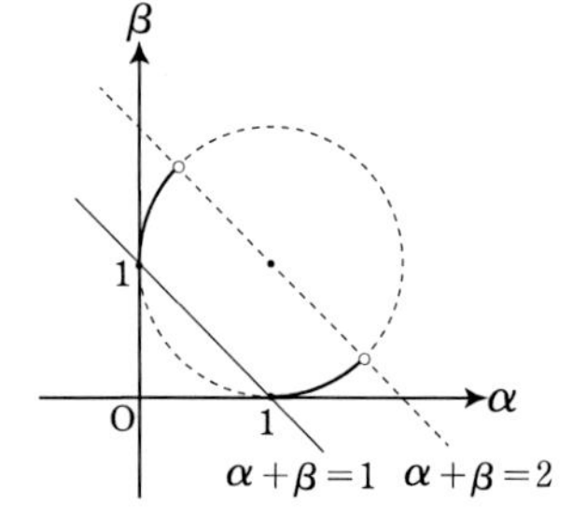

例題 7

m を任意の実数とし，2 つの直線

$$\ell_1: mx-y=0,\quad \ell_2: (m+1)x+(m-1)y-(m+1)=0$$

を考える．

(1) ℓ_1, ℓ_2 は実数 m の値に関係なく，それぞれ定点 A, B を通る．その座標を求めよ．

(2) m が任意の実数をとって変化するとき，ℓ_1, ℓ_2 の交点 P の軌跡を求め，△ABP の面積の最大値を求めよ．

さて，前問と同じように，媒介変数 m を消去することが解決への誘いとなります．

解答

(1)　ℓ_1 は $y=mx$ であるから，ℓ_1 は

定点 A(0, 0)　　答

を通る．

また，ℓ_2 は

$$(x-y-1)+m(x+y-1)=0$$

と変形できるから，ℓ_2 は 2 つの直線

$\begin{cases} x-y-1=0 \\ x+y-1=0 \end{cases}$ の交点をつねに通る直線

であり，この連立によって，

$$(x, y)=(1, 0)$$

を得るから，ℓ_2 は

定点 B(1, 0)　　答

を通る．

(2)　2つの直線 ℓ_1, ℓ_2 はそれぞれ定点 A$(0, 0)$，B$(1, 0)$ を通り，この2点は異なる．

そこで，2つの直線の交点Pを (X, Y) とおくと，X, Y は

$$mX-Y=0 \quad \cdots\cdots ①$$

$$(m+1)X+(m-1)Y-(m+1)=0 \quad \cdots\cdots ②$$

を満たす．

（Ⅰ）$X \neq 0$ のとき；

①より，$m=\dfrac{Y}{X}$ であるから，これを②に用いると

$$\left(\frac{Y}{X}+1\right)X+\left(\frac{Y}{X}-1\right)Y-\left(\frac{Y}{X}+1\right)=0$$

$$\frac{X^2+Y^2-X-Y}{X}=0$$

となり，$X \neq 0$ であるから，この分子より

$$\left(X-\frac{1}{2}\right)^2+\left(Y-\frac{1}{2}\right)^2=\frac{1}{2}$$

である．ただし，$(X, Y) \neq (0, 0), (0, 1)$ である．

（Ⅱ）$X=0$ のとき；

①より，$Y=0$ となるから，$(X, Y)=(0, 0)$ を②に用いると，$m=-1$ の実数が得られ，

すなわち，$(X, Y)=(0, 0)$ は条件に適する．

以上，（Ⅰ）と（Ⅱ）より，2つの直線 ℓ_1, ℓ_2 の交点Pの軌跡は，

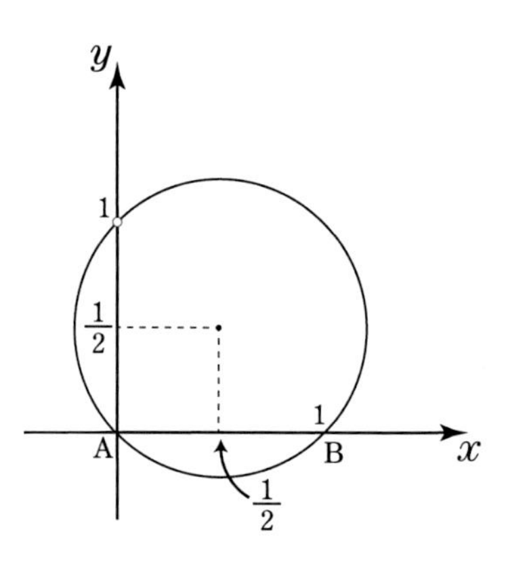

中心 $\left(\dfrac{1}{2}, \dfrac{1}{2}\right)$，半径 $\dfrac{1}{\sqrt{2}}$ の円を

描き，y 軸上の点 $(0, 1)$ は除く．

このとき，この円周上の点 P について，△ABP の面積が最大となるのは，線分 AB の垂直二等分線が第 1 象限でこの円と交点をもつとき，最大となるから，その面積の最大値は

$$\frac{1}{2}\cdot 1\cdot\left(\frac{1}{2}+\frac{1}{\sqrt{2}}\right)=\frac{1+\sqrt{2}}{4}$$ 答

である．

さて，折角の機会ですから，この円の方程式を利用した**反転**の問題に触れておきましょう．

例題 8

円 $C: x^2+y^2-x-y=0$ 上の原点 O を除く任意の点を P とする．また直線 $\ell: x+y-4=0$ 上の任意の点を Q とする．3 つの点 O, P, Q が同一直線上に存在するとき，線分の積 OP・OQ は一定であることを示せ．

反転の問題の典型的な事例といえば，座標平面上において，原点 O を反転の中心とし，点 P に対して，半直線 OP 上に，OP・OQ $=r^2$ (一定値) を満たす点 Q をとり，点 P が直線上や円周上に存在するときの点 Q の軌跡を求めることだと思います．

大学入試を例にすると，反転の題材は複素数平面上で出題される傾向も否めません．最近では，複素数平面上だけではなく，座標平面上において **2 次曲線**を代表する**放物線**を反転させて**カージオイド**にしたり，**双曲線**を反転させて**レムニスケート**またはその一部にしたりと，その逆をとりあげることもあるようです．

具体的に簡易な例で述べておくと，放物線 $y^2=-2x+1$ 上の任意の点 P について，この放物線を極方程式で表すと，$r_{\mathrm{P}}=\dfrac{1}{1+\cos\theta}$

であるから，原点Oを反転の中心として，半直線OP上に $\mathrm{OP}\cdot\mathrm{OQ}=1$ を満たす点Qの軌跡を考えると，カージオイドの $r_\mathrm{Q}=1+\cos\theta$ が得られます．この組み合わせは極方程式の形からしても，反転の好材料 $(r_\mathrm{P}\cdot r_\mathrm{Q}=1)$ であることはいうまでもありません（**第4章**では**ジューコフスキー変換**も少しとりあげています）．ですから，次のような**円と直線の反転に関する性質**は証明できるようにしておくとよいでしょう．

（ア）反転の中心Oを通る直線は，反転後，反転の中心Oを通る直線に移る．
（イ）反転の中心Oを通らない直線は，反転後，反転の中心Oを通る円に移る．
（ウ）反転の中心Oを通る円は，反転後，反転の中心Oを通らない直線に移る．
（エ）反転の中心Oを通らない円は，反転後，反転の中心Oを通らない円に移る．

また,（イ）と（ウ）は逆の関係です．

解答

円 $C: x^2+y^2-x-y=0$ 上の原点Oを除く点Pを (x, y) とし，直線 $\ell: x+y-4=0$ 上の任意の点Qを (X, Y) とする．いま3点O, P, Qが同一直線上に存在するから，正の実数 k を用いて

$$\overrightarrow{\mathrm{OP}}=k\overrightarrow{\mathrm{OQ}}$$

と表すことができる．これより

$$\begin{cases} x=kX \\ y=kY \end{cases} \quad \cdots\cdots ①$$

であり，2 つの線分の積 OP・OQ について，$k>0$ より

$$\mathrm{OP}\cdot\mathrm{OQ}=\sqrt{x^2+y^2}\cdot\sqrt{X^2+Y^2}$$
$$=\sqrt{(kX)^2+(kY)^2}\cdot\sqrt{X^2+Y^2}$$
$$=k(X^2+Y^2) \quad \cdots\cdots ②$$

と表すことができる．また，①より，原点 O を除く円 C 上の点 $\mathrm{P}(x, y)$ は，(kX, kY) と表せ，円 C にこれを用いると，

$$(kX)^2+(kY)^2-kX-kY=0$$
$$X^2+Y^2=\frac{1}{k}(X+Y) \quad \cdots\cdots ③$$

が得られ，さらに直線上の点 $\mathrm{Q}(X, Y)$ は，$X+Y-4=0$ を満たすから，これは

$$X+Y=4 \quad \cdots\cdots ④$$

であり，④を③の右辺に用いると，

$$X^2+Y^2=\frac{4}{k} \quad \cdots\cdots ⑤$$

が得られる．

したがって，⑤を②に用いると

$$\mathrm{OP}\cdot\mathrm{OQ}=k\cdot\frac{4}{k}=4 \quad \text{答}$$

となり，一定であることが示せた．

上記は，**図形と方程式**および**ベクトル**を主軸とした解説ですが，3 点が同一直線上にあるということは，角が揃っているため，**三角関数**の魅力と威力を同時に感受できる可能性があります．

別解

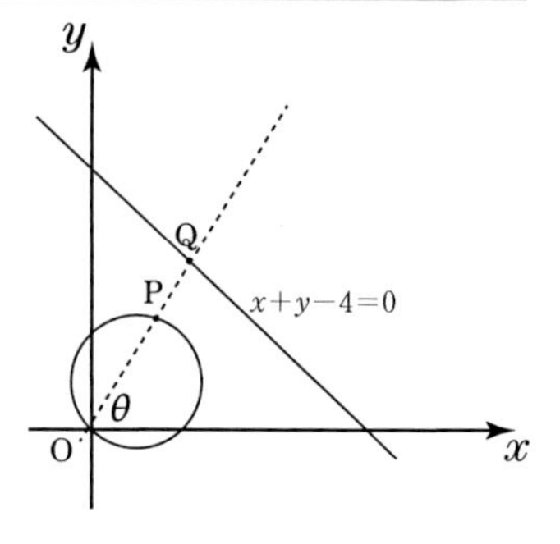

図のように，3 点 O, P, Q が同一直線上に存在するから，この直線が x 軸の正の方向となす角を θ とする．

また，原点 O と P, Q の距離をそれぞれ $r_{\mathrm{P}}, r_{\mathrm{Q}}$ とすると，これらはともに正である．

そこで，点 P は

$$(r_{\mathrm{P}}\cos\theta,\ r_{\mathrm{P}}\sin\theta)$$

と表せ，これは円 $C: x^2+y^2-x-y=0$ 上の点であるから，

$$(r_{\mathrm{P}}\cos\theta)^2+(r_{\mathrm{P}}\sin\theta)^2-r_{\mathrm{P}}\cos\theta-r_{\mathrm{P}}\sin\theta=0$$

$$r_{\mathrm{P}}\{r_{\mathrm{P}}-(\cos\theta+\sin\theta)\}=0$$

すなわち，$r_{\mathrm{P}}>0$ より

$$r_{\mathrm{P}}=\cos\theta+\sin\theta \quad \cdots\cdots ⑥$$

である．

一方で，点 Q は $(r_{\mathrm{Q}}\cos\theta,\ r_{\mathrm{Q}}\sin\theta)$ と表せ，これは直線 $\ell: x+y-4=0$ 上の点であるから，

$$r_{\mathrm{Q}}\cos\theta+r_{\mathrm{Q}}\sin\theta-4=0$$

すなわち

$$r_{\mathrm{Q}}=\frac{4}{\cos\theta+\sin\theta} \quad \cdots\cdots ⑦$$

である．

したがって，⑥と⑦から

$$\begin{aligned}\mathrm{OP}\cdot\mathrm{OQ}&=r_{\mathrm{P}}\cdot r_{\mathrm{Q}}\\&=(\cos\theta+\sin\theta)\cdot\frac{4}{\cos\theta+\sin\theta}\\&=4\end{aligned}$$

であり，これは一定である．　**終**

補足ですが，原点 O を通る直線は $y=mx$ と表すことができます．この直線が x 軸の正の方向とのなす角を θ とすると，この直線は $y=(\tan\theta)x$ と表せます．これだと $\theta=\dfrac{\pi}{2}$ を表す m は存在しませんが，$\theta=0$，$\dfrac{\pi}{2}$ のときは

$$\mathrm{OP}\cdot\mathrm{OQ}=4$$

であることも，すぐに確かめることができます．

高校の教科書では，**極**の概念は数学Ⅲや数学 C で扱われることが多いようですが，このような軌跡の問題では重宝する場面でしょう．習得するまたは習得させるタイミングを見失わないように，時と場合によって，対応をしたいところではないでしょうか．また，この話題は**例題 1** に回帰している部分もあります．

例題 9

次の問いに答えよ．

(1) 点 $(0,0)$，$\mathrm{A}\left(\dfrac{5}{3},0\right)$ に対し，点 P はつねに $\mathrm{OP}:\mathrm{AP}=3:2$ を満たしながら動くとき，点 P の軌跡を求めよ．

(2) $(x-3)^2+y^2 \leqq 4$ のとき，$\dfrac{y}{x}$ の最大値を求めよ．

(3) 座標平面上に中心が O，半径 2 の円 C がある．この円 C の内部および周上を含まない領域の任意の点 Q から，この円 C へ 2 本の接線を引き，接点を D, E とする．直線 OQ と直線 DE の交点を M とするとき，線分の積 $\mathrm{OM}\cdot\mathrm{OQ}$ は一定であることを示せ．

解答

(1)(**アポロニウスの円**)

点Pを(x, y)とおくと，条件より

$$3\sqrt{\left(x-\frac{5}{3}\right)^2+y^2}=2\sqrt{x^2+y^2}$$

$$9\left\{\left(x-\frac{5}{3}\right)^2+y^2\right\}=4(x^2+y^2)$$

$$5x^2+5y^2-30x+25=0$$

$$(x-3)^2+y^2=4$$ 答

であり，これが求める点Pの軌跡である．

(2)　$\dfrac{y}{x}=k\,(x\neq 0)$とおく．これは$y=kx$と表せるから，この直線が$x$軸の正の方向となす角を$\theta$とするとき，$k=\tan\theta$と表せる．

そこで，点(x, y)が$(x-3)^2+y^2\leqq 4$の領域を動くとき，直線$y=kx$が第１象限で円に接するときに，傾きの$k=\tan\theta$は最大となる．

そのとき，

$$\sin\theta=\frac{2}{3},\ \cos\theta=\frac{\sqrt{5}}{3}$$

となり，これより$k=\tan\theta$の最大値は

$$k=\frac{\sin\theta}{\cos\theta}=\frac{2}{\sqrt{5}}$$

を得る．これを与える(x, y)は，

$$(x, y)=(\sqrt{5}\cos\theta,\ \sqrt{5}\sin\theta)$$

であるから，

$$(x, y)=\left(\frac{5}{3},\ \frac{2\sqrt{5}}{3}\right)$$

である．

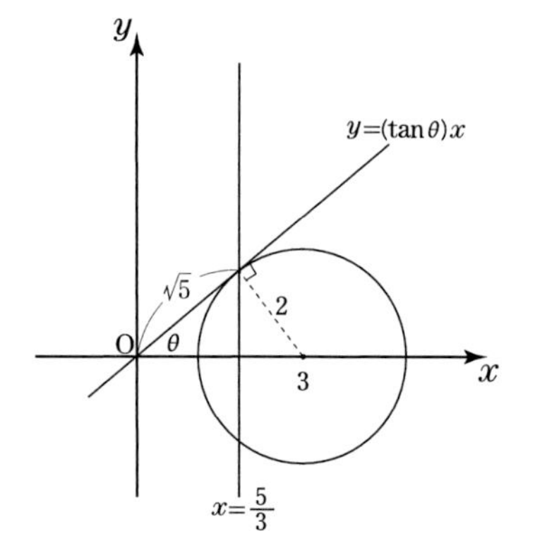

参考　**三角関数**を用いて解説しましたが，直線 $y=kx$ と円の中心 $(3, 0)$ との距離（**点と直線の距離の公式**を利用）が，円の半径の 2 以下として議論をした際にも，この最大値は得られます．

また，円の方程式 $(x-3)^2+y^2=4$ と直線の方程式 $y=kx$ の 2 式を連立させて，2 次方程式の重解条件（直線が円に接するので，共有点は 1 つ）を考えても，最大値は得られます．

さて，この得られた接点 $\left(\frac{5}{3}, \frac{2\sqrt{5}}{3}\right)$ を通り，x 軸に直交する直線 $x=\frac{5}{3}$ を考えると，この直線と x 軸との交点はまさに (1) の点 $\mathrm{A}\left(\frac{5}{3}, 0\right)$ であることもわかります．

また，これを受けると，直線 $x=\frac{5}{3}$ は原点 O を極とする極線といえます．

このように**アポロニウスの円**を生む素材から**極・極線**，そして**反転**の形を再想起させることができました．(3) は，2 つ目の円を見つけ，**方べきの定理**と**三平方の定理**で十分解決できる題材でしょう．

(3)　点 Q から円 C に 2 本の接線を引くと，

$$\mathrm{OD} \perp \mathrm{QD},\ \mathrm{OE} \perp \mathrm{QE}$$

であり，対角の和

$\angle\mathrm{QDO}+\angle\mathrm{QEO}=180^\circ$ であるから，四角形 OEQD は円 F に内接する四角形である．

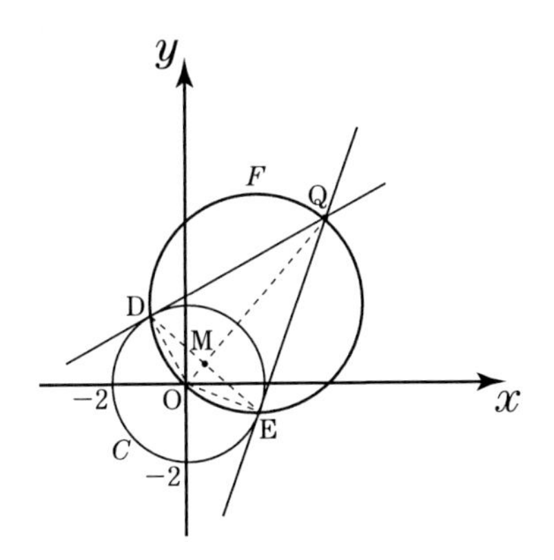

このとき，

$$\mathrm{OM}\cdot\mathrm{OQ}=\mathrm{OM}\cdot(\mathrm{OM}+\mathrm{MQ})$$
$$=\mathrm{OM}^2+\mathrm{OM}\cdot\mathrm{MQ} \quad \cdots\cdots ①$$

である．

　また円 F で，点Mにおける方べきの定理より

$$\mathrm{OM}\cdot\mathrm{MQ}=\mathrm{MD}\cdot\mathrm{ME} \quad \cdots\cdots ②$$

であり，直線OQと直線DEは直交し，三角形QDEは二等辺三角形である（△ODEが二等辺三角形であることも利用してよい）から，点Mは線分DEの中点であり，MD=MEである．これより②は

$$\mathrm{OM}\cdot\mathrm{MQ}=\mathrm{MD}^2$$

である．

　したがって，これを①に用いると

$$\begin{aligned}\mathrm{OM}\cdot\mathrm{OQ}&=\mathrm{OM}^2+\mathrm{MD}^2\\&=\mathrm{OD}^2 \ (\because \text{三平方の定理})\\&=4 \ (\text{一定})\end{aligned}$$

である．　**終**

参考　点Qの座標を (p, q) とおくと，直線OQの方程式は $y=\dfrac{q}{p}x \ (p\neq 0)$ と表すことができます．

一方，直線DEの方程式は $px+qy=4$ と表せますが，これはどのようにして得られるのかというと，円 F の方程式が

$$F:\left(x-\frac{1}{2}p\right)^2+\left(y-\frac{1}{2}q\right)^2=\left(\frac{\sqrt{p^2+q^2}}{2}\right)^2$$

と表すことができ，これは原点Oを通る円であり，この2つの円は2点で交わります．

　この2つの円の共通弦は直線DEの一部に含まれるため，この2つの円の連立（「**束**」に関する知識と技能）から直線DEの方程式が得られます（2つの円の方程式において，辺ごとの「差」によって，直線DEの方程式が得られるということです）．

　ちなみに，交点Mの座標は，直線OQと直線DEを連立させる

と，$p=0$（極 Q が y 軸上の $y>2$ の部分に存在する点）の場合でも，

$$\mathrm{M}\left(\frac{4p}{p^2+q^2},\ \frac{4q}{p^2+q^2}\right)$$

の形を満たし，これはまさに**反転**を含蓄（再燃）する形です．

つまり，性質（イ）でも述べましたが，これは『反転の中心 O に対し，半直線 OM 上に点 Q が OM・OQ $=4$ を満たす点 Q の軌跡を求める』と「振り返りの学び」を実現することもでき，直線 DE（反転の中心 O を通らない直線）は反転後，反転の中心 O を通る円 F に移されることがわかります．ただし，反転で考えた際に，点 Q の軌跡は，反転の中心 O を除く円となります．

例題 10

$p,\ q$ を定数とする．原点 O から直線 $px+qy=1$ に垂線をおろし，その点を P とする．

$p,\ q$ が $1\leqq p+q\leqq 2$ を満たしながら動くとき，点 P の動く範囲を図示せよ．

解 答

直線 $px+qy=1$ は原点 O を通らない直線である．

また，直線 $px+qy=1$ と x 軸，y 軸との交点を A, B とするとき，$p\neq 0$，$q\neq 0$ のとき，

$$\mathrm{A}\left(\frac{1}{p},\ 0\right),\ \mathrm{B}\left(0,\ \frac{1}{q}\right)$$

と表せる．

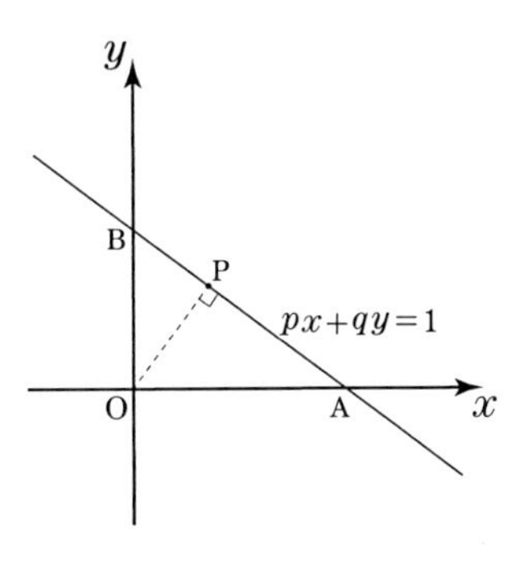

このとき，点 P の座標が，原点 O に一致することはないから，

$$\overrightarrow{\mathrm{OP}}=\overrightarrow{\mathrm{OA}}+\overrightarrow{\mathrm{AP}}$$

であり，$\overrightarrow{\mathrm{AO}}$ を直線 AP に正射影すると，それは $\overrightarrow{\mathrm{AP}}$ であるから

$$\overrightarrow{\mathrm{OP}}=\overrightarrow{\mathrm{OA}}+\frac{\overrightarrow{\mathrm{AO}}\cdot\overrightarrow{\mathrm{AB}}}{|\overrightarrow{\mathrm{AB}}|^2}\overrightarrow{\mathrm{AB}}$$

である．

ここで，

$$|\overrightarrow{\mathrm{AB}}|^2=\frac{1}{p^2}+\frac{1}{q^2},\ \overrightarrow{\mathrm{AO}}\cdot\overrightarrow{\mathrm{AB}}=\frac{1}{p^2}$$

であり，上式は

$$\overrightarrow{\mathrm{OP}}=\begin{pmatrix}\dfrac{1}{p}\\0\end{pmatrix}+\frac{q^2}{p^2+q^2}\begin{pmatrix}-\dfrac{1}{p}\\\dfrac{1}{q}\end{pmatrix}=\begin{pmatrix}\dfrac{p}{p^2+q^2}\\\dfrac{q}{p^2+q^2}\end{pmatrix}$$

であるから，点 P の座標は

$$\mathrm{P}\left(\frac{p}{p^2+q^2},\ \frac{q}{p^2+q^2}\right)\qquad\cdots\cdots①$$

である．

これは $p=0,\ q\neq 0$（直線 $qy=1$）のとき，$p\neq 0,\ q=0$（直線 $px=1$）のときにおいても，原点 O から直線 $px+qy=1$ に下ろした垂線の足の点 P の座標はこの形で表せる．

一方で，$p=0,\ q=0$ のときは，式そのものが $0=1$ となり矛盾するから，

$$p^2+q^2\neq 0$$

である．

このとき，求める点 P の座標を $(X,\ Y)$ とすると，$X,\ Y$ は

$$\begin{cases}pX+qY=1\\p+q=k\ (1\leqq k\leqq 2)\end{cases}$$

を満たし，しかも，①より

$$X+Y=\frac{p}{p^2+q^2}+\frac{q}{p^2+q^2}=\frac{k}{p^2+q^2} \qquad \cdots\cdots ②$$

である．

さらに X^2+Y^2 を考えると，点Pが原点Oに一致することはなく，$X^2+Y^2 \neq 0$ であるから

$$X^2+Y^2=\left(\frac{p}{p^2+q^2}\right)^2+\left(\frac{q}{p^2+q^2}\right)^2=\frac{1}{p^2+q^2} \qquad \cdots\cdots ③$$

である．

したがって，②と③より

$$X^2+Y^2=\frac{1}{k}(X+Y)$$

すなわち

$$\left(X-\frac{1}{2k}\right)^2+\left(Y-\frac{1}{2k}\right)^2=\frac{1}{2k^2}$$

を得る．

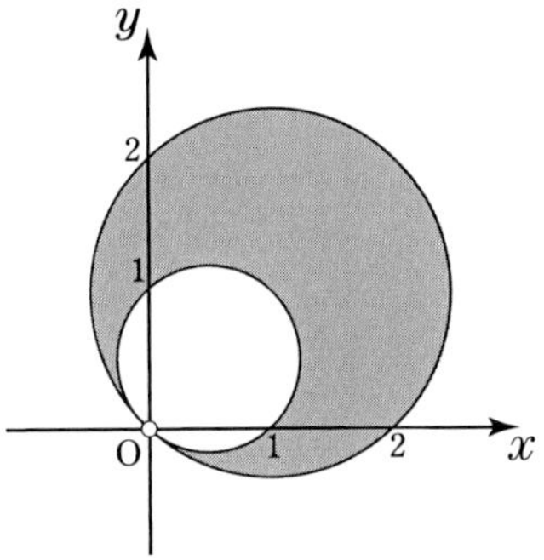

ここで，$1 \leqq k \leqq 2$ であるから，求める点Pの存在範囲は，図のようになる．ただし，境界は含むが，原点Oは除く．　答

では，この章の最後に，これらの類の題材（極・極線・反転など）を複素数平面上でとりあげてみると，相加平均や調和平均の形が顕現してきます．確認しておきましょう．

例題 11

複素数平面上で原点Oを中心とする単位円周上に異なる２点 A(α), B(β) をとり，この２点における接線は交点 D(δ) をもつものとする.

(1) 点 A(α) における接線を ℓ とするとき，直線 ℓ 上の点 P(z) が満たす式を α, $\overline{\alpha}$, z, $\overline{z}$ を用いて表せ．また，点 D(δ) を α, β を用いて表せ.

(2) ２点 A(α), B(β) の中点を C(γ) とするとき，３点 O, C, D は同一直線上に存在することを示せ.

解答

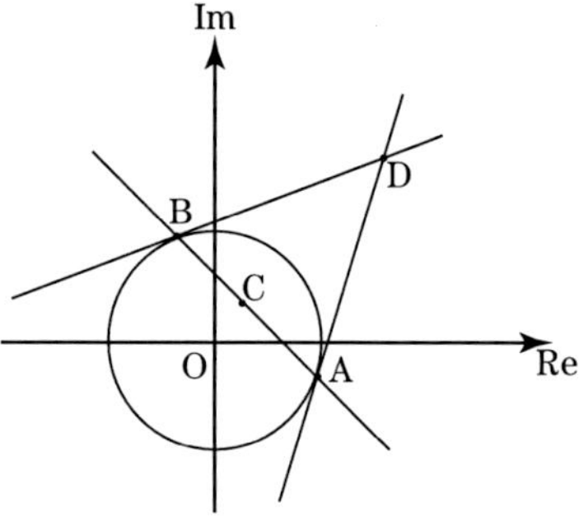

(1)　接線 ℓ 上の点 P(z) は，三平方の定理より

$$\mathrm{OP}^2 = \mathrm{OA}^2 + \mathrm{AP}^2$$

を満たすから，これを複素数を用いて表すと

$$|z|^2 = |\alpha|^2 + |z-\alpha|^2$$

$$z\overline{z} = \alpha\overline{\alpha} + (z-\alpha)(\overline{z}-\overline{\alpha})$$

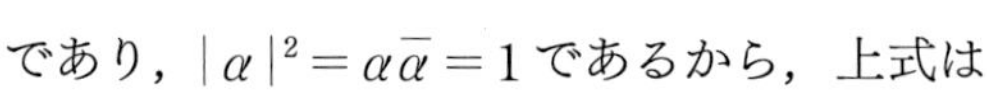

であり，$|\alpha|^2 = \alpha\overline{\alpha} = 1$ であるから，上式は

$$\overline{\alpha}z + \alpha\overline{z} = 2 \qquad \cdots\cdots ① \quad \boxed{答}$$

となる.

これと同様に考えると，点Bにおける接線上の点 P(z) についても，

$$\overline{\beta}z + \beta\overline{z} = 2 \qquad \cdots\cdots ②$$

を満たすから，①と②より，これを同時に満たす点 z が，まさに δ であるので，連立させると

$$\begin{array}{rl} & \overline{\alpha}\beta\delta+\alpha\beta\overline{\delta}=2\beta \\ -) & \alpha\overline{\beta}\delta+\alpha\beta\overline{\delta}=2\alpha \\ \hline & (\overline{\alpha}\beta-\alpha\overline{\beta})\delta=2(\beta-\alpha) \end{array}$$

$$\delta=\frac{2(\beta-\alpha)}{\overline{\alpha}\beta-\alpha\overline{\beta}}$$

を得る.

さらに, $|\alpha|^2=\alpha\overline{\alpha}=1$ より,

$$\overline{\alpha}=\frac{1}{\alpha},\ \overline{\beta}=\frac{1}{\beta}$$

であるから, これを上式に用いると

$$\delta=\frac{2(\beta-\alpha)}{\dfrac{\beta}{\alpha}-\dfrac{\alpha}{\beta}}=\frac{2\alpha\beta}{\alpha+\beta} \quad \cdots\cdots ③$$

となり, 求める点 $\mathrm{D}(\delta)$ は

$$\delta=\frac{2}{\dfrac{1}{\alpha}+\dfrac{1}{\beta}} \quad \boxed{答}$$

と表せる. (この形は調和平均である)

(2) 2 点 $\mathrm{A}(\alpha)$, $\mathrm{B}(\beta)$ の中点 $\mathrm{C}(\gamma)$ を表す複素数は

$$\gamma=\frac{\alpha+\beta}{2} \quad \cdots\cdots ④$$

であり, 3 点 O, C, D が同一直線上に存在することを示すには,

$\delta=k\gamma\ (k:実数)$ と表せればよいから,

$$\frac{\delta}{\gamma} \text{ が実数}$$

であればよい. つまり, $\dfrac{\delta}{\gamma}$ と $\overline{\left(\dfrac{\delta}{\gamma}\right)}$ が一致すればよい.

このとき, ③と④より

$$\frac{\delta}{\gamma}=\frac{4\alpha\beta}{(\alpha+\beta)^2}$$

と表せ, 一方で

$$\overline{\left(\frac{\delta}{\gamma}\right)}=\frac{\overline{\delta}}{\overline{\gamma}}=\frac{4\overline{\alpha}\,\overline{\beta}}{(\overline{\alpha}+\overline{\beta})^2}$$
$$=\frac{4\cdot\frac{1}{\alpha}\cdot\frac{1}{\beta}}{\left(\frac{1}{\alpha}+\frac{1}{\beta}\right)^2}$$
$$=\frac{4\alpha\beta}{(\alpha+\beta)^2}$$

となるから，$\frac{\delta}{\gamma}$ と $\overline{\left(\frac{\delta}{\gamma}\right)}$ が一致し，$\frac{\delta}{\gamma}$ は実数であることがわかる．

したがって，３点 O，C(γ), D(δ) は同一直線上に存在することが示せた．　**終**

参考　これにより**極・極線**を複素数平面上で扱うと，２つの接点 A, B の中点 C を表す複素数は**相加平均**の形である $\frac{\alpha+\beta}{2}$ が現れ，また極を表す複素数は**調和平均**の形である $\frac{2}{\frac{1}{\alpha}+\frac{1}{\beta}}$ が現れることがわかります．これらはしかも同一直線上にあることに加え，これまでにも伝えてきたように

$$\mathrm{OC}\cdot\mathrm{OD}=|\gamma||\delta|=\left|\frac{\alpha+\beta}{2}\right|\left|\frac{2\alpha\beta}{\alpha+\beta}\right|=1$$

であることも確認できます．

そこで，過去の先生（偉人）は目に見えない世界（宇宙空間やミクロな世界など）を，科学的な眼力をもって，自然界の事実を解決してきた歴史があります．そこには数学的な観点が少なからず介在していることもわかります．

例えば，この話を仮想的な宇宙空間における話と捉えたとき，原点 O に恒星，単位円周上にはある惑星 E（頭文字からすると「地球」？）があり，また，E, V, M は同一平面上にあるものとします．

ここで，円軌道 E の内側に，ある惑星 V が存在すると仮定し，

恒星 O から惑星 V までの距離を 0.7233 とした場合は，図の

$$\cos\theta = 0.7233$$

における単位円周 E 上の点 A における接線を考え，

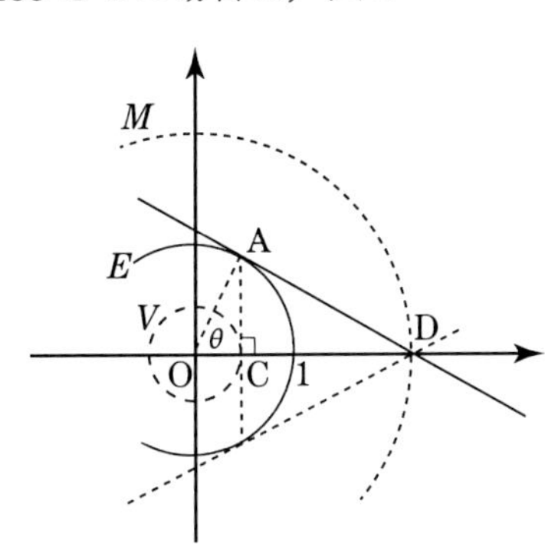

$$\mathrm{OC}\cdot\mathrm{OD} = 1$$

を満たす点 D について調べると，点 D は図でいう軸上の調和点であり，それは $\dfrac{1}{\cos\theta}$ と表せるから，

$$\frac{1}{\cos\theta} = \frac{1}{0.7233} = 1.3826$$

が得られます．

そこで，O を中心とする半径 1.3826 の円の軌跡 M を想起したとき，その軌跡上に，ある惑星がたまたま存在すると，それこそ美しいことになりそうですが，あくまでもこの話は仮想的であるため，注意が必要です．（実は，上記の 0.7233 は天文単位における金星に関する値を採用しています．ガウスは天文単位の確立にも貢献していました．）

さて，相乗平均の形や，調和平均の形をしたものの中には，次の**第 2 章**のテーマの一部に繋がる問題もあります．

例題 12

直径が 1 の円に内接する正 n 角形の周の長さを I_n とし，また，外接する正 n 角形の周の長さを E_n とするとき，

$$I_{2n} = \sqrt{I_n \cdot E_{2n}}\,,\ E_{2n} = \frac{2}{\dfrac{1}{I_n} + \dfrac{1}{E_n}}$$

が成り立つことを示せ．

解答

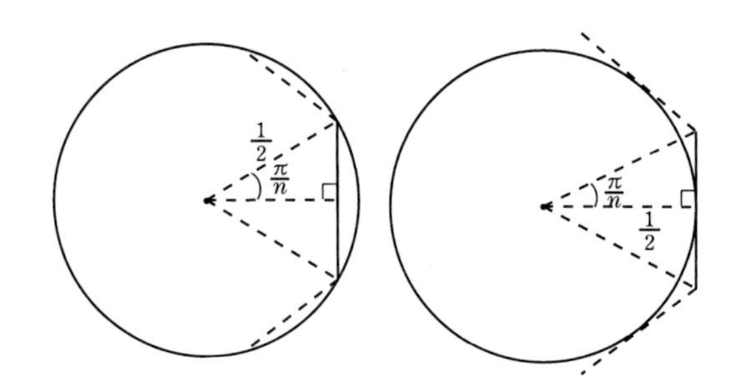

図のようにとれるから，$\theta=\dfrac{\pi}{2n}$ とおくと，

$$I_n=n\cdot\sin\frac{\pi}{n}=\pi\cdot\frac{\sin 2\theta}{2\theta}$$

$$I_{2n}=2n\cdot\sin\frac{\pi}{2n}=\pi\cdot\frac{\sin\theta}{\theta}$$

$$E_n=n\cdot\tan\frac{\pi}{n}=\pi\cdot\frac{\tan 2\theta}{2\theta}$$

$$E_{2n}=2n\cdot\tan\frac{\pi}{2n}=\pi\cdot\frac{\tan\theta}{\theta}$$

である．

このとき，

$$\begin{aligned}\sqrt{I_n\cdot E_{2n}}&=\sqrt{\pi\cdot\frac{\sin 2\theta}{2\theta}\cdot\pi\cdot\frac{\tan\theta}{\theta}}\\&=\frac{\pi}{\theta}\sqrt{\sin\theta\cos\theta\cdot\frac{\sin\theta}{\cos\theta}}\\&=\pi\cdot\frac{\sin\theta}{\theta}\\&=I_{2n}\end{aligned}$$

となり，第1式目が示せた．

また，第2式目の右辺の分母は，

$$(\text{分母})\ =\frac{2\theta}{\pi}\left(\frac{1}{\sin 2\theta}+\frac{1}{\tan 2\theta}\right)$$

$$=\frac{2\theta}{\pi}\left(\frac{1+\cos 2\theta}{\sin 2\theta}\right)$$

$$=\frac{2\theta}{\pi}\cdot\frac{2\cos^2\theta}{2\sin\theta\cos\theta}$$

$$=\frac{2\theta}{\pi}\cdot\frac{1}{\tan\theta}$$

であり，右辺は

$$\frac{2}{\dfrac{1}{I_n}+\dfrac{1}{E_n}}=\pi\cdot\frac{\tan\theta}{\theta}=E_{2n}$$

であるから，これで示せた．　終

参考　この問題には，いろいろなテーマがあり，様々な題材を含む問題の一つといえるでしょう．例えば，上述した式の変形において，三角関数の２倍角の公式を用いましたが，それ以上に，円周率 π は

$$(\text{円周率 } \pi)=\frac{(\text{円の周の長さ})}{(\text{円の直径})}$$

であるから

$$I_n<\pi<E_n$$

を満たし

$$n\cdot\sin\frac{\pi}{n}<\pi<n\cdot\tan\frac{\pi}{n}$$

すなわち

$$\sin\frac{\pi}{n}<\frac{\pi}{n}<\tan\frac{\pi}{n}$$

が得られます．

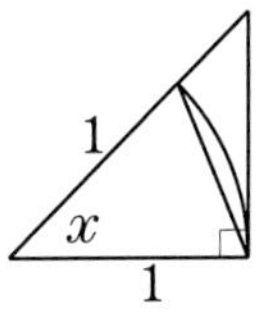

これは高校で習得するのような定番の図おいて，不等式

$$\sin x<x<\tan x\quad\left(0<x<\frac{\pi}{2}\right)$$

を示す際に現れる形であり，この図は上述した円に内接・外接する

正多角形の図の一部だと捉えることができるでしょう.

では, 上記の形を評価するような微分・積分の問題に触れ, **第1章**を閉じることにしましょう.

例題 13

平面上に2つの定点P, Oを, 距離POが1となるようにとり, Oを中心とする半径 $r\ (r<1)$ の円を考える. 点Pからこの円に2本の接線を引いたとき, その接点をA, Bとし, 線分PA, PBと円弧ABの短い方で囲まれる領域を T とする.

r を $0<r<1$ の範囲で動かすとき, T の面積を最大にするような r の値 r_0 がただ1つ存在することを示し, そのときの T の周の長さを r_0 を用いて表せ.

解答

図のように,

$$\angle\mathrm{POA}=\angle\mathrm{POB}=\theta$$

とおき, 領域 T の面積を $S(\theta)$ とすると,

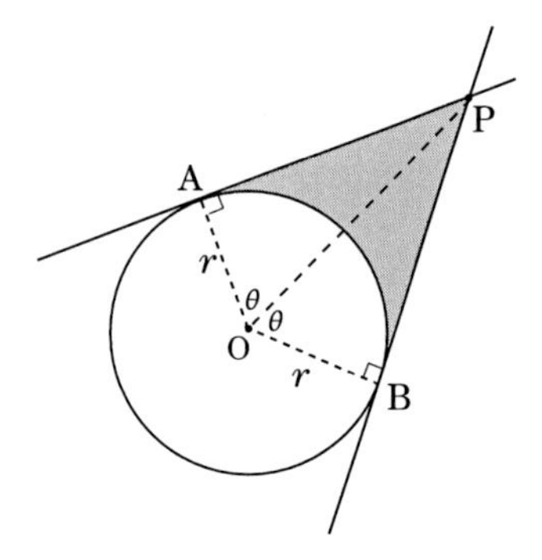

$$S(\theta)=2\left(\frac{1}{2}\cdot r\cdot 1\cdot\sin\theta-\frac{1}{2}\cdot r^2\cdot\theta\right)$$

$$=r\sin\theta-r^2\theta$$

と表せる.

また, 四角形AOBPにおいて, ∠OAPと対角∠OBPの和は180°であるから, 四角形AOBPは円に内接する.

これより $0<\theta<\dfrac{\pi}{2}$ であり, しかも

$$r = \cos\theta \quad \cdots\cdots ①$$

と表せるから，上式の $S(\theta)$ は

$$S(\theta) = \cos\theta\sin\theta - \theta\cos^2\theta$$

である．

このとき，

$$S'(\theta) = -\sin^2\theta + \cos^2\theta - \{\cos^2\theta + \theta\cdot 2(-\sin\theta)\cos\theta\}$$
$$= \sin\theta(2\theta\cos\theta - \sin\theta)$$

であり，$S'(\theta)=0$ とすると，$0<\theta<\dfrac{\pi}{2}$ において $\sin\theta>0$ であるから，増減は

$$2\theta\cos\theta - \sin\theta$$

で決まる．$0<\theta<\dfrac{\pi}{2}$ において $\cos\theta \fallingdotseq 0$ であり，

$$2\theta\cos\theta - \sin\theta = 0$$
$$2\theta - \tan\theta = 0 \quad \cdots\cdots ②$$

と変形できる．

ここで，②は，

$y=2\theta$ と $y=\tan\theta$ の連立方程式と捉えることができるから，$y=2\theta$ は傾き 2 の直線で単調増加であり，一方の $y=\tan\theta$ も $0<\theta<\dfrac{\pi}{2}$ で単調増加である．

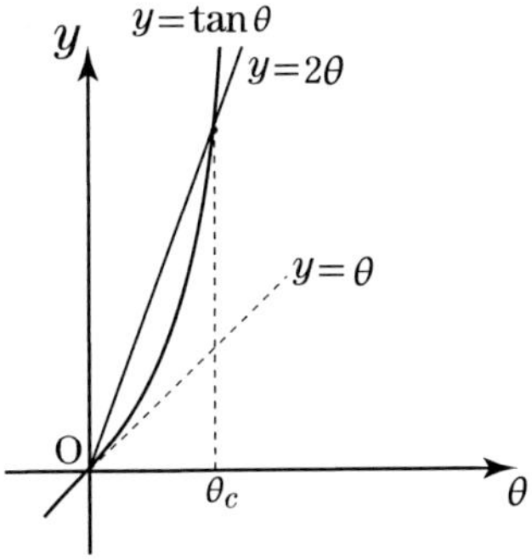

そこで，$0<\theta<\dfrac{\pi}{2}$ において，$\theta<\tan\theta$ であり，直線 $y=2\theta$ は，原点 $(0, 0)$ における $y=\tan\theta$ の接線 $y=\theta$ の上側に存在する直線であるから，$y=2\theta$ と $y=\tan\theta$ は $0<\theta<\dfrac{\pi}{2}$ において，ただ一つの共有点をもつことになる．その点の θ の座標を θ_c とおくと，この $\theta=\theta_c$

の前後で，$2\theta-\tan\theta$ は正から負へ変化するから，$\theta=\theta_c$ のときに，$S(\theta)$ は極大かつ最大であり，このとき，①から，r は $r=\cos\theta_c$ となり，これもただ一つに決まる．

また，条件より，この r を r_0 とするから，

$$r_0=\cos\theta_c$$

と表せ，求める領域 T の周の長さを L とすると，

$$\begin{aligned}L&=2\sin\theta_c+r_0\cdot 2\theta_c\\&=2\sqrt{1-\cos^2\theta_c}+r_0\cdot\tan\theta_c \quad (\because ②)\\&=2\sqrt{1-{r_0}^2}+r_0\cdot\frac{\sqrt{1-{r_0}^2}}{r_0}\\&=3\sqrt{1-{r_0}^2}\end{aligned}$$

答

である．

Round up 演習（その1）

問題 1-1

鋭角三角形 ABC の 3 つの内角をそれぞれ A, B, C とするとき，

$$\frac{\sin 2A+\sin 2B+\sin 2C}{\sin A\sin B\sin C}$$

は，A, B, C の値に関係なく一定であることを証明せよ．

問題 1-2 ◀◀関西大

点 $\mathrm{P}(x, y)$ が原点 O を中心とする半径 1 の円周上を動くとき，次の問いに答えよ．

(1) $x+y$ のとり得る値の範囲を求めよ．

(2) $xy(x+y-1)$ の最大値と最小値を求めよ．

問題 1-3 ◀◀大阪大

実数 x, y が $|x|\leqq 1$ と $|y|\leqq 1$ を満たすとき，不等式

$$0\leqq x^2+y^2-2x^2y^2+2xy\sqrt{1-x^2}\sqrt{1-y^2}\leqq 1$$

が成り立つことを示せ．

問題 1-4

次の問いに答えよ．

(1) 四角形 ABCD が円に内接するとき，

$$\mathrm{AB}\cdot\mathrm{CD}+\mathrm{AD}\cdot\mathrm{BC}=\mathrm{AC}\cdot\mathrm{BD}$$

が成り立つことを証明せよ．

(2) 平面上に，半径 2，$\angle\mathrm{AOB}=60^\circ$ の扇形 OAB があり，$\overset{\frown}{\mathrm{AB}}$ 上（両端は含まない）に点 P をとる．この点 P から OA，OB へ垂線を引き，その点をそれぞれ Q，R とする．

(i) QR の長さを求めよ．

(ii) 点 P が $\overset{\frown}{\mathrm{AB}}$ 上を動くとき，四角形 OQPR の面積の最大値を求めよ．

問題 1-5　◀◀関西大，宮崎大など

次の各問いに答えよ．

(1) $0\leqq x<2\pi$，$0\leqq y<2\pi$ であるとき，連立方程式

$$\cos x+\sin y=-1,\ \sin x+\cos y=\sqrt{3}$$

を満たす x, y を求めよ．

(2) 連立不等式

$$0\leqq x\leqq 2\pi,\ 0\leqq y\leqq 2\pi,$$
$$\cos x\cos y+\sin x\cos y\geqq \sin x\sin y-\cos x\sin y+1$$

の表す領域を座標平面上に図示せよ．

■ 問題 1-6 ◀◀京都大

α, β が

$$\alpha > 0,\ \beta > 0,\ \alpha + \beta < \pi,\ \sin^2\alpha + \sin^2\beta = \sin^2(\alpha + \beta)$$

を同時に満たすとき，$\sin\alpha + \sin\beta$ のとり得る値の範囲を求めよ．

■ 問題 1-7

中心が O の円に内接する鋭角三角形 ABC があり，$\angle\mathrm{BAC} = 60°$ であるとする．また，辺 BC の中点を M とし，O を通る直線 ℓ が辺 AB, AC とそれぞれ交点をもち，点 B, C からそれぞれ直線 ℓ に垂線を引き，その交点をそれぞれ点 P, Q とする．ここで，$\angle\mathrm{PMB} = \alpha$, $\angle\mathrm{QMC} = \beta$ として，次の問いに答えよ．

(1) $\angle\mathrm{BOC}$ の大きさを求めよ．

(2) $\alpha + \beta$ の大きさを求めよ．

(3) 一般に，$\cos(x + y) + \cos(x - y) = 2\cos x\cos y$ が成り立つことを示せ．

(4) $\tan\alpha + \tan\beta \geqq \dfrac{2\sqrt{3}}{3}$ が成り立つことを示せ．

(5) $\mathrm{BC} = 2$ とするとき，$\triangle\mathrm{MPQ}$ の面積の最大値を求めよ．

■ 問題 1-8

直径が AB，中心が O，半径が 1 の半円周上に 2 つの動点 P, Q をとり，A, P, Q, B はこの順に円周上に並ぶものとする．$\mathrm{PQ} = \sqrt{3}$ のとき，四角形 APQB の面積 S のとり得る値の範囲を求めよ．

問題 1 - 9

p, q, r は実数とし，$p<q$ とする．ここで，xy 平面上の $y=x^2$ 上に相異なる3点

$$\mathrm{P}(p, p^2),\ \mathrm{Q}(q, q^2),\ \mathrm{R}(r, r^2)$$

をとり，この3点で作る三角形PQRは，辺PQ（$\angle \mathrm{PRQ}=90^\circ$）を斜辺とする直角三角形となる．このとき，次の問いに答えよ．

(1) $(p+r)(q+r)$ の値は一定であることを示し，その値を求めよ．

(2) p を q, r を用いて表せ．

(3) $q-p \geqq 2$ が成り立つことを示せ．

(4) 斜辺PQの長さの最小値を求め，そのときの p, q, r の値を求めよ．

問題 1 - 10　◀◀北海道大

xy 平面上の2つの直線 L_1，L_2 を

$$L_1 : y=0\,(x\ 軸),\quad L_2 : y=\sqrt{3}x$$

で定め，点Pを xy 平面上の点とする．直線 L_1 に関してPと対称な点をQ，直線 L_2 に関してPと対称な点をRとする．このとき，次の問いに答えよ．

(1) 点Pの座標を (a, b) とするとき，点Rの座標を a, b を用いて答えよ．

(2) 2点Q，Rの距離が2となるような点Pの軌跡 C を求めよ．

(3) 点Pが(2)の C 上を動くとき，△PQRの面積の最大値とそれを与える点Pの座標を求めよ．

問題 1-11

三角形 ABC の面積は S であり，3 辺 AB, BC, CA 上にそれぞれ点 P, Q, R をとる．
このとき，

$$\frac{\mathrm{AP}}{\mathrm{AB}}+\frac{\mathrm{BQ}}{\mathrm{BC}}+\frac{\mathrm{CR}}{\mathrm{CA}}=1$$

を満たしながら，3 点 P, Q, R が動くとき，三角形 PQR の面積の最大値を求めよ．

問題 1-12 ◀◀奈良教育大

原点を O とする座標平面上において，円 $C: x^2+y^2-y=0$ 上に点 A(0, 1) をとり，x 軸の正の部分を動く点 P がある．点 A を通る直線で直線 AP に垂直な直線を考え，その直線と x 軸との交点を Q とする．線分 AP, AQ と円 C との交点（点 A でない）をそれぞれ R, S とし，線分 PR, QS の長さをそれぞれ p, q とする．

(1)　$\angle \mathrm{OAP}=\theta$ とするとき，p, q をそれぞれ θ を用いて答えよ．

(2)　p^2+q^2 が最小となる θ の値を求めよ．

問題 1-13 ◀◀秋田大

a を実数とする．θ が

$$\frac{1}{\sin\theta}-\frac{1}{\cos\theta}=a$$

を満たしているとき，次の問いに答えよ．ただし，$0<\theta<\frac{\pi}{4}$ とする．

(1)　$\cos\theta-\sin\theta$ を a を用いて答えよ．

(2)　$a=\frac{4}{3}$ のとき，θ と $\frac{5}{36}\pi$ の大小を比べよ．

問題 1-14　◀◀横浜市立大　改題

$$\frac{1}{\sin\theta}+\frac{1}{\cos\theta}=a \qquad \cdots\cdots \quad (\text{条件 A})$$

が成り立つとき，次の各問いに答えなさい．

(1) $a=\sqrt{3}$ とする．

　(i) $\sin\theta\cos\theta$ の値を求めなさい．

　(ii) $\sin^4\theta+\cos^4\theta+\dfrac{1}{2}\sin 2\theta$ の値を求めなさい．

　(iii)（条件 A）に加えて，さらに $-2\pi \leqq \theta \leqq 2\pi$ かつ $\sin\theta<\cos\theta$ を満たす異なる θ の個数を求めなさい．

(2)（条件 A）において，$0<\theta<\dfrac{\pi}{2}$ に少なくとも１つの解をもつための a に関する条件を求めなさい．

問題 1-15　◀◀京都大

(1) $\cos 2\theta$ と $\cos 3\theta$ を $\cos\theta$ の式として表せ．

(2) 半径１の円に内接する正五角形の一辺の長さが 1.15 より大きいか否かを理由を付けて判定せよ．

問題 1-16　◀◀甲南大，立命館大　改題

円に内接する１辺の長さが１の正七角形 ABCDEFG がある．ここで，

$$\mathrm{AD}=x,\ \mathrm{AC}=y,\ \angle\mathrm{ABC}=\theta$$

とする．

(1) $\cos\theta$ を x を用いて表せ．

(2) y を x を用いて表せ．

(3) x の小数第１位を求めよ．

問題 1-17 ◀◀滋賀大　改題

3 辺の長さが $BC=4$, $CA=5$, $AB=6$ の三角形 ABC があり，

$$\angle BAC=\alpha,\ \angle ABC=\beta$$

とする．このとき，次の問いに答えよ．

(1) $\dfrac{\alpha}{2}$ と $\dfrac{\beta}{3}$ の大小を調べよ．

(2) $\cos\dfrac{\beta}{3}$ の小数第 1 位を求めよ．

問題 1-18 ◀◀富山大

m を実数とする．方程式

$$mx^2-my^2+(1-m^2)xy+5(1+m^2)y-25m=0 \qquad \cdots\cdots *$$

を考える．

(1) xy 平面において，方程式 * が表す図形は 2 つの直線であることを示せ．

(2) (1) で求めた 2 直線は m の値にかかわらず，それぞれ定点を通る．これらの定点を求めよ．

(3) m が $-1\leqq m\leqq 3$ の範囲を動くとき，(1) で求めた 2 直線の交点の軌跡を図示せよ．

問題 1-19 ◀◀名城大

xy 平面上に，直線

$$\ell\ :\ (\cos\theta)x+(\sin\theta)y=1+\cos\theta$$

がある．

(1) ℓ と点 $(1,\ 0)$ との距離は θ の値に関係なく一定であることを示し，その値を求めよ．

(2) θ の値が $0\leqq\theta\leqq\dfrac{\pi}{2}$ の範囲を変化するとき，ℓ が通過する領域を図示せよ．

問題 1 - 20　◀◀京都大　改題

O を原点とする xy 平面上において，O を通る直線 $\ell : y = mx$ と円 $C : (x-2)^2 + y^2 = 1$ が異なる２つの交点 P，Q をもつとき，次の問いに答えよ．

(1) m のとり得る値の範囲を求めよ．

(2) ２つの線分の積 OP・OQ の値を求めよ．

(3) 点 R を線分 PQ 上に $\mathrm{OP} \cdot \mathrm{OQ} = \mathrm{OR}^2$ を満たすようにとるとき，点 R の軌跡を求め，それを図示せよ．

問題 1 - 21　◀◀大阪大

xy 平面上において，原点 O を通る半径 $r\,(r > 0)$ の円を C とし，その中心を A とする．O を除く C 上の点 P に対し，次の２つの条件 (a), (b) で定まる点 Q を考える．

(a)　$\overrightarrow{\mathrm{OP}}$ と $\overrightarrow{\mathrm{OQ}}$ の向きが同じ

(b)　$|\overrightarrow{\mathrm{OP}}||\overrightarrow{\mathrm{OQ}}| = 1$

(1) 点 P が O を除く C 上を動くとき，点 Q は $\overrightarrow{\mathrm{OA}}$ に直交する直線上を動くことを示せ．

(2) (1) の直線を ℓ とする．ℓ が C と異なる２点で交わるとき，r のとり得る値の範囲を求めよ．

問題 1 - 22 ◀◀岡山大

座標空間に，原点 O(0, 0, 0) を中心とする半径 1 の球面 S と 2 点 A(0, 0, 1)，B(0, 0, −1) がある．O と異なる点 P(s, t, 0) に対し，直線 AP と球面 S の交点で A と異なる点を Q とする．さらに，直線 BQ と xy 平面の交点を R(u, v, 0) とする．このとき，次の問いに答えよ．

(1) 線分 OP と OR の長さの積 OP・OR を求めよ．

(2) s, t をそれぞれ u, v を用いて表せ．

(3) ℓ は xy 平面内の直線で，原点を通らないものとする．直線 ℓ 上を点 P が動くとき，対応する点 R は xy 平面内の同一円周上にあることを証明せよ．

問題 1 - 23 ◀◀香川大

座標空間において，点 (0, 0, 1) を中心とする半径 1 の球面を考える．点 P(0, 1, 2) と球面上の点 Q の 2 点を通る直線が xy 平面と交わるとき，その交点を R とおく．点 Q が球面上を動くとき，R の動く領域を求め，xy 平面に図示せよ．

角が語ることとは・・・
～図形を考察するための観点とその小道具～

第1章では，主に数式から図形を紡ぎ，代数的なことと幾何的なことを合わせ，基本的な「手続き」の確認をしました．また，その中ではいくつかの例題を通し，高校を卒業するまでに習得する「**図形と計量**」「**平面図形の性質**」「**図形と方程式**」「**三角関数**」「**ベクトル**」「**複素数平面**」に関する内容を大雑把ではありますがふれました．

さて，本章では，三角関数，特に，**タンジェント**（**正接**）に関する内容にスポットライトを当て，これらと呼応し連綿的な題材に触れることができるよう，基礎・基本的な内容から話をしていきたいと思います．

三角関数の分野を習得する際，意外と，$\sin\theta, \cos\theta$ に関するアレルギーはないような雰囲気が漂いますが，おそらく $\sin\theta, \cos\theta$ は「図形と計量」の問題を紐解く上でも，頻度よく顕現することによって，慣れている場面が $\tan\theta$ より多いだけだと私は個人的に感じています．

また，あらゆる問題集や参考書をめくりめくっても，$\tan\theta$ に比べ $\sin\theta, \cos\theta$ に関することは数多くとりあげられている印象をもち，$\sin\theta, \cos\theta$ はそれぞれ

$$-1 \leqq \sin\theta \leqq 1,\ -1 \leqq \cos\theta \leqq 1$$

でありますが，$\tan\theta$ はすべての実数値をとって変化します．このことによって，$\tan\theta$ は他分野との相性がとてもよいこと（自由度が高いというべきかもしれません）であるにも関わらず，それらに対応しきれていない側面があるのかもしれません．また，$\tan\theta$ は整数問題

との絡みや，相加平均や相乗平均の大小関係（不等式）との絡みも，しばしば大学入試における定番問題の一つとして出題されることも過去にはありました．さらに，数列分野や数学Ⅲの極限・微分・積分などの分野においても，あるテーマにもとづき他分野と融合し得る内容は，数学的なエッセンスをより一層魅了することになります．

では，**角**に関する基本的な内容から始めることにし，少しずつの変化が伴うような問題を一つずつみていきましょう．

例題 14

直線 $\ell: 4x-3y=0$ と x 軸の正の方向となす角 $\theta\left(0<\theta<\dfrac{\pi}{2}\right)$ を二等分する直線 m の方程式を求めよ．

解答 1（角の二等分線の性質の利用）

直線 ℓ 上に点 A(3, 4) があり，O を中心に A 方向に OA を 2 倍にのばした点を B(6, 8) とし，点 B から x 軸に垂線をひきその交点を C とする．このとき，三平方の定理より

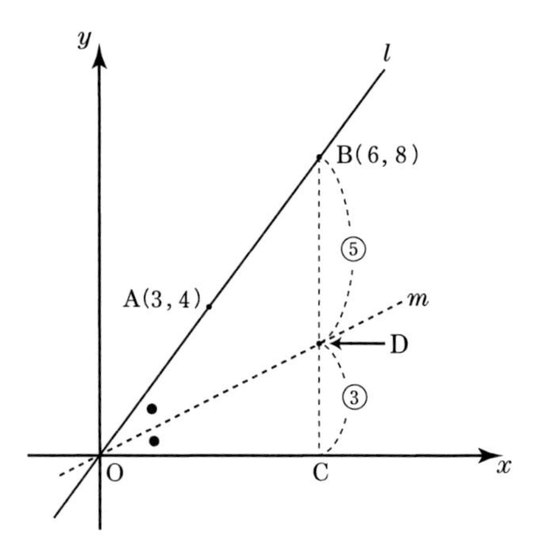

$$\mathrm{OB}=\sqrt{6^2+8^2}=10$$

であり，直線 ℓ と x 軸の正の方向となす角を二等分する直線 m と BC との交点を D とすると，内角の二等分線と比の関係より

$$\mathrm{BD}:\mathrm{CD}=\mathrm{OB}:\mathrm{OC}=10:6=5:3$$

である．ここで，点 D の x 座標は 6，y 座標 y_{D} は

$$y_{\mathrm{D}}=\frac{3}{3+5}\cdot 8=3$$

であるから，求める直線 m の方程式は

$$y=\frac{3}{6}x,$$

すなわち

$$y=\frac{1}{2}x \text{ である.}$$ 答

解答2（合同な三角形 / 点と直線の距離の公式 / 軌跡と領域の考え）

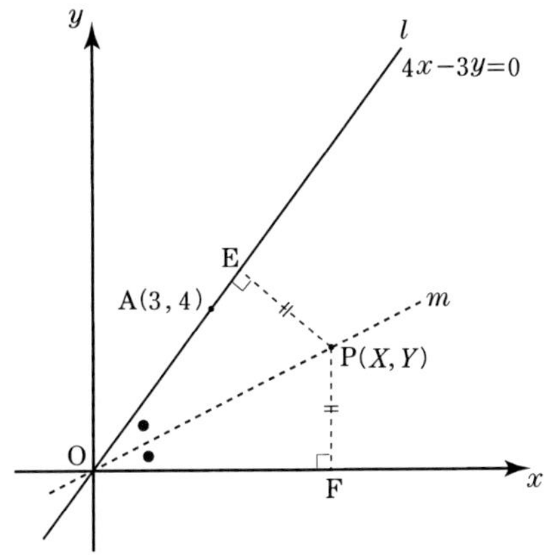

求める直線 m 上の点を $\mathrm{P}(X,\ Y)$ とおく．このとき，点Pから直線 ℓ および x 軸にそれぞれ垂線をひき，その交点をそれぞれE, Fとすると，

$$\triangle\mathrm{OPE}\equiv\triangle\mathrm{OPF}$$

であり，これより $\mathrm{PE}=\mathrm{PF}$ であるから，点と直線の距離の公式より

$$\frac{|4X-3Y|}{\sqrt{4^2+3^2}}=|Y| \quad \cdots\cdots \text{①}$$

である．また，点 $\mathrm{P}(X,\ Y)$ は $Y<\frac{4}{3}X,\ Y>0$ を満たすから，①は

$$\frac{4X-3Y}{5}=Y$$

である．

したがって，求める直線 m の方程式は

$$y=\frac{1}{2}x$$ 答

である．

補足　式①は，$4X-3Y=\pm 5Y$ であり，これより

$$Y=\frac{1}{2}X,\ Y=-2X$$

が得られるから，求める直線 m の方程式を判断してもよいことがわかります．

解答3（ベクトル／ひし形による角の二等分線の利用／束の考え）

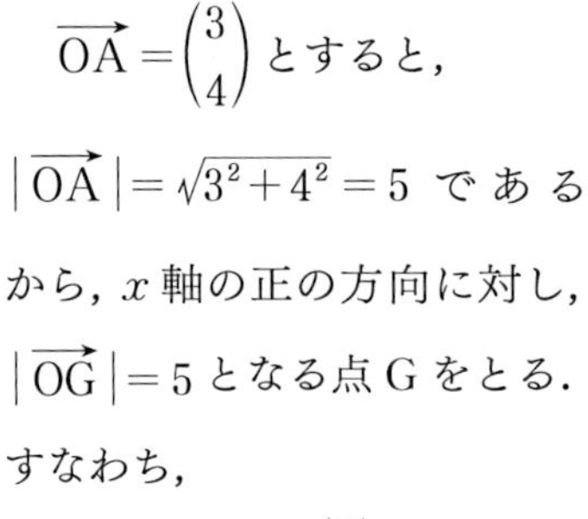

$\overrightarrow{\mathrm{OA}}=\begin{pmatrix}3\\4\end{pmatrix}$ とすると，

$\left|\overrightarrow{\mathrm{OA}}\right|=\sqrt{3^2+4^2}=5$ であるから，x 軸の正の方向に対し，$\left|\overrightarrow{\mathrm{OG}}\right|=5$ となる点 G をとる．

すなわち，

$$\overrightarrow{\mathrm{OG}}=\begin{pmatrix}5\\0\end{pmatrix}$$

とする．

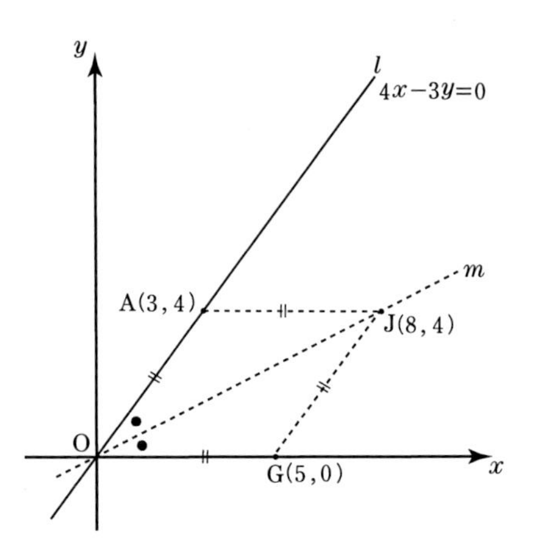

このとき，

$\overrightarrow{\mathrm{OA}}+\overrightarrow{\mathrm{OG}}=\overrightarrow{\mathrm{OJ}}=\begin{pmatrix}8\\4\end{pmatrix}$ であり，四角形 OGJA はひし形であるから，OJ は直線 ℓ と x 軸の正の方向とのなす角 θ をちょうど二等分する．

したがって，求める直線 m の方程式は，O(0, 0)，J(8, 4) を通るから

$$y=\frac{1}{2}x \qquad \text{答}$$

である．

【部分的にアプローチを変えてみよう！】

直線 ℓ の方程式は $4x-3y=0$ であり，x 軸を表す方程式は $y=0$ であるから，k を定数として

$$(4x-3y)+k\cdot y=0 \qquad \cdots\cdots ②$$

を考えると，これは2つの直線の交点，すなわち，原点 O(0, 0) をつねに通る直線を表す．

ここで，②が J(8, 4) を通るとき

$$20+4k=0$$

すなわち

$$k=-5$$

であるから，この値を②に用いると

$$4x-3y-5y=0$$

すなわち，求める直線 m の方程式は

$$x-2y=0$$ 答

である．

※ 解答としては遠回りかもしれませんが,「**束**」の考えを，このような場面で確認することができます．

解答 4（三角関数の利用 / 加法定理（2 倍角）の利用）

直線 ℓ と x 軸の正の方向とのなす角を 2θ とするとき，$\tan 2\theta=\dfrac{4}{3}$ を満たす．これより

$$\frac{2\tan\theta}{1-\tan^2\theta}=\frac{4}{3}$$

すなわち

$$(2\tan\theta-1)(\tan\theta+2)=0$$

であるから

$$\tan\theta=\frac{1}{2},\ -2$$

である．

したがって，求める直線 m の方程式は

$$y=\frac{1}{2}x$$ 答

である．

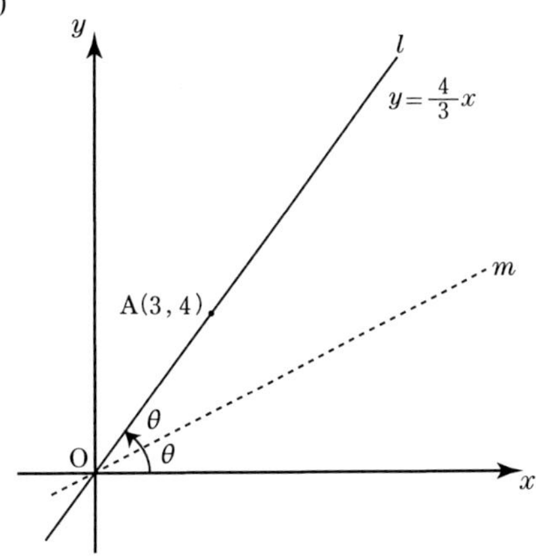

解答 5（方向ベクトル・法線ベクトル / 内積）

大きさ（長さ）の等しい 2 つのベクトルを，次のように定める．すなわち，直線 ℓ の方向ベクトルを $\vec{\ell}=\begin{pmatrix}3\\4\end{pmatrix}$ とし，x 軸（$y=0$）の方向ベクトルを $\vec{n}=\begin{pmatrix}5\\0\end{pmatrix}$ とする．

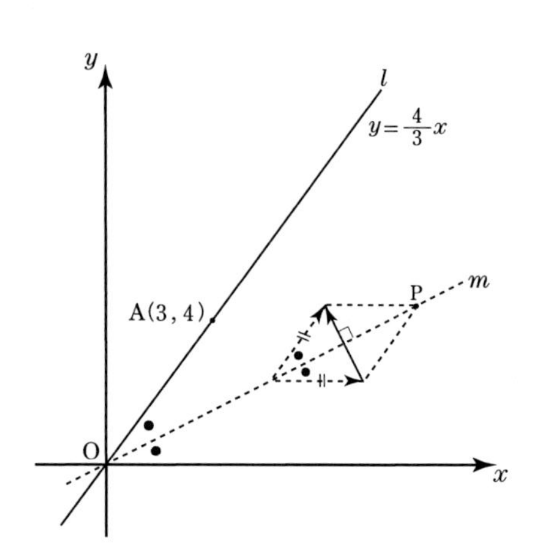

このとき，

$\vec{\ell}-\vec{n}=\begin{pmatrix}3\\4\end{pmatrix}-\begin{pmatrix}5\\0\end{pmatrix}=\begin{pmatrix}-2\\4\end{pmatrix}$

であり，$\overrightarrow{\mathrm{OP}}=\begin{pmatrix}X\\Y\end{pmatrix}$ と $\vec{\ell}-\vec{n}$ は直交するから

$$\begin{pmatrix}X\\Y\end{pmatrix}\cdot\begin{pmatrix}-2\\4\end{pmatrix}=0$$

すなわち

$$-X+2Y=0$$

であり，求める直線 m の方程式は

$$x-2y=0$$ 答

である．

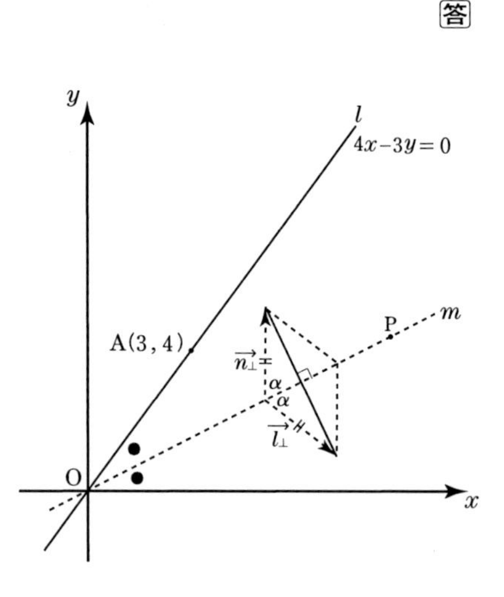

【部分的にアプローチを変えてみよう！】

$\vec{\ell}=\begin{pmatrix}3\\4\end{pmatrix}$ に直交する法線ベクトルを $\vec{\ell_\perp}=\begin{pmatrix}4\\-3\end{pmatrix}$ とし，これと同様に，$\vec{n}=\begin{pmatrix}5\\0\end{pmatrix}$ の法線

ベクトルを $\overrightarrow{n_{\perp}}=\begin{pmatrix}0\\5\end{pmatrix}$ とする.

このとき, $\overrightarrow{\mathrm{OP}}=\begin{pmatrix}X\\Y\end{pmatrix}$ と $\overrightarrow{\ell_{\perp}}$, $\overrightarrow{n_{\perp}}$ のなす角を α とし,

内積 $\overrightarrow{\ell_{\perp}}\cdot\overrightarrow{\mathrm{OP}}$, $\overrightarrow{n_{\perp}}\cdot\overrightarrow{\mathrm{OP}}$ を考えると

$$\overrightarrow{\ell_{\perp}}\cdot\overrightarrow{\mathrm{OP}}=|\overrightarrow{\ell_{\perp}}||\overrightarrow{\mathrm{OP}}|\cos\alpha\ ,$$

$$\overrightarrow{n_{\perp}}\cdot\overrightarrow{\mathrm{OP}}=|\overrightarrow{n_{\perp}}||\overrightarrow{\mathrm{OP}}|\cos\alpha$$

である. これより

$$\cos\alpha=\frac{|4X-3Y|}{5\sqrt{X^2+Y^2}}=\frac{|5Y|}{5\sqrt{X^2+Y^2}} \qquad \cdots\cdots ③$$

であり, ③の右 2 式 (波線部) は①と同じものとなる.

この**例題 14** を通し, 人は何かを「学ぶ」たびに「**考える**」選択肢が増えていることになり,

着眼する観点が異なるとアプローチも自然と変化

し, 世界観がさらに拡がるものだと思います.

それと合わせ, ③のように表現したことが, 実は, 既習事項の式①と有機的な「学び」として機能し実現していることも数学の面白さ奥深さの一つといえるのではないでしょうか.

ここで,「ベクトル」に関する基礎・基本事項を確認しておきましょう.

例題 15

次の問いに答えよ．ただし，$\vec{a}$ と $\vec{b}$ の内積は $\vec{a}\cdot\vec{b}$ で表すものとする．

(1) $\vec{0}$ でない2つのベクトル $\vec{a}$，$\vec{b}$ があり，$\vec{a}$ と $\vec{b}$ のなす角を θ とするとき，$\vec{a}\cdot\vec{b}=$ [ア] である．

[ア] の解答群

⓪ $|\vec{a}||\vec{b}|\sin\theta$　　① $|\vec{a}||\vec{b}|\cos\theta$　　② $|\vec{a}||\vec{b}|\tan\theta$

(2) (1) において，内積 $\vec{a}\cdot\vec{b}$ は，同一直線上の2つの符号付き線分の長さの積であることを説明せよ．

(3) 3辺の長さが $\mathrm{OA}=a$, $\mathrm{OB}=b$, $\mathrm{AB}=c$ の $\triangle\mathrm{OAB}$ があり，$\overrightarrow{\mathrm{OA}}=\vec{a}$，$\overrightarrow{\mathrm{OB}}=\vec{b}$ とするとき，$\vec{a}\cdot\vec{b}$ を a, b, c を用いて表すと，$\vec{a}\cdot\vec{b}=$ [イ] である．

[イ] の解答群

⓪ $\dfrac{1}{2}(a^2+b^2-c^2)$　① $\dfrac{1}{2}(b^2+c^2-a^2)$　② $\dfrac{1}{2}(c^2+a^2-b^2)$

(4) $\vec{a}=(x_1, y_1)$，$\vec{b}=(x_2, y_2)$ とするとき，$\vec{a}\cdot\vec{b}$ を x_1, x_2, y_1, y_2 を用いて表すと，$\vec{a}\cdot\vec{b}=$ [ウ] である．

[ウ] の解答群

⓪ $x_1x_2+y_1y_2$　　① $x_1x_2-y_1y_2$　　② $|x_1y_2-x_2y_1|$

(5) (3) の $\triangle\mathrm{OAB}$ の面積を S とするとき，$S=$ [エ] と表せる．ここで，$\vec{a}=(x_1, y_1)$，$\vec{b}=(x_2, y_2)$ とするとき，$2S$ を x_1, x_2, y_1, y_2 を用いて表すと，$2S=$ [オ] である．

エ の解答群

⓪ $\frac{1}{2}|\vec{a}||\vec{b}|\sin\theta$　① $\frac{1}{2}|\vec{a}||\vec{b}|\cos\theta$　② $\frac{1}{2}|\vec{a}||\vec{b}|\tan\theta$

オ の解答群

⓪ $x_1x_2+y_1y_2$　① $x_1x_2-y_1y_2$　② $|x_1y_2-x_2y_1|$

(6) (3) の△OABにおいて，辺ABの中点をMとするとき，$\vec{a}\cdot\vec{b}$ をOM, AMを用いて表すと，$\vec{a}\cdot\vec{b}=$ カ である．

カ の解答群

⓪ $\mathrm{OM}^2+\mathrm{AM}^2$　① $\mathrm{OM}^2-\mathrm{AM}^2$　② $(\mathrm{OM}+\mathrm{AM})^2$

参考

(1)　内積の**定義**

(2)　ベクトルの**正射影**と内積

(3)　内積は**余弦定理**のいい換え（内積の $\frac{1}{2}$ 公式）

(4)　ベクトルの**成分**により内積を表現する

(5)　**平行四辺形の面積**

(6)　**内積と中線**

が活用される場面を，ある程度体験することが望ましいかもしれませんので，Round up 演習などを参考にしてください．

解説と解答

(1)**【内積の定義】**

$\vec{0}$ でない2つのベクトル $\vec{a}$, $\vec{b}$ について，1点Oを定め，$\vec{a}=\overrightarrow{\mathrm{OA}}$, $\vec{b}=\overrightarrow{\mathrm{OB}}$ となる点A, Bをとる．このようにして定まる∠AOBの大きさ θ を，$\vec{a}$ と $\vec{b}$ のなす角といい，$0\leqq\theta\leqq\pi$ である．

このとき,

$$|\vec{a}||\vec{b}|\cos\theta \qquad (\boxed{\text{ア}}:①)$$

を内積と定め, $\vec{a}\cdot\vec{b}$ と表すことにする.

また, $\vec{a}=\vec{0}$ または $\vec{b}=\vec{0}$ のときは, $\vec{a}$ と $\vec{b}$ の内積を $\vec{a}\cdot\vec{b}=0$ と定める.

(2)**【ベクトルの正射影と内積】**

与えられた2つのベクトル $\vec{a}$, $\vec{b}$ のうち, 1つのベクトル $\vec{a}$ に対し, その $\vec{a}$ の真上（垂直方向）から光を当てたとき, もう1つのベクトル $\vec{b}$ が, $\vec{a}$ 上（延長線を含む）に影を作るその影の長さに符号をつけることによって, 内積は2つの線分（正負がある）の長さの積で与えられる.

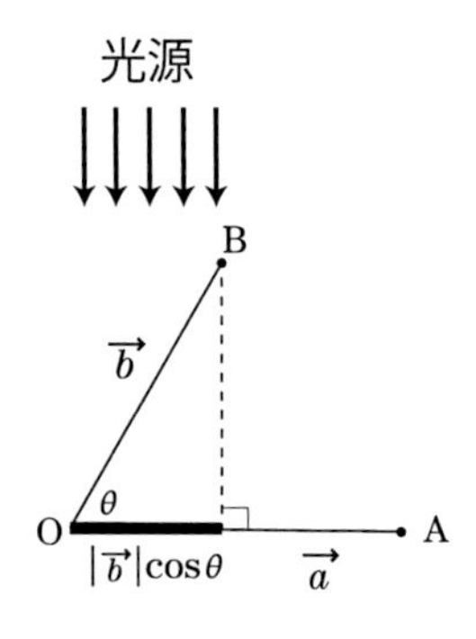

$\vec{a}\cdot\vec{b}=|\vec{a}||\vec{b}|\cos\theta=$($\vec{a}$ の長さ)×($\vec{b}$ が $\vec{a}$ 上に作る符号付き影の長さ)

である.

(3)**【内積は余弦定理のいい換え（内積の $\frac{1}{2}$ 公式)】**

△OAB において, ∠AOB の大きさを θ とし, 余弦定理を用いると

$$AB^2=OA^2+OB^2-2\cdot OA\cdot OB\cdot\cos\theta$$

が成り立つから, これをベクトルを用いて表すと

$$|\vec{b}-\vec{a}|^2=|\vec{a}|^2+|\vec{b}|^2-2(|\vec{a}||\vec{b}|\cos\theta) \quad \cdots\cdots ①$$

である. このとき, (1) の**定義**より,

$|\vec{a}||\vec{b}|\cos\theta=\vec{a}\cdot\vec{b}$ であるから, 式①は

$$|\vec{b}-\vec{a}|^2=|\vec{a}|^2+|\vec{b}|^2-2(\vec{a}\cdot\vec{b})$$

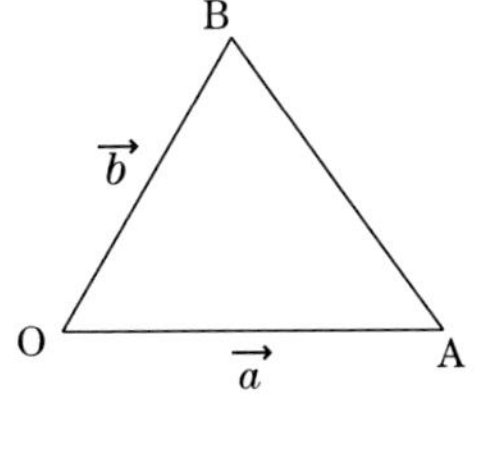

と表せ，これを $\vec{a}\cdot\vec{b}$ について解くと

$$\vec{a}\cdot\vec{b}=\frac{1}{2}\left(|\vec{a}|^2+|\vec{b}|^2-|\vec{b}-\vec{a}|^2\right) \quad \cdots\cdots②$$

であり，$|\vec{a}|=a$，$|\vec{b}|=b$，$|\overrightarrow{\mathrm{AB}}|=|\vec{b}-\vec{a}|=c$ であるから

$$\vec{a}\cdot\vec{b}=\frac{1}{2}(a^2+b^2-c^2) \quad \cdots\cdots③$$

（：⓪）

である．

(4)**【ベクトルの成分により内積を表現する】**

一つの平面上で，$\vec{a}=(x_1, y_1)$，$\vec{b}=(x_2, y_2)$ とするとき，式②の右辺の各項は

$$|\vec{a}|^2=x_1^2+y_1^2,\quad |\vec{b}|^2=x_2^2+y_2^2,\quad |\vec{b}-\vec{a}|^2=(x_2-x_1)^2+(y_2-y_1)^2 \quad \cdots\cdots④$$

であるから，これを式②に用いて整理すると

$$\vec{a}\cdot\vec{b}=x_1x_2+y_1y_2 \quad \cdots\cdots⑤$$

（ ウ ：⓪）

である．

(5)**【平行四辺形の面積】**

△OAB の面積 S は

$$S=\frac{1}{2}\cdot\mathrm{OA}\cdot\mathrm{OB}\cdot\sin\theta=\frac{1}{2}|\vec{a}||\vec{b}|\sin\theta$$

（ エ ：⓪）

であり，これより

$$2S=|\vec{a}||\vec{b}|\sin\theta=|\vec{a}||\vec{b}|\sqrt{1-\cos^2\theta}=\sqrt{|\vec{a}|^2|\vec{b}|^2-(\vec{a}\cdot\vec{b})^2}$$

であるから，④と⑤をこれに用いると

$$2S=\sqrt{(x_1^2+y_1^2)(x_2^2+y_2^2)-(x_1x_2+y_1y_2)^2}$$

$$=\sqrt{{x_1}^2{y_2}^2-2x_1y_2x_2y_1+{x_2}^2{y_1}^2}$$

$$=\sqrt{(x_1y_2-x_2y_1)^2}$$

$$=|x_1y_2-x_2y_1| \qquad (\boxed{\text{オ}}:②)$$

である.

(6)**【内積と中線】**

辺 AB の中点を M とし，OM を 2 倍に伸ばすと，平行四辺形 OACB が得られる.

そこで，2 つの対角線の長さ

$|\overrightarrow{\mathrm{OC}}|=|\vec{a}+\vec{b}|$，$|\overrightarrow{\mathrm{AB}}|=|\vec{b}-\vec{a}|$

のそれぞれの 2 乗を考えると

$$|\vec{a}+\vec{b}|^2=|\vec{a}|^2+|\vec{b}|^2+2\vec{a}\cdot\vec{b} \qquad \cdots\cdots ⑥$$

$$|\vec{a}-\vec{b}|^2=|\vec{a}|^2+|\vec{b}|^2-2\vec{a}\cdot\vec{b} \qquad \cdots\cdots ⑦$$

であり，式⑥と式⑦の辺ごとの**差**を考え，内積 $\vec{a}\cdot\vec{b}$ について解くと

$$\vec{a}\cdot\vec{b}=\frac{1}{4}\left(|\vec{a}+\vec{b}|^2-|\vec{a}-\vec{b}|^2\right)=\left|\frac{\vec{a}+\vec{b}}{2}\right|^2-\left|\frac{\vec{a}-\vec{b}}{2}\right|^2$$

$$=\mathrm{OM}^2-\mathrm{AM}^2 \qquad (\text{カ}:①)$$

である.

また，式⑥と式⑦の辺ごとの**和**によって，△OAB における中線定理

$$\mathrm{OA}^2+\mathrm{OB}^2=2(\mathrm{OM}^2+\mathrm{AM}^2)$$

を確認することができる.

では，**ベクトル**と**三角関数**を有機的に機能させていきましょう.

例題 16

次の各問いに答えよ．

(1) 等式

$$(x_1x_2+y_1y_2)^2+(x_1y_2-x_2y_1)^2=(x_1^{\ 2}+y_1^{\ 2})(x_2^{\ 2}+y_2^{\ 2})$$

が成り立つことを証明せよ．

(2) 座標平面において，原点Oを通る2つの直線 $y=mx$, $y=nx\,(m>0,\,n>0)$ がある．直線 $y=mx$ は点 $\mathrm{A}(x_1,\,y_1)$ を通り，直線 $y=nx$ は点 $\mathrm{B}(x_2,\,y_2)$ を通り，2つの直線のなす角を $\theta\,(0^\circ\leqq\theta<90^\circ)$ とするとき，$\cos\theta,\,\sin\theta,\,\tan\theta$ をそれぞれ $x_1,\,x_2,\,y_1,\,y_2$ を用いて表せ．

(3) 直線 ℓ : $7x-y+3=0$ と直線 m : $3x-4y-5=0$ のなす角を θ とするとき，θ を鋭角の範囲で答えよ．

参考　(1) の等式は，**ラグランジュの恒等式**です．これは高校の教科書や問題集などに掲載されている有名な式です．これを証明するだけでは，とてももったいないです (やはり，数式には図形的な意味が隠されています)．

また, (2) の内容は,「**三角関数**」で習得する内容のようですが, (1) の**ラグランジュの恒等式**によって，**ベクトルと三角関数を橋渡し**できるエッセンスが詰まっています．そして, (3) は, (2) を具現化した知識と技能を再現する設問の一つという位置付けです．

解説

(1)　等式の左辺は

$$(x_1x_2+y_1y_2)^2+(x_1y_2-x_2y_1)^2=(x_1x_2)^2+(y_1y_2)^2+(x_1y_2)^2+(x_2y_1)^2$$

であり，一方の右辺は

$$(x_1{}^2+y_1{}^2)(x_2{}^2+y_2{}^2)=(x_1x_2)^2+(y_1y_2)^2+(x_1y_2)^2+(x_2y_1)^2$$

であるから，これらは一致する．

したがって，等式

$$(x_1x_2+y_1y_2)^2+(x_1y_2-x_2y_1)^2=(x_1{}^2+y_1{}^2)(x_2{}^2+y_2{}^2) \qquad \cdots\cdots *$$

が成り立つことが示せた．　**終**

また，＊の両辺は0以上であるから

$$\sqrt{(x_1x_2+y_1y_2)^2+(x_1y_2-x_2y_1)^2}=\sqrt{(x_1{}^2+y_1{}^2)(x_2{}^2+y_2{}^2)} \qquad \cdots\cdots♪$$

としておいてもよい．

ここで，2つのベクトル $\vec{a}=\begin{pmatrix} x_1 \\ y_1 \end{pmatrix}$，$\vec{b}=\begin{pmatrix} x_2 \\ y_2 \end{pmatrix}$ とし，＊に**例題15**の(4)と(5)で習得したことを用いると，＊は

$$(\vec{a}\cdot\vec{b})^2+(2S)^2=|\vec{a}|^2|\vec{b}|^2$$

$$(|\vec{a}||\vec{b}|\cos\theta)^2+(|\vec{a}||\vec{b}|\sin\theta)^2=|\vec{a}|^2|\vec{b}|^2$$

であり，両辺を $|\vec{a}|^2|\vec{b}|^2$ で割ると

$$\cos^2\theta+\sin^2\theta=1$$

を得る．

また，♪の

$$\sqrt{(x_1x_2+y_1y_2)^2+(x_1y_2-x_2y_1)^2}=\sqrt{(x_1{}^2+y_1{}^2)(x_2{}^2+y_2{}^2)}$$

はベクトルの成分をそのまま利用する際には，とても便利であり，これは

$$\sqrt{(x_1x_2+y_1y_2)^2+(x_1y_2-x_2y_1)^2}=\sqrt{|\vec{a}|^2|\vec{b}|^2}$$

すなわち

$$|\vec{a}||\vec{b}|=\sqrt{(x_1x_2+y_1y_2)^2+(x_1y_2-x_2y_1)^2} \qquad \cdots\cdots♬$$

と表せる．

(2)　内積の定義と♬より，2 つのベクトルでつくる θ に対し

$$\cos\theta=\frac{\vec{a}\cdot\vec{b}}{|\vec{a}||\vec{b}|}=\frac{x_1x_2+y_1y_2}{\sqrt{(x_1x_2+y_1y_2)^2+(x_1y_2-x_2y_1)^2}}\quad\cdots\cdots①\ \boxed{答}$$

であり，また，三角形の面積（**例題 15**（5）を参照）から

$$\sin\theta=\frac{2S}{|\vec{a}||\vec{b}|}=\frac{|x_1y_2-x_2y_1|}{\sqrt{(x_1x_2+y_1y_2)^2+(x_1y_2-x_2y_1)^2}}\quad\cdots\cdots②\ \boxed{答}$$

である．さらに，①と②から

$$\tan\theta=\frac{\sin\theta}{\cos\theta}=\frac{|x_1y_2-x_2y_1|}{x_1x_2+y_1y_2}\quad\cdots\cdots③\ \boxed{答}$$

である．

このことから，正接（タンジェント）は，2 つのベクトルでつくるなす角 θ に対し

$$\tan\theta=\frac{\text{平行四辺形の面積}}{\text{内積}}$$

と表せ，これに対応させることで，図形のあらゆる問題は面白さが増殖します．すなわち，問題を紐解く手続きとして機能する場面が増えるということです．ただし，$\theta=90°$ の場合は，これは定義できないことになります．

(3)　2 つの直線 ℓ, m の傾きはそれぞれ $7, \frac{3}{4}$ であり，$\vec{\ell}=\begin{pmatrix}1\\7\end{pmatrix}$，$\vec{m}=\begin{pmatrix}4\\3\end{pmatrix}$ とおくと，③より

$$\tan\theta=\frac{|1\cdot3-4\cdot7|}{1\cdot4+7\cdot3}=\frac{25}{25}=1$$

であるから，$\theta=\frac{\pi}{4}\ (45°)$ である．　$\boxed{答}$

例題 17（東京大 改題）

次の各問いに答えよ．

(1) 地平面に対して垂直な壁面に縦 1.4m の絵画がかかっていて，絵画の下端は目の高さより 1.8m 上方の位置にある．この絵画を縦方向に見込む角が最大となる位置は壁面から何 m の位置か答えよ．

(2) 1辺の長さが 200m の正方形の形をした工場の敷地内の中央（対角線の交点）O に，地面に対し垂直に立っている高さ 60m の煙突 L があり，この煙突 L は地上から 10m 以上の部分はすべて白く塗られている．工場の敷地内のある1点 P から白く塗られている部分を見込む角を θ とするとき，$\theta \geqq \dfrac{\pi}{4}$ であるような工場の敷地内を図示し，その面積を求めよ．ただし，目の高さは考えないものとする．

参考　前問で習得したことを，簡易なモデルとして日常生活に利用してみましょう．この類の題材は多岐にわたります．もしかすると「**図形と計量**」のところで扱っているかもしれません．壁面にかかっている絵画をサッカーゴールやラグビーのゴールポストと想定し，フィールドを真上から見たときの考察として再現することもできます．

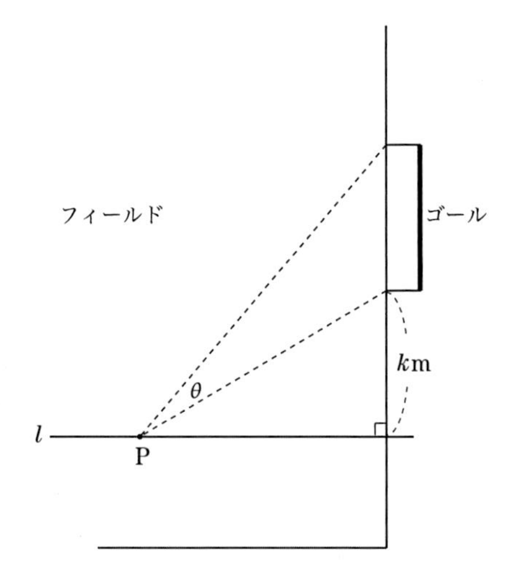

具体的には，ゴールの端か

ら km 離れたところから，ゴールに対して垂直な直線 ℓ 上を動くプレーヤーPは，どこからシュート（キック）をするときが，最もゴールしやすいかという問題に直面していることと同質です．

解説

(1)　図のように，xy 平面上で考え

$\overrightarrow{\mathrm{OA}}=\begin{pmatrix}x\\1.8\end{pmatrix}$，$\overrightarrow{\mathrm{OB}}=\begin{pmatrix}x\\3.2\end{pmatrix}$　$(x>0)$

とすると，$x>0$ であるから

$$\tan\theta=\frac{|3.2x-1.8x|}{x^2+5.76}=\frac{1.4x}{x^2+2.4^2}$$

$$=\frac{1.4}{x+\dfrac{2.4^2}{x}} \quad \cdots\cdots ①$$

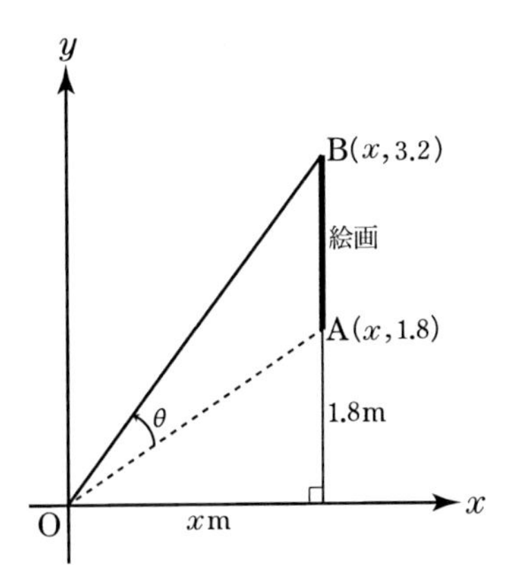

である．

ここで，$x>0$，$\dfrac{2.4}{x}>0$ であり，相加平均と相乗平均の大小関係から

$$x+\frac{2.4^2}{x}\geqq 2\sqrt{x\cdot\frac{2.4^2}{x}}=4.8 \quad \cdots\cdots ②$$

が成り立ち，等号が成り立つのは

$$x=\frac{2.4^2}{x}$$

のとき，すなわち

$$x=2.4$$

のときである．

したがって，②を①に用いると

$$\tan\theta\leqq\frac{1.4}{4.8}=\frac{7}{24}\ (=0.2916\cdots)$$

であり，絵画を縦方向に見込む角 θ が最大となるのは

$$\tan\theta=\frac{7}{24}$$

のときであり，このとき，壁面からの距離は

2.4 (m)　答

である．（最大の角 θ を，三角比の表（巻末）からよみとることも教育的かもしれません．）

参 考（**図形と計量によるアプローチ**）

図のように壁面に対し，垂直な直線 ℓ 上の点Pから絵画を見ることを考える．

このとき，絵画を線分とするその両端を通る円は無数にある．その絵画の大きさに対し，その絵画を見込む角 θ が最大となるのは，無数の円のうち，直線 ℓ と接する円を考えれば，その接点より絵画を見込む角は最大となる（なぜなら，$\beta \leqq \theta$ である）．

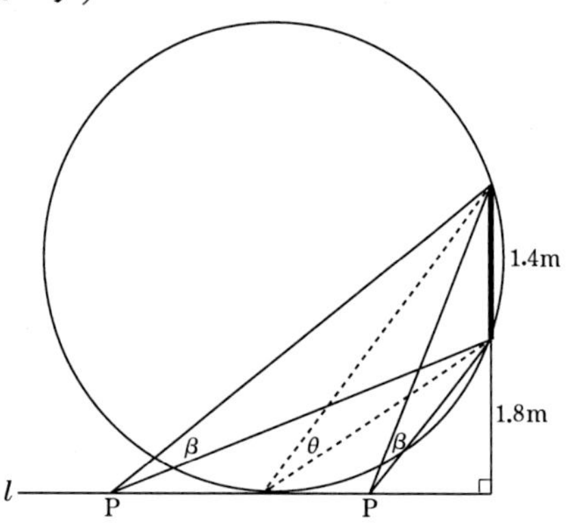

このような場面では，円周角の定理を利用（応用）することができ，見込む角が最大となるときの円の半径は正弦定理からも得られる．

求めるのは，壁面からの距離 x，すなわち，**方べきの定理**を用いると

$$x^2=1.8\cdot(1.8+1.4)=5.76$$

であるから，$x>0$ より

$$x=\underline{\underline{2.4\,(\mathrm{m})}}$$

である.

補足　特に，ラガーマン（ラグビー選手）がトライ後に行う追加得点のチャンス（コンバージョンキックという）では，まさに直線 ℓ 上の任意の点からキックを行いゴールを狙うわけですから，このような**数学的活動**を自然と実現できるように，体感で方べきの定理を利用しているものと考えられます.

(2) 図のように，工場の敷地内のある点Pから煙突Lまでの距離を x とし，煙突の白く塗られている部分を見込む角を θ とする.

このとき

$$\tan\alpha=\frac{60}{x},\ \tan\beta=\frac{10}{x}$$

であるから

$$\tan\theta=\tan(\alpha-\beta)=\frac{\frac{60}{x}-\frac{10}{x}}{1+\frac{60}{x}\cdot\frac{10}{x}}=\frac{50x}{x^2+600} \quad \cdots\cdots ③$$

である.

ここで，$\theta\geqq\frac{\pi}{4}$ となるのは，$\tan\theta\geqq1$ を満たすときであるから，③より

$$\frac{50x}{x^2+600}\geqq1$$

である. これより

$$50x\geqq x^2+600$$

であり

$$(x-20)(x-30)\leqq0$$

であるから，すなわち

$$20\leqq x\leqq30$$

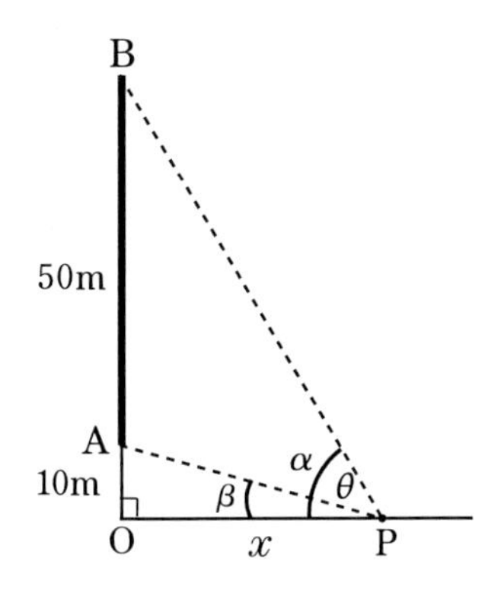

である.

　したがって，条件を満たす点Pは上図の色が塗られた部分であり，
この面積は

$$\pi\cdot 30^2-\pi\cdot 20^2=500\pi\,(\mathrm{m}^2)$$ 答

である.

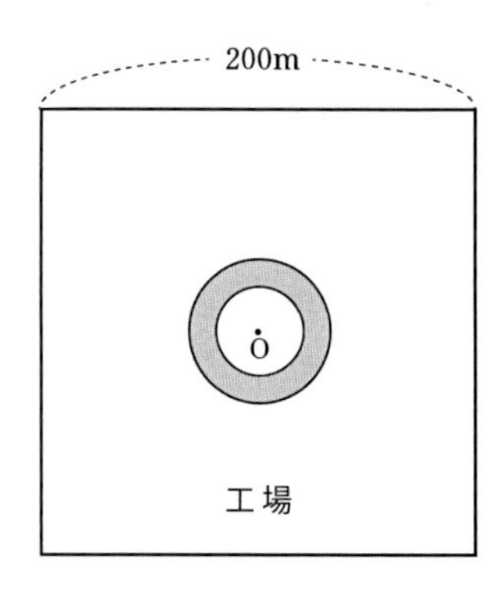

　では，$\tan\theta$ に対応させることによって，$\tan\theta$ の魅力を引き出していきましょう！

例題 18（大阪教育大など 改題）

　次の各問いに答えよ.

(1) x, y を実数とするとき，不等式

$$(1+x^2)(1+y^2)\geqq 2\,|(x+y)(1-xy)|$$

が成り立つことを証明せよ．ただし，等号成立は調べなくてよい.

(2) x, y を実数とするとき，不等式

$$\left|\frac{1}{4+x^2}-\frac{1}{4+y^2}\right|\leqq\frac{1}{8}|x-y|$$

が成り立つことを証明せよ．ただし，等号成立は調べなくてよい.

参考　問題を通して，**正接（タンジェント）**を全面的に採用し，そのエッセンスを楽しくそして遊び心をもって対応できるかと思います．与えられた式から，どのような薫りを感じるでしょうか.

　また，折角の機会ですから，不等式の証明に関する手続きを一通り確認しておいてもよさそうです.

「**不等式の証明**」を考えるスタンスは，大きく分けると

(a) (**大**) − (**小**) または (**小**) − (**大**) を考え，正または負が成り立つことなどを示す．

(b) 両辺を**正であるもので割り**，$\dfrac{B}{A}$ または $\dfrac{A}{B}$ が **1 以上または 1 以下**などを示す．

(c) 両辺が正であると判断できる場合は，それぞれの**累乗の差**（ほとんどが 2 乗か 3 乗）

$A^2-B^2\,(A^3-B^3)$ が正または負であることを示す

ことによって，

$A-B$ の正または負もこれにならう

ことを利用する．

(d) **公式の利用**ができないかを考える．

（ア）**3 乗公式**の一部に現れる

$$a^3+b^3+c^3-3abc$$
$$=(a+b+c)\underset{\sim\sim\sim\sim\sim\sim\sim\sim\sim\sim\sim\sim\sim\sim\sim}{(a^2+b^2+c^2-ab-bc-ca)}$$

の波線部の

$$a^2+b^2+c^2-ab-bc-ca$$
$$=\frac{1}{2}\{(a-b)^2+(b-c)^2+(c-a)^2\}\geqq 0$$

を利用する．

（イ）**ラグランジュの恒等式**

$$(a^2+b^2)(c^2+d^2)=(ac+bd)^2+(ad-bc)^2 \quad \cdots\cdots ①$$

を利用する．

（ウ）**相加平均と相乗平均の大小関係**

$X\geqq 0$，$Y\geqq 0$ のとき，$X+Y\geqq 2\sqrt{XY}$ が成り立つことを利用する．

（エ）**コーシー・シュワルツの不等式**（**内積絡み**と考えてもよい）

2つのベクトル $\vec{\ell}$, $\vec{m}$ の内積は,

$$\vec{\ell}\cdot\vec{m}=|\vec{\ell}||\vec{m}|\cos\theta$$

であり, $-1\leqq\cos\theta\leqq1$ より

$$(\vec{\ell}\cdot\vec{m})^2\leqq|\vec{\ell}|^2|\vec{m}|^2$$

であるから, $\vec{\ell}=\begin{pmatrix}a\\b\end{pmatrix}$, $\vec{m}=\begin{pmatrix}c\\d\end{pmatrix}$ とおくと

$$(ac+bd)^2\leqq(a^2+b^2)(c^2+d^2) \qquad \cdots\cdots ②$$

が成り立つ.

この不等式②は, 式①の右辺において, $(ad-bc)^2\geqq0$ を削ってもつくれます.

などが考えられます.

解答

(1)

参考1（ラグランジュの恒等式の利用）

与えられた式の左辺は

$$\begin{aligned}(1+x^2)(1+y^2)&=(1+x^2)(y^2+1)\\&=(1\cdot y+x\cdot1)^2+(1\cdot1-x\cdot y)^2\\&=(x+y)^2+(1-xy)^2\\&=|x+y|^2+|1-xy|^2\end{aligned}$$

と変形できる. ここで, 一般に

$$A^2-2AB+B^2=(A-B)^2\geqq0 \qquad \cdots\cdots ①$$

が成り立つから

$$A=|x+y|,\quad B=|1-xy|$$

とおくと, ①より, $A^2+B^2\geqq2AB$ であるから, これに用いると

$$|x+y|^2+|1-xy|^2 \geqq 2|x+y||1-xy|$$

である．

したがって，上式より

$$(1+x^2)(1+y^2)=|x+y|^2+|1-xy|^2 \geqq 2|x+y||1-xy|$$
$$=2|(x+y)(1-xy)|$$

すなわち

$$(1+x^2)(1+y^2) \geqq 2|(x+y)(1-xy)|$$

が成り立つことが示せた． 終

参考 2（基本対称式の利用）

与えられた式において，x と y を入れかえても，もとの不等式と同じである．両辺ともに正であるから，それぞれの 2 乗の差を考えると，すなわち

$(1+x^2)^2(1+y^2)^2-\{2|(x+y)(1-xy)|\}^2$ が 0 以上であることを示せばよい．

このとき

$$(1+x^2)^2(1+y^2)^2-\{2|(x+y)(1-xy)|\}^2$$
$$=(1+x^2+y^2+x^2y^2)^2-\{2|(x+y)(1-xy)|\}^2$$
$$=\{(x+y)^2-2xy+1+(xy)^2\}^2-\{2|(x+y)(1-xy)|\}^2$$

であるから，ここで

$$x+y=p,\quad xy=q$$

とおくと，上式は

$$(1+x^2)^2(1+y^2)^2-\{2|(x+y)(1-xy)|\}^2$$
$$=(p^2-2q+1+q^2)^2-2^2p^2(1-q)^2$$
$$=\{(q-1)^2+p^2\}^2-\{2p(1-q)\}^2$$
$$=[\{(q-1)^2+p^2\}+2p(1-q)][\{(q-1)^2+p^2\}-2p(1-q)]$$
$$=\{(q-1)^2-2(q-1)p+p^2\}\{(q-1)^2+2(q-1)p+p^2\}$$

$$=\{(q-1)-p\}^2\{(q-1)+p\}^2$$
$$=(q-p-1)^2(q+p-1)^2$$
$$=\{(q-p-1)(q+p-1)\}^2$$
$$\geqq 0$$

である．

したがって，

$$(1+x^2)^2(1+y^2)^2-\{2|(x+y)(1-xy)|\}^2\geqq 0$$

であり

$$(1+x^2)^2(1+y^2)^2\geqq\{2|(x+y)(1-xy)|\}^2$$

が成り立ち，$(1+x^2)(1+y^2)\geqq 0$，$2|(x+y)(1-xy)|\geqq 0$ であるから

$$(1+x^2)(1+y^2)\geqq 2|(x+y)(1-xy)|$$

が成り立つことが示せた．　**終**

参考３（三角関数（正接）の利用）

左辺について

$$1+x^2>0,\ 1+y^2>0$$

であり，左辺は正であるから

$$\frac{2|(x+y)(1-xy)|}{(1+x^2)(1+y^2)}=\left|\frac{2(x+y)(1-xy)}{(1+x^2)(1+y^2)}\right| \text{が 1 以下である} \quad \cdots *$$

ことを示せればよい．

ここで，x, y は実数であり

$$x=\tan\alpha,\ y=\tan\beta$$

と表せるから，上式は

$$\left|\frac{2(x+y)(1-xy)}{(1+x^2)(1+y^2)}\right|=\left|\frac{2(\tan\alpha+\tan\beta)(1-\tan\alpha\tan\beta)}{(1+\tan^2\alpha)(1+\tan^2\beta)}\right|$$

$$=\left|\frac{2(\tan\alpha+\tan\beta)(1-\tan\alpha\tan\beta)}{\frac{1}{\cos^2\alpha}\cdot\frac{1}{\cos^2\beta}}\right|$$

$$=\left|2\cos^2\alpha\cos^2\beta\left(\frac{\sin\alpha}{\cos\alpha}+\frac{\sin\beta}{\cos\beta}\right)\left(1-\frac{\sin\alpha}{\cos\alpha}\cdot\frac{\sin\beta}{\cos\beta}\right)\right|$$

$$=|2(\sin\alpha\cos\beta+\cos\alpha\sin\beta)(\cos\alpha\cos\beta-\sin\alpha\sin\beta)|$$

である．

また，$\alpha+\beta=\theta$ とおくと，加法定理より

$$\left|\frac{2(x+y)(1-xy)}{(1+x^2)(1+y^2)}\right|=|2\sin\theta\cos\theta|=|\sin 2\theta|$$

であり，θ は実数であるから

$$-1\leqq\sin 2\theta\leqq 1$$

すなわち

$$|\sin 2\theta|\leqq 1$$

である．

したがって，＊が示せたから，与えられた不等式は成り立つ． **終**

(2)

参考 1（三角関数の利用）

（i） $x=y$ のとき，与えられた不等式は等号として成り立つ．

（ii） $x \neq y$ のとき，実数 A, B を

$$-\frac{\pi}{2}<A<\frac{\pi}{2},\ -\frac{\pi}{2}<B<\frac{\pi}{2}$$

とし，与えられた不等式において，実数 x, y を

$$x=2\tan A,\ y=2\tan B$$

とおくと，$x \neq y$ であり，$|x-y|>0$ であるから

$$8\left|\frac{\dfrac{1}{4+x^2}-\dfrac{1}{4+y^2}}{x-y}\right|\leqq 1$$

が成り立つことを示すことにする．

この左辺を，$x=2\tan A$，$y=2\tan B$ を用いて改めると

$$
\begin{aligned}
(\text{左辺}) &= 8\left|\frac{y^2-x^2}{(x-y)(4+x^2)(4+y^2)}\right| \\
&= 8\left|\frac{x+y}{(4+x^2)(4+y^2)}\right| \\
&= 8\left|\frac{2(\tan A+\tan B)}{16(1+\tan^2 A)(1+\tan^2 B)}\right| \\
&= |\cos^2 A\cdot\cos^2 B\cdot(\tan A+\tan B)| \\
&= |\cos A\cdot\cos B\cdot(\sin A\cos B+\cos A\sin B)| \\
&= |\cos A\cdot\cos B\cdot\sin(A+B)| \qquad (\because \text{加法定理}) \\
&= |\cos A||\cos B||\sin(A+B)|
\end{aligned}
$$

であり，$-\dfrac{\pi}{2}<A<\dfrac{\pi}{2}$，$-\dfrac{\pi}{2}<B<\dfrac{\pi}{2}$ であるから

$$0<\cos A\leqq 1,\ 0<\cos B\leqq 1$$

である．また，

$$-1\leqq\sin(A+B)\leqq 1$$

であるから，上式において

$$(\text{左辺})=|\cos A||\cos B||\sin(A+B)|\leqq 1$$

である．

したがって，不等式

$$\left|\frac{1}{4+x^2}-\frac{1}{4+y^2}\right|\leqq\frac{1}{8}|x-y|$$

が成り立つことが示せた．　**終**

参考２（数学Ⅲ「微分の応用」の利用）

$x\neq y$ のとき，$f(X)=\dfrac{1}{4+X^2}=\dfrac{1}{X^2+4}$ とおくと，

$$f'(X)=-\frac{2X}{(X^2+4)^2}$$

であり，平均値の定理より

$$\frac{f(x)-f(y)}{x-y}=f'(p)$$

を満たす実数 p が x と y の間に少なくとも1つ存在する（x と y の大小関係を述べなかったので，この表現にしました）.

これより

$$\left|\frac{f(x)-f(y)}{x-y}\right|=\left|-\frac{2p}{(p^2+4)^2}\right|$$

$$|f(x)-f(y)|=\left|\frac{2p}{(p^2+4)^2}\right||x-y|$$

$$|f(x)-f(y)|=\frac{2|p|}{(|p|^2+4)^2}|x-y| \qquad \cdots\cdots ①$$

であるから

$$\frac{2|p|}{(|p|^2+4)^2}\leqq\frac{1}{8}$$

が成り立つことを示すことにする．ここで，$t=|p|\geqq 0$ であり，

$$g(t)=\frac{2t}{(t^2+4)^2}$$

とおくと，

$$g'(t)=\frac{2\cdot(t^2+4)^2-2t\cdot2\cdot2t(t^2+4)}{(t^2+4)^4}=\frac{-2(3t^2-4)}{(t^2+4)^3}$$

であるから，増減は右のようになる．

t	0	$\cdots$	$\frac{2}{\sqrt{3}}$	$\cdots$
$g'(t)$		$+$	0	$-$
$g(t)$	0	↗	極大	↘

よって，$g(t)$ は $t=\frac{2}{\sqrt{3}}$ のとき極大かつ最大であり，その値は

$$g\left(\frac{2}{\sqrt{3}}\right)=\frac{2\cdot\frac{2}{\sqrt{3}}}{\left(\frac{16}{3}\right)^2}=\frac{2\cdot2\cdot9}{16^2\cdot\sqrt{3}}=\frac{3\sqrt{3}}{64}$$

であるから，①は

$$|f(x)-f(y)|\leqq\frac{3\sqrt{3}}{64}|x-y| \qquad \cdots\cdots ②$$

と評価できる．

ここで，$\frac{1}{8}$ と $g(t)$ の最大値 $\frac{3\sqrt{3}}{64}$ の大小関係を調べると

$$\frac{1}{8}-\frac{3\sqrt{3}}{64}=\frac{8-3\sqrt{3}}{64}=\frac{\sqrt{64}-\sqrt{27}}{64}>0$$

である．これより，②は

$$|f(x)-f(y)| \leqq \frac{3\sqrt{3}}{64}|x-y| \leqq \frac{1}{8}|x-y|$$

すなわち

$$|f(x)-f(y)| \leqq \frac{1}{8}|x-y|$$

と改めて評価できるから，不等式

$$\left|\frac{1}{4+x^2}-\frac{1}{4+y^2}\right| \leqq \frac{1}{8}|x-y|$$

が成り立つことが示せた．　**終**

参考3（基本対称式の利用 / 不等式と領域）

$x+y=p$，$xy=Q$ とおき，x, y を解にもつ2次方程式を1つつくると，解と係数の関係より

$$t^2-pt+Q=0$$

が得られ，x, y は実数だから，この2次方程式の判別式より

$$Q \leqq \frac{1}{4}p^2$$

である．

このもとで，与えられた不等式を p, Q を用いて表すことを考えると

$$\frac{|x+y|}{(4+x^2)(4+y^2)} \leqq \frac{1}{8}$$

$$8|x+y| \leqq (xy)^2+4\{(x+y)^2-2xy\}+16$$

$$8|p| \leqq Q^2+4(p^2-2Q)+16$$

と表せる．

さらに$|p|=P\geqq 0$とおくと，上述の条件$Q\leqq\dfrac{1}{4}p^2$より

$$P\geqq 0 \text{ かつ } Q\leqq\frac{1}{4}P^2 \qquad \cdots\cdots(\mathrm{A})$$

であり，この条件のもとで，上の不等式をさらに変形すると

$$8P\leqq Q^2+4(P^2-2Q)+16$$

$$4P^2-8P+Q^2-8Q+16\geqq 0$$

$$4(P-1)^2+(Q-4)^2\geqq 4$$

すなわち

$$(P-1)^2+\frac{(Q-4)^2}{4}\geqq 1 \qquad \cdots\cdots(\mathrm{B})$$

である．

以上より，条件(A)ならば条件(B)が成り立つかどうかを調べるには，(A)が(B)の部分集合であればよい．

これらを図示すると，右図のようになり，条件(B)は楕円の周上を含んだその外側であるから，(A)は(B)の部分集合である．

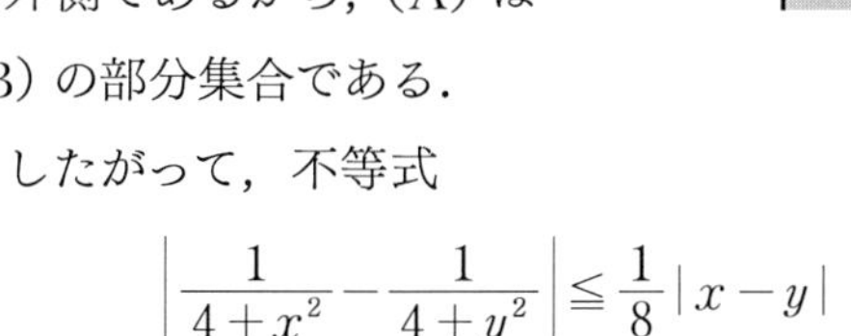

したがって，不等式

$$\left|\frac{1}{4+x^2}-\frac{1}{4+y^2}\right|\leqq\frac{1}{8}|x-y|$$

が成り立つことが示せた．　**終**

では，正接（タンジェント）の加法定理の薫りがするような式を捉えていきましょう．

例題 19（一橋大，帝京大，千葉大，山口大など 改題）

次の各問いに答えよ．

(1) 実数 x, y, z に関する連立方程式を解け．

$$\begin{cases} y = x^2 y + 2x \\ z = y^2 z + 2y \\ x = z^2 x + 2z \end{cases}$$

(2) 任意に選んだ 7 個の実数 $a_1, a_2, a_3, \cdots, a_7$ に対して，不等式

$$0 \leqq \frac{a_j - a_k}{1 + a_j a_k} < \frac{1}{\sqrt{3}}$$

を満たす $a_j, a_k\,(j = k)$ の組が存在することを示せ．

(3) 数列 $\{a_n\}$ の一般項が

$$a_n = \tan \frac{\pi}{2^{n+1}} \quad (n = 1, 2, 3, \cdots)$$

で与えられるとき，

(i)　a_{n+1} と a_n の関係式を求めよ．

(ii)　極限値 $\displaystyle\lim_{n \to \infty} \frac{a_{n+1}}{a_n}$ を求めよ．

(iii)　無限級数 $\displaystyle\sum_{n=1}^{\infty} \frac{a_n}{2^n}$ の和を求めよ．

解答

(1)　第 1 式目は

$$y(1 - x^2) = 2x \quad \cdots\cdots ①$$

と変形できる．ここで $1 - x^2 = 0$ が成り立つと仮定すると，$x = \pm 1$ であり，①において

$$0 = \pm 2$$

となるから，これは明らかにおかしい．すなわち，

$$x \neq \pm 1$$

である．

これと同様にすると，第２式目と第３式目から，$y \neq \pm 1$，$z \neq \pm 1$ であり，３つの与式は

$$y=\frac{2x}{1-x^2},\ z=\frac{2y}{1-y^2},\ x=\frac{2z}{1-z^2} \qquad \cdots\cdots *$$

と変形できる．

ここで，x は $x \neq \pm 1$ の実数であるから

$$x=\tan\theta\left(-\frac{\pi}{2}<\theta<\frac{\pi}{2},\ \theta \neq \pm\frac{\pi}{4}\right) \qquad \cdots\cdots ②$$

となる θ を対応させると，＊の第１式目は

$$y=\frac{2\tan\theta}{1-\tan^2\theta}=\tan 2\theta$$

と表せ，これに順じて，＊より

$$z=\frac{2\tan 2\theta}{1-\tan^2 2\theta}=\tan 4\theta$$

$$x=\frac{2\tan 4\theta}{1-\tan^2 4\theta}=\tan 8\theta \qquad \cdots\cdots ③$$

を得る．このとき，②と③より

$$\tan\theta=\tan 8\theta$$

であるから，整数 k を用いて

$$8\theta=\theta+k\pi$$

すなわち

$$\theta=\frac{k\pi}{7}$$

である．また，$-\frac{\pi}{2}<\theta<\frac{\pi}{2}$，$\theta \neq \pm\frac{\pi}{4}$ であるから，これを満たす整数 k は

$$k=-3, -2, -1, 0, 1, 2, 3 \text{ の 7 個}$$

である．

したがって，求める実数 (x, y, z) は

$$(x,\ y,\ z)=\left(\tan\frac{k\pi}{7},\ \tan\frac{2k\pi}{7},\ \tan\frac{4k\pi}{7}\right)$$
$$(k=-3,\ -2,\ -1,\ 0,\ 1,\ 2,\ 3)$$ 答

である．

(2)　与えられた不等式の最右辺の値は

$$\frac{1}{\sqrt{3}}=\tan\frac{\pi}{6}$$

であるから，任意に選んだ7個の実数 $a_n\,(n=1,2,3,4,5,6,7)$ に対して，

$$a_n=\tan\theta_n\left(-\frac{\pi}{2}<\theta_n<\frac{\pi}{2}\right)$$

となる θ_n を定め，区間 $-\frac{\pi}{2}<x<\frac{\pi}{2}$ を6等分する．

すなわち，

$$-\frac{\pi}{2}<x\leqq-\frac{\pi}{3},\quad -\frac{\pi}{3}<x\leqq-\frac{\pi}{6},$$
$$-\frac{\pi}{6}<x\leqq 0,\quad 0<x\leqq\frac{\pi}{6},$$
$$\frac{\pi}{6}<x\leqq\frac{\pi}{3},\quad \frac{\pi}{3}<x<\frac{\pi}{2}$$

に分けると，7個の $\theta_1,\theta_2,\theta_3,\cdots,\theta_7$ のうち少なくとも2個は同じ区間に含まれる（鳩の巣原理）．

このとき，その同じ区間に存在する数を θ_j,θ_k $(\theta_j\geqq\theta_k)$ とすると，その差は

$$0\leqq\theta_j-\theta_k<\frac{\pi}{6}\,(j\neq k,\,1\leqq j,\,k\leqq 7)$$

となり，これより

$$0\leqq\tan(\theta_j-\theta_k)<\frac{1}{\sqrt{3}}$$
$$0\leqq\frac{\tan\theta_j-\tan\theta_k}{1+\tan\theta_j\tan\theta_k}<\frac{1}{\sqrt{3}}$$
$$0\leqq\frac{a_j-a_k}{1+a_ja_k}<\frac{1}{\sqrt{3}}$$

であるから，不等式が成り立つことが示せた． 終

(3)

（i） $a_1=\tan\dfrac{\pi}{4}=1$ であるから，$n\geqq 2$ の整数に対し，

$0<\dfrac{\pi}{2^{n+1}}<\dfrac{\pi}{4}$ より，

$$0<\tan\frac{\pi}{2^{n+1}}<1$$

であるから，正接の 2 倍角を用いると，与えられた漸化式は

$$a_n=\tan 2\cdot\frac{\pi}{2^{n+2}}=\frac{2\tan\dfrac{\pi}{2^{n+2}}}{1-\tan^2\dfrac{\pi}{2^{n+2}}}$$

表せ，$a_{n+1}=\tan\dfrac{\pi}{2^{n+2}}$ であるから，上式は

$$a_n=\frac{2a_{n+1}}{1-a_{n+1}{}^2}$$ ……※ 答

である．

（ii） （i）より，$\dfrac{a_{n+1}}{a_n}=\dfrac{1-a_{n+1}{}^2}{2}$ であり

$$\lim_{n\to\infty}a_n=\lim_{n\to\infty}\tan\frac{\pi}{2^{n+1}}=0$$

であるから，$\lim\limits_{n\to\infty}a_{n+1}=0$ である．

したがって，求める極限値は

$$\lim_{n\to\infty}\frac{a_{n+1}}{a_n}=\frac{1}{2}$$ 答

である．

別解

式※を a_{n+1} について解くことを考える．

上述したように $0<a_{n+1}<1$ であるから，※は

$$a_n a_{n+1}{}^2+2a_{n+1}-a_n=0$$

$$a_{n+1}=\frac{-1+\sqrt{1+a_n{}^2}}{a_n} \qquad \cdots\cdots ①$$

と変形できる．これを用いると

$$\frac{a_{n+1}}{a_n}=\frac{-1+\sqrt{1+a_n{}^2}}{a_n{}^2}=\frac{1}{\sqrt{1+a_n{}^2}+1}$$

であり，$\lim\limits_{n\to\infty}a_n=\lim\limits_{n\to\infty}\tan\dfrac{\pi}{2^{n+1}}=0$ であるから

$$\lim_{n\to\infty}\frac{a_{n+1}}{a_n}=\frac{1}{2}$$ 答

である．

（iii）　求める無限級数の和は

$$\sum_{n=1}^{\infty}\frac{1}{2^n}\tan\frac{\pi}{2^{n+1}}=\lim_{n\to\infty}\sum_{k=1}^{n}\frac{1}{2^k}\tan\frac{\pi}{2^{k+1}}=\lim_{n\to\infty}\sum_{k=1}^{n}\frac{a_k}{2^k}$$

である．

そこで，※より

$$a_n a_{n+1}{}^2=a_n-2a_{n+1}$$

$$a_{n+1}=\frac{1}{a_{n+1}}-\frac{2}{a_n} \qquad \cdots\cdots ②$$

と変形できる．このとき，部分和 $\displaystyle\sum_{k=1}^{n}\frac{a_k}{2^k}$ について，

$$\begin{aligned}\sum_{k=1}^{n}\frac{a_k}{2^k}&=\frac{a_1}{2}+\sum_{k=2}^{n}\frac{a_k}{2^k}\\&=\frac{1}{2}+\sum_{k=2}^{n}\frac{1}{2^k}\left(\frac{1}{a_k}-\frac{2}{a_{k-1}}\right)\quad(\because\ ②)\\&=\frac{1}{2}+\sum_{k=2}^{n}\left(\frac{1}{2^k a_k}-\frac{1}{2^{k-1}a_{k-1}}\right)\\&=\frac{1}{2}+\left(\frac{1}{2^n a_n}-\frac{1}{2a_1}\right)\\&=\frac{1}{2^n a_n}\end{aligned}$$

である．

したがって，求める無限級数の和は

$$
\begin{aligned}
\sum_{n=1}^{\infty} \frac{1}{2^n} \tan \frac{\pi}{2^{n+1}} &= \lim_{n\to\infty} \sum_{k=1}^{n} \frac{a_k}{2^k} \\
&= \lim_{n\to\infty} \frac{1}{2^n a_n} \\
&= \lim_{n\to\infty} \frac{1}{2^n} \cdot \frac{\cos \frac{\pi}{2^{n+1}}}{\sin \frac{\pi}{2^{n+1}}} \\
&= \lim_{n\to\infty} \frac{1}{2^n} \cdot \frac{\frac{\pi}{2^{n+1}}}{\sin \frac{\pi}{2^{n+1}}} \cdot \frac{2^{n+1}}{\pi} \cdot \cos \frac{\pi}{2^{n+1}} \\
&= \frac{2}{\pi} \lim_{n\to\infty} \frac{\frac{\pi}{2^{n+1}}}{\sin \frac{\pi}{2^{n+1}}} \cdot \cos \frac{\pi}{2^{n+1}} \\
&= \frac{2}{\pi} \qquad \text{答}
\end{aligned}
$$

である．

では，軌跡と領域（図形と方程式）のイロを濃くしてみましょう．

例題 20

次の各問いに答えよ．

(1) 三角形 ABC があり，辺 BC の中点を M とする．このとき，

$$\angle \mathrm{ABM} + \angle \mathrm{MAC} = 90^\circ$$

を満たす三角形はどのような形か述べよ．

(2) 実数 A, B が

$$A > 0,\ B > 0,\ A + B = \frac{\pi}{4}$$

を同時に満たしているとき，

$$\tan A + \tan B \quad \text{および} \quad \tan A \cdot \tan B$$

のとり得る値の範囲を求めよ．

(3) xy 平面上に 2 点 A$(-2, 0)$，B$(1, 0)$ がある．点 P(x, y) は

$$\angle \mathrm{PAB} = 2\angle \mathrm{PBA}$$

を満たしながら $y > 0$ の範囲を動くとき，点 P の軌跡を求め，それを図示せよ．

参考　(1) は,「**図形と計量**」「**平面図形の性質**」「**図形と方程式**」などによって紐解くことができる問題でしょう.「中線は2倍に伸ばす」というエッセンスも再確認することができます. 各分野を習得するたびに, 同じ問題を「**振り返る**」という学びのエッセンスを共有できる問題の一つと位置付けすることもできます.

(2) は, 正接（タンジェント）の**和**および**積**のとり得る値の範囲を, 同時に考察することができる問題です. **正接の加法定理には, 和と積を同包している**ところが, 何ともいえない美しさの一つではないのでしょうか. (3) は, **2次曲線（放物線, 楕円, 双曲線）**の内容なども含まれています.

解説

(1)

参考1（平行四辺形の利用 / 図形と計量）

$\angle \mathrm{ABM}=B$, $\angle \mathrm{ACM}=C$ と表すと, 条件の

$\angle \mathrm{ABM}+\angle \mathrm{MAC}=90^\circ$ より

$$\angle \mathrm{MAC}=90^\circ-B$$

と表せ, $\triangle \mathrm{ABC}$ の内角の和は 180° であるから

$$\angle \mathrm{BAM}=90^\circ-C$$

である.

このとき, 図のように, 線分 AM を2倍に伸ばした点を D とすると, 四角形 ABDC は平行四辺形であり, 錯角は等しいから

$$\angle \mathrm{ADB}=\angle \mathrm{MAC}=90^\circ-B$$

である.

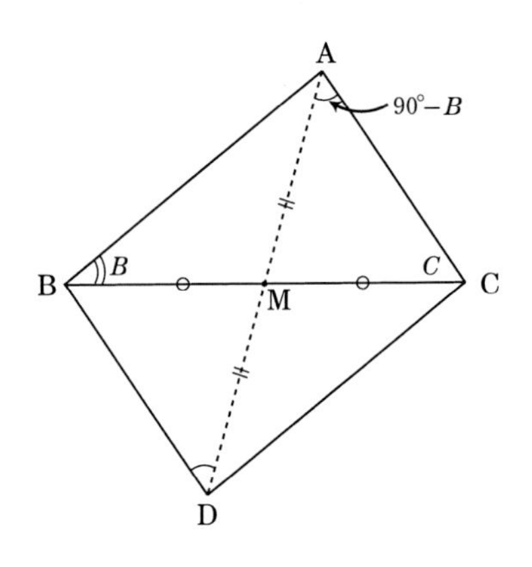

ここで, 三角形 ABD において正弦定理を用いると

$$\frac{\mathrm{AB}}{\sin\angle \mathrm{BDA}}=\frac{\mathrm{BD}}{\sin\angle \mathrm{BAD}}$$

が成り立ち，

$$\mathrm{BD}=\mathrm{AC},\ \angle\mathrm{BDA}=\angle\mathrm{MAC}=90^\circ-B,$$
$$\angle\mathrm{BAD}=\angle\mathrm{BAM}=90^\circ-C$$

より，上式は

$$\frac{\mathrm{AB}}{\sin(90^\circ-B)}=\frac{\mathrm{AC}}{\sin(90^\circ-C)}$$

であり，$\sin(90^\circ-B)=\cos B$，$\sin(90^\circ-C)=\cos C$ より

$$\frac{\mathrm{AB}}{\cos B}=\frac{\mathrm{AC}}{\cos C}$$

すなわち

$$\mathrm{AB}\cdot\cos C=\mathrm{AC}\cdot\cos B$$

である．ここで，$\mathrm{BC}=a$, $\mathrm{CA}=b$, $\mathrm{AB}=c$ とすると，上式は

$$c\cdot\frac{a^2+b^2-c^2}{2ab}=b\cdot\frac{c^2+a^2-b^2}{2ca}$$

であり，これは次のように変形できる．

$$c^2(a^2+b^2-c^2)=b^2(c^2+a^2-b^2)$$
$$c^2a^2-c^4-a^2b^2+b^4=0$$
$$(c^2-b^2)a^2-(c^4-b^4)=0$$
$$(c^2-b^2)a^2-(c^2-b^2)(c^2+b^2)=0$$
$$(c^2-b^2)(a^2-c^2-b^2)=0$$
$$(c-b)(c+b)(a^2-c^2-b^2)=0$$

したがって，$c+b>0$ であり

$$c-b=0 \quad \text{または} \quad a^2-c^2-b^2=0$$

であるから

$b=c$ の三角形　または　$a^2=b^2+c^2$ の三角形

すなわち，△ABC は

AB = AC の二等辺三角形　または　辺 BC を斜辺とする（$\angle A=90^\circ$）直角三角形　答

である．

参考2（同じ長さまたは共通なもので評価する／図形と計量／三角関数）

条件より，点 M は辺 BC の中点であるから

$$\mathrm{BM}=\mathrm{CM} \qquad \cdots\cdots ①$$

である．

このとき，2つの△ABM，△ACM において，正弦定理をそれぞれ用いると

$$\frac{\mathrm{BM}}{\sin\angle\mathrm{BAM}}=\frac{\mathrm{AM}}{\sin\angle\mathrm{ABM}},\quad \frac{\mathrm{CM}}{\sin\angle\mathrm{MAC}}=\frac{\mathrm{AM}}{\sin\angle\mathrm{ACM}}$$

すなわち

$$\frac{\mathrm{BM}}{\sin(90^\circ-C)}=\frac{\mathrm{AM}}{\sin B},\quad \frac{\mathrm{CM}}{\sin(90^\circ-B)}=\frac{\mathrm{AM}}{\sin C}$$

であり，これを BM, CM について解くと

$$\mathrm{BM}=\frac{\cos C}{\sin B}\mathrm{AM},\quad \mathrm{CM}=\frac{\cos B}{\sin C}\mathrm{AM}$$

であるから，これらを①に用いると

$$\frac{\cos C}{\sin B}=\frac{\cos B}{\sin C}$$

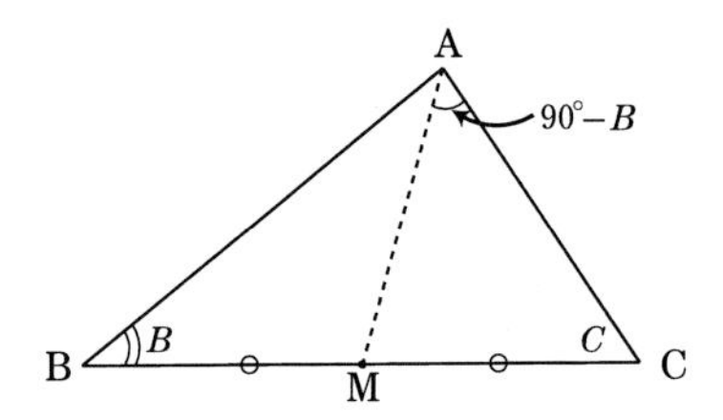

である．これより

$$\sin B\cos B=\sin C\cos C$$
$$\sin 2B=\sin 2C$$
$$\sin 2B-\sin 2C=0$$

であり，三角関数の和→積の公式より

$$2\cos(B+C)\sin(B-C)=0$$

であるから

$$\cos(B+C)=0 \quad \text{または} \quad \sin(B-C)=0$$

である．

また，三角形の内角の1つは180°未満であり，上式は

$$B+C=\frac{\pi}{2} \quad \text{または} \quad B-C=0$$

であるから

$$\angle A = 90^\circ \quad \text{または} \quad \mathrm{AB} = \mathrm{AC}$$

である．

したがって，△ABC は

$\angle A = 90^\circ$ の直角三角形　または　$\mathrm{AB} = \mathrm{AC}$

の二等辺三角形　**答**

である．

参考 3（分けられているものは集める／平面図形の性質）

AM の M 側の延長線上に

$$\angle \mathrm{CAE} = \angle \mathrm{CBE} = 90^\circ - B$$

を満たす点 E をとる．

このとき

$$\angle \mathrm{ABE} = \angle \mathrm{ABC} + \angle \mathrm{CBE} = 90^\circ$$

であり，三角形 ABE は $\angle \mathrm{ABE} = 90^\circ$ の直角三角形となるから，辺 BC の中点 M が線分 AE 上のどこにあるのかによって場合分けを行う．

（I）点 M が AE の中点に一致するとき；

三角形 ABE の外接円の中心に点 M が一致することに他ならないから，△ABC はその円に内接し，しかも，辺 BC はその円の直径でもあるから，この場合，△ABC は

$\angle A = 90^\circ$ の直角三角形

である．

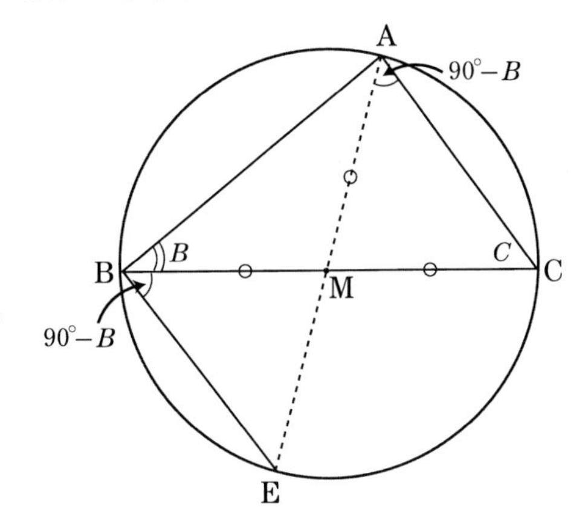

（Ⅱ）点 M が AE の中点に一致しないとき；

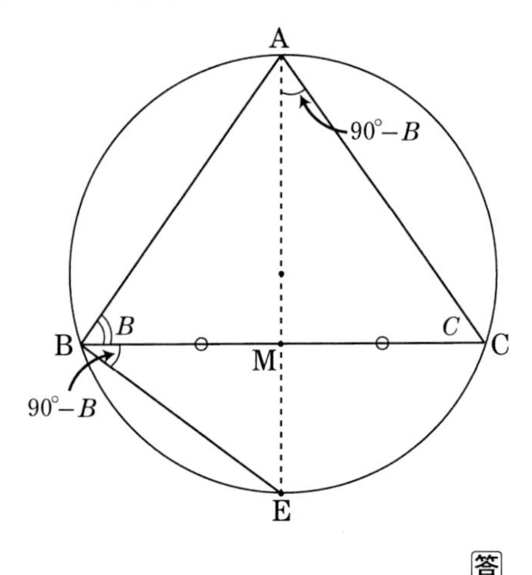

$\triangle$ABC は三角形 ABE の外接円に内接し，AE は辺 BC の垂直二等分線であるから，この場合，$\triangle$ABC は AB $=$ AC の二等辺三角形である．

したがって，$\triangle$ABC は

$\angle A = 90°$ の直角三角形

または AB $=$ AC の二等

辺三角形 　答

である．

参考 4（**座標平面上における考察 / 図形と方程式 / 三角関数 / ベクトル**）

図のように，xy 平面上で，辺 BC の中点 M が原点 O に一致するように考え，$\triangle$ABC の頂点の座標をそれぞれ

A$(x,\ y)$，B$(-1,\ 0)$，
C$(1,\ 0)$　$(y>0)$

としても，一般性を失うものではない．

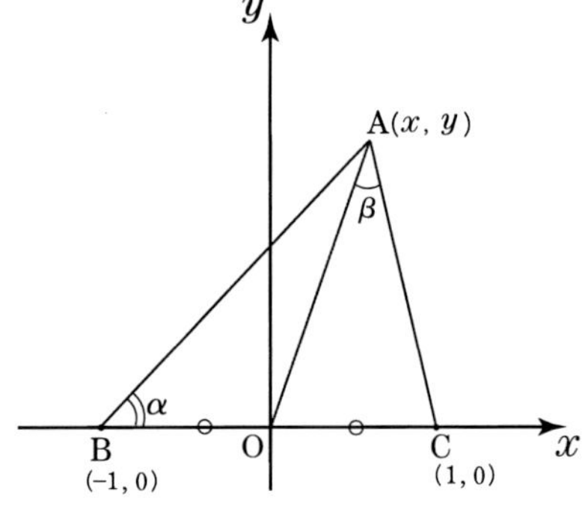

また，与えられた条件に対し

$\angle$ABO $= \alpha$，$\angle$OAC $= \beta$

とおくとき，　$\alpha + \beta = 90°$ より，$\beta = 90° - \alpha$ であるから

$$\tan\beta = \tan(90° - \alpha) = \frac{1}{\tan\alpha}$$

すなわち

$$\tan\alpha\cdot\tan\beta=1 \qquad \cdots\cdots ②$$

を満たす.

このとき，直線 AB の傾きから

$$\tan\alpha=\frac{y}{x+1} \qquad \cdots\cdots ③$$

であり

$$\overrightarrow{\mathrm{OA}}=\begin{pmatrix}x\\y\end{pmatrix},\ \overrightarrow{\mathrm{CA}}=\begin{pmatrix}x-1\\y\end{pmatrix}$$

であるから

$$\tan\beta=\frac{|\,xy-(x-1)y\,|}{x^2-x+y^2}=\frac{y}{x^2-x+y^2} \qquad \cdots\cdots ④$$

である．また，④では，$x=-1, 0, 1$ でもよいことがわかる．ここで，③と④を②に用いると

$$\frac{y}{x+1}\cdot\frac{y}{x^2-x+y^2}=1$$

であり，これは

$$x^3+xy^2-x=0$$

すなわち

$$x(x^2+y^2-1)=0$$

であるから

$$x=0 \quad \text{または} \quad x^2+y^2=1$$

である.

- $x=0$ のとき，点 A は y 上，すなわち，辺 BC の垂直二等分線上に存在するから，△ABC は AB = AC の二等辺三角形である.
- $x^2+y^2=1$ のとき，点 A は中心が O，半径が 1 の円周上（$y>0$）に存在するから，△ABC は $\angle A=90^\circ$ の直角三角形である.　答

(2)

参考1（正接の加法定理に和・積が存在する／基本対称式）

条件より

$$\tan(A+B)=\tan\frac{\pi}{4}=1$$

であり，加法定理から，これは

$$\frac{\tan A+\tan B}{1-\tan A\cdot\tan B}=1 \quad \cdots\cdots ①$$

である．また，3つの条件 $A>0$，$B>0$，$A+B=\frac{\pi}{4}$ より

$$0<A<\frac{\pi}{4},\ 0<B<\frac{\pi}{4}$$

であり，

$$0<\tan A<1,\ 0<\tan B<1$$

である．このとき，

$$\tan A+\tan B=x,\ \tan A\cdot\tan B=y$$

とおくと，式①は

$$\frac{x}{1-y}=1$$

であり，すなわち

$$y=-x+1 \quad \cdots\cdots ②$$

である．

ここで，$\tan A$，$\tan B$ を解にもつ2次方程式を1つつくると，解と係数の関係より

$$t^2-(\tan A+\tan B)t+\tan A\cdot\tan B=0$$

$$t^2-xt+y=0$$

を得るから

$$f(t)=t^2-xt+y=\left(t-\frac{1}{2}x\right)^2+y-\frac{1}{4}x^2$$

とおくと，方程式 $f(t)=0$ の解は $0<t<1$ のところに実数解をもた

なければならないから，次の 4 つの式を同時に満たせばよい．

$$\begin{cases} 0 < \dfrac{1}{2}x < 1 \\ y - \dfrac{1}{4}x^2 \leqq 0 \\ f(0) > 0 \\ f(1) > 0 \end{cases} \text{ より，} \begin{cases} 0 < x < 2 \\ y \leqq \dfrac{1}{4}x^2 \\ y > 0 \\ y > x - 1 \end{cases} \qquad \cdots\cdots *$$

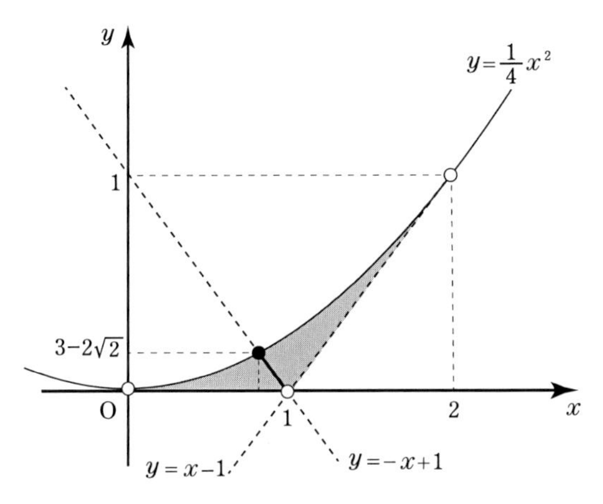

そこで，＊を図示すると，上図のようになる．

このとき，＊のもとで，②をこれに重ねると，求める x, y のとり得る値の範囲が得られる．

また，$y=\dfrac{1}{4}x^2$，$y=-x+1$ を連立させると

$$\frac{1}{4}x^2=-x+1 \text{ より，} x^2+4x-4=0$$

であり，$x>0$ であるから

$$x=2(\sqrt{2}-1)$$

である．これを②に用いると，y の値は

$$y=3-2\sqrt{2}$$

である．

したがって，求める $\tan A+\tan B$ および $\tan A\cdot\tan B$ のとり得る

値の範囲は

$$2(\sqrt{2}-1) \leqq \tan A+\tan B<1$$

$$0<\tan A \cdot \tan B \leqq 3-2\sqrt{2}$$

であり，等号成立はというと，

$$t^2-2(\sqrt{2}-1)t+(3-2\sqrt{2})=0$$

$$\{t-(\sqrt{2}-1)\}^2=0$$

のとき，すなわち

$$\tan A=\tan B=\sqrt{2}-1$$

であるから，これは右の図において

$$\tan\frac{\pi}{8}=\frac{1}{\sqrt{2}+1}=\sqrt{2}-1$$

が得られるから

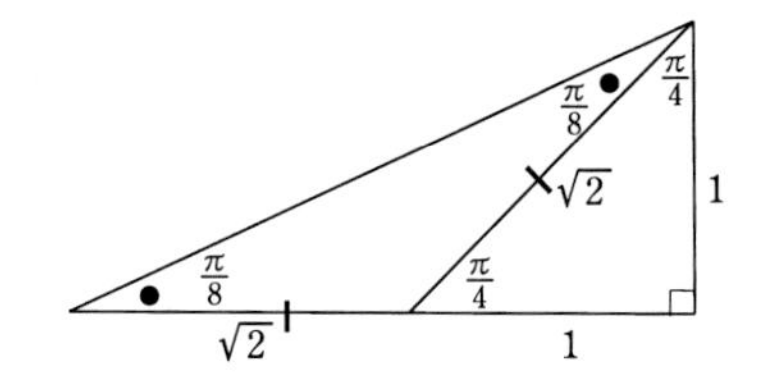

$$A=B=\frac{\pi}{8}$$

のときである．　答

補足（**相加平均と相乗平均の大小関係の利用**）

$\tan A>0$，$\tan B>0$ より，相加平均と相乗平均の大小関係を用いると

$$\tan A+\tan B \geqq 2\sqrt{\tan A \cdot \tan B}$$

すなわち，＊の2つ目の不等式

$$y \leqq \frac{1}{4}x^2$$

が得られます．

つまり，与えられた条件（2変数）を1変数とすることで，

$\tan A+\tan B$ の**最小値**　および　$\tan A \cdot \tan B$ の**最大値**

については，相加平均と相乗平均の大小関係によって導けそうです．

部分的な解説

条件より，$B=\frac{\pi}{4}-A$ であるから

$$\tan A+\tan B=\tan A+\tan\left(\frac{\pi}{4}-A\right)$$
$$=\tan A+\frac{1-\tan A}{1+\tan A} \quad \cdots\cdots ♪$$
$$=\tan A-1+\frac{2}{1+\tan A}$$
$$=1+\tan A+\frac{2}{1+\tan A}-2$$

と表せる．

このとき，$1+\tan A>0$ より，相加平均と相乗平均の大小関係を用いると，上式は

$$1+\tan A+\frac{2}{1+\tan A}-2 \geqq 2\sqrt{(1+\tan A)\cdot\frac{2}{1+\tan A}}-2=2(\sqrt{2}-1)$$

すなわち

$$\tan A+\tan B \geqq 2(\sqrt{2}-1)$$

である．また，等号が成り立つのは

$$1+\tan A=\frac{2}{1+\tan A}$$

のときであり，これより

$$\tan A=\sqrt{2}-1$$

が得られるから

$$A=B=\frac{\pi}{8}$$

のときである．

一方，$\tan A\cdot\tan B$ について，$B=\frac{\pi}{4}-A$ より

$$\tan A\cdot\tan\left(\frac{\pi}{4}-A\right)=\tan A\cdot\frac{1-\tan A}{1+\tan A} \quad \cdots\cdots ♬$$
$$=\tan A\left(-1+\frac{2}{1+\tan A}\right)$$

$$=-\tan A+\frac{2\tan A}{1+\tan A}$$
$$=-\tan A+2-\frac{2}{1+\tan A}$$
$$=-\left(1+\tan A+\frac{2}{1+\tan A}-3\right)$$

と表せ，$1+\tan A>0$ より，相加平均と相乗平均の大小関係を用いると

$$1+\tan A+\frac{2}{1+\tan A}-3\geqq 2\sqrt{(1+\tan A)\cdot\frac{2}{1+\tan A}}=2\sqrt{2}-3$$

と評価できるから，上式はこれより

$$\tan A\cdot\tan B\leqq 3-2\sqrt{2}$$

であり，等号が成り立つのは，上述と同じ．

参考　式♪および式♬において，

$$X=\tan A\ (0<X<1)$$

と置き換えると

$$F(X)=X+\frac{1-X}{1+X}=\frac{X^2+1}{X+1}$$
$$G(X)=\frac{-X^2+X}{X+1}$$

であるから，「**微分**」の知識と技能によって，

　　$0<X<1$ における増減と最大・最小を調べる

ことで，問題全体を掌握することもできます．

(3) $\angle\mathrm{PBA}=\theta$ とおくと，条件より

$$\angle\mathrm{PAB}=2\theta$$

である．また，三角形の3つの内角の和は $180°$ であるから

$$\angle\mathrm{APB}=\pi-3\theta$$

であり，内角はすべて正であるから

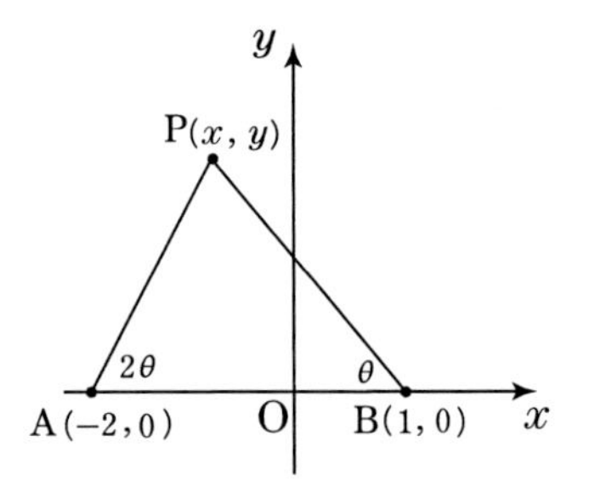

$$0<\theta<\frac{\pi}{3} \qquad \cdots\cdots ①$$

である．

このもとで，点Pのx座標に関して，次のように場合分けを行う．

（Ⅰ）$x=1$のとき；

$\theta=\frac{\pi}{2}$となるから，①により不適．

（Ⅱ）$x=-2$のとき；

$2\theta=\frac{\pi}{2}$，すなわち，$\theta=\frac{\pi}{4}$となり，三角形PABは$\mathrm{PA}=\mathrm{AB}$の直角二等辺三角形となるから，$1:1:\sqrt{2}$より，$y=3$であり，点Pは$(-2, 3)$に位置する．

（Ⅲ）$x \neq 1, x \neq -2$のとき；

直線AP, BPがx軸の正の方向となす角を考えると，この直線の傾きは，$\tan 2\theta$および$\tan(\pi-\theta)=-\tan\theta$であるから，これらを$x, y$を用いて表すと

$$\tan 2\theta=\frac{y}{x+2}, \ \tan\theta=\frac{y}{1-x} \qquad \cdots\cdots ②$$

である．

そこで，②の第2式を①に用いると

$$0<\frac{y}{1-x}<\sqrt{3}$$

すなわち

$$0<y<-\sqrt{3}(x-1) \qquad \cdots\cdots ③$$

が得られる．

さらに，加法定理より

$$\tan 2\theta=\frac{2\tan\theta}{1-\tan^2\theta}$$

であるから，この両辺に②を用いると

$$\frac{y}{x+2}\left\{1-\left(\frac{y}{1-x}\right)^2\right\}=2\cdot\frac{y}{1-x}$$

$$\frac{y(3x^2-y^2-3)}{(1-x)^2(x+2)}=0$$

すなわち

$$x^2-\frac{y^2}{3}=1 \qquad \cdots\cdots ④$$

が得られ，これは双曲線である．

したがって，(Ⅱ) の点 P$(-2,\ 3)$ は，双曲線④上にあり，③のもとで考えるから，求める軌跡は図の実線部である．

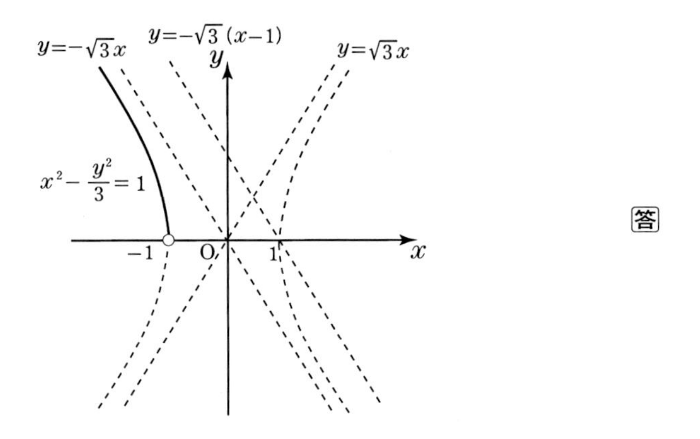

答

では，この章も終わりに近づいてきました．定性的な問題も加味していきましょう．

例題 21

三角形 ABC の 3 辺 BC, CA, AB の長さをそれぞれ a, b, c とし, 3 つの内角の大きさをそれぞれ A, B, C とするとき, 次の問いに答えよ.

(1) $\tan\frac{A}{2}\tan\frac{B}{2}+\tan\frac{B}{2}\tan\frac{C}{2}+\tan\frac{C}{2}\tan\frac{A}{2}$ の値は一定であることを示せ.

(2) $\tan^2\frac{A}{2}+\tan^2\frac{B}{2}+\tan^2\frac{C}{2}=1$ を満たすとき, 三角形 ABC はどのような形か述べよ.

(3) $\frac{1}{\tan A}$, $\frac{1}{\tan B}$, $\frac{1}{\tan C}$ が等差数列をなすとき, a^2, b^2, c^2 はこの順で等差数列をなすことを示せ.

(4) a, b, c がこの順で等差数列をなすとき, $\tan\frac{A}{2}\tan\frac{C}{2}$ の値を求めよ.

(5) 次の 3 つの条件をすべて満たすとき, (a, b, c) の組をすべて求めよ.

- a, b, c はすべて正の整数である.
- $\angle BAC=60°$ である.
- $\triangle ABC$ の内接円の半径は $\sqrt{3}$ である.

参考　正接 (タンジェント) は**数列**との相性もよいことを確かめましょう. (3) の条件は, **調和数列**と言い換えをしてもよいでしょう. また, 三角形と整数問題は**第 1 章**のピタゴラス数のところでもとりあげましたが, ここでは正接 (タンジェント) がメインです.

解答

(1) **参考 1 (角で評価する)**

三角形の 3 つの内角の和は 180° であるから

$$A+B+C=\pi$$

である．これより

$$\frac{A}{2}=\frac{\pi}{2}-\frac{B+C}{2}$$

であり

$$\tan\frac{A}{2}=\tan\left(\frac{\pi}{2}-\frac{B+C}{2}\right)=\frac{1}{\tan\frac{B+C}{2}}=\frac{1-\tan\frac{B}{2}\tan\frac{C}{2}}{\tan\frac{B}{2}+\tan\frac{C}{2}}$$

であるから，これは

$$\tan\frac{A}{2}\left(\tan\frac{B}{2}+\tan\frac{C}{2}\right)=1-\tan\frac{B}{2}\tan\frac{C}{2}$$

すなわち

$$\tan\frac{A}{2}\tan\frac{B}{2}+\tan\frac{B}{2}\tan\frac{C}{2}+\tan\frac{C}{2}\tan\frac{A}{2}=1$$

であり，一定であることが示せた．　終

補足　このように角に関する式変形では，あっさりとした証明になりましたが，一方で，**辺**に関する証明はと問われると，**ヘロンの公式**を習得している場合には，このような場面で利活用してみるのはいかがでしょうか．しかし，ある程度，計算の見通しを立てた上で対応したいものです．

参考2（辺の長さで評価する / ヘロンの公式）

3つの内角 A, B, C において，それらを半分にした

$\frac{A}{2}$，$\frac{B}{2}$，$\frac{C}{2}$ はすべて鋭角であるから，

$\sin\frac{A}{2}$，$\cos\frac{A}{2}$，$\tan\frac{A}{2}$ はすべて正

である．このとき，

$$\sin^2\frac{A}{2}=\frac{1-\cos A}{2},\ \cos^2\frac{A}{2}=\frac{1+\cos A}{2}$$

と表せ，この右辺の $\cos A$ は，余弦定理より

$$\cos A=\frac{b^2+c^2-a^2}{2bc}$$

と表せるから，これを用いて改めていく．

ここで，$2s=a+b+c$ とおくと，上式の $\sin^2\dfrac{A}{2}$ は

$$\begin{aligned}\sin^2\frac{A}{2}&=\frac{1}{2}\left(1-\frac{b^2+c^2-a^2}{2bc}\right)\\&=\frac{1}{2}\cdot\frac{a^2-(b-c)^2}{2bc}\\&=\frac{(a+b-c)(c+a-b)}{4bc}\\&=\frac{(2s-2c)(2s-2b)}{4bc}\\&=\frac{(s-b)(s-c)}{bc}\end{aligned}$$

と表せ，しかも $\sin\dfrac{A}{2}>0$ だから

$$\sin\frac{A}{2}=\sqrt{\frac{(s-b)(s-c)}{bc}} \qquad \cdots\cdots ①$$

である．

一方で，上式の $\cos^2\dfrac{A}{2}$ は

$$\begin{aligned}\cos^2\frac{A}{2}&=\frac{1}{2}\left(1+\frac{b^2+c^2-a^2}{2bc}\right)\\&=\frac{1}{2}\cdot\frac{(b+c)^2-a^2}{2bc}\\&=\frac{(a+b+c)(b+c-a)}{4bc}\\&=\frac{2s(2s-2a)}{4bc}\end{aligned}$$

$$= \frac{s(s-a)}{bc}$$

と表せ，$\cos\frac{A}{2} > 0$ であるから

$$\cos\frac{A}{2} = \sqrt{\frac{s(s-a)}{bc}} \qquad \cdots\cdots ②$$

である．

　したがって，①と②より

$$\tan\frac{A}{2} = \frac{\sin\frac{A}{2}}{\cos\frac{A}{2}} = \frac{\sqrt{\frac{(s-b)(s-c)}{bc}}}{\sqrt{\frac{s(s-a)}{bc}}}\sqrt{\frac{(s-b)(s-c)}{s(s-a)}}$$

である．これと同様にすると

$$\tan\frac{B}{2} = \sqrt{\frac{(s-c)(s-a)}{s(s-b)}}, \quad \tan\frac{C}{2} = \sqrt{\frac{(s-a)(s-b)}{s(s-c)}}$$

であるから

$$\tan\frac{A}{2}\tan\frac{B}{2} + \tan\frac{B}{2}\tan\frac{C}{2} + \tan\frac{C}{2}\tan\frac{A}{2}$$

$$= \frac{s-c}{s} + \frac{s-a}{s} + \frac{s-b}{s}$$

$$= 3 - \frac{a+b+c}{s}$$

$$= 1 \quad (\because\ a+b+c = 2s)$$

である．これより，与えられた式の値は一定であることが示せた．

終

(2)　(1) で得られたことに対し，

$$z = \tan\frac{A}{2},\ x = \tan\frac{B}{2},\ y = \tan\frac{C}{2}$$

とおくと，$\tan\frac{A}{2}\tan\frac{B}{2} + \tan\frac{B}{2}\tan\frac{C}{2} + \tan\frac{C}{2}\tan\frac{A}{2} = 1$ は

$$zx + xy + yz = 1 \qquad \cdots\cdots ③$$

と表せる．

また，条件より

$$x^2+y^2+z^2=1 \quad \cdots\cdots ④$$

であるから，④−③より

$$x^2+y^2+z^2-xy-yz-zx=0$$

すなわち

$$\frac{1}{2}\{(x-y)^2+(y-z)^2+(z-x)^2\}=0$$

である．

したがって，

$$x-y=0 \quad \text{かつ} \quad y-z=0 \quad \text{かつ} \quad z-x=0$$

すなわち

$$x=y=z$$

であるから，三角形 ABC は正三角形である．　答

(3)　$\frac{1}{\tan A}$，$\frac{1}{\tan B}$，$\frac{1}{\tan C}$ が等差数列であるから，その性質より

$$\frac{\frac{1}{\tan A}+\frac{1}{\tan C}}{2}=\frac{1}{\tan B}$$

すなわち

$$\frac{1}{\tan A}+\frac{1}{\tan C}=\frac{2}{\tan B}$$

である．

これはさらに

$$\frac{\cos A}{\sin A}+\frac{\cos C}{\sin C}=2\cdot\frac{\cos B}{\sin B}$$

であり

$$\frac{\sin A\cos C+\cos A\sin C}{\sin A\sin C}=2\cdot\frac{\cos B}{\sin B}$$

であるから

$$\sin B\cdot\sin(A+C)=2\sin A\sin C\cos B$$

である．

ここで，$A+C=\pi-B$ であり，

$$\sin(A+C)=\sin(\pi-B)=\sin B$$

であるから，上式は

$$\sin^2 B=2\sin A\sin C\cos B \qquad \cdots\cdots ⑤$$

である．

そこで，三角形 ABC の外接円の半径を R とすると，⑤において正弦定理と余弦定理を用いると

$$\left(\frac{b}{2R}\right)^2=2\cdot\frac{a}{2R}\cdot\frac{c}{2R}\cdot\frac{c^2+a^2-b^2}{2ca}$$

すなわち

$$b^2=\frac{a^2+c^2}{2}$$

が成り立つ．

したがって，等差数列の性質より

a^2, b^2, c^2 はこの順で等差数列

をなすことが示せた．　終

(4)　図のように，三角形 ABC の内接円の半径を r とし，

$$a=x+y,\ b=y+z,\ c=z+x$$

とする．

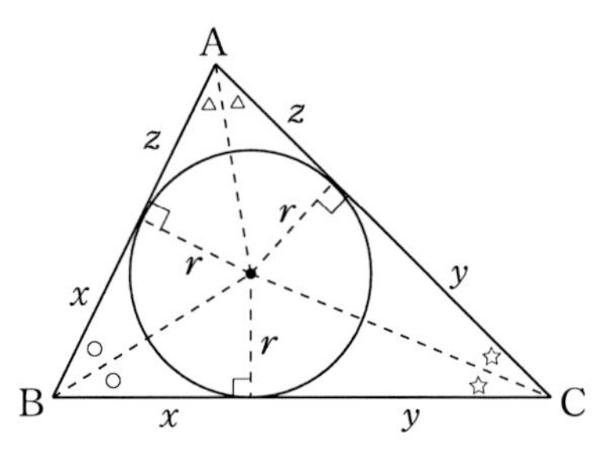

そこで，条件より，a, b, c がこの順で等差数列をなすとき，中央項 b は

$$2b=a+c$$

を満たすから，上の 3 つをこれに用いると

$$2(y+z)=(x+y)+(z+x)$$

すなわち

$$2x = y + z \qquad \cdots\cdots ⑥$$

である．

また，内接円の半径 r は

$$r = x\tan\frac{B}{2} = y\tan\frac{C}{2} = z\tan\frac{A}{2}$$

と表せ

$$x = \frac{r}{\tan\frac{B}{2}},\quad y = \frac{r}{\tan\frac{C}{2}},\quad z = \frac{r}{\tan\frac{A}{2}}$$

であるから，これを⑥に用いると

$$2\cdot\frac{r}{\tan\frac{B}{2}} = \frac{r}{\tan\frac{C}{2}} + \frac{r}{\tan\frac{A}{2}}$$

$$2\cdot\tan\frac{A}{2}\tan\frac{C}{2} = \tan\frac{A}{2}\tan\frac{B}{2} + \tan\frac{B}{2}\tan\frac{C}{2} \qquad \cdots\cdots ⑦$$

である．

このとき，(1) より

$$\tan\frac{A}{2}\tan\frac{B}{2} + \tan\frac{B}{2}\tan\frac{C}{2} + \tan\frac{C}{2}\tan\frac{A}{2} = 1$$

であり，これは

$$\tan\frac{A}{2}\tan\frac{B}{2} + \tan\frac{B}{2}\tan\frac{C}{2} = 1 - \tan\frac{C}{2}\tan\frac{A}{2}$$

であるから，これを⑦の右辺に用いると

$$2\cdot\tan\frac{A}{2}\tan\frac{C}{2} = 1 - \tan\frac{A}{2}\tan\frac{C}{2}$$

すなわち

$$\tan\frac{A}{2}\tan\frac{C}{2} = \frac{1}{3}$$ 答

である．

(5)　条件から，右の図のようにとる．このとき，

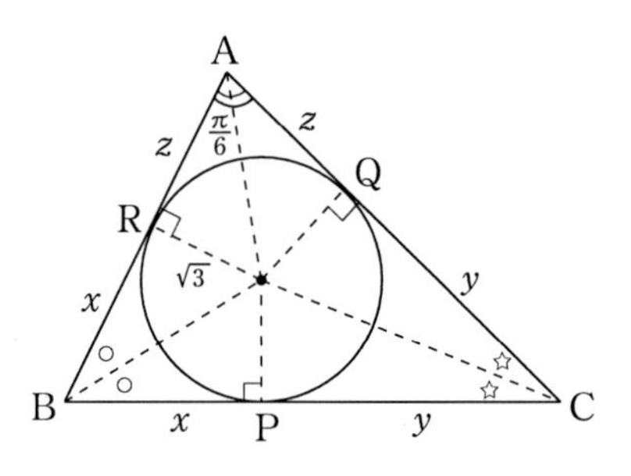

$$z=\frac{\sqrt{3}}{\tan\frac{\pi}{6}}=3$$

であるから，3 辺の長さ a, b, c は

$$a=x+y,\ b=y+3,\ c=x+3 \qquad \cdots\cdots ⑧$$

と表せる．

ここで，△ABC において，余弦定理を用いると

$$a^2=b^2+c^2-2bc\cos\frac{\pi}{3} \qquad \cdots\cdots ⑨$$

が成り立つから，⑧を⑨に用いると

$$(x+y)^2=(y+3)^2+(x+3)^2-(y+3)(x+3)$$

$$xy-x-y-3=0$$

$$(x-1)(y-1)=4$$

が得られ，x, y は整数であるから，その候補は

$x-1$	1	2	4
$y-1$	4	2	1

である．

したがって，

x	2	3	5
y	5	3	2

が得られ，求める正の整数の組 (a, b, c) は，⑧より

$$(7, 8, 5),\ (6, 6, 6),\ (7, 5, 8)$$ 答

である．

例題 22

正三角形でない鋭角三角形 ABC の外心を O，重心を G，垂心を H とする．

(1) 3 点 O, G, H は同一直線 ℓ 上に存在することを示せ．

(2) 直線 ℓ が辺 CA に平行であるとき， $\tan A \tan C$ の値は一定であることを示せ．

〔参 考〕 **オイラー線**は，たびたび大学入試でもとりあげられる題材の一つです．オイラー線が三角形のある一辺に平行であるという条件を加えた設問が (2) です．正接（タンジェント）から得られる**線分の積**は，**方べきの定理との相性**を確認できるものです．

解説

(1) 図のように AO を延長し外接円との交点で，A でない方を E とする．

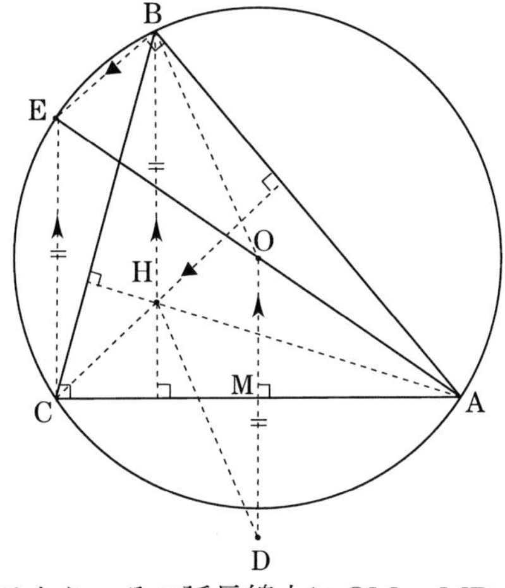

このとき，AE は直径であるから

$\angle ECA = \angle EBA = 90^\circ$

である．

ここで，外心 O から辺 CA へ垂線を下ろし，その点を M とする．

OM は辺 CA を垂直二等分するから，その延長線上に OM = MD となる点 D をとると，

$$\overrightarrow{OD} = \overrightarrow{OA} + \overrightarrow{OC} \quad \cdots\cdots ①$$

と表せる．また，直角三角形 ECA において中点連結定理より

$$EC = 2OM = OD$$

であり，さらに BE // HC であるから，

　　　　四角形 BECH は平行四辺形

である．これより，

$$EC = BH = OD \text{ かつ } BH \,/\!/\, OD$$

であるから，四角形 BHDO は，1 組の対辺が平行で長さが等しいから，平行四辺形である．

したがって，

$$\overrightarrow{OH} = \overrightarrow{OB} + \overrightarrow{OD} = \overrightarrow{OA} + \overrightarrow{OB} + \overrightarrow{OC} \quad (\because\ ①)$$

と表せ，ここで，△ABC の重心 G は

$$\overrightarrow{OG} = \frac{\overrightarrow{OA} + \overrightarrow{OB} + \overrightarrow{OC}}{3}$$

と表すことができ，上述したことと合わせると

$$\overrightarrow{OH} = 3\overrightarrow{OG}$$

であり，3 点 O, G, H は，この順序で直線上に OG : GH = 1 : 2 で並ぶことが示せた．　**終**

(2)　(1) より，3 点 O, G, H は，この順序で同一直線 ℓ 上に OG : GH = 1 : 2 で並ぶから，直線 ℓ が辺 CA に平行であるとき，図のようにとれる．

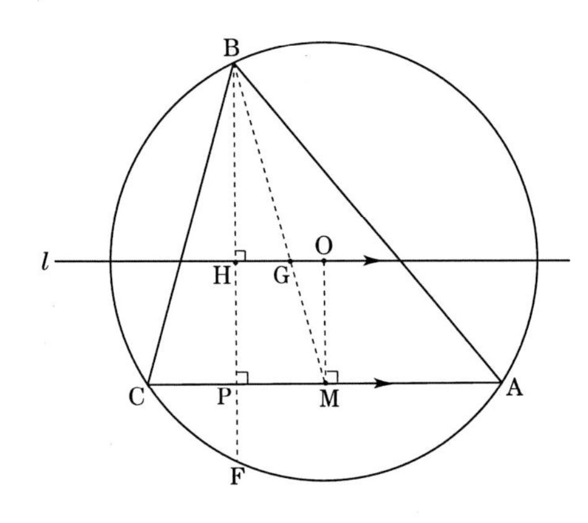

このとき

$$\tan A \tan C = \frac{BP}{AP} \cdot \frac{BP}{CP}$$

$$= \frac{BP^2}{BP \cdot PF} \quad (\because\ \text{方べきの定理})$$

$$= \frac{\mathrm{BP}}{\mathrm{PF}}$$

であり，ここで

$$\mathrm{BH} : \mathrm{HF} = 1 : 1$$

$$\mathrm{BH} : \mathrm{HP} = \mathrm{BG} : \mathrm{GM} = 2 : 1$$

であるから

$$\mathrm{BP} : \mathrm{PF} = 3 : 1$$

である．

したがって

$$\tan A \tan C = \frac{\mathrm{BP}}{\mathrm{PF}} = 3$$

となり，これは一定の値である． 終

この章も，複素数平面のエッセンスを感受して，閉じることにしましょう．

例題 23

次の問いに答えよ．

(1) 定円 O の外部の点 A から円 O に 2 つの接線を引き，その接点を P, Q とする．このとき，AP＝AQ であることを証明せよ．

(2) 複素数平面において，三角形 ABC の頂点をそれぞれ $\mathrm{A}(\alpha), \mathrm{B}(\beta), \mathrm{C}(\gamma)$，三角形 ABC の内心を I とし，I は原点 O(0) に一致しているものとここで，三角形 ABC の内接円と辺 BC, CA, AB の接点をそれぞれ $\mathrm{D}(d), \mathrm{E}(e), \mathrm{F}(f)$ とするとき

$$\frac{1}{\alpha} + \frac{1}{\beta} + \frac{1}{\gamma} = \frac{1}{d} + \frac{1}{e} + \frac{1}{f}$$

が成り立つことを証明せよ．

参考　直接，正接（タンジェント）が顕現するわけではありませんが，**例題 21** で習得した図版（構図）を複素数平面で扱ってみます．

複素数平面では，あるベクトルを回転させ，それを何倍に拡大・縮小するのかといった観点を，一つの式で凝縮して扱うことができるため，これは複素数平面の「学び」における醍醐味の一つだと思います．本問で成り立つ関係式は定性的で美しいと思います．

複素数平面における複素数 z は,「数の役割」「点の役割」「ベクトルの役割」などをあわせもつため，それらを適切に使い分けその手続きを考察することが面白いことも事実でしょう．

解説

(1) 三角形 APO と三角形 AQO について

$\angle \mathrm{APO} = \angle \mathrm{AQO} = 90°$，

$\mathrm{OP} = \mathrm{OQ} =$(円の半径)，

AO は共通

であり，斜辺と他の1辺の長さがそれぞれ等しいから，三角形 APO と三角形 AQO は合同である．

したがって，対応する辺の長さは等しいから

$$\mathrm{AP} = \mathrm{AQ}$$

である．　**終**

(2) 右の図のようにとれる．このとき，(1) より，点 A から内接円に引く2つの接線の長さは等しく

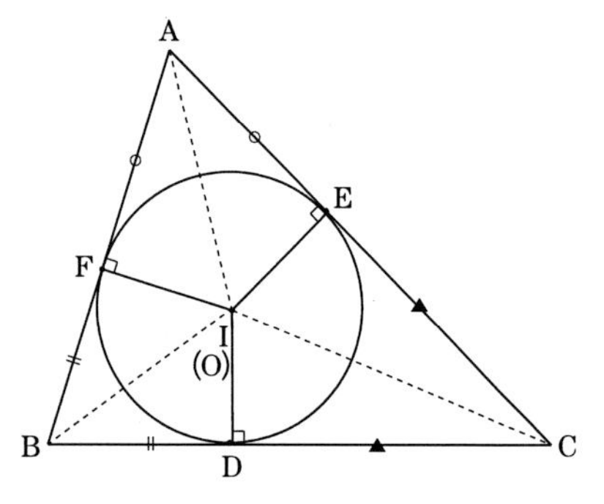

$$\mathrm{AF}=\mathrm{AE}$$

である．

ここで，

$\overrightarrow{\mathrm{FA}}$ は，点 F を中心に $\overrightarrow{\mathrm{FI}}$ を $\dfrac{\pi}{2}$ 回転し，

長さを k $(k>0)$ 倍したもの

であり，一方，

$\overrightarrow{\mathrm{EA}}$ は，点 E を中心に $\overrightarrow{\mathrm{EI}}$ を $-\dfrac{\pi}{2}$ 回転し，

長さを k $(k>0)$ 倍したもの

であるから，それぞれを式にすると

$$\alpha-f=k\times\left(\cos\frac{\pi}{2}+i\cdot\sin\frac{\pi}{2}\right)\times(0-f)=-k\cdot i\cdot f$$

$$\alpha-e=k\times\left\{\cos\left(-\frac{\pi}{2}\right)+i\cdot\sin\left(-\frac{\pi}{2}\right)\right\}\times(0-e)=k\cdot i\cdot e$$

である．

この 2 式から，α はそれぞれ

$$\alpha=(1-k\cdot i)f\,,\quad \alpha=(1+k\cdot i)e \qquad \cdots\cdots ①$$

と表せ，左辺が等しいから，右辺も等しく

$$(1-k\cdot i)f=(1+k\cdot i)e$$

であり，これを k について解くと

$$k=\frac{f-e}{(e+f)i}=\frac{f-e}{(e+f)i}\cdot\frac{i}{i}=i\cdot\frac{e-f}{e+f} \qquad \cdots\cdots ②$$

である．

このとき，②を①の第 1 式目に用いると

$$\alpha=\left(1-i^2\cdot\frac{e-f}{e+f}\right)f=\left(1+\frac{e-f}{e+f}\right)f=\frac{2ef}{e+f}$$

であるから，これより

$$\frac{1}{\alpha}=\frac{1}{2}\left(\frac{1}{e}+\frac{1}{f}\right) \qquad \cdots\cdots ③$$

が得られる.

同様に，頂点BとCにおいて

$$\frac{1}{\beta}=\frac{1}{2}\left(\frac{1}{f}+\frac{1}{d}\right) \qquad \cdots\cdots④$$

$$\frac{1}{\gamma}=\frac{1}{2}\left(\frac{1}{d}+\frac{1}{e}\right) \qquad \cdots\cdots⑤$$

が得られるから，③，④，⑤の辺ごとの和によって

$$\frac{1}{\alpha}+\frac{1}{\beta}+\frac{1}{\gamma}=\frac{1}{d}+\frac{1}{e}+\frac{1}{f}$$

が成り立つことが示せた.　**終**

Round up 演習（その2）

■ **問題 2-1**　◀◀静岡大，関西大　改題

次の各問いに答えよ．

(1) 実数 α, β に対し，$\sin\alpha+\sin\beta=2\sin\dfrac{\alpha+\beta}{2}\cos\dfrac{\alpha-\beta}{2}$ が成り立つことを証明せよ．

(2) 三角形 ABC において，3 つの内角の大きさをそれぞれ A, B, C と表し，3 辺 BC，CA，AB の長さをそれぞれ a, b, c と表す．

　(i) $a+c=2b$ を満たすとき，$\sin A+\sin C=2\sin B$ が成り立つことを証明せよ．

　(ii) $a+c=2b$ を満たすとき，$\tan\dfrac{A}{2}\tan\dfrac{C}{2}$ の値を求めよ．

　(iii) $a^2+c^2=2b^2$ を満たすとき，不等式 $A+C \geqq 2B$ が成り立つことを証明せよ．

■ **問題 2-2**　◀◀早稲田大　改題

三角形 ABC において，$\mathrm{BC}=a$，$\mathrm{CA}=b$，$\mathrm{AB}=c$ とし，辺 BC の中点を M とする．

(1) $b+c=2a$ であり，角 B と角 C の大きさの差 $(B-C)$ が $60°$ であるとき，$\sin A$ の値を求めよ．

(2) $b=2$，$c=3$，$2\angle\mathrm{MAB}=\angle\mathrm{MAC}$ であるとき，AM の長さと a を求めよ．

問題 2-3　◀◀東京大

座標平面上に2点 O(0, 0), A(0, 1) をとる．x 軸上の2点 $\mathrm{P}(p, 0)$, $\mathrm{Q}(q, 0)$ が，次の条件 (i), (ii) をともに満たすとする．

(i)　$0<p<1$ かつ $p<q$

(ii) 線分 AP の中点を M とするとき，$\angle \mathrm{OAP} = \angle \mathrm{PMQ}$

(1) q を p を用いて表せ．

(2) $q = \dfrac{1}{3}$ となる p の値を求めよ．

(3) $\triangle \mathrm{OAP}$ の面積を S，$\triangle \mathrm{PMQ}$ の面積を T とする．$S>T$ となる p の範囲を求めよ．

問題 2-4　◀◀東京大

座標平面上の3点 A(1, 0), B(−1, 0), C(0, −1) に対し，

$$\angle \mathrm{APC} = \angle \mathrm{BPC}$$

を満たす点 P の軌跡を求めよ．ただし，$\mathrm{P} \neq \mathrm{A}, \mathrm{B}, \mathrm{C}$ とする．

問題 2-5　◀◀大阪大　改題

放物線 $y = x^2$ 上に異なる3点 $\mathrm{A}(a, a^2)$, $\mathrm{B}(b, b^2)$, $\mathrm{C}(c, c^2)$ $(a<b<c)$ があり，この3点を頂点とする三角形 ABC は正三角形である．また，3つの直線 AB, BC, CA の傾きをそれぞれ p, q, r とするとき，次の問いに答えよ．

(1) $pq+qr+rp$ は一定であることを示し，その値を求めよ．

(2) 3点 A, B, C が正三角形を満たしながら動くとき，正三角形 ABC の重心 G の軌跡を求めよ．

問題 2-6 ◀◀福井大

放物線 $y=\frac{1}{4}x^2$ 上に相異なる3つの点 $\mathrm{A}(2a,\ a^2)$, $\mathrm{B}(2b,\ b^2)$, $\mathrm{C}(2c,\ c^2)$ がある.

(1) 3点 A, B, C における法線が1点で交わるための必要十分条件は

$$a+b+c=0$$

であることを示せ.

(2) (1) の条件を満たすとき, 3つの法線の交点を P とする. さらに, 三角形 ABC が直角三角形となるように A, B, C が動くとき, 点 P の軌跡を求めよ.

問題 2-7 ◀◀横浜市立大, 九州大など

以下の問いに答えよ.

(1) $\sin 3\theta = 3\sin\theta - 4\sin^3\theta$ が成り立つことを証明せよ.

(2) $x=\sin\frac{\pi}{9}$, $\sin\frac{2}{9}\pi$, $\sin\left(-\frac{4}{9}\pi\right)$ は,

いずれも方程式 $4x^3-3x+\frac{\sqrt{3}}{2}=0$ の解であることを証明せよ.

(3) $\sin\frac{\pi}{9}\sin\frac{2\pi}{9}\sin\frac{4\pi}{9}$ の値を求めよ.

(4) $\sin x \neq 0$ であるとき

$$\cos x\cdot\cos 2x\cdot\cos 2^2x\cdot\cdots\cdot\cos 2^{n-1}x=\frac{\sin 2^n x}{2^n\sin x}$$

が成り立つことを証明せよ. ただし, n は正の整数とする.

(5) $\cos\frac{\pi}{9}\cos\frac{2\pi}{9}\cos\frac{4\pi}{9}$ の値を求めよ.

(6) $\tan\frac{\pi}{9}\tan\frac{2\pi}{9}\tan\frac{4\pi}{9}=\tan\theta$ となる θ を求めよ.

ただし, $-\frac{\pi}{2}<\theta<\frac{\pi}{2}$ とする.

(7) $\cos\frac{\pi}{9}$ は無理数であることを証明せよ.

問題 2-8　◀◀岐阜大

(1) α, β を α, $\beta \neq n\pi + \dfrac{\pi}{2}$ (n は整数) とする.

α, β が, $\tan\alpha \cdot \tan\beta = 1$ を満たすとき, ある整数があって

$\alpha + \beta = k\pi + \dfrac{\pi}{2}$ となることを示せ.

(2) $-\dfrac{\pi}{6} < x < \dfrac{\pi}{6}$ とし, $t = \tan x$ とおく. $\tan 3x$ を t の式で表せ.

(3) c を実数とする. $-\dfrac{\pi}{6} < x < \dfrac{\pi}{6}$ のとき, 2 曲線 $y = c\tan x$ と

$y = \tan 3x$ の共有点の個数を求めよ.

問題 2-9　◀◀東京医科歯科大

(1) 実数 α, β が, $0 < \alpha < \dfrac{\pi}{2}$, $0 < \beta < \dfrac{\pi}{2}$, $\tan\alpha \cdot \tan\beta = 1$ を満たすとき, $\alpha + \beta$ の値を求めよ.

(2) 実数 α, β, γ が,

$$0 < \alpha < \frac{\pi}{2},\ 0 < \beta < \frac{\pi}{2},\ 0 < \gamma < \frac{\pi}{2},\ \alpha + \beta + \gamma = \frac{\pi}{2}$$

を満たすとき, $\tan\alpha \cdot \tan\beta + \tan\beta \cdot \tan\gamma + \tan\gamma \cdot \tan\alpha$ の値は一定であることを示せ.

(3) 実数 α, β, γ が,

$$0 < \alpha < \frac{\pi}{2},\ 0 < \beta < \frac{\pi}{2},\ 0 < \gamma < \frac{\pi}{2},\ \alpha + \beta + \gamma = \frac{\pi}{2}$$

を満たすとき, $\tan\alpha + \tan\beta + \tan\gamma$ のとり得る値の範囲を求めよ.

問題 2-10　◀◀一橋大　改題

$\alpha + \beta + \gamma = \dfrac{\pi}{4}$, $0 < \alpha \leqq \beta \leqq \gamma$ を満たす実数に対し, 整数の組 $\left(\dfrac{1}{\tan\alpha}, \dfrac{1}{\tan\beta}, \dfrac{1}{\tan\gamma}\right)$ をすべて求めよ.

■ 問題 2-11　◀◀一橋大　改題

三角形 ABC の内接円の半径が 1 であるとき，三角形 ABC の面積の最小値を求めよ．

■ 問題 2-12　◀◀帝京大　改題

次の問いに答えよ．

(1) $\tan\dfrac{\pi}{12}=a-\sqrt{b}$ を満たす整数 a, b を求めよ．

(2) (1) で定まった整数 a, b に対して，次の (＊) がつねに成り立つような正の整数 n のうち，最小のものを求めよ．

(＊) n 個の任意の正の実数 $a_1, a_2, \cdots, a_n$ に対して，その中に必ず

$$0 \leqq \frac{a_i-a_j}{1+a_ia_j} \leqq a-\sqrt{b}$$

を満たす a_i, a_j (ただし，$i \neq j$) が存在する．

■ 問題 2-13　◀◀宮崎大

方程式

$$\tan x = x \qquad \cdots\cdots ＊$$

について，次の問いに答えよ．

(1) 任意の自然数 n に対し，$n\pi-\dfrac{\pi}{2}<x<n\pi+\dfrac{\pi}{2}$ の範囲に方程式 ＊ の解はただ 1 つの実数解が存在することを証明せよ．

(2) 任意の自然数 n に対し，(1) で存在が示された解を x_n とする．このとき，極限値

$$\lim_{n\to\infty} n\left(n\pi+\frac{\pi}{2}-x_n\right)$$

を求めよ．

問題 2-14　◀◀京都大

単位円周上に相異なる3点 A, B, C があるとき，次の問いに答えよ．

(1) $AB^2+BC^2+CA^2>8$ ならば，三角形 ABC は鋭角三角形であることを示せ．

(2) 一般に，$AB^2+BC^2+CA^2\leqq 9$ が成り立つことを示せ．また，等号が成り立つのはどのような場合かを述べよ．

問題 2-15　◀◀京都大　改題

(1) 3つの正の実数 x, y, z について，次の不等式が成り立つことを証明せよ．

(i) $\dfrac{1}{x}+\dfrac{1}{y}+\dfrac{1}{z}\geqq\dfrac{9}{x+y+z}$

(ii) $(x+y)(y+z)(z+x)\geqq 8xyz$

(2) 三角形 ABC の3つの辺の長さを a, b, c とするとき，次の不等式が成り立つことを証明せよ．

(i) $\dfrac{1}{a+b-c}+\dfrac{1}{b+c-a}+\dfrac{1}{c+a-b}\geqq\dfrac{9}{a+b+c}$

(ii) $(a+b-c)(b+c-a)(c+a-b)\leqq abc$

(3) 平面上に，三角形 ABC とその外接円がある．外接円の半径が1であるとき，三角形 ABC の内接円の半径は $\dfrac{1}{2}$ 以下であることを証明せよ．

問題 2-16 ◀◀宮崎大　改題

中心が O，半径が R の円に内接する三角形 ABC がある．この三角形の重心を G，内心を I とし，3 辺 BC，CA，AB の長さをそれぞれ a, b, c とする．

(1) $\overrightarrow{\mathrm{OG}}$ を $\overrightarrow{\mathrm{OA}}$，$\overrightarrow{\mathrm{OB}}$，$\overrightarrow{\mathrm{OC}}$ を用いて表せ．

(2) $\overrightarrow{\mathrm{OI}}$ を a, b, c，$\overrightarrow{\mathrm{OA}}$，$\overrightarrow{\mathrm{OB}}$，$\overrightarrow{\mathrm{OC}}$ を用いて表せ．

(3) 内積 $\overrightarrow{\mathrm{OA}}\cdot\overrightarrow{\mathrm{OB}}$ を R, c を用いて表せ．

(4) $R^2-\mathrm{OI}^2$，$R^2-\mathrm{OG}^2$ を a, b, c を用いてそれぞれ表せ．

(5) $\mathrm{OG} \leqq \mathrm{OI}$ であることを示せ．

問題 2-17 ◀◀大阪大　改題

点 O を中心とする半径 r の円に △ABC が内接している．ただし，点 O は △ABC の辺上にはないものとする．ここで，3 点 A, B, C の O に関する対称な点をそれぞれ P, Q, R とし，△PBC, △QCA, △RAB の重心をそれぞれ X，Y，Z とする．このとき，

$$\mathrm{OX}^2+\mathrm{OY}^2+\mathrm{OZ}^2 \leqq \frac{4}{3}r^2$$

が成り立つことを証明せよ．

■ 問題 2-18　◀◀横浜国立大　改題

平面上に，一辺の長さが1の正三角形ABCがあり，点Pは実数s, tを用いて

$$\overrightarrow{\mathrm{AP}} = s\,\overrightarrow{\mathrm{AB}} + t\,\overrightarrow{\mathrm{AC}}$$

と定められる点とする．このとき，次の問いに答えよ．

(1) 実数s, tが

$$s \geqq 0,\ t \geqq 0,\ 1 \leqq s + t \leqq 2$$

を満たしながら動くとき，点Pが動いてできる図形をDとする．図形Dの面積は△ABCの面積の何倍か．

(2) 実数s, tが

$$1 \leqq |\,s\,| + |\,t\,| \leqq 2$$

を満たしながら動くとき，点Pが動いてできる図形をEとする．このとき，正三角形ABCに対し，図形Eを図示し，その面積を求めよ．

問題 2-19 ◀◀長崎大　改題

平面上に $\triangle ABC$ と点 P があり，

$$\alpha\overrightarrow{PA}+\beta\overrightarrow{PB}+\gamma\overrightarrow{PC}=\vec{0} \quad \cdots\cdots *$$

を満たしている．このとき，次の問いに答えよ．

(1) α, β, γ が次のように与えられたとき，点 P の位置は【図】のどの領域に存在するか述べよ．

（i）$\alpha=1,\ \beta=1,\ \gamma=-1$

（ii）$\alpha=2,\ \beta=-3,\ \gamma=2$

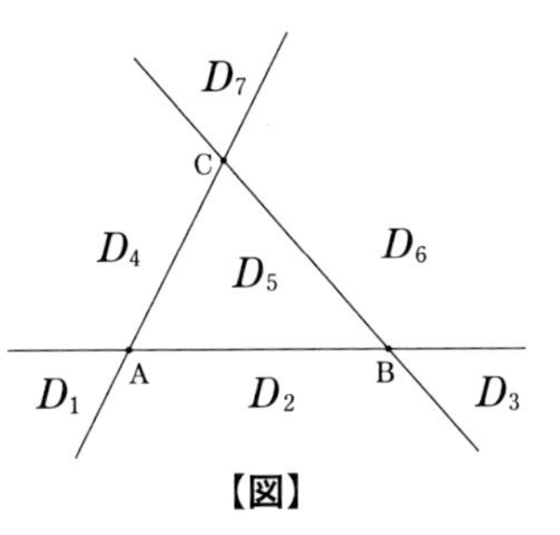

【図】

(2) $\alpha=BC, \beta=CA, \gamma=AB$ であるとき，点 P は $\triangle ABC$ の内心に一致することを示せ．

(3) $\alpha\geqq 0,\ \beta\geqq 0,\ \gamma\geqq 0,\ \alpha+\beta+\gamma=1$ とする．

（i）点 P は $\triangle ABC$ の周または内部に存在することを示せ．

（ii）$\triangle ABC$ について，1 辺の長さが 1 の正三角形であるとき，その内心を I とする．このとき，$\left|\overrightarrow{IP}\right|^2$ を β, γ を用いて表せ．

（iii）（ii）において，点 P が点 I を中心とする $\triangle ABC$ の内接円周上にあるための必要十分条件は

$$\alpha\beta+\beta\gamma+\gamma\alpha=\frac{1}{4}$$

であることを示せ．

(4) $\triangle ABC$ は一辺の長さが $2\sqrt{3}$ の正三角形であり，実数の定数 α, β, γ が

$$\alpha+\beta+\gamma=1,\quad \alpha^2+\beta^2+\gamma^2=1$$

を満たすとき，点 P が動いてできる軌跡を求めよ．

■ **問題 2-20**　◀◀広島大，九州大　改題

次の各問いに答えよ．

(1) 平面上に点Oを中心とする半径1の円周 S がある．このとき，S 上の異なる2点A，Bに対し，$\overrightarrow{OA}+\overrightarrow{OB}=\overrightarrow{OE}$ となる点Eをとる．$\overrightarrow{OE}\neq\vec{0}$ のとき，線分OEが∠AOBを二等分することを証明せよ．

(2) 四角形PQRSの2つの対角線PRとQSの交点をO，Oは四角形の内部にあるものとする．

ここで，4つの三角形PQR，QRS，RSP，SPQの重心をそれぞれX，Y，Z，Wとし，四角形XYZWがひし形であるとき，四角形PQRSはひし形となることを証明せよ．

(3) (1)の S に内接する四角形ABCDが

$$\overrightarrow{OA}+\overrightarrow{OB}+\overrightarrow{OC}+\overrightarrow{OD}=\vec{0}$$

を満たすとき，四角形ABCDはどのような四角形か．

第3章 空間をしたためる
～無垢な眼による数学的活動～

本章では，空間図形と空間座標を主軸としたいくつかの例題を通し，空間をしたためる，すなわち，空間における数学的なエッセンスを一つずつ確認しながら，問題を紐解いていくことを目的とします．**第 1 章**と**第 2 章**で構築された知識と技能は基本的には 2 次元での扱いでしたが，空間における諸問題は，その中から一部の図形をとり出して，平面図形で習得した知識と技能を利活用し，それらと複合的に結びつけ解決する手続きをとることがどうも多いようです．そのようなことにもふれながら話をすすめていきたいと思います．

まずはじめに「**図形と計量**」による，基本的な**測量**について，いくつか確認しておきましょう．

例題 24

平地に対し垂直に立っている木 AB がある．平地上の異なる 2 点 C，D に対し，CD 間の距離を x，C から木の先端 A を見上げた仰角を α，$\angle \mathrm{ACD}=\beta$，$\angle \mathrm{ADC}=\gamma$ とする．

ここで，$\alpha=30^\circ, \beta=60^\circ, \gamma=80^\circ$ とするとき，線分 CD 上の点から木の先端 A を見上げた仰角 θ の最大値は

$$\boxed{\text{ア}}^\circ<\theta<(\boxed{\text{アイ}}+1)^\circ$$

である．ただし，$1.73<\sqrt{3}<1.74$ とし，三角比の表（巻末）を参考にすること．

解説

線分CD上を動く点Pがあり，点Pから木の先端Aを見上げた仰角をφとする．このとき，木の高さABは一定であるから

$$\sin\varphi = \frac{AB}{AP}$$

であり，APが最小のとき$\sin\varphi$は最大となる．

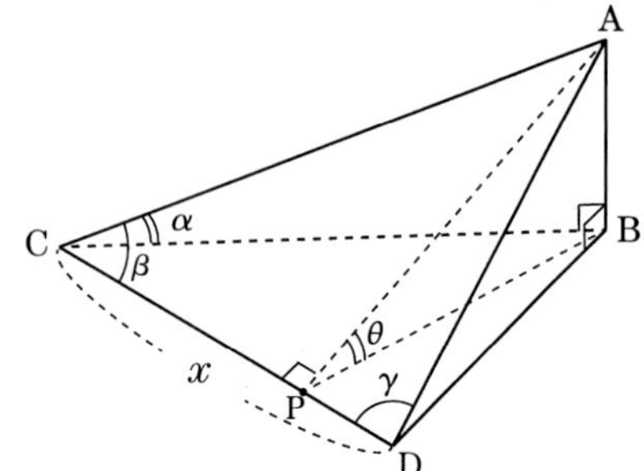

ここで，△ACDは60°，80°，40°の鋭角三角形であるから，木の先端Aから線分CDへの垂線の足は辺CD上にあり，点Pがそれに一致するときAPは最小となり，このときに限り，仰角φは仰角の最大値のθである．

したがって，

$$\sin\theta = \frac{AB}{AP} = \frac{AC\sin\alpha}{AC\sin\beta} = \frac{\sin 30^\circ}{\sin 60^\circ} = \frac{1}{\sqrt{3}}$$

である．これより

$$\frac{1}{1.74} < \sin\theta < \frac{1}{1.73}$$

すなわち，$0.574 < \sin\theta < 0.578$であるから

$$\underline{\underline{35^\circ}} < \theta < 36^\circ$$ 答

である．

補足　△ACDにおいて，正弦定理を用いると

$$\frac{AC}{\sin\gamma} = \frac{x}{\sin\{180^\circ - (\beta+\gamma)\}}$$

であるから，木の高さABは

$$AB = AC\sin\alpha = \frac{\sin\alpha\sin\gamma}{\sin(\beta+\gamma)}x$$

と表される．

次の例題も測量に関する設問ですが，他のエッセンスも注入していきましょう．

例題 25

平地に対し垂直に立っている木 AB がある．平地上の異なる 2 点 C，D に対し，CD 間の距離を 6 とし，線分 CD を 3 等分する．そこで，C に近い方を E，D に近い方を F とし，3 点 C，E，D から木の先端 A への仰角はそれぞれ 30°，45°，60° である．

そこで，木の高さ AB を h とするとき，

$$h=\frac{\boxed{ウ}\sqrt{\boxed{エ}}}{\boxed{オ}}$$

$$\mathrm{BF}=\frac{\boxed{カ}\sqrt{\boxed{キ}}}{\boxed{ク}}$$

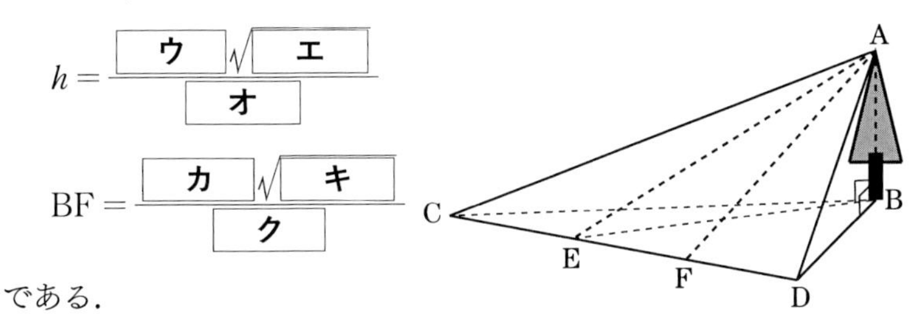

である．

また，直線 CD 上を動く点 P があり，点 P から木の先端 A を見上げた仰角の ∠BPA が最大となる点 P は ケ にあり，そのときの仰角の大きさを θ とすると

$$\boxed{コサ}^\circ<\theta<\left(\boxed{コサ}+1\right)^\circ$$

である．

さらに，直線 CD 上の点 P から木の先端 A を見上げた仰角が 60° となるのは，点 D 以外に シ にある．

ケ，シ の解答群（同じものを繰り返し選んでもよい）

⓪ C と E の間　① E と F の間　② F と D の間

③ CD を C 側に延長したところ　④ CD を D 側に延長したところ

解説

与えられた条件から

$$\mathrm{BC}=\sqrt{3}h,\ \mathrm{BE}=h,\quad \mathrm{BD}=\frac{h}{\sqrt{3}}$$

であり，$\angle\mathrm{BEC}=\alpha$ とし，$\triangle\mathrm{BCE}$, $\triangle\mathrm{BDE}$ において，それぞれ余弦定理を用いると

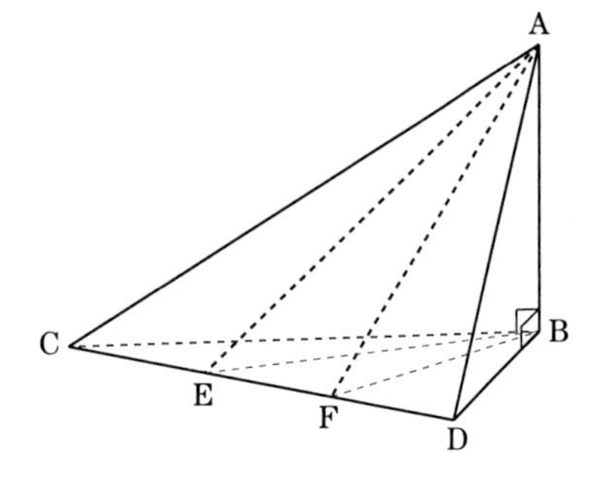

$$3h^2=4+h^2-2\cdot 2\cdot h\cdot\cos\alpha \quad \cdots\cdots ①$$

$$\frac{h^2}{3}=16+h^2+2\cdot 4\cdot h\cdot\cos\alpha \quad \cdots\cdots ②$$

であるから，①× 2 + ②より

$$6h^2+\frac{h^2}{3}=24+3h^2 \quad \cdots\cdots ③$$

すなわち，

$$h=\frac{6\sqrt{5}}{5}$$ 　**答**

である．

補足（**スチュアートの定理**）

$\triangle\mathrm{ABC}$ において，線分 BC 上に両端の点 B, C を除く動点 P がある．点 P が線分 BC を $m:n$ に内分するとき

$$n\mathrm{AB}^2+m\mathrm{AC}^2=(m+n)\mathrm{AP}^2+n\mathrm{BP}^2+m\mathrm{CP}^2$$

が成り立つことを証明せよ．

証明　図のように，$\angle\mathrm{APC}=\theta$ とおき，$\triangle\mathrm{ABP}$, $\triangle\mathrm{ACP}$ においてそれぞれ余弦定理を用いると

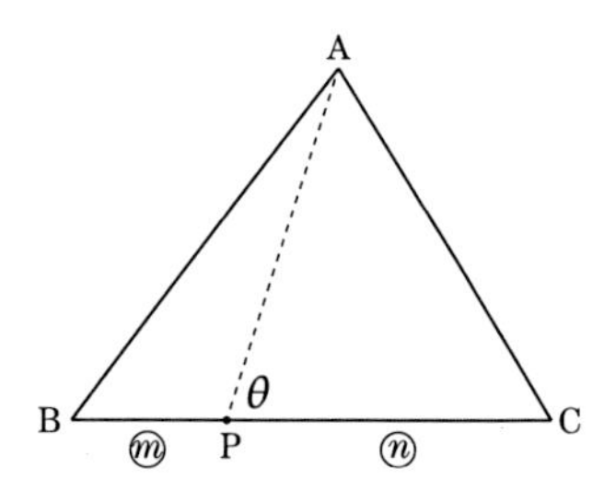

$$\mathrm{AB}^2=\mathrm{BP}^2+\mathrm{AP}^2-2\mathrm{BP}\cdot\mathrm{AP}\cdot\cos(180^\circ-\theta)$$

$$\mathrm{AC}^2=\mathrm{CP}^2+\mathrm{AP}^2-2\mathrm{CP}\cdot\mathrm{AP}\cdot\cos\theta$$

である．ここで，

$$\cos(180^\circ-\theta)=-\cos\theta$$

であり，また，$m:n=\mathrm{BP}:\mathrm{CP}$ より

$$n\mathrm{BP}=m\mathrm{CP}$$

である．したがって，第 1 式目を n 倍，第 2 式目を m 倍し，辺ごとの和を考えると

$$n\mathrm{AB}^2+m\mathrm{AC}^2=(m+n)\mathrm{AP}^2+n\mathrm{BP}^2+m\mathrm{CP}^2$$

であり，これで示せた．**終**

また，この定理から次のようなことも導出できます．

・$m=n=1$ とするとき，点 P は辺 BC の中点であるから

$$\mathrm{AB}^2+\mathrm{AC}^2=2(\mathrm{AP}^2+\mathrm{BP}^2)$$

が成り立ち，これは**中線定理**とよばれる．

・線分 AP が ∠BAC の二等分線であるとき，

$$\angle\mathrm{BAP}=\angle\mathrm{CAP}=\alpha$$

とし，△ABP, △ACP において，それぞれ正弦定理を用いると

$$\frac{\mathrm{BP}}{\sin\alpha}=\frac{\mathrm{AB}}{\sin(180^\circ-\theta)},\quad \frac{\mathrm{CP}}{\sin\alpha}=\frac{\mathrm{AC}}{\sin\theta}$$

であるから，$\sin(180^\circ-\theta)=\sin\theta$ より

$$\mathrm{BP}=\frac{\sin\alpha}{\sin\theta}\mathrm{AB},\ \mathrm{CP}=\frac{\sin\alpha}{\sin\theta}\mathrm{AC}$$

すなわち

$$\mathrm{BP}:\mathrm{CP}=\mathrm{AB}:\mathrm{AC} \qquad \cdots\cdots *$$

が成り立つ．

さらに，$\cos\angle\mathrm{BAP}=\cos\angle\mathrm{CAP}=\alpha$ であるから，△ABP, △ACP において，それぞれ余弦定理を用いると

$$\frac{AB^2+AP^2-BP^2}{2\cdot AB\cdot AP}=\frac{AC^2+AP^2-CP^2}{2\cdot AC\cdot AP}$$

であり，これを変形すると

$$(AB^2+AP^2-BP^2)=AB(AC^2+AP^2-CP^2)$$

が得られ，＊より，$AC\cdot BP=AB\cdot CP$ であるから，これを上式に用いると

$$(AB-AC)AP^2=(AB-AC)AB\cdot AC-(AB-AC)BP\cdot CP$$

すなわち

$$AP^2=AB\cdot AC-BP\cdot CP$$

が成り立つ．

これは，**角の二等分線の長さ**が定まる公式として，有名どころといえるでしょう．

このとき，この定理を**例題 25** において，$\triangle BCD$ で用いると，わざわざ $\angle BEC=\alpha$ を設定しなくても済みます．

すなわち

$$2(\sqrt{3}\,h)^2+\left(\frac{h}{\sqrt{3}}\right)^2=3h^2+2\cdot 2^2+1\cdot 4^2$$

となり，直接，③にたどり着けます．

例題 25 解説の続き

$\triangle BED$ において，中線定理より

$$h^2+\left(\frac{h}{\sqrt{3}}\right)^2=2(2^2+BF^2)$$

であるから，

$$BF^2=\frac{2}{3}h^2-4=\frac{2}{3}\cdot\frac{36}{5}-4=\frac{4}{5}$$

すなわち，$BF>0$ より

$$\mathrm{BF}=\underline{\underline{\frac{2\sqrt{5}}{5}}}\left(=\frac{h}{3}\right)$$ 答

である．

このとき，線分 CD 上を動く点 P から木の先端 A を見上げた仰角の ∠BPA が最大となるのは，木の根元 B と点 P との距離 BP が最小となるときであるから，点 B より直線 CD に垂線を下ろした点を H とすると，点 P が点 H に一致するとき，仰角の ∠BPA は最大である．

そこで，

$$\mathrm{BC}^2+\mathrm{BD}^2-\mathrm{CD}^2=3h^2+\frac{h^2}{3}-36=36\left(\frac{2}{3}-1\right)<0$$

であるから，∠CBD は鈍角で点 B より直線 CD に垂線を下ろした点 H は線分 CD 上にある．

ここで，$\mathrm{CH}=d$, $\mathrm{BH}=t$ とおき，△BCH, △BDH において，それぞれ三平方の定理を用いると

$$d^2+t^2=3h^2,\ (6-d)^2+t^2=\frac{h^2}{3}$$

であるから，辺ごとの差によって，

$$d=\frac{23}{5}$$

を得る．

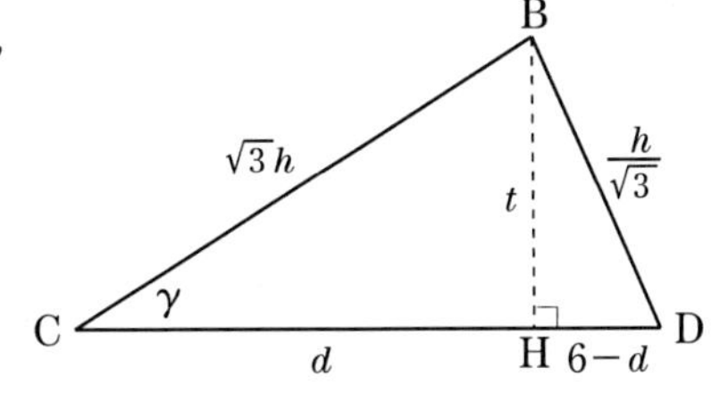

したがって，

$$\mathrm{BH}=t=\sqrt{3h^2-d^2}=\frac{\sqrt{11}}{5}$$

であり，仰角が最大となる点 P の位置は点 H のことであるから，点 P は

F と D の間にある．　（ ケ ：②） 答

このとき，仰角の最大の大きさ θ は

$$\tan\theta = \frac{AB}{BH} = \frac{6\sqrt{55}}{11}$$

を満たし，$7.4^2 = 54.76$, $7.5^2 = 56.25$ より

$$7.4 < \sqrt{55} < 7.5$$

であり，

$$\frac{6}{11}\cdot 7.4 < \tan\theta < \frac{6}{11}\cdot 7.5$$

すなわち

$$4.036\cdots < \tan\theta < 4.090\cdots$$

である．よって，三角比の表から，仰角の∠BPAが最大となるθは

$$\underline{\underline{76^\circ}} < \theta < 77^\circ$$ 答

である．

もし「**図形と計量**」を習得する以前に，「**二次関数**」を習得しているのであれば，BP の最小値は，次のように算出することができます．

$$CP = x,\ BP = y,\ \angle BCD = \gamma$$

とおくと，x は $0 \leqq x \leqq 6$ であるから，△BCP において，余弦定理を用いると

$$y^2 = x^2 + 3h^2 - 2\cdot\sqrt{3}h\cdot x\cdot\cos\gamma$$

すなわち

$$y = \sqrt{(x - \sqrt{3}h\cos\gamma)^2 + 3h^2\sin^2\gamma}$$

である．

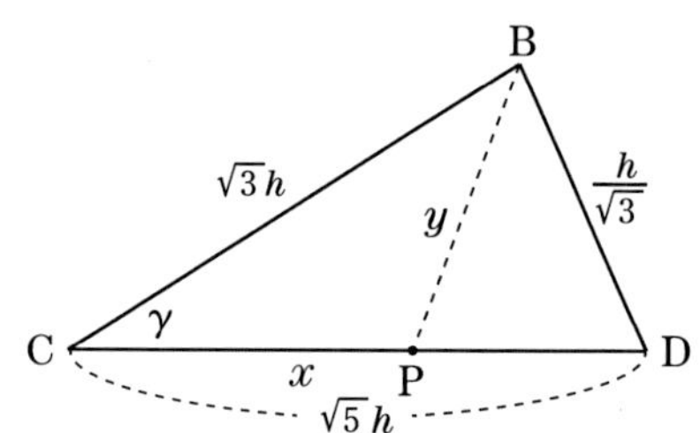

これより，$x = \sqrt{3}h\cos\gamma$ のとき，y は最小値 $\sqrt{3}h\sin\gamma$ となる（BP⊥CD であることを確認できる）から，ここで，$CD = 6 = \sqrt{5}h$ と表すと，余弦定理より

$$\cos\gamma = \frac{3h^2 + 5h^2 - \frac{h^2}{3}}{2\cdot\sqrt{3}h\cdot\sqrt{5}h} = \frac{23\sqrt{15}}{90}$$

であり，これより

$$\sin\gamma=\frac{\sqrt{165}}{90}$$

である．

よって，

$$x=\sqrt{3}\cdot\frac{6}{\sqrt{5}}\cdot\frac{23\sqrt{15}}{90}=\frac{23}{5}$$

のとき，$\mathrm{BP}=y$ の最小値は

$$y_{\min}=\sqrt{3}\,h\cdot\frac{\sqrt{165}}{90}=\frac{\sqrt{11}}{5}$$

が得られ，$4<\dfrac{23}{5}<6$ であるから，P は F と D の間に存在する．

（ ケ ：②）　答

さらに，二次方程式を全面的に持ち出すと，$\mathrm{BP}=y=\dfrac{h}{\sqrt{3}}$ を満たす $\mathrm{CP}=x\,(0\leqq x\leqq 6)$ は，△BCP において，余弦定理より

$$\frac{h^2}{3}=x^2+3h^2-2\cdot\sqrt{3}\,h\cdot x\cdot\frac{23\sqrt{15}}{90}$$

であり，すなわち，これを整理すると

$$(5x-16)(x-6)=0$$

であるから

$$x=\frac{16}{5},\ 6\,(\text{点Dの位置})$$

である．

よって，$\angle\mathrm{BPA}=60^\circ$ を満たす CD 上の点は，点 D 以外にもう一つ存在し，

$$3<\frac{16}{5}<4$$

より，その点の位置は CD の中点に対し，D 側（E と F の間）に存在する．

（ シ ：①）　答

上述の図版（構図）において，次のような性質が成り立つことを確認しておきましょう．

例題 26

四面体 OABC は，

$$\angle \mathrm{AOB} = \angle \mathrm{BOC} = \angle \mathrm{COA} = 90^\circ$$

を満たす．△AOB, △BOC, △COA, △ABC の面積をそれぞれ S_1, S_2, S_3, S とするとき，次の問いに答えよ．

(1) $S^2 = S_1^2 + S_2^2 + S_3^2$ が成り立つことを示せ．

(2) 不等式 $\sqrt{3}\,S \geqq S_1 + S_2 + S_3$ が成り立つことを示せ．

解説（三垂線の定理の活用）

(1)　条件から図のようになる．ここで，頂点 O から辺 AB の垂線の足を H とすると，三垂線の定理より，

$$\mathrm{CH} \perp \mathrm{AB}$$

である．

このとき，

$$\begin{aligned}
S^2 &= \left(\frac{1}{2}\cdot \mathrm{AB}\cdot \mathrm{CH}\right)^2 \\
&= \frac{1}{4}\cdot \mathrm{AB}^2\cdot(\mathrm{OC}^2+\mathrm{OH}^2) \\
&= \frac{1}{4}\cdot(\mathrm{OA}^2+\mathrm{OB}^2)\cdot \mathrm{OC}^2 + \frac{1}{4}\cdot \mathrm{AB}^2\cdot \mathrm{OH}^2 \\
&= \left(\frac{1}{2}\cdot \mathrm{AB}\cdot \mathrm{OH}\right)^2 + \left(\frac{1}{2}\cdot \mathrm{OB}\cdot \mathrm{OC}\right)^2 + \left(\frac{1}{2}\cdot \mathrm{OC}\cdot \mathrm{OA}\right)^2 \\
&= S_1^2 + S_2^2 + S_3^2
\end{aligned}$$

であるから，これで示せた． 

―別解（体積の活用）―

条件から O を原点，A$(a, 0, 0)$，B$(0, b, 0)$，C$(0, 0, c)$
$(a>0, b>0, c>0)$ としても一般性失うものではない．

このとき，四面体 OABC の体積 V は

$$V=\frac{1}{3}\cdot\triangle\mathrm{AOB}\cdot\mathrm{OC}=\frac{1}{6}abc$$

と表すことができる．

また，△ABC を含む平面 π の方程式は

$$\frac{x}{a}+\frac{y}{b}+\frac{z}{c}=1$$

であり，平面 π と原点 O との距離 d は

$$d=\frac{|-1|}{\sqrt{\dfrac{1}{a^2}+\dfrac{1}{b^2}+\dfrac{1}{c^2}}}=\frac{abc}{\sqrt{a^2b^2+b^2c^2+c^2a^2}}$$

であるから，四面体 OABC の体積 V について，

$$V=\frac{1}{3}\cdot\triangle\mathrm{ABC}\cdot d$$

$$\frac{1}{6}abc=\frac{1}{3}\cdot S\cdot\frac{abc}{\sqrt{a^2b^2+b^2c^2+c^2a^2}}$$

すなわち，S について解くと

$$S=\frac{1}{2}\sqrt{a^2b^2+b^2c^2+c^2a^2}$$

である．

したがって，両辺を 2 乗すると

$$S^2=\left(\frac{1}{2}ab\right)^2+\left(\frac{1}{2}bc\right)^2+\left(\frac{1}{2}ca\right)^2$$

$$S^2=S_1{}^2+S_2{}^2+S_3{}^2$$

であり，これで示せた．　終

(2)　$(\sqrt{3}S)^2-(S_1+S_2+S_3)^2$

$=2\{(S_1{}^2+S_2{}^2+S_3{}^2)-(S_1S_2+S_2S_3+S_3S_1)\}$

$=(S_1-S_2)^2+(S_2-S_3)^2+(S_3-S_1)^2$

$\geqq 0$

である．

また，等号成立は，

$$S_1=S_2=S_3$$

のときであり，$\sqrt{3}S\geqq 0$，$S_1+S_2+S_3\geqq 0$ だから，不等式

$$\sqrt{3}S\geqq S_1+S_2+S_3$$

が成り立つ．

では，ベクトルの恩恵に肖り，空間で起こりそうな物事について考察する眼力を養いましょう．日常生活の簡易モデルとして，同じような物事はたくさんあることに気がつくことでしょう．

例題 27

ある民間企業の施設内では，ドローンを用いて，物を配送するシステムを導入している．そこで，この施設内にドローンを監視し統制することができる4つの管制柱（頂点をそれぞれ A，B，C，D とする）があり，これらは空間において固定されており，同一平面上にないものとする．

また，次のような4つの点 E，F，G，H を定める．

線分 AB を 1 : 4 に内分する点を E，線分 CD を 2 : 3 に内分する点を F，線分 BC を 1 : 1 に内分する点を G，線分 DA を 6 : 1 に内分する点を H と定め，2つのドローン P と Q は，次の条件を満たすものとする．

条件

- ドローンPは時刻 $t=0$ に点E，時刻 $t=1$ に点Fをそれぞれ通過し，直線EF上を航行する．
- ドローンQは時刻 $t=0$ に点G，時刻 $t=1$ に点Hをそれぞれ通過し，直線GH上を航行する．

このとき，管制柱から2つのドローンが衝突する可能性がある危険信号が発信された．

時刻 t の単位は分とし，管制柱Aを基準とする位置ベクトルを $\overrightarrow{\mathrm{AB}}=\vec{b}$，$\overrightarrow{\mathrm{AC}}=\vec{c}$，$\overrightarrow{\mathrm{AD}}=\vec{d}$ と定め，2つのドローンPとQが衝突するかどうかを考える．ただし，2つのドローンは点とみなすものとする．

(1) ドローンPの時刻 t における位置ベクトル $\overrightarrow{\mathrm{AP}}$ を $\vec{b}$，$\vec{c}$，$\vec{d}$，t を用いて表せ．

(2) ドローンQの時刻 t における位置ベクトル $\overrightarrow{\mathrm{AQ}}$ を $\vec{b}$，$\vec{c}$，$\vec{d}$，t を用いて表せ．

(3) 2つのドローンPとQが衝突するかどうかを述べよ．

(4) 直線EFとGHが交点Iをもつことを証明せよ．また，このとき，EI：IFとGI：IHをもっとも簡単な整数の比で表せ．

解説

(1) $\overrightarrow{\mathrm{AP}}=\overrightarrow{\mathrm{AE}}+t\overrightarrow{\mathrm{EF}}$ であるから

$$\overrightarrow{\mathrm{AP}}=\overrightarrow{\mathrm{AE}}+t(\overrightarrow{\mathrm{AF}}-\overrightarrow{\mathrm{AE}})$$

$$=(1-t)\overrightarrow{\mathrm{AE}}+t\overrightarrow{\mathrm{AF}}$$

$$=(1-t)\left(\frac{1}{5}\vec{b}\right)+t\left(\frac{3\vec{c}+2\vec{d}}{5}\right)$$

$$=\frac{1-t}{5}\vec{b}+\frac{3}{5}t\vec{c}+\frac{2}{5}t\vec{d}$$ 答

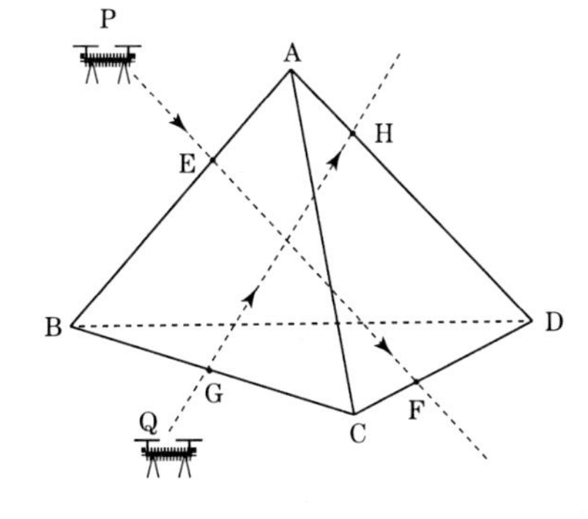

である．

(2)　$\overrightarrow{\mathrm{AQ}}=\overrightarrow{\mathrm{AG}}+t\overrightarrow{\mathrm{GH}}$ であるから

$$\begin{aligned}\overrightarrow{\mathrm{AQ}}&=\overrightarrow{\mathrm{AG}}+t(\overrightarrow{\mathrm{AH}}-\overrightarrow{\mathrm{AG}})\\&=(1-t)\overrightarrow{\mathrm{AG}}+t\overrightarrow{\mathrm{AH}}\\&=(1-t)\left(\frac{\vec{b}+\vec{c}}{2}\right)+t\left(\frac{1}{7}\vec{d}\right)\\&=\frac{1-t}{2}\vec{b}+\frac{1-t}{2}\vec{c}+\frac{1}{7}t\vec{d}\end{aligned}$$ 答

である．

(3)　2 つのドローン P と Q が衝突すると仮定すると，$\overrightarrow{\mathrm{AP}}$ と $\overrightarrow{\mathrm{AQ}}$ が一致する t が存在する．

$\vec{b}$，$\vec{c}$，$\vec{d}$ は一次独立より，(1) と (2) の $\vec{b}$，$\vec{c}$，$\vec{d}$ の係数について

$$\frac{1-t}{5}=\frac{1-t}{2},\quad \frac{3}{5}t=\frac{1-t}{2},\quad \frac{2}{5}t=\frac{1}{7}t$$

とすると，第 1 式，第 3 式を満たす t の値はそれぞれ

$$t=1,0$$

であるが，時刻 $t=0,1$ では，2 つのドローン P と Q は衝突しない．

また，第 2 式を満たす t の値は

$$t=\frac{5}{11}$$

であり，このとき，2 つのドローン P と Q の位置はそれぞれ

$$\overrightarrow{\mathrm{AP}}=\frac{6}{55}\vec{b}+\frac{3}{11}\vec{c}+\frac{2}{11}\vec{d},\quad \overrightarrow{\mathrm{AQ}}=\frac{3}{11}\vec{b}+\frac{3}{11}\vec{c}+\frac{5}{77}\vec{d}$$

であるが，これらは一致せず，2 つのドローン P と Q は衝突しない．

以上より，$\overrightarrow{\mathrm{AP}}=\overrightarrow{\mathrm{AQ}}$ を満たす時刻 t が存在しないから，2 つのドローン P と Q は

衝突しない　答

ことがわかる．

(4)　(1) と (2) より，実数 p, q を用いて，2 つのドローン P と Q の位置はそれぞれ

$$\overrightarrow{\mathrm{AP}}=\frac{1-p}{5}\vec{b}+\frac{3}{5}p\vec{c}+\frac{2}{5}p\vec{d},\quad \overrightarrow{\mathrm{AQ}}=\frac{1-q}{2}\vec{b}+\frac{1-q}{2}\vec{c}+\frac{1}{7}q\vec{d}$$

と表せる．ここで，2 つの直線 EF, GH が交点をもつとすると，$\vec{b}$, $\vec{c}$, $\vec{d}$ の係数について

$$\frac{1-p}{5}=\frac{1-q}{2},\quad \frac{3}{5}p=\frac{1-q}{2},\quad \frac{2}{5}p=\frac{1}{7}q$$

が成り立つ p, q が存在することと同値である．このとき，第 3 式目から

$$q=\frac{14}{5}p \qquad \cdots\cdots①$$

であり，これを第 1 式目に用いると

$$p=\frac{1}{4},\quad q=\frac{7}{10} \qquad \cdots\cdots②$$

が得られる．

このとき，②の p, q の値を第 2 式目に用いると，左辺と右辺は等しい値 $\frac{3}{20}$ をとることから，

直線 EF と GH は交点 I をもつことが示せた (2 つのドローン P と Q が別の条件によっては，衝突しうる可能性があることを示唆している)．

また，②の p, q の値に対し，2 つのドローン P と Q の位置はそれぞれ

$$\overrightarrow{AI}=\frac{3}{4}\overrightarrow{AE}+\frac{1}{4}\overrightarrow{AF}=\frac{3\overrightarrow{AE}+\overrightarrow{AF}}{4},$$

$$\overrightarrow{AI}=\frac{3}{10}\overrightarrow{AG}+\frac{7}{10}\overrightarrow{AH}=\frac{3\overrightarrow{AG}+7\overrightarrow{AH}}{10}$$

より

$$\mathrm{EI}:\mathrm{IF}=1:3,\quad \mathrm{GI}:\mathrm{IH}=7:3$$ 答

であることがわかる.

では，空間における定性的な問題にもふれておきましょう.

例題 28（香川大　改題）

四面体ABCDにおいて，4頂点と異なる点を辺AB，AC，BD，CD上にそれぞれP，Q，R，Sをとる．ただし，P，Q，R，Sがどの点も四面体の頂点とは異なるものとする.

ここで，4点P，Q，R，Sが同一平面上にあり，この平面が直線ADと平行でないとき

$$\frac{\mathrm{AP}}{\mathrm{PB}}\cdot\frac{\mathrm{BR}}{\mathrm{RD}}\cdot\frac{\mathrm{DS}}{\mathrm{SC}}\cdot\frac{\mathrm{CQ}}{\mathrm{QA}}=1$$

が成り立つことを証明せよ.

参考　例えば，座標空間で，4点が同一平面に存在するような，事例をみておきましょう.

例　4点A$(-1, 2, 1)$，B$(1, 1, 1)$，C$(4, -2, 4)$，D$(a+1, -2, a-4)$が同一平面上にあるとき，aの値を求めよ.

略解

4 点 A, B, C, D が同一平面上にあるのは

$$\overrightarrow{AD}=s\overrightarrow{AB}+t\overrightarrow{AC}$$

と表される実数 s, t が存在するときである.

すなわち

$$\begin{pmatrix}a+2\\-4\\a-5\end{pmatrix}=s\begin{pmatrix}2\\-1\\0\end{pmatrix}+t\begin{pmatrix}5\\-4\\3\end{pmatrix} \text{ より,} \quad \begin{cases}2s+5t=a+2\\-s-4t=-4\\3t=a-5\end{cases}$$

を同時に満たす s, t を見出せばよいから, このとき, 第 1 式目と第 3 式目の差により

$$2s+2t=7$$

であり, これと第 2 式目から

$$s=\frac{10}{3},\ t=\frac{1}{6}$$

である. よって,

$$a=\underline{\underline{\frac{11}{2}}}$$

である.

参考 4 点 P, Q, R, S が同一平面上の点であるとき, これを換言すると, 点 R は点 △PQS を含む平面上に存在する点であり, 点 A を基点とする 3 つのベクトル

$$\overrightarrow{AR}=\bigcirc\,\overrightarrow{AP}+\square\,\overrightarrow{AQ}+\triangle\,\overrightarrow{AS} \quad (\bigcirc+\square+\triangle=1)$$

を主軸にして, 係数 ○, □, △ の和が 1 であることを用いるのもよいでしょう.

解答

図のように,

$$p=\frac{\mathrm{AP}}{\mathrm{PB}},\ r=\frac{\mathrm{BR}}{\mathrm{RD}},$$

$$s=\frac{\mathrm{DS}}{\mathrm{SC}},\ q=\frac{\mathrm{CQ}}{\mathrm{QA}}$$

$$\cdots\cdots *$$

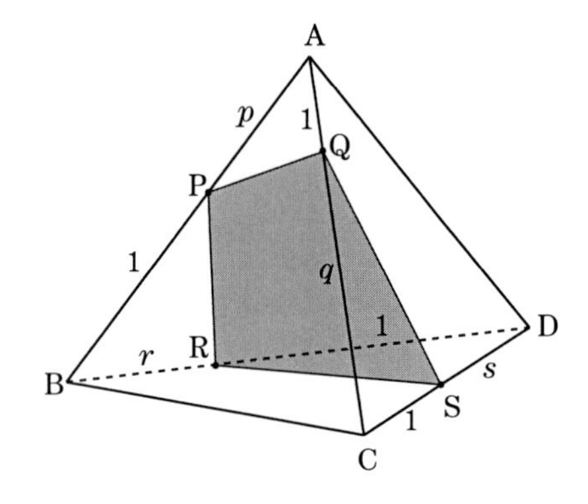

とするとき，

$$\overrightarrow{\mathrm{AP}}=\frac{p}{p+1}\overrightarrow{\mathrm{AB}}\ \text{より，}$$

$$\overrightarrow{\mathrm{AB}}=\frac{p+1}{p}\overrightarrow{\mathrm{AP}}\qquad\cdots\cdots①$$

$$\overrightarrow{\mathrm{AQ}}=\frac{1}{q+1}\overrightarrow{\mathrm{AC}}\ \text{より，}\ \overrightarrow{\mathrm{AC}}=(q+1)\overrightarrow{\mathrm{AQ}}\qquad\cdots\cdots②$$

であり，また

$$\overrightarrow{\mathrm{AS}}=\frac{s}{s+1}\overrightarrow{\mathrm{AC}}+\frac{1}{s+1}\overrightarrow{\mathrm{AD}}$$

であるから，これに②を用いて$\overrightarrow{\mathrm{AD}}$について解くと，

$$\overrightarrow{\mathrm{AD}}=(s+1)\overrightarrow{\mathrm{AS}}-s\overrightarrow{\mathrm{AC}}=(s+1)\overrightarrow{\mathrm{AS}}-s(q+1)\overrightarrow{\mathrm{AQ}}\qquad\cdots\cdots③$$

である．ここで，

$$\overrightarrow{\mathrm{AR}}=\frac{1}{r+1}\overrightarrow{\mathrm{AB}}+\frac{r}{r+1}\overrightarrow{\mathrm{AD}}$$

であり，①と③をこれに用いると

$$\overrightarrow{\mathrm{AR}}=\frac{p+1}{p(r+1)}\overrightarrow{\mathrm{AP}}+\frac{r}{r+1}\left\{(s+1)\overrightarrow{\mathrm{AS}}-s(q+1)\overrightarrow{\mathrm{AQ}}\right\}$$

$$=\frac{p+1}{p(r+1)}\overrightarrow{\mathrm{AP}}-\frac{rs(q+1)}{r+1}\overrightarrow{\mathrm{AQ}}+\frac{r(s+1)}{r+1}\overrightarrow{\mathrm{AS}}$$

であるから，点Rが三角形PQSを含む平面上に存在するとき，これらの係数の和より

$$\frac{p+1}{p(r+1)}-\frac{rs(q+1)}{r+1}+\frac{r(s+1)}{r+1}=1$$

$$p+1-prs(q+1)+pr(s+1)=p(r+1)$$

$$1-pqrs=0$$

すなわち

$$pqrs = 1$$

が成り立つから，＊をこれに用いると

$$\frac{\mathrm{AP}}{\mathrm{PB}} \cdot \frac{\mathrm{CQ}}{\mathrm{QA}} \cdot \frac{\mathrm{BR}}{\mathrm{RD}} \cdot \frac{\mathrm{DS}}{\mathrm{SC}} = 1$$

すなわち

$$\frac{\mathrm{AP}}{\mathrm{PB}} \cdot \frac{\mathrm{BR}}{\mathrm{RD}} \cdot \frac{\mathrm{DS}}{\mathrm{SC}} \cdot \frac{\mathrm{CQ}}{\mathrm{QA}} = 1$$

が成り立つことが示せた． 終

別解

4点P，Q，R，Sが同一平面上にあるとき，図のように4点P，Q，R，Sを含む平面をαとする．

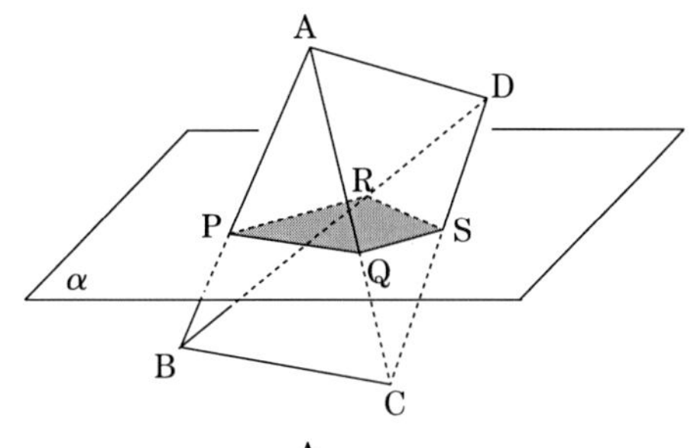

このとき，四面体ABCDの各頂点から平面αに垂線を引き，その交点をそれぞれH，I，J，Kとする．

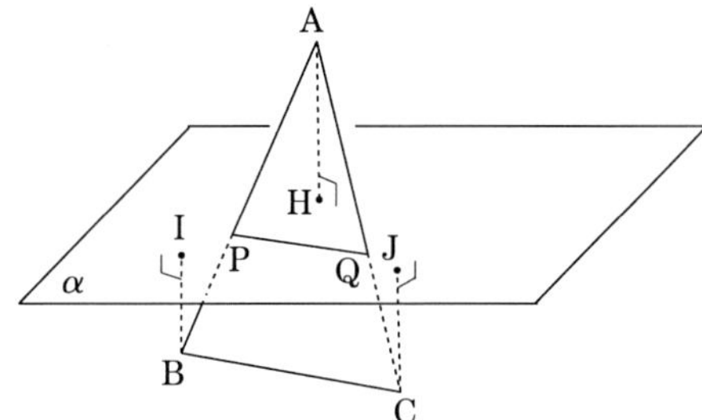

このとき

$$\frac{\mathrm{AP}}{\mathrm{PB}} = \frac{\mathrm{AH}}{\mathrm{BI}} \quad \cdots\cdots ①$$

であり，同様に

$$\frac{\mathrm{AQ}}{\mathrm{QC}} = \frac{\mathrm{AH}}{\mathrm{CJ}}$$

すなわち

$$\frac{\mathrm{CQ}}{\mathrm{QA}} = \frac{\mathrm{CJ}}{\mathrm{AH}} \quad \cdots\cdots ②$$

が成り立つ．

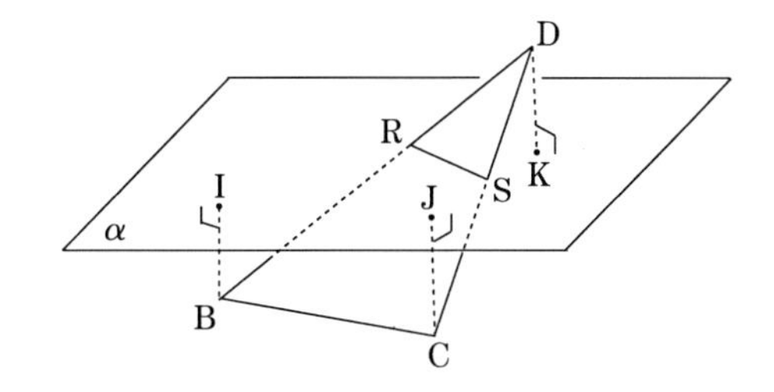

また，これと同じく

$$\frac{BR}{RD}=\frac{BI}{DK} \quad \cdots\cdots ③$$

であり

$$\frac{CS}{SD}=\frac{CJ}{DK} \quad \cdots\cdots ④$$

すなわち

$$\frac{DS}{SC}=\frac{DK}{CJ} \quad \cdots\cdots ④$$

が得られるから，①，②，③，④の辺ごとの積を考えると

$$\frac{AP}{PB}\cdot\frac{BR}{RD}\cdot\frac{DS}{SC}\cdot\frac{CQ}{QA}=\frac{AH}{BI}\cdot\frac{BI}{DK}\cdot\frac{DK}{CJ}\cdot\frac{CJ}{AH}=1$$

が成り立つから，これで示せた． **終**

参考　4点P，Q，R，Sが同一平面上にあり，この平面が直線ADと平行でないとき，△ABDにおいて，直線PRと辺ADの延長は点Xで交わるから，メネラウスの定理より

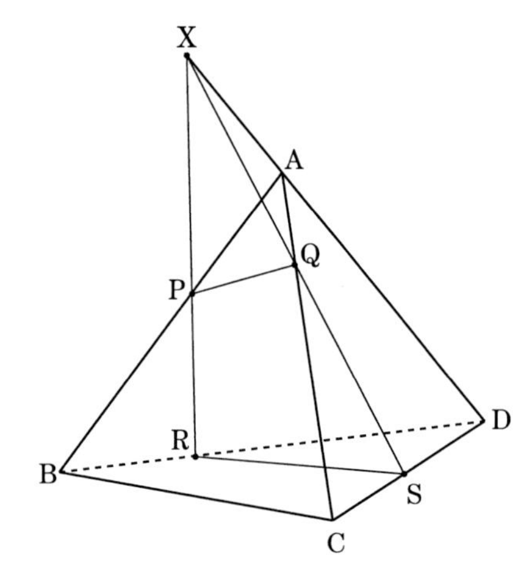

$$\frac{AP}{PB}\cdot\frac{BR}{RD}\cdot\frac{DX}{XA}=1$$

が成り立ち，すなわち

$$\frac{DX}{XA}=\frac{PB}{AP}\cdot\frac{RD}{BR} \quad \cdots\cdots *$$

である．

また，△ACDにおいて，直線QSと辺ADの延長は点Xで交わるから，メネラウスの定理より

$$\frac{AQ}{QC}\cdot\frac{CS}{SD}\cdot\frac{DX}{XA}=1$$

が成り立つから，＊をこれに用いると

$$\frac{AQ}{QC}\cdot\frac{CS}{SD}\cdot\frac{PB}{AP}\cdot\frac{RD}{BR}=1$$

であり，逆数をとると

$$\frac{AP}{PB}\cdot\frac{BR}{RD}\cdot\frac{DS}{SC}\cdot\frac{CQ}{QA}=1$$

となり，これで示せた． 終

では，次に与えられた情報から，座標を設定して考察する問題をみておきましょう．

例題 29（同志社大　改題）

四面体 OABC は，

$OA=OB=2$, $OC=1$, $\angle AOB=60°$, $\angle AOC=\angle BOC=90°$

を満たしている．また，辺 OA，BC の中点をそれぞれ M，N，線分 DE を含む平面を α とする．

ここで，平面 α が辺 AB，OC とそれぞれ交点 P，Q をもつとき，四角形 MPNQ の面積の最小値を求めよ．

参考　図形に関する基本事項の組み合わせと捉えることができます．与えられている四面体 OABC は特徴的な立体であるから，一個人的な観点を述べると，空間座標に持ち込みベクトルを用いて，座標などを表すと，何とかなると思います．

また，四角形 MPNQ の面積の算出の方法については，教科書レベルであり，それをさらにベクトルで表現し直すことによって，さらに，新しい表現を習得できるはずでしょう．**三角形の面積公式だ**

けではなく，四角形の面積公式としても機能していることを基本事項で学んでいることで，そのような基本事項をきちんと運用できるように心がけたいところです．

解説

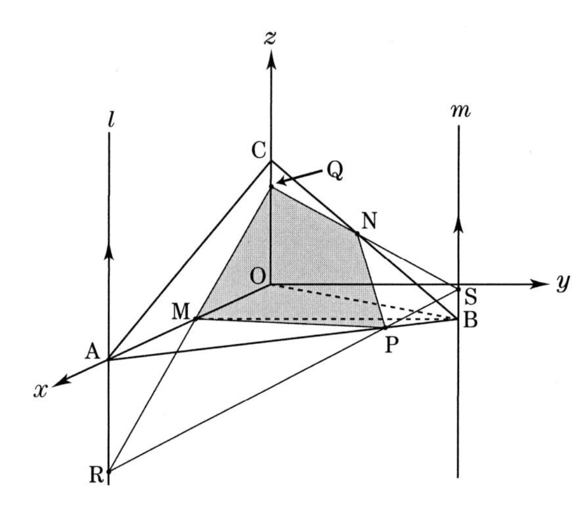

図のように，原点をOとする座標空間において，題意の四面体OABCを

$$\mathrm{O}(0,0,0),\ \mathrm{A}(2,0,0),\ \mathrm{B}(1,\sqrt{3},0),\ \mathrm{C}(0,0,1),$$
$$\mathrm{M}(1,0,0),\ \mathrm{N}\left(\frac{1}{2},\frac{\sqrt{3}}{2},\frac{1}{2}\right)$$

としても，一般性を失うものではない．このとき，条件から，点Qの座標を

$$(0,0,q)\ (ただし，0<q<1)$$

とし，さらに，点A, Bを通りそれぞれz軸に平行な直線ℓ, mをひき，平面αとの交点をR, Sとすると，点MはOAの中点であるから

$$\mathrm{OQ}:\mathrm{AR}=q:q$$

であり，また，点Nは辺BCの中点であるから

$$\mathrm{CQ} : \mathrm{SB} = 1-q : 1-q$$

である．

したがって，$\ell \parallel m$ より

$$\mathrm{AP} : \mathrm{PB} = \mathrm{AR} : \mathrm{SB} = q : 1-q$$

であり

$$\overrightarrow{\mathrm{OP}} = (1-q)\overrightarrow{\mathrm{OA}} + q\overrightarrow{\mathrm{OB}}$$

すなわち

$$\overrightarrow{\mathrm{OP}} = (1-q)\begin{pmatrix} 2 \\ 0 \\ 0 \end{pmatrix} + q\begin{pmatrix} 1 \\ \sqrt{3} \\ 0 \end{pmatrix} = \begin{pmatrix} 2-q \\ \sqrt{3}\,q \\ 0 \end{pmatrix}$$

である．

よって，四角形 MPNQ の面積 S は

$$S = \frac{1}{2}\cdot\mathrm{MN}\cdot\mathrm{PQ}\cdot\sin\theta$$ （ただし，θ は 2 つの線分 MN と PQ のなす鋭角である）

$$= \frac{1}{2}\sqrt{|\overrightarrow{\mathrm{MN}}|^2|\overrightarrow{\mathrm{PQ}}|^2 - |\overrightarrow{\mathrm{MN}}|^2|\overrightarrow{\mathrm{PQ}}|^2\cos^2\theta}$$

$$= \frac{1}{2}\sqrt{|\overrightarrow{\mathrm{MN}}|^2|\overrightarrow{\mathrm{PQ}}|^2 - (\overrightarrow{\mathrm{MN}}\cdot\overrightarrow{\mathrm{PQ}})^2} \qquad \cdots\cdots *$$

で与えられ，

$$\overrightarrow{\mathrm{MN}} = \begin{pmatrix} \frac{1}{2} \\ \frac{\sqrt{3}}{2} \\ \frac{1}{2} \end{pmatrix} - \begin{pmatrix} 1 \\ 0 \\ 0 \end{pmatrix} = \begin{pmatrix} -\frac{1}{2} \\ \frac{\sqrt{3}}{2} \\ \frac{1}{2} \end{pmatrix}$$

$$\mathrm{MN}^2 = \left(-\frac{1}{2}\right)^2 + \left(\frac{\sqrt{3}}{2}\right)^2 + \left(\frac{1}{2}\right)^2 = \frac{5}{4} \qquad \cdots\cdots ①$$

である．また，

$$\overrightarrow{\mathrm{PQ}}=\begin{pmatrix}0\\0\\q\end{pmatrix}-\begin{pmatrix}2-q\\\sqrt{3}\,q\\0\end{pmatrix}=\begin{pmatrix}q-2\\-\sqrt{3}\,q\\q\end{pmatrix}$$

であり

$$\mathrm{PQ}^2=(q-2)^2+(-\sqrt{3}\,q)^2+q^2=5q^2-4q+4 \qquad \cdots\cdots ②$$

である．さらに

$$\overrightarrow{\mathrm{MN}}\cdot\overrightarrow{\mathrm{PQ}}=\begin{pmatrix}-\frac{1}{2}\\\frac{\sqrt{3}}{2}\\\frac{1}{2}\end{pmatrix}\cdot\begin{pmatrix}q-2\\-\sqrt{3}\,q\\q\end{pmatrix}=\frac{1}{2}(2-q-3q+q)=\frac{1}{2}(2-3q)$$

$$\cdots\cdots ③$$

であるから，①，②，③を＊に用いると

$$S=\frac{1}{2}\sqrt{\frac{5}{4}\cdot(5q^2-4q+4)-\left(\frac{2-3q}{2}\right)^2}$$

$$=\frac{1}{2}\sqrt{\frac{1}{4}\{(25q^2-20q+20)-(4-12q+9q^2)\}}$$

$$=\frac{\sqrt{2(2q^2-q+2)}}{2}$$

$$=\frac{\sqrt{2}}{2}\sqrt{\left\{2\left(q-\frac{1}{4}\right)^2+\frac{15}{8}\right\}}$$

である．したがって，$0<q<1$ より，四角形MPNQの面積の最小値は

$$q=\frac{1}{4}\text{ のとき，}\frac{\sqrt{2}}{2}\cdot\frac{\sqrt{15}}{2\sqrt{2}}=\frac{\sqrt{15}}{4} \qquad \text{答}$$

である．

では，本章の最後に，**四面体の形状決定**に関するエッセンスを届けることにしましょう．

例題 30（四面体の形状決定のエッセンス①）

四面体 ABCD について，次の問いに答えよ．

(1) $AB \perp CD$ かつ $AC \perp BD$ であるならば，$AD \perp BC$ となることを示せ．

(2) $AB \perp CD$ であるならば，$AC^2+BD^2=AD^2+BC^2$ となることを示せ．

(3) $AC^2+BD^2=AD^2+BC^2$ であるならば，$AB \perp CD$ となることを示せ．

解答

(1) 点 A を始点とするベクトル $\overrightarrow{AB}=\vec{b}$，$\overrightarrow{AC}=\vec{c}$，$\overrightarrow{AD}=\vec{d}$ とおく．

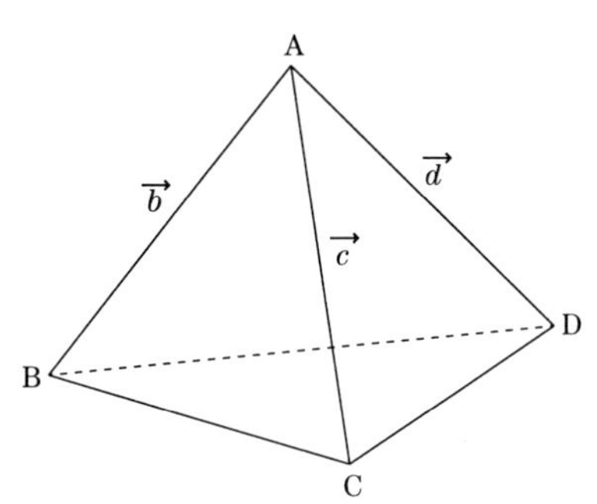

条件の $AB \perp CD$ と $AC \perp BD$ より，それぞれ $\vec{b}\cdot(\vec{d}-\vec{c})=0$，

すなわち，$\vec{b}\cdot\vec{d}=\vec{b}\cdot\vec{c}$ ……①

$\vec{c}\cdot(\vec{d}-\vec{b})=0$

すなわち，$\vec{c}\cdot\vec{d}=\vec{b}\cdot\vec{c}$ ……②

が得られる．

そこで ① と ② より

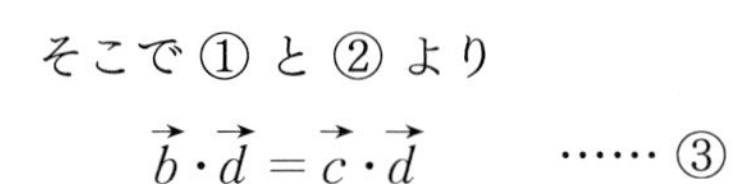

$$\vec{b}\cdot\vec{d}=\vec{c}\cdot\vec{d} \quad \cdots\cdots ③$$

となる．

このとき，

$$\overrightarrow{AD}\cdot\overrightarrow{BC}=\vec{d}\cdot(\vec{c}-\vec{b})=\vec{c}\cdot\vec{d}-\vec{b}\cdot\vec{d}=0 \quad (\because ③)$$

であり，$\overrightarrow{AD}\neq\vec{0}$，$\overrightarrow{BC}\neq\vec{0}$ であるから，

$AD \perp BC$

が成り立つことが示せた.　**終**

四面体の形状決定のエッセンス①

一般に,

四面体において, 2組の対辺 (**ねじれの位置**の辺) が, それぞれ互いに垂直であるならば, 残りの1組の対辺 (ねじれの位置の辺) も垂直である

が成り立つ.

(2) と (3)

点Aを始点とするベクトル $\overrightarrow{AB}=\vec{b}$, $\overrightarrow{AC}=\vec{c}$, $\overrightarrow{AD}=\vec{d}$ とおくと,

$$AC^2+BD^2=|\vec{c}|^2+|\vec{d}-\vec{b}|^2=|\vec{b}|^2+|\vec{c}|^2+|\vec{d}|^2-2\vec{b}\cdot\vec{d}$$

$$AD^2+BC^2=|\vec{d}|^2+|\vec{c}-\vec{b}|^2=|\vec{b}|^2+|\vec{c}|^2+|\vec{d}|^2-2\vec{b}\cdot\vec{c}$$

と表せる.

このとき, 条件 $AB\perp CD$ より

$$\vec{b}\cdot\vec{d}=\vec{b}\cdot\vec{c}$$

であるから, 上式について,

$$AC^2+BD^2=AD^2+BC^2$$

が成り立つことが示せた.　**終**

また逆に, $AC^2+BD^2=AD^2+BC^2$ であるとき,

$$|\vec{b}|^2+|\vec{c}|^2+|\vec{d}|^2-2\vec{b}\cdot\vec{d}=|\vec{b}|^2+|\vec{c}|^2+|\vec{d}|^2-2\vec{b}\cdot\vec{c}$$

であるから, これより

$$\vec{b}\cdot\vec{d}=\vec{b}\cdot\vec{c}$$

が成り立ち, しかも $\vec{b}\neq\vec{c}\neq\vec{d}\neq\vec{0}$ であるから

$$\vec{b}\cdot(\vec{d}-\vec{c})=0$$

すなわち

$$\overrightarrow{AB}\cdot\overrightarrow{CD}=0$$

と表せる．

したがって，

$$AB\perp CD$$

であることが示せた． 終

四面体の形状決定のエッセンス②

一般に，

四面体において，1 組の対辺（**ねじれの位置**の辺）が互いに垂直であるならば，残りの 2 組の対辺（ねじれの位置）の長さのそれぞれの 2 乗の和は等しい

が成り立ち，これは逆も成り立つ．

では，このエッセンスを感受できる問題をみておきましょう．

例題 31（京都大）

四面体 OABC は次の 2 つの条件

（i）$OA\perp BC$，$OB\perp AC$，$OC\perp AB$

（ii）4 つの面の面積がすべて等しい

を満たしている．このとき，この四面体は正四面体であることを示せ．

解答（**ねじれの位置の関係を見出せば，完結（簡潔）します**）

Oを始点とする $\overrightarrow{OA}=\vec{a}$，$\overrightarrow{OB}=\vec{b}$，$\overrightarrow{OC}=\vec{c}$ とおく．

ここで，条件（ i ）より，

$$\vec{a}\cdot(\vec{b}-\vec{c})=0,\ \vec{b}\cdot(\vec{c}-\vec{a})=0,\ \vec{c}\cdot(\vec{b}-\vec{a})=0$$

であるから，これより

$$\vec{a}\cdot\vec{b}=\vec{a}\cdot\vec{c}=\vec{b}\cdot\vec{c} \quad \cdots\cdots ①$$

である．

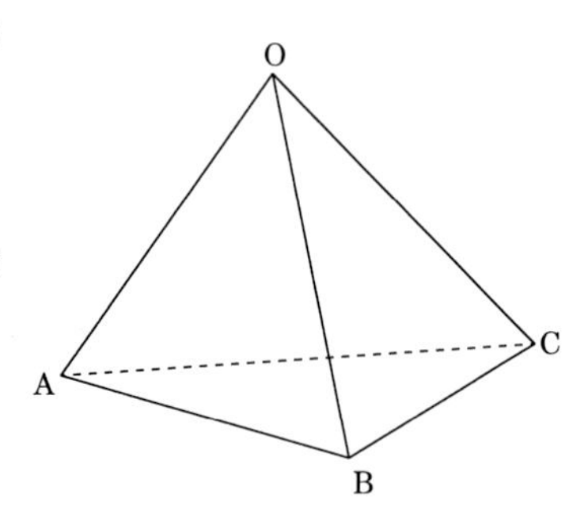

さらに条件（ i ）の $OA\perp BC$ より

$$OB^2+AC^2=OC^2+AB^2 \quad \cdots ②$$

が成り立つことを示す．

ここで

$$(左辺)=|\vec{b}|^2+|\vec{c}-\vec{a}|^2=|\vec{a}|^2+|\vec{b}|^2+|\vec{c}|^2-2\vec{a}\cdot\vec{c}$$

$$(右辺)=|\vec{c}|^2+|\vec{b}-\vec{a}|^2=|\vec{a}|^2+|\vec{b}|^2+|\vec{c}|^2-2\vec{a}\cdot\vec{b}$$

であり，①の $\vec{a}\cdot\vec{b}=\vec{a}\cdot\vec{c}$ を用いると，この上式の2式は等しく，②が成り立つことが示せた．

これと同様にすると，条件（ i ）の $OB\perp AC$，$OC\perp AB$ より

$$OA^2+BC^2=OC^2+AB^2 \quad \cdots\cdots ③$$

$$OA^2+BC^2=OB^2+AC^2 \quad \cdots\cdots ④$$

が成り立つ．

したがって，②～④より

$$OA^2+BC^2=OB^2+AC^2=OC^2+AB^2 \quad \cdots\cdots ⑤$$

が成り立つ．

一方，条件（ii）において，4つの面（三角形）の面積が等しいから，

$$|\overrightarrow{OA}|^2|\overrightarrow{OB}|^2-(\overrightarrow{OA}\cdot\overrightarrow{OB})^2=|\overrightarrow{OB}|^2|\overrightarrow{OC}|^2-(\overrightarrow{OB}\cdot\overrightarrow{OC})^2$$

$$=|\overrightarrow{OA}|^2|\overrightarrow{OC}|^2-(\overrightarrow{OA}\cdot\overrightarrow{OC})^2=|\overrightarrow{AB}|^2|\overrightarrow{AC}|^2-(\overrightarrow{AB}\cdot\overrightarrow{AC})^2 \quad \cdots ⑥$$

が成り立つから，これは

$$|\vec{a}|^2|\vec{b}|^2-(\vec{a}\cdot\vec{b})^2=|\vec{b}|^2|\vec{c}|^2-(\vec{b}\cdot\vec{c})^2$$
$$=|\vec{a}|^2|\vec{c}|^2-(\vec{a}\cdot\vec{c})^2$$
$$=|\overrightarrow{AB}|^2|\overrightarrow{AC}|^2-(\overrightarrow{AB}\cdot\overrightarrow{AC})^2$$

と表せる．

そこで，⑥の左3式において，①を用いると

$$|\vec{a}|=|\vec{b}|=|\vec{c}|$$

が成り立ち，これは

$$OA=OB=OC \qquad \cdots\cdots ⑦$$

である．つまり，⑤と⑦から

$$AB=AC=BC \qquad \cdots\cdots ⑧$$

であり，$\triangle ABC$ は正三角形である．

そこで，$|\overrightarrow{OA}|=|\overrightarrow{OB}|=x$, $|\overrightarrow{AB}|=|\overrightarrow{AC}|=|\overrightarrow{BC}|=y$ とおくと，⑥の最左辺と最右辺の式から，

$$|\overrightarrow{OA}|^2|\overrightarrow{OB}|^2-(\overrightarrow{OA}\cdot\overrightarrow{OB})^2=|\overrightarrow{AB}|^2|\overrightarrow{AC}|^2-(\overrightarrow{AB}\cdot\overrightarrow{AC})^2$$

であるから，これを x, y を用いて表すと，

$$x^2\cdot x^2-\left\{\frac{1}{2}(x^2+x^2-y^2)\right\}^2=y^2\cdot y^2-\left\{\frac{1}{2}(y^2+y^2-y^2)\right\}^2$$
$$x^4-\frac{1}{4}(2x^2-y^2)^2=y^4-\frac{1}{4}y^4$$
$$x^2y^2-\frac{1}{4}y^4=\frac{3}{4}y^4$$
$$y^2(x+y)(x-y)=0$$

となる．

したがって，$x>0, y>0$ であるから

$$x=y$$

が成り立ち，これより

$$OA=AB \qquad \cdots\cdots ⑨$$

である．

よって，⑦と⑧と⑨から，四面体の6つの辺について

$$\mathrm{OA}=\mathrm{OB}=\mathrm{OC}=\mathrm{AB}=\mathrm{AC}=\mathrm{BC}$$

であり，正四面体である．　**終**

これを基盤として，球面を登場させてみましょう！

例題32（広島大　改題）

空間内の原点Oを中心とする半径1の球面Kに内接する四面体ABCDがある．$\overrightarrow{\mathrm{OA}}=\vec{a}$，$\overrightarrow{\mathrm{OB}}=\vec{b}$，$\overrightarrow{\mathrm{OC}}=\vec{c}$，$\overrightarrow{\mathrm{OD}}=\vec{d}$とし，

$$\vec{a}+\vec{b}+\vec{c}+\vec{d}=\vec{0}$$

を満たすとき，次の問いに答えよ．

(1) $\vec{a}\cdot\vec{b}=\vec{c}\cdot\vec{d}$を示せ．

(2) 四面体ABCDの4つの面はすべて合同な三角形であることを示せ．

(3) 四面体ABCDの表面積が最大となるとき，四面体ABCDは正四面体であることを示せ．

解答

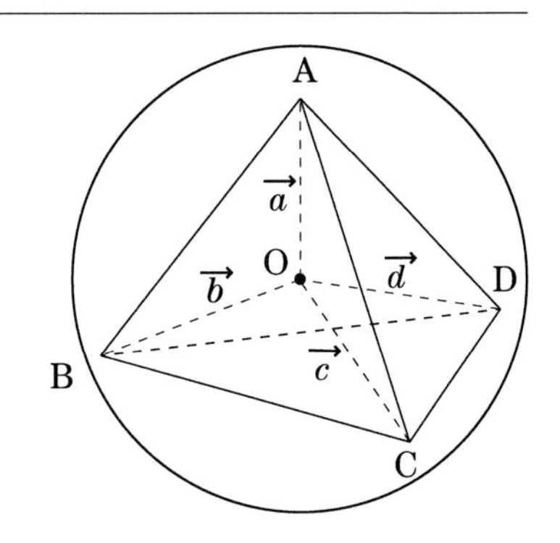

(1)　与式を$\vec{a}+\vec{b}=-\vec{c}-\vec{d}$とし，

これより

$$|\vec{a}+\vec{b}|^2=|-\vec{c}-\vec{d}|^2$$

とできるから，これは

$$|\vec{a}|^2+|\vec{b}|^2+2\vec{a}\cdot\vec{b}$$
$$=|\vec{c}|^2+|\vec{d}|^2+2\vec{c}\cdot\vec{d}$$

である．

そこで，$|\vec{a}|=|\vec{b}|=|\vec{c}|=|\vec{d}|=1$ より，上式から

$$\vec{a}\cdot\vec{b}=\vec{c}\cdot\vec{d} \quad \cdots\cdots ①$$

であり，これで示せた．**終**

これと同様にすると，$\vec{a}+\vec{c}=-\vec{b}-\vec{d}$ から

$$\vec{a}\cdot\vec{c}=\vec{b}\cdot\vec{d} \quad \cdots\cdots ②$$

が得られ，また，$\vec{a}+\vec{d}=-\vec{b}-\vec{c}$ から

$$\vec{a}\cdot\vec{d}=\vec{b}\cdot\vec{c} \quad \cdots\cdots ③$$

が得られる．

(2)　(1) で得られた①で，△OAB と △OCD に着目すると，

$$\frac{1}{2}(1^2+1^2-AB^2)=\frac{1}{2}(1^2+1^2-CD^2)$$

すなわち

$$AB=CD \quad \cdots\cdots ④$$

が得られる．

これと同様にすると，②と③からそれぞれ

$$AC=BD \ \cdots\cdots ⑤, \quad AD=BC \quad \cdots\cdots ⑥$$

が得られる．

したがって，4 つの面（三角形）は，3 辺の長さがそれぞれ等しいから，4 つの面はすべて合同な三角形であることが示せた．**終**

四面体の形状決定のエッセンス③

一般に，四面体 ABCD が O を中心とする球面に内接し，

$$\overrightarrow{\mathrm{OA}}+\overrightarrow{\mathrm{OB}}+\overrightarrow{\mathrm{OC}}+\overrightarrow{\mathrm{OD}}=\vec{0}$$

を満たすとき，

$$\triangle\mathrm{OAB}\equiv\triangle\mathrm{OCD},\ \triangle\mathrm{OAC}\equiv\triangle\mathrm{OBD},\ \triangle\mathrm{OAD}\equiv\triangle\mathrm{OBC}$$

が成り立つ．

また，ねじれの位置の3組の辺の長さはそれぞれ等しくなり，四面体 ABCD は**等面四面体**となります．

(3)　(2) より，四面体 ABCD の4つの面はすべて合同な三角形である（面積も等しい）から，その一つの △ABC の面積 S を4倍したものが，四面体 ABCD の表面積である．そこで，この表面積が最大となるのは，△ABC の面積 S を最大にすればよい．このとき，△ABC の面積 S は

$$S=\frac{1}{2}\sqrt{|\overrightarrow{\mathrm{AB}}|^2|\overrightarrow{\mathrm{AC}}|^2-(\overrightarrow{\mathrm{AB}}\cdot\overrightarrow{\mathrm{AC}})^2} \quad \cdots\cdots ⑦$$

で与えられ，$\mathrm{AB}=x$, $\mathrm{AC}=y$ とすると，内積 $\overrightarrow{\mathrm{AB}}\cdot\overrightarrow{\mathrm{AC}}$ は，

$$\begin{aligned}
\overrightarrow{\mathrm{AB}}\cdot\overrightarrow{\mathrm{AC}}&=(\vec{b}-\vec{a})\cdot(\vec{c}-\vec{a})\\
&=\vec{b}\cdot\vec{c}-\vec{a}\cdot\vec{b}-\vec{a}\cdot\vec{c}+\vec{a}\cdot\vec{a}\\
&=\vec{a}\cdot\vec{d}-\vec{a}\cdot\vec{b}-\vec{a}\cdot\vec{c}+\vec{a}\cdot\vec{a}\quad(\because ③)\\
&=\vec{a}\cdot(\vec{a}+\vec{d}-\vec{b}-\vec{c})\\
&=\vec{a}\cdot(-2\vec{b}-2\vec{c})\quad(\because \vec{a}+\vec{d}=-\vec{b}-\vec{c})\\
&=-2\vec{a}\cdot\vec{b}-2\vec{a}\cdot\vec{c}
\end{aligned}$$

と表せる．

このとき，

$$\vec{a}\cdot\vec{b}=\frac{1}{2}(1^2+1^2-x^2)=1-\frac{1}{2}x^2$$

$$\vec{a}\cdot\vec{c}=\frac{1}{2}(1^2+1^2-y^2)=1-\frac{1}{2}y^2$$

であり，これを用いると

$$\overrightarrow{\mathrm{AB}}\cdot\overrightarrow{\mathrm{AC}}=x^2+y^2-4 \qquad \cdots\cdots ⑧$$

である．

そこで，⑦より，△ABC の面積 S を x, y を用いて表すと，

$$S=\frac{1}{2}\sqrt{x^2y^2-(x^2+y^2-4)^2}$$

$$=\frac{1}{2}\sqrt{-x^4-y^4-x^2y^2+8x^2+8y^2-16}$$

$$=\frac{1}{2}\sqrt{-\left(x^2+\frac{y^2-8}{2}\right)^2-\frac{3}{4}\left(y^2-\frac{8}{3}\right)^2+\frac{16}{3}}$$

となる．

よって，S の最大値は

$$x^2+\frac{y^2-8}{2}=0 \quad \text{かつ} \quad y^2-\frac{8}{3}=0$$

のときであり，$x>0$，$y>0$ より

$$x=y=\sqrt{\frac{8}{3}}=\frac{2\sqrt{6}}{3}$$

のときである（この時点で△ABC は二等辺三角形である）．

また，このとき，⑧の内積の値は

$$\overrightarrow{\mathrm{AB}}\cdot\overrightarrow{\mathrm{AC}}=\frac{8}{3}+\frac{8}{3}-4=\frac{4}{3}$$

であり，$\angle\mathrm{BAC}=\theta$ とすると

$$\cos\theta=\frac{\overrightarrow{\mathrm{AB}}\cdot\overrightarrow{\mathrm{AC}}}{|\overrightarrow{\mathrm{AB}}||\overrightarrow{\mathrm{AC}}|}=\frac{1}{2}$$

すなわち

$$\theta=60^\circ$$

である．

したがって，△ABC の面積 S が最大であるとき，△ABC は二等

辺三角形であり，しかも内角の一つが60°であるから，正三角形である．

つまり，④と⑤と⑥から，4つの面はすべて正三角形となる（6つの辺の長さはすべて等しい）．

以上の考察から，四面体ABCDの表面積が最大となるとき，4つの面はすべて正三角形となり，これは正四面体である．　**終**

では，**例題32**より，次のような問題にも着手してみましょう．

例題33

空間内の原点Oを中心とする半径1の球面Kに内接する四面体ABCDがある．ここで，

$\overrightarrow{OA}=\vec{a}$，$\overrightarrow{OB}=\vec{b}$，$\overrightarrow{OC}=\vec{c}$，$\overrightarrow{OD}=\vec{d}$ とし，

（i）$\vec{a}+\vec{b}+\vec{c}+\vec{d}=\vec{0}$

（ii）$\vec{a}\cdot\vec{b}=\vec{a}\cdot\vec{c}=\vec{a}\cdot\vec{d}$

の2つの条件を同時に満たすとき，四面体ABCDは正四面体であることを示せ．

参考　**例題32**を参考にすると，条件（i）より

$$\mathrm{AB}=\mathrm{CD},\ \mathrm{AC}=\mathrm{BD},\ \mathrm{AD}=\mathrm{BC} \qquad \cdots\cdots ①$$

が成り立ち，この時点で，**四面体の形状決定のエッセンス**③より，四面体ABCDは等面四面体と判断できます．

さらに条件（ii）より

$$\frac{1}{2}(1^2+1^2-\mathrm{AB}^2)=\frac{1}{2}(1^2+1^2-\mathrm{AC}^2)=\frac{1}{2}(1^2+1^2-\mathrm{AD}^2)$$

ですから，これより

$$\mathrm{AB}=\mathrm{AC}=\mathrm{AD} \qquad \cdots\cdots ②$$

が成り立ちます．

つまり，①と②から，四面体の 6 つの辺の長さはすべて等しく，正四面体であることがわかります．これらをまとめた（**略解**）を提示しておきます．

略解

条件（ i ）より

$$\vec{a}\cdot\vec{b}=\vec{c}\cdot\vec{d}\ ,\ \ \vec{a}\cdot\vec{c}=\vec{b}\cdot\vec{d}\ ,\ \ \vec{a}\cdot\vec{d}=\vec{b}\cdot\vec{c}$$

であり，条件（ii）と合わせると，6 つの内積について，

$$\vec{a}\cdot\vec{b}=\vec{a}\cdot\vec{c}=\vec{a}\cdot\vec{d}=\vec{b}\cdot\vec{c}=\vec{b}\cdot\vec{d}=\vec{c}\cdot\vec{d}$$

が成り立つ．

したがって，これより 6 つの辺の関係は，

$$\mathrm{AB}=\mathrm{AC}=\mathrm{AD}=\mathrm{BC}=\mathrm{BD}=\mathrm{CD}$$

となるから，四面体 ABCD は正四面体であることが示せた． 終

考究

この問題において，条件（ i ）は変更せずに，条件（ii）を，次の（ii）’のように

（ii）’　3 つの △AOB, △AOC, △AOD の面積はすべて等しい

と変更した場合は，どのような議論が待ち構えているでしょうか．

考究の略解と解説

条件（ i ）より，四面体 ABCD は等面四面体であり，3 つの辺 AB, AC, AD の長さをそれぞれ x, y, z とおくと，

$$\mathrm{AB}=\mathrm{CD}=x,\ \ \mathrm{AC}=\mathrm{BD}=y,\ \ \mathrm{AD}=\mathrm{BC}=z$$

である．

また，条件（ii）’より

$$\frac{1}{2}\sqrt{1^2\cdot1^2-(\vec{a}\cdot\vec{b})^2}=\frac{1}{2}\sqrt{1^2\cdot1^2-(\vec{a}\cdot\vec{c})^2}=\frac{1}{2}\sqrt{1^2\cdot1^2-(\vec{a}\cdot\vec{d})^2}$$

すなわち

$$1-(\vec{a}\cdot\vec{b})^2=1-(\vec{a}\cdot\vec{c})^2=1-(\vec{a}\cdot\vec{d})^2$$

が成り立つから，これより

$$(\vec{a}\cdot\vec{b})^2=(\vec{a}\cdot\vec{c})^2=(\vec{a}\cdot\vec{d})^2 \qquad \cdots\cdots ※$$

である．

ここで，3 つの内積はそれぞれ，

$$\vec{a}\cdot\vec{b}=\frac{1}{2}(1^2+1^2-x^2)=\frac{1}{2}(2-x^2)$$

$$\vec{a}\cdot\vec{c}=\frac{1}{2}(1^2+1^2-y^2)=\frac{1}{2}(2-y^2)$$

$$\vec{a}\cdot\vec{d}=\frac{1}{2}(1^2+1^2-z^2)=\frac{1}{2}(2-z^2)$$

と表せ，※を x, y, z を用いて表すと

$$(2-x^2)^2=(2-y^2)^2=(2-z^2)^2$$

となる．

そこで，この左 2 式から

$$(x^2+y^2-4)(x+y)(x-y)=0 \qquad \cdots\cdots ★$$

が得られ，★において，$x^2+y^2-4=0$ とすると，

$$\overrightarrow{AB}\cdot\overrightarrow{AC}=\frac{1}{2}(x^2+y^2-z^2)=\frac{1}{2}(4-z^2)$$

であるものの，$\overrightarrow{AB}\cdot\overrightarrow{AC}$ については

$$\begin{aligned}\overrightarrow{AB}\cdot\overrightarrow{AC}&=(\vec{b}-\vec{a})\cdot(\vec{c}-\vec{a})\\&=\cdots\cdots \quad (\leftarrow \textbf{例題 32}\,(3)\text{ を参照})\\&=-2\vec{a}\cdot\vec{b}-2\vec{a}\cdot\vec{c}\\&=-(2-x^2)-(2-y^2)\\&=0\end{aligned}$$

となり，上式と合わせると

$$z = \mathrm{AD} = \mathrm{BC} = 2$$

が得られ，これは球面 K の直径 2 に等しいから，2 つの線分 AD，BC が O で交わり，同一平面上にあるといえ，四面体がつくれず，これは矛盾する．

したがって，★において，

$$x^2 + y^2 - 4 \neq 0,\ x + y \neq 0$$

であり

$$x = y$$

である．

また，※で $(2 - x^2)^2 = (2 - z^2)^2$ とし，同様にすると，

$$x = z$$

が得られ，四面体 ABCD の 6 つの辺の長さはすべて等しくなり，正四面体である．　終

例題 34

四面体 ABCD の重心を G とする．点 G を中心とする球面に四面体 ABCD が内接するとき，4 つの面はすべて合同な三角形であることを示せ．

解答

点 A を基点とする位置ベクトルを

$$\overrightarrow{\mathrm{AB}} = \vec{b},\ \overrightarrow{\mathrm{AC}} = \vec{c},\ \overrightarrow{\mathrm{AD}} = \vec{d}$$

とする．条件より

$$|\overrightarrow{\mathrm{AG}}| = |\overrightarrow{\mathrm{BG}}| = |\overrightarrow{\mathrm{CG}}| = |\overrightarrow{\mathrm{DG}}| \quad \cdots\cdots ①$$

である．

また，

$$\overrightarrow{\mathrm{AG}}=\frac{\vec{b}+\vec{c}+\vec{d}}{4}$$

$$\overrightarrow{\mathrm{BG}}=\overrightarrow{\mathrm{AG}}-\overrightarrow{\mathrm{AB}}=\frac{-3\vec{b}+\vec{c}+\vec{d}}{4}$$

と表せるから，3 つの辺の長さを $\mathrm{AB}=x$，$\mathrm{AC}=y$，$\mathrm{AD}=z$ とおくと，①の $|\overrightarrow{\mathrm{AG}}|^2=|\overrightarrow{\mathrm{BG}}|^2$ より

$$x^2+y^2+z^2+2\vec{b}\cdot\vec{c}+2\vec{c}\cdot\vec{d}+2\vec{b}\cdot\vec{d}$$

$$=9x^2+y^2+z^2-6\vec{b}\cdot\vec{c}+2\vec{c}\cdot\vec{d}-6\vec{b}\cdot\vec{d}$$

すなわち

$$\vec{b}\cdot\vec{c}+\vec{b}\cdot\vec{d}=x^2 \qquad \cdots\cdots ②$$

が得られる．

これと同様に，①の $|\overrightarrow{\mathrm{AG}}|^2=|\overrightarrow{\mathrm{CG}}|^2$ および $|\overrightarrow{\mathrm{AG}}|^2=|\overrightarrow{\mathrm{DG}}|^2$ より

$$\vec{b}\cdot\vec{c}+\vec{c}\cdot\vec{d}=y^2 \qquad \cdots\cdots ③$$

$$\vec{c}\cdot\vec{d}+\vec{b}\cdot\vec{d}=z^2 \qquad \cdots\cdots ④$$

が得られ，②＋③＋④から

$$\vec{b}\cdot\vec{c}+\vec{c}\cdot\vec{d}+\vec{b}\cdot\vec{d}=\frac{1}{2}(x^2+y^2+z^2)$$

が得られる．

これを用いて，②，③，④の差によって，3 つの内積はそれぞれ

$$\vec{b}\cdot\vec{c}=\frac{1}{2}(x^2+y^2-z^2) \qquad \cdots\cdots ⑤$$

$$\vec{c}\cdot\vec{d}=\frac{1}{2}(y^2+z^2-x^2) \qquad \cdots\cdots ⑥$$

$$\vec{b}\cdot\vec{d}=\frac{1}{2}(z^2+x^2-y^2) \qquad \cdots\cdots ⑦$$

と表せる．

このとき，△BCD の 3 つの辺 BC, CD, BD を用いて，これら 3 つの内積を再び表すと，

$$\vec{b}\cdot\vec{c}=\frac{1}{2}(\mathrm{AB}^2+\mathrm{AC}^2-\mathrm{BC}^2)=\frac{1}{2}(x^2+y^2-\mathrm{BC}^2) \quad \cdots\cdots ⑧$$

$$\vec{c}\cdot\vec{d}=\frac{1}{2}(\mathrm{AC}^2+\mathrm{AD}^2-\mathrm{CD}^2)=\frac{1}{2}(y^2+z^2-\mathrm{CD}^2) \quad \cdots\cdots ⑨$$

$$\vec{b}\cdot\vec{d}=\frac{1}{2}(\mathrm{AD}^2+\mathrm{AB}^2-\mathrm{BD}^2)=\frac{1}{2}(z^2+x^2-\mathrm{BD}^2) \quad \cdots\cdots ⑩$$

であり，⑤と⑧，⑥と⑨，⑦と⑩より

$$\mathrm{BC}=z,\ \mathrm{CD}=x,\ \mathrm{BD}=y$$

であるから，ねじれの位置の辺の長さはそれぞれ等しく，四面体ABCDの4つの面はすべて合同な三角形であることが示せた． 終

Round up 演習（その3）

問題 3-1　◀◀神戸大

水平な地面に一本の塔が垂直に建っている（太さは無視する）．塔の先端をPとし，足元の地点をHとする．また，Hを通らない一本の道が一直線に延びている（幅は無視する）．道の途中に3地点A, B, Cがこの順にあり，$BC=2AB$を満たしている．

(1) $2AH^2-3BH^2+CH^2=6AB^2$が成り立つことを示せ．

(2) A, B, CからPを見上げた角度$\angle PAH$，$\angle PBH$，$\angle PCH$はそれぞれ$45°$, $60°$, $30°$であった．$AB=100$ mのとき，塔の高さPH（m）の整数部分を求めよ．

(3) (2)において，Hと道との距離（m）の整数部分を求めよ．

問題 3-2　◀◀法政大

四面体ABCDは

$$AB=\sqrt{2},\ AC=2,\ AD=\sqrt{3},\ \angle BAC=45°,\ \angle CAD=30°$$

であり，さらに，

$$\cos\angle BAD=\sqrt{3}\cos\angle BCD$$

を満たしている．

(1)　辺BDの長さを求めよ．

(2)　四面体ABCDの表面積を求めよ．

(3)　四面体ABCDの体積を求めよ．

問題 3-3 ◀◀東京大

半径 1 の球面上の相異なる 4 点 A，B，C，D が

$$AB=1,\ AC=BC,\ AD=BD,\ \cos\angle ACB=\cos\angle ADB=\frac{4}{5}$$

を満たしているとする．

(1) 三角形 ABC の面積を求めよ．

(2) 四面体 ABCD の体積を求めよ．

問題 3-4 ◀◀立命館大 改題

原点を O とする座標空間内に 3 つの点

$$A(1,1,-1),\ B(3,2,1),\ C(-1,3,0)$$

があり，三角形 ABC を含む平面を α とする．また，原点 O から平面 α に垂線を下ろし，その交点を H とする．このとき，次の問いに答えよ．

(1) △ABC は ［ア］ である．また，△ABC の面積を求めよ．

⓪ 正三角形
① 直角二等辺三角形
② 頂角が鋭角である二等辺三角形
③ 頂角が鈍角である二等辺三角形
④ 三辺の長さが $2:1:\sqrt{3}$ の直角三角形

(2) 点 H を実数 s, t を用いて

$$\overrightarrow{OH}=\overrightarrow{OA}+s\overrightarrow{AB}+t\overrightarrow{AC}$$

と表すとき，実数 s, t の値を求めよ．

(3) 点 H の座標を求めよ．

(4) 四面体 OABC の体積を求めよ．

(5) 四面体 OABC の 4 つの頂点 O，A，B，C を通る球の中心の座標を求めよ．

問題 3-5　◀◀早稲田大

次の各問いに答えよ．

(1) 半径 r の球面上に相異なる4点 A, B, C, D がある．

$$AB=CD=\sqrt{2},\ AC=AD=BC=BD=\sqrt{5}$$

であるとき，r の値を求めよ．

(2) 空間に点 O と三角錐 ABCD があり，

$OA=OB=OC=1,\ OD=\sqrt{5},\ \angle AOB=\angle BOC=\angle COA,$

$\overrightarrow{OA}+\overrightarrow{OB}+\overrightarrow{OC}+\overrightarrow{OD}=\vec{0}$

を満たしている．三角錐 ABCD に内接する球の半径 R を求めよ．

問題 3-6　◀◀京都大

空間内の4点 O, A, B, C は同一平面上にないとする．点 D, P, Q を次のように定める．点 D は $\overrightarrow{OD}=\overrightarrow{OA}+2\overrightarrow{OB}+3\overrightarrow{OC}$ を満たし，点 P は線分 OA を 1 : 2 に内分し，点 Q は線分 OB の中点である．さらに，直線 OD 上の点 R を，直線 QR と直線 PC が交点をもつように定める．このとき，線分 OR の長さと線分 RD の長さの比 OR: RD を求めよ．

問題 3-7　◀◀名古屋市立大

四面体 OABC において，$\overrightarrow{OA}=\vec{a}$，$\overrightarrow{OB}=\vec{b}$，$\overrightarrow{OC}=\vec{c}$ とする．

$$|\vec{a}|=|\vec{b}|=|\vec{c}|=1,\ \vec{a}\cdot\vec{b}=\frac{1}{2},\ \vec{b}\cdot\vec{c}=\frac{1}{2},\ \vec{c}\cdot\vec{a}=\frac{2}{3}$$

を満たすとき，次の問いに答えよ．

(1) 辺 BC を $t:(1-t)$ の比に分ける点を Q, AQ を $s:(1-s)$ の比に分ける点を P とする．$\overrightarrow{OP}$ を $\vec{a}$, $\vec{b}$, $\vec{c}$ と s, t を用いて表せ．

(2) $\overrightarrow{OP}$ が平面 ABC と垂直になるとき，s, t の値を求めよ．

(3) (2) のとき，四面体 OABC の体積を求めよ．

問題 3-8 ◀◀東京大

座標空間内の4点 $O(0, 0, 0)$, $A(2, 0, 0)$, $B(1, 1, 1)$, $C(1, 2, 3)$ を考える．

(1) $\overrightarrow{OP} \perp \overrightarrow{OA}$，$\overrightarrow{OP} \perp \overrightarrow{OB}$，$\overrightarrow{OP} \cdot \overrightarrow{OC} = 1$ を満たす点Pの座標を求めよ．

(2) 点Pから直線ABに垂線を下ろし，その垂線と直線ABの交点をHとする．$\overrightarrow{OH}$ を $\overrightarrow{OA}$ と $\overrightarrow{OB}$ を用いて表せ．

(3) 点Qを $\overrightarrow{OQ} = \frac{3}{4}\overrightarrow{OA} + \overrightarrow{OP}$ により定め，Qを中心とする半径 r の球面 S を考える．S が△OHBと共有点をもつような r の範囲を求めよ．ただし，△OHBは3点O，H，Bを含む平面内にあり，周とその内部からなるものとする．

問題 3-9 ◀◀一橋大

原点をOとする座標空間内に3点 $A(-3, 2, 0)$, $B(1, 5, 0)$, $C(4, 5, 1)$ がある．Pは $|\overrightarrow{PA} + 3\overrightarrow{PB} + 2\overrightarrow{PC}| \leqq 36$ を満たす点である．4点O，A，B，Pが同一平面上にないとき，四面体OABPの体積の最大値を求めよ．

問題 3-10 ◀◀岩手大

四面体OABCにおいて，辺OAの中点をP，辺BCを $2:1$ に内分する点をQ，辺OCを $1:3$ に内分する点をR，辺ABを $s:(1-s)$ に内分する点をSとする．ただし，$0<s<1$ とする．ここで，$\overrightarrow{OA} = \vec{a}$，$\overrightarrow{OB} = \vec{b}$，$\overrightarrow{OC} = \vec{c}$ とおくとき，次の問いに答えよ．

(1) $\overrightarrow{PQ}$，$\overrightarrow{RS}$ をそれぞれ必要な $\vec{a}$，$\vec{b}$，$\vec{c}$，s を用いて表せ．

(2) 線分PQと線分RSは平行でないことを示せ．

(3) 線分PQと線分RSが同一平面上にあるとき，s の値を求めよ．

■ 問題 3-11　◀◀同志社大　改題

底面を平行四辺形 ABCD とし，頂点を O とする四角錐 O－ABCD がある．辺 OD の中点を M とし，2 つの動点 P，Q はそれぞれ O を除いて辺 OA，OC 上を動くものとする．4 点 P，B，Q，M が同一平面上にあるように 2 つの点 P，Q が動くとき，次の問いに答えよ．ただし，$\overrightarrow{OA}=\vec{a}$，$\overrightarrow{OB}=\vec{b}$，$\overrightarrow{OC}=\vec{c}$ とする．

(1) $\overrightarrow{OP}=p\vec{a}\ (0<p<1)$，$\overrightarrow{OQ}=q\vec{c}\ (0<q<1)$ と表すとき，$\dfrac{1}{p}+\dfrac{1}{q}$ の値は一定であることを示し，その値を求めよ．

(2) 三角形 OPQ の面積の最小値は三角形 OAC の面積の何倍か答えよ．

■ 問題 3-12　◀◀九州大

四面体 OABC において，点 G を

$$\overrightarrow{OG}=k(\overrightarrow{OA}+\overrightarrow{OB}+\overrightarrow{OC})$$

である点とする．また，3 点 P，Q，R を

$$\overrightarrow{OP}=p\overrightarrow{OA},\ \overrightarrow{OQ}=q\overrightarrow{OB},\ \overrightarrow{OR}=r\overrightarrow{OC}$$
$$(0<p<1,\ 0<q<1,\ 0<r<1)$$

である点とする．

(1) 点 G が四面体 OABC の内部にあるとき，k の満たすべき条件を求めよ．ただし，四面体の内部とは，四面体からその表面を除いた部分をさす．

(2) 四面体 OABC と四面体 OPQR の体積をそれぞれ V，V' とするとき，$\dfrac{V'}{V}$ を p, q, r を用いて表せ．

(3) 4 点 G，P，Q，R が同一平面上にあるとき，k を p, q, r を用いて表せ．

(4) $p=3k=\dfrac{1}{2}$ であり，しかも，4 点 G，P，Q，R が同一平面上にあるとき，$\dfrac{V'}{V}$ の最小値を求めよ．

■ 問題 3-13 ◀◀宮城教育大

四面体の1つの頂点をOとし，残りの3つの頂点をA，B，Cとする．辺OA上に点P，辺AB上に点Q，辺BC上に点Rをとり

$$\overrightarrow{\mathrm{OP}}=p\overrightarrow{\mathrm{OA}},\ \overrightarrow{\mathrm{AQ}}=q\overrightarrow{\mathrm{AB}},\ \overrightarrow{\mathrm{BR}}=r\overrightarrow{\mathrm{BC}}$$
$$(0<p<1,\ 0<q<1,\ 0<r<1)$$

とする．3点P，Q，Rを通る平面をαとするとき，次の問いに答えよ．

(1) 一般に，$0<pqr<pq+qr+rp-p-q-r+1$が成り立つことを示せ．

(2) 平面αは辺OCと交わることを示し，平面αと辺BCの交点をSとし，$\overrightarrow{\mathrm{OS}}=s\overrightarrow{\mathrm{OC}}$とするとき，$s$を$p, q, r$を用いて表せ．

(3) (2)で定めた点Sに対して，四角形PQRSが長方形となるとき，$\overrightarrow{\mathrm{OB}}\perp\overrightarrow{\mathrm{AC}}$であることを示せ．

■ 問題 3-14 ◀◀東京海洋大

同一平面上にない4点O，A，B，Cをとり，$\overrightarrow{\mathrm{OA}}=\vec{a}$，$\overrightarrow{\mathrm{OB}}=\vec{b}$，$\overrightarrow{\mathrm{OC}}=\vec{c}$とする．また，

$$|\vec{a}|=|\vec{b}|=|\vec{c}|=1,\ \vec{b}\cdot\vec{c}=\cos\alpha,\ \vec{c}\cdot\vec{a}=\cos\beta,\ \vec{a}\cdot\vec{b}=\cos\gamma$$

とする．ただし，$0<\alpha<\pi$, $0<\beta<\pi$, $0<\gamma<\pi$とする．

(1) 3点O，A，Bを含む平面に点Cから垂線を引き，その交点をHとする．$\overrightarrow{\mathrm{OH}}=\vec{h}$とするとき，

$$\vec{h}\cdot\vec{a}=\vec{c}\cdot\vec{a},\ \vec{h}\cdot\vec{b}=\vec{c}\cdot\vec{b}$$

であることを示せ．

(2) $\vec{h}=x\vec{a}+y\vec{b}$とおくとき，$x, y$をそれぞれ$\alpha, \beta, \gamma$を用いて表せ．

(3) $|\vec{h}|<1$であることを用いて，

$$\cos^2\alpha+\cos^2\beta+\cos^2\gamma<1+2\cos\alpha\cos\beta\cos\gamma$$

が成り立つことを示せ．

問題 3-15　◀◀岐阜大

$\vec{a}$, $\vec{b}$, $\vec{c}$, $\vec{d}$ は空間のベクトルであり，次の条件を満たしている．

$$\vec{a}+\vec{b}+\vec{c}+\vec{d}=\vec{0},\ |\vec{a}|=|\vec{b}|=|\vec{c}|=|\vec{d}|=1$$

ここで，2つのベクトルのなす角 θ は $0 \leqq \theta \leqq \pi$ である．

(1) $\vec{a}$ と $\vec{b}$ のなす角と $\vec{c}$ と $\vec{d}$ のなす角は等しいことを示せ．

(2) 内積 $(\vec{a}+\vec{b})\cdot(\vec{b}+\vec{c})$ が0であることを示せ．

(3) $\vec{a}$ と $\vec{b}$ のなす角と $\vec{b}$ と $\vec{c}$ のなす角が等しいものとする．このとき，$\vec{a}$ と $\vec{b}$ のなす角を θ とするとき，$\cos\theta \leqq 0$ を満たすことを示せ．

問題 3-16　◀◀京都大　改題

次の問いに答えよ．

(1) 座標平面において，2点 A(2, 0)，B(−1, 2) を通る直線 m がある．直線 m に関し点 C(1, 5) の対称な点を D とするとき，点 D の座標を求めよ．

(2) 座標空間に，4点 A(2, 1, 0)，B(1, 0, 1)，C(0, 1, 2)，D(1, 3, 7) がある．3点 A, B, C を通る平面に関して，点 D と対称な点を E とするとき，点 E の座標を求めよ．

問題 3-17　◀◀佐賀大

四面体 ABCD の重心を G とし，3つの頂点 B, C, D からそれぞれ平面 ACD, ABD, ABC に下ろす垂線を $h_{\mathrm{B}}, h_{\mathrm{C}}, h_{\mathrm{D}}$ とする．3つの直線 $h_{\mathrm{B}}, h_{\mathrm{C}}, h_{\mathrm{D}}$ が点 G で交わるとき，四面体 ABCD は正四面体であることを示せ．

問題 3-18 ◀◀東北大　改題

四面体 ABCD があり，6 つの辺 AB, AC, AD, CD, BD, BC の中点をそれぞれ L, M, N, P, Q, R とする．このとき，次の問いに答えよ．

(1) 3 つの線分 LP, MQ, NR の中点は一致することを示せ．

(2) 3 つの線分 LP, MQ, NR の長さがすべて等しく，4 つの △ABC, △ACD, △ADB, △BCD の面積がすべて等しいとき，四面体 ABCD は正四面体であることを示せ．

問題 3-19 ◀◀名古屋大　改題

四面体 OABC において，

$$\mathrm{OA}=\mathrm{BC},\quad \mathrm{OB}=\mathrm{CA},\quad \mathrm{OC}=\mathrm{AB}$$

であるとき，三角形 ABC は鋭角三角形であることを示せ．

問題 3-20 ◀◀京都大

k を正の実数とする．座標空間において，原点を O を中心とする半径 1 の球面上の 4 点 A, B, C, D が，次の関係式を満たしている．

$$\overrightarrow{\mathrm{OA}}\cdot\overrightarrow{\mathrm{OB}}=\overrightarrow{\mathrm{OC}}\cdot\overrightarrow{\mathrm{OD}}=\frac{1}{2},$$

$$\overrightarrow{\mathrm{OA}}\cdot\overrightarrow{\mathrm{OC}}=\overrightarrow{\mathrm{OB}}\cdot\overrightarrow{\mathrm{OC}}=-\frac{\sqrt{6}}{4},$$

$$\overrightarrow{\mathrm{OA}}\cdot\overrightarrow{\mathrm{OD}}=\overrightarrow{\mathrm{OB}}\cdot\overrightarrow{\mathrm{OD}}=k$$

このとき，k の値を求めよ．

複素数平面
～見えない世界をどう捉え表現するか～

では，いよいよ最終章です．これまでの章では目にすることができる図形の問題を，いくつかのテーマにわけ話をしてきました．複素数平面にたよらずとも，図形に関する諸問題が解決できるということであれば，それで十分ですが，この複素数平面の習得によって，どのようなことが成し遂げられるのかといったエッセンスをここに綴りたいと思います．

はじめに，複素数平面の学びを大観すると

　① **複素数の計算** ((実部)＋(虚部)i)

から始まり，

　② **実数や純虚数，共役複素数**

の話に触れ，これに伴い

　③ **絶対値や偏角や極形式**

　④ **ド・モアブルの定理**

を習得することで，

　⑤ **複素数と図形**

　⑥ ***n* 次方程式の解や累乗根**

といったテーマをもつ基盤の構築がされます．

そして，**図形と計量**，**平面図形の性質**，**三角関数**，**図形と方程式**，**ベクトル**などとの絡みにより，

　⑦ **和差積商の図示**

　⑧ **図形の形状決定の問題**

などを経由し

⑨　直線や2次曲線の軌跡および領域

⑩　1次分数変換（メビウス変換）

により，**移動・変換**（平行・対称・回転・反転など）の面白さを再発見することができるということになります．

そこで，このラインナップを一つずつ扱うと，それこそ小さな親切が大きなお世話となり，不親切となる可能性もあるため，エコに努め①〜⑩を存分に感じとれるような問題を数少なくみていくことにしましょう．

たとえば，n は正の整数とし，θ は π の奇数倍ではないものとするとき，次の式

$$\left(\frac{1+\cos\theta+i\sin\theta}{1+\cos\theta-i\sin\theta}\right)^n$$

を簡単にすることを考えると，親切にも**三角関数**で採り上げられている半角の公式などが，功を奏するものといえます．

すなわち

$$\begin{aligned}\frac{1+\cos\theta+i\sin\theta}{1+\cos\theta-i\sin\theta}&=\frac{2\cos^2\dfrac{\theta}{2}+i\cdot 2\sin\dfrac{\theta}{2}\cos\dfrac{\theta}{2}}{2\cos^2\dfrac{\theta}{2}-i\cdot 2\sin\dfrac{\theta}{2}\cos\dfrac{\theta}{2}}\\&=\frac{\cos\dfrac{\theta}{2}+i\sin\dfrac{\theta}{2}}{\cos\dfrac{\theta}{2}-i\sin\dfrac{\theta}{2}}\cdot\frac{\cos\dfrac{\theta}{2}+i\sin\dfrac{\theta}{2}}{\cos\dfrac{\theta}{2}+i\sin\dfrac{\theta}{2}}\\&=\cos\theta+i\sin\theta\end{aligned}$$

となり，ド・モアブルの定理より

$$\left(\frac{1+\cos\theta+i\sin\theta}{1+\cos\theta-i\sin\theta}\right)^n=\cos n\theta+i\sin n\theta$$

と表せます．

そこで，次のような問題はどうでしょうか．

例題 35

n は 2025 を越えない正の整数とする．ある角 θ に対して，

$$(\sin\theta + i\cos\theta)^n = \sin n\theta + i\cos n\theta$$

を満たすとき，このような条件を満たす整数 n の総和を求めよ．

参考 パターン学習によるのか，この問題は誤植ですか？ と捉えられることもあるようです．

$$\sin\theta + i\cos\theta = i(\cos\theta - i\sin\theta) = i\{\cos(-\theta) + i\sin(-\theta)\}$$

と変形できます．

解説

与式の左辺は，

$$(\sin\theta + i\cos\theta)^n = \{i(\cos(-\theta) + i\sin(-\theta))\}^n = i^n(\cos n\theta - i\sin n\theta)$$

と変形できる．

一方で，与式の右辺は

$$\sin n\theta + i\cos n\theta = i(\cos n\theta - i\sin n\theta)$$

であるから，与式は

$$(i^n - i)(\cos n\theta - i\sin n\theta) = 0 \qquad \cdots\cdots ①$$

である．

このとき，$\cos n\theta - i\sin n\theta$ については

$$|\cos n\theta - i\sin n\theta| = \sqrt{\cos^2(-n\theta) + \sin^2(-n\theta)} = 1$$

であり，$\cos n\theta - i\sin n\theta \neq 0$ であるから，①より

$$i^n = i$$

が得られる．

この式を満たす正の整数 n は，

$$n = 4k - 3 \quad (k:\text{正の整数})$$

と表せ，条件を満たす整数 k は

$$1 \leqq 4k-3 \leqq 2025$$

すなわち

$$1 \leqq k \leqq 507$$

である．

したがって，求める n の総和は

$$\sum_{k=1}^{507}(4k-3)=\frac{1+2025}{2}\cdot 507=513591$$ 答

である．

補 足　i は虚数単位として導入され，図形との絡みを考えたときには，極形式で

$$i=\cos\frac{\pi}{2}+i\sin\frac{\pi}{2}$$

と表すことができます．すなわち，90°回転を表すエッセンスを保有しているということになります．上述の問題では，わざわざそのような形に持ち込まずに解答しました．

では，複素数平面を学ぶにあたって，習得しておいた方がよいと思われる問題をみておきましょう．

例題 36

0 でない複素数 z について，次の問いに答えよ．ただし，$r>0$ とする．

(1) z の絶対値を r，偏角を θ とするとき，$z+\dfrac{1}{z}$ の実部と虚部を r，θ を用いて表せ．

(2) $z+\dfrac{1}{z}$ が実数となるための z の満たす条件を求めよ．

(3) $|z|=1$ のとき，$\left|z+\dfrac{1}{z}\right|\leqq 2$ であることを示せ．

(4) z は虚数であり，しかも $z+\dfrac{1}{z}$ が整数となる z をすべて求めよ．

(5) n を正の整数とする．$z+\dfrac{1}{z}$ が実数または純虚数ならば，$z^n+\dfrac{1}{z^n}$ も実数または純虚数であることを示せ．

参考 複素数平面において，「**数**」の表現は，極形式（三角関数との相性を確認できる）でも対応可能であるため，そのようなエッセンスを含む，重要な位置付けとしての問題です．また，(5) においては，**チェビシェフの多項式**（$\cos n\theta$ などの薫り）を感じることもできるでしょう．

解答

(1)　条件より，

$$z=r(\cos\theta+i\sin\theta)$$

と表せる．このとき，

$$\frac{1}{z}=\frac{1}{r(\cos\theta+i\sin\theta)}=\frac{1}{r}\cdot\frac{\cos\theta-i\sin\theta}{(\cos\theta+i\sin\theta)(\cos\theta-i\sin\theta)}$$
$$=\frac{1}{r}(\cos\theta-i\sin\theta)$$

と表せるから，

$$z+\frac{1}{z}=\left(r+\frac{1}{r}\right)\cos\theta+i\cdot\left(r-\frac{1}{r}\right)\sin\theta$$

となる．

したがって，複素数 $z+\frac{1}{z}$ の

実部は，$\left(r+\frac{1}{r}\right)\cos\theta$　　答

虚部は，$\left(r-\frac{1}{r}\right)\sin\theta$　　答

である．

(2)　$z+\frac{1}{z}$ が実数であるための必要十分条件は，$z+\frac{1}{z}$ の虚部が 0 であり，(1) より，

$$\left(r-\frac{1}{r}\right)\sin\theta=0$$

であるから，これより

$$r-\frac{1}{r}=0 \quad \text{または} \quad \sin\theta=0$$

である．

さらに，$r>0$ であるから，

$$r=1 \quad \text{または} \quad \theta=k\pi \ (k:\text{整数})$$

である．

これをうけ複素数 z は

$$z=\cos\theta+i\sin\theta \quad \text{または} \quad z=\pm r$$

であり，0 でない複素数 z は原点を中心とする半径 1 の円周上の

点 または 原点を除く実軸上の点である．（下図の太線部）　答

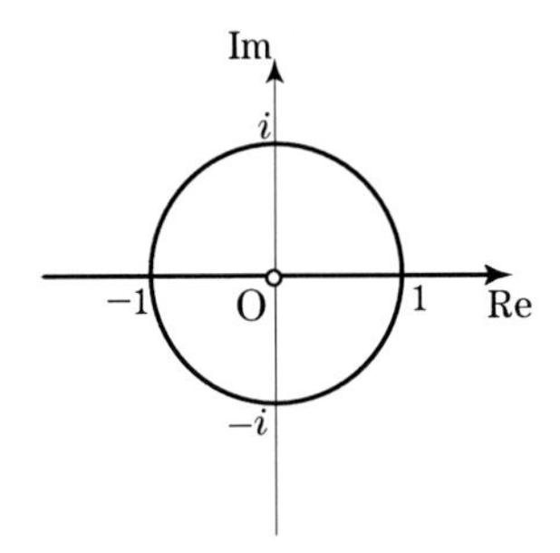

別解1：複素数表記のまま

$z+\dfrac{1}{z}$ が実数であるための必要十分条件は，

$$z+\frac{1}{z}=\overline{z+\frac{1}{z}}$$

$$z+\frac{1}{z}=\overline{z}+\frac{1}{\overline{z}}$$

$$z-\overline{z}-\frac{z-\overline{z}}{z\overline{z}}=0$$

$$(z-\overline{z})\left(1-\frac{1}{|z|^2}\right)=0$$

$$(z-\overline{z})\left(\frac{|z|^2-1}{|z|^2}\right)=0$$

であるから，これより

$$|z|=1 \quad \text{または} \quad z=\overline{z}$$

である．

したがって，複素数 z は

原点を中心とする単位円周上の点　または

実軸上の点（ただし，原点は除く）

となる．　答

別解2：(実部)+(虚部)i)

0 でない複素数 z は，実数 x, y を用いて

$$z=x+yi \quad (x^2+y^2 \neq 0)$$

と表せるから,

$$\begin{aligned} z+\frac{1}{z}&=x+yi+\frac{1}{x+yi}\\ &=x+yi+\frac{(x-yi)}{(x+yi)(x-yi)}\\ &=x+yi+\frac{x-yi}{x^2+y^2}\\ &=x\left(1+\frac{1}{x^2+y^2}\right)+y\left(1-\frac{1}{x^2+y^2}\right)i \end{aligned}$$

となる.

ここで, $z+\dfrac{1}{z}$ が実数となるのは, 虚部が0であるから,

$$y=0 \quad \text{または} \quad x^2+y^2=1$$

である.

このとき, $x^2+y^2 \neq 0$ であるから, 複素数 z は

(0, 0) を除く実軸上の点　または

原点を中心とする半径1の円周上の点である.　答

(3)　$|z|=1$ より, 複素数 z は $z=\cos\theta+i\sin\theta$ $(0 \leqq \theta < 2\pi)$ と表せるから, (1) で $r=1$ とすればよい. すなわち

$$\left|z+\frac{1}{z}\right|=|2\cos\theta|=2|\cos\theta| \leqq 2$$

となり, 題意が示せた.　終

別解：三角不等式の利活用

$$\left|z+\frac{1}{z}\right| \leqq |z|+\left|\frac{1}{z}\right|=|z|+\frac{1}{|z|}=2$$

であるから, 題意が示せた.　終

(4)　整数は実数に含まれるから, (2) より

$$z=\cos\theta+i\sin\theta \quad \text{または} \quad z=\pm r$$

である. ただし, z は虚数という条件であるから

$$z = \cos\theta + i\sin\theta \text{ かつ } \sin\theta \neq 0$$

であり，(3) より

$$z + \frac{1}{z} = 2\cos\theta \quad (0 \leqq \theta < 2\pi)$$

である．ここで，$-1 \leqq \cos\theta \leqq 1$ より，これが整数となるのは，

$$\cos\theta = 0,\ \pm 1,\ \pm\frac{1}{2}$$

のときに限る（候補を列挙した）．

（i） $\cos\theta = 0$ のとき，$\theta = \frac{\pi}{2},\ \frac{3}{2}\pi$ より，$\sin\theta = 1,\ -1$ となり，これは適する．

（ii） $\cos\theta = \pm 1$ のとき，$\theta = 0,\ \pi$ より，$\sin\theta = 0$ となり，z が虚数とならず不適．

（iii） $\cos\theta = \frac{1}{2}$ のとき，$\theta = \frac{\pi}{3},\ \frac{5}{3}\pi$ より，$\sin\theta = \frac{\sqrt{3}}{2},\ -\frac{\sqrt{3}}{2}$ となり，これは適する．

（iv） $\cos\theta = -\frac{1}{2}$ のとき，$\theta = \frac{2}{3}\pi,\ \frac{4}{3}\pi$ より，$\sin\theta = \frac{\sqrt{3}}{2},\ -\frac{\sqrt{3}}{2}$ となり，これは適する．

以上（i）～（iv）より，求める z は

$$z = \pm i,\ \frac{1 \pm \sqrt{3}\,i}{2},\ \frac{-1 \pm \sqrt{3}\,i}{2}$$ 答

である．

(5)

（I） $z + \frac{1}{z}$ が実数のとき；(2) の結果を用いる．

（i） $r = 1$ のとき，複素数 z は $z = \cos\theta + i\sin\theta$ と表せるから，

$$\begin{aligned} z^n + \frac{1}{z^n} &= \cos n\theta + i\sin n\theta + \frac{1}{\cos n\theta + i\sin n\theta} \\ &= \cos n\theta + i\sin n\theta + \cos(-n\theta) + i\sin(-n\theta) \\ &= 2\cos n\theta \end{aligned}$$

であり，これは実数である．

（ii）$\theta = k\pi$ (k：整数)のとき，複素数 z は $z = \pm r$ と表せるから，

$$z^n + \frac{1}{z^n} = (\pm r)^n + \frac{1}{(\pm r)^n}$$

であり，正の整数 n の値によらず，これは実数の和（差）そのものであるから，実数である．

（II）$z + \dfrac{1}{z}$ が純虚数のとき；(1) における実部が0であることと，虚部が0でないことである．

つまり，

$$\left(r + \frac{1}{r}\right)\cos\theta = 0 \quad \text{かつ} \quad \left(r - \frac{1}{r}\right)\sin\theta \neq 0$$

であるから

$$r > 0 \text{ かつ } \cos\theta = 0 \text{ かつ } r - \frac{1}{r} \neq 0$$

より，

$$r > 0 \text{ かつ } r \neq 1 \text{ かつ } \theta = \frac{\pi}{2} + k\pi \,(k:\text{整数})$$

である．これより複素数 z は

$$z = r\left\{\cos\left(\frac{\pi}{2} + k\pi\right) + i\sin\left(\frac{\pi}{2} + k\pi\right)\right\} = \pm ri$$

と表せるから

$$\begin{aligned} z^n + \frac{1}{z^n} &= (\pm ri)^n + \frac{1}{(\pm ri)^n} \\ &= r^n(\pm i)^n + \frac{(\mp i)^n}{r^n} \\ &= (\pm i)^n\left\{r^n + \left(-\frac{1}{r}\right)^n\right\} \quad \text{（複号同順）} \end{aligned}$$

となる．

ここで，正の整数 n について

（iii）n が偶数 ($n = 2N$) のとき；

$$z^n + \frac{1}{z^n} = (-1)^N\left\{r^{2N} + \left(-\frac{1}{r}\right)^{2N}\right\}$$

となり，これは実数である．

(iv) n が奇数 ($n=2N-1$) のとき；

$$z^n+\frac{1}{z^n}=\pm i\cdot(-1)^N\left\{r^{2N-1}+\left(-\frac{1}{r}\right)^{2N-1}\right\}$$

となり，これは純虚数である．

以上より，題意を示すことができた．　終

では，次に，**方程式と複素数と図形**に関する問題をみていきましょう．複素数平面の諸問題は，様々な問われ方がされ，表現の幅がこれまで以上に増幅することになります．人間が幼少の時から，言語を習得するするには，時間がかかりますが，これも同じようなことかもしれません．ただ，数学の題材をとりあげ，それらとコミュニケーションする上では，欠かせないエッセンスであるでしょう．

例題 37

α を複素数とする．複素数 z の方程式

$$z^2-\alpha z+2i=0 \quad \cdots\cdots ※$$

について，次の問いに答えよ．ただし，i は虚数単位とする．

(1) 方程式※が実数解をもつように α が動くとき，点 α が複素数平面上に描く図形を図示せよ．

(2) 方程式※が絶対値 1 の複素数を解にもつように α が動くとする．また，点 β は原点 O を中心に点 α を $\frac{\pi}{4}$ 回転させた点を表す複素数である．点 β が複素数平面上で描く図形を図示せよ．

参考　**第 1 章**でとりあげたように，式から発せられる図形のエッセンスは，複素数平面ではそれらがより濃くなって顕現することが多いものです．**複素数の表現**の基本は，(実部)＋(虚部)i ですから，この「形」に変形できるかどうかをスタートとしましょう．また，複素数平面における絶対値といえば，距離を意味し，単位円との相

性，すなわち，極形式を導入することで，見通しが立てやすくなることも多々あります．

解答

(1)　方程式※において，$z=0$ とすると，

$$2i=0$$

となり，これは明らかにおかしいから，この方程式※は $z=0$ を解にもつことはない．

これより，

$$z \neq 0$$

である．このもとで，与式を α について解くと

$$z \cdot \alpha = z^2 + 2i$$

$$\alpha = z + \frac{2}{z} i$$

が得られる．

このとき，複素数 z は，いま実数であるから，$z=t$ (t:実数) として表せ，複素数 α の実部を X，虚部を Y とすると，

$$\begin{cases} X = t \\ Y = \dfrac{2}{t} \end{cases} \quad \text{かつ} \quad t \neq 0$$

と表せる．

これより，実数 t (媒介変数) を消去すると，複素数 α は，

$XY=2$ の双曲線上に存在するときに条件を満たす．これを図示すると，右のようになる．　答

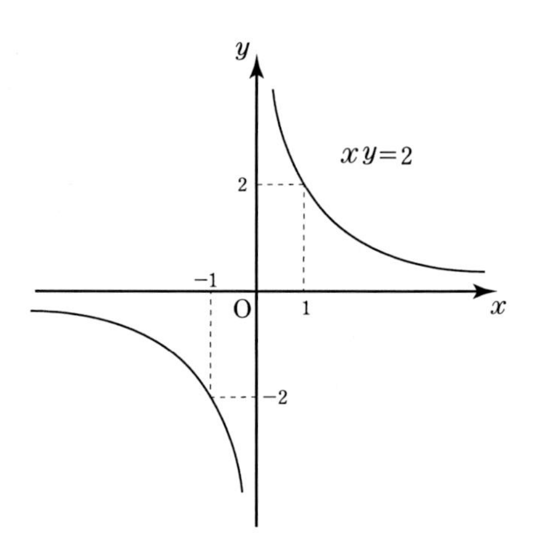

(2)　方程式※が絶対値1の複素数を解にもつということは，$|z|=1$ を満たすから，

$$z=\cos\theta+i\sin\theta\ \ (0\leqq\theta<2\pi) \qquad \cdots\cdots ①$$

と表せる．

一方，条件から複素数 β は，原点を中心に α を $\dfrac{\pi}{4}$ 回転させた複素数であるから，

$$\beta=\left(\cos\frac{\pi}{4}+i\sin\frac{\pi}{4}\right)\cdot\alpha$$

と表せる．

ここで

$$\gamma=\cos\frac{\pi}{4}+i\sin\frac{\pi}{4} \qquad \cdots\cdots ②$$

とおくと，

$$\beta=\gamma\alpha\ \text{により，}\ \alpha=\frac{\beta}{\gamma}$$

である．これを方程式※に用いて，β について解くと

$$z^2-\alpha z+2i=0$$

$$\gamma z^2-\beta z+2i\gamma=0$$

$$\beta z=\gamma z^2+2i\gamma$$

$$\beta=\gamma z+2\cdot\frac{\gamma}{z}i\ \ (\because\ z\neq 0)$$

が得られる．

そこで，①と②やド・モアブルの定理から，上記の

$$\gamma z=\left(\cos\frac{\pi}{4}+i\sin\frac{\pi}{4}\right)(\cos\theta+i\sin\theta)$$

$$=\cos\left(\theta+\frac{\pi}{4}\right)+i\sin\left(\theta+\frac{\pi}{4}\right)$$

であり，また

$$2\cdot\frac{\gamma}{z}i=2\cdot\frac{\left(\cos\frac{\pi}{4}+i\sin\frac{\pi}{4}\right)\left(\cos\frac{\pi}{2}+i\sin\frac{\pi}{2}\right)}{\cos\theta+i\sin\theta}$$

$$=2\cos\left(\frac{3}{4}\pi-\theta\right)+2i\sin\left(\frac{3}{4}\pi-\theta\right)$$

である．

ここで，複素数 β の実部と虚部をそれぞれ X，Y とおくと，実部 X は

$$
\begin{aligned}
X &= \cos\left(\theta+\frac{\pi}{4}\right)+2\cos\left(\frac{3}{4}\pi-\theta\right) \\
&= \cos\theta\cdot\frac{1}{\sqrt{2}}-\sin\theta\cdot\frac{1}{\sqrt{2}}\ +2\left(-\frac{1}{\sqrt{2}}\right)\cos\theta+2\cdot\frac{1}{\sqrt{2}}\sin\theta \\
&= \frac{1}{\sqrt{2}}\sin\theta-\frac{1}{\sqrt{2}}\cos\theta \\
&= -\left(\frac{1}{\sqrt{2}}\cos\theta-\frac{1}{\sqrt{2}}\sin\theta\right) \\
&= -\cos\left(\theta+\frac{\pi}{4}\right) \qquad \cdots\cdots ③
\end{aligned}
$$

と表せる．

一方，虚部 Y は

$$
\begin{aligned}
Y &= \sin\left(\theta+\frac{\pi}{4}\right)+2\sin\left(\frac{3}{4}\pi-\theta\right) \\
&= \sin\theta\cdot\frac{1}{\sqrt{2}}+\cos\theta\cdot\frac{1}{\sqrt{2}}\ +2\cdot\frac{1}{\sqrt{2}}\cos\theta-2\left(-\frac{1}{\sqrt{2}}\right)\sin\theta \\
&= 3\left(\sin\theta\cdot\frac{1}{\sqrt{2}}+\cos\theta\cdot\frac{1}{\sqrt{2}}\right) \\
&= 3\sin\left(\theta+\frac{\pi}{4}\right) \qquad \cdots\cdots ④
\end{aligned}
$$

と表せる．

したがって，③と④より

$$
X^2+\frac{Y^2}{9}=1 \qquad \text{答}
$$

を得る．

以上の考察から，求める点 β が複素数平面上で描く図形（軌跡）は楕円となる．

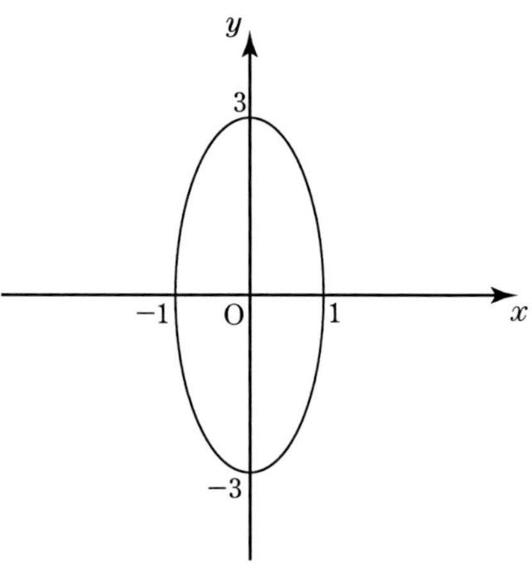

参考　実部 X と虚部 Y は，

$$X=\cos\left(\theta+\frac{\pi}{4}\right)+2\cos\left(\frac{3}{4}\pi-\theta\right)$$

$$Y=\sin\left(\theta+\frac{\pi}{4}\right)+2\sin\left(\frac{3}{4}\pi-\theta\right)$$

であり，この状態で 2 乗の和をとると，

$$X^2+Y^2=5+8\sin\theta\cos\theta$$

が得られ，パラメータ（媒介変数 θ）は残ってしまい，三角関数を含む媒介変数を消去する手法が身に付くものです．つまり，見通しを立てることにも判断力は必要となるでしょう．

ちなみに，実部 X と虚部 Y が

$$X=\frac{1}{\sqrt{2}}\sin\theta-\frac{1}{\sqrt{2}}\cos\theta$$

$$Y=\frac{3}{\sqrt{2}}\sin\theta+\frac{3}{\sqrt{2}}\cos\theta$$

まで変形できれば，X を 3 倍して和や差をとることで，$\sin^2\theta+\cos^2\theta=1$ に還元する手続きは手中にあるでしょう．

また，「**絶対値 1 の複素数**」といわれると，**極形式との相性は抜群である**ため，上述のような解答をしましたが，式変形（複素数の計算）が複雑になる見通しを立てれずに $x+yi$ を初めから導入してしまうと，それこそ何が何だかわからなくなることくらいは予見してから取り組むべきでしょう．

次は，複素数平面で与えられていますが，「**平面図形の性質**」で十分解決できる題材です．それらを確認しておきましょう．

例題 38（上智大）

複素数平面上において，原点Oを中心とする単位円周 C 上に異なる3点 α, β, γ をとる．

(1) 次の2つの条件PとQは同値であることを示せ．

P：3点 α, β, γ を頂点とする三角形が正三角形である．

Q：$\alpha+\beta+\gamma=0$

(2) $\alpha=-1$，$\beta=\dfrac{1+\sqrt{3}i}{2}$，$\gamma=\overline{\beta}$ とする．複素数 z が単位円周 C 上を動くとき，

$$|z-\alpha|+|z-\beta|+|z-\gamma|$$

の最大値と最小値を求めよ．

解答

(1)　（P⇒Qの証明）

条件より，3点 α, β, γ は単位円周 C 上にあり，しかも3点を結ぶ線分で作られる三角形は正三角形であるから，原点Oを中心とし，点 α を $\pm\dfrac{2}{3}\pi$ 回転したものは，点 β, γ のいずれかに一致する．

このとき，

$$\beta=\left(\cos\frac{2}{3}\pi+i\sin\frac{2}{3}\pi\right)\alpha,\quad \gamma=\left\{\cos\left(-\frac{2}{3}\pi\right)+i\sin\left(-\frac{2}{3}\pi\right)\right\}\alpha$$

または

$$\beta=\left\{\cos\left(-\frac{2}{3}\pi\right)+i\sin\left(-\frac{2}{3}\pi\right)\right\}\alpha,\quad \gamma=\left(\cos\frac{2}{3}\pi+i\sin\frac{2}{3}\pi\right)\alpha$$

であるから，いずれも辺ごとの和をとると

$$\beta+\gamma=-\alpha$$

すなわち

$$\alpha+\beta+\gamma=0$$

となり，これで（P ⇒ Q）が成り立つことが示せた．

（Q ⇒ P の証明）

$$\alpha+\beta+\gamma=0 \qquad \cdots\cdots ①$$

より，この共役複素数は，

$$\overline{\alpha}+\overline{\beta}+\overline{\gamma}=0 \qquad \cdots\cdots ②$$

である．

また，相異なる 3 点 α, β, γ は単位円周 C 上にあるから

$$|\alpha|^2=|\beta|^2=|\gamma|^2=1$$

である．これより

$$\overline{\alpha}=\frac{1}{\alpha},\ \overline{\beta}=\frac{1}{\beta},\ \overline{\gamma}=\frac{1}{\gamma}$$

と表せる．

これらを②に用いると，

$$\frac{1}{\alpha}+\frac{1}{\beta}+\frac{1}{\gamma}=0$$

となり，$\alpha \neq \beta \neq \gamma \neq 0$ であるから，これより

$$\alpha\beta+\beta\gamma+\gamma\alpha=0 \qquad \cdots\cdots ③$$

を得る．

そこで，①を③に用いると，

$$\alpha\beta+(\alpha+\beta)\gamma=0$$

$$\alpha\beta=-(\alpha+\beta)\gamma$$

$$\alpha\beta=-(-\gamma)\gamma$$

$$\alpha\beta=\gamma^2$$

を得る．このとき，解と係数の関係から α, β を解にもつ 2 次方程式をひとつつくると

$$X^2+\gamma X+\gamma^2=0$$

が得られ，これより

$$X=\frac{-1\pm\sqrt{3}\,i}{2}\gamma$$

$$X=\left\{\cos\left(\pm\frac{2}{3}\pi\right)+i\sin\left(\pm\frac{2}{3}\pi\right)\right\}\gamma$$

となる．

このXは，原点Oを中心として 点γを$\pm\frac{2}{3}\pi$回転したものが，2点α, βのいずれかに一致することを示している．

したがって，3点α, β, γは単位円周上にあることと，そして

$$\angle\alpha\mathrm{O}\beta=\angle\beta\mathrm{O}\gamma=\angle\gamma\mathrm{O}\alpha=\frac{2}{3}\pi$$

であることから，3つの三角形O$\alpha\beta$，O$\beta\gamma$，O$\gamma\alpha$は合同（2辺夾角相等）であり，3つの点α, β, γを頂点とする三角形が正三角形であることが示せた．　**終**

(2)　複素数$\alpha=-1$，$\beta=\frac{1+\sqrt{3}\,i}{2}$，$\gamma=\overline{\beta}$に対応する点をそれぞれA, B, Cとおくと，これらの3点はすべて単位円周C上に存在する．このとき，それぞれ極形式で表すと，

$$\alpha=\cos\pi+i\sin\pi\,,\ \beta=\cos\frac{\pi}{3}+i\sin\frac{\pi}{3},$$

$$\gamma=\overline{\beta}=\cos\left(-\frac{\pi}{3}\right)+i\sin\left(-\frac{\pi}{3}\right)$$

であるから，三角形ABCは正三角形である．

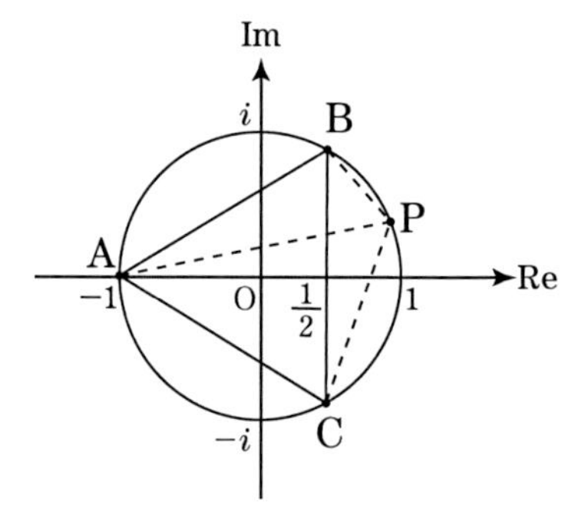

そこで，図の対等性と合わせて，複素数zは条件より$|z|=1$を満たすから，正三角形ABCはこの単位円に内接し，弧BC上に点P(z)があるとしても一般

性を失うものではない．

ところで，$|z-\alpha|+|z-\beta|+|z-\gamma|$ は

$$|z-\alpha|+|z-\beta|+|z-\gamma|=\mathrm{PA}+\mathrm{PB}+\mathrm{PC} \qquad \cdots\cdots ※$$

と表せ，いま四角形 ACPB は円に内接するから，

トレミーの定理より

$$\mathrm{AC}\cdot\mathrm{PB}+\mathrm{AB}\cdot\mathrm{PC}=\mathrm{PA}\cdot\mathrm{BC} \qquad \cdots\cdots ①$$

が成り立ち，しかも三角形 ABC は正三角形であるから，

$$\mathrm{AC}=\mathrm{AB}=\mathrm{BC}$$

すなわち，これを①に用いると

$$\mathrm{PB}+\mathrm{PC}=\mathrm{PA}$$

が得られる．

このとき，※はというと

$$|z-\alpha|+|z-\beta|+|z-\gamma|=\mathrm{PA}+\mathrm{PB}+\mathrm{PC}=2\mathrm{PA}$$

であるから，PA の最大値および最小値を考えればよい．

したがって，最大値については，PA が円の直径のときであり，その最大値は

$$2\cdot 2=4$$

である．一方，最小値については，点 P が点 B, C に一致したときであり，その最小値は

$$2\cdot\sqrt{3}=2\sqrt{3}$$

である．

以上まとめると，

最大値は 4，最小値は $2\sqrt{3}$ 　　答

である．

別解

四角形 ACPB は単位円に内接し，$\angle\mathrm{BAC}=\dfrac{\pi}{3}$ であるから

$$\angle \mathrm{BPC}=\frac{2}{3}\pi \quad (一定)$$

と決まる．

このとき，$\angle \mathrm{PBC}=\theta\left(0 \leqq \theta \leqq \frac{\pi}{3}\right)$ とおくと，正弦定理より

$$\frac{\mathrm{PC}}{\sin\theta}=\frac{\mathrm{PB}}{\sin\left(\frac{\pi}{3}-\theta\right)}=2$$

が成り立ち，これと $\mathrm{PA}=\mathrm{PB}+\mathrm{PC}$ より

$$\begin{aligned}\mathrm{PA}+\mathrm{PB}+\mathrm{PC}&=2(\mathrm{PB}+\mathrm{PC})\\&=2\left\{2\sin\theta+2\sin\left(\frac{\pi}{3}-\theta\right)\right\}\\&=2(\sin\theta+\sqrt{3}\cos\theta)\\&=4\sin\left(\theta+\frac{\pi}{3}\right)\end{aligned}$$

と表せる．ここで，$\frac{\pi}{3} \leqq \theta+\frac{\pi}{3} \leqq \frac{2}{3}\pi$ であるから

$$\frac{\sqrt{3}}{2} \leqq \sin\left(\theta+\frac{\pi}{3}\right) \leqq 1$$

と評価できる．

つまり，各辺を4倍すると，$\mathrm{PA}+\mathrm{PB}+\mathrm{PC}$ の

最大値は4，最小値は $2\sqrt{3}$　　答

である．

参考

(1) の（Q⇒P の証明）では，点 α を1に固定し，残り2つの複素数を極形式で

$$\alpha=\cos 0+i\sin 0=1,\ \beta=\cos\theta+i\sin\theta,$$

$$\gamma=\cos\phi+i\sin\phi \quad (0 \leqq \theta,\ \phi<2\pi)$$

と表わすと，実部と虚部の和はそれぞれ0であるから

$$\begin{cases}\cos\theta+\cos\phi=-1\\ \sin\theta+\sin\phi=0\end{cases}\quad\cdots\cdots\quad ※$$

となる．これらの２乗の和によって，

$$2+2(\cos\theta\cos\phi+\sin\theta\sin\phi)=1$$

$$\cos(\theta-\phi)=-\frac{1}{2}$$

が得られ，これより

$$\theta-\phi=\pm\frac{2}{3}\pi$$

が定まる．

また，※については，ベクトルの成分として

$$\vec{a}=\begin{pmatrix}\cos\theta\\ \sin\theta\end{pmatrix},\ \vec{b}=\begin{pmatrix}\cos\phi\\ \sin\phi\end{pmatrix},\ \vec{c}=\begin{pmatrix}-1\\ 0\end{pmatrix}$$

とおくと，※は

$$\vec{a}+\vec{b}=-\vec{c}$$

であるから，平行四辺形の対角線に着目することで，一意的に

$$(\theta,\ \phi)=\left(\frac{2}{3}\pi,-\frac{2}{3}\pi\right),\left(-\frac{2}{3}\pi,\frac{2}{3}\pi\right)$$

が得られる．

上述した**例題**にも顕現しましたが

$$w=z+\frac{a^2}{z}\ (a>0)\quad\cdots\cdots\quad *$$

の形をした複素数はすでに扱いました．その場では，あえて名前は採り上げなかったものの，＊の形をした関係式は，複素数 z を w に移す変換，いわゆる**ジューコフスキー変換**とよばれるものが背景にあります．

この変換は，**流体力学**へ応用されることは有名であり，大学で学ぶ数学や物理に対し，大学入試（大学の入り口という意味）で，＊の形をした出題が数多く見受けられるのは，その先の学びで必ず出

会う要素を含んでいるからであると私は個人的に感じています．大学入試の親切なところはこのような観点であり，「中学・高校の学び」と「大学の学び」はまさに**変換**によって，互いに高尚なものとなるだろうと主張しているのではないかとつくづくと感じるものです．日頃の「学び」がいずれ形を変えて飛躍するところに，学ぶ面白さがあるものでしょう．

一方で，

$$w = \frac{az+b}{cz+d} \quad (ad-bc \neq 0)$$

の形をした**1次分数変換**（**メビウス変換**）も，大学入試では定番中の定番であり，多数採り上げられています．これは，**平行・対称・回転・拡大・縮小・反転**などといった**変換**を，簡易な式で凝縮され表現できるところに魅了されることも事実でしょう．直線や円を直線または円に移す要素をもつといった話（変換）は，耳に胼胝ができると思われますが，次のような問題を処理する際（計算を走らせる中）にも，この形が一部見え隠れしたりします．

例題 39（岐阜大 一部略）

複素数平面上の点 $z=x+yi\,(x>0,\ y>0)$ について，次の問いに答えよ．

(1) 複素数平面上の2点 z，$\dfrac{1}{z}$ を結ぶ線分は 0 と 1 との間で実軸と交わることを示せ．

(2) 複素数平面上の3点 $0, z, \dfrac{1}{z}$ を頂点とする三角形の面積と，3点 $1, z, \dfrac{1}{z}$ を頂点とする三角形の面積が等しいとき，点 z が描く図形を図示せよ．

参考 与えられた複素数 z は第 1 象限に存在するから，$\dfrac{1}{z}$ に関する議論からスタートすればよいことになるでしょう．不明瞭なら極形式で対応した上で，図形的な考察を加味すればよいはずです．**初等幾何（平面図形の性質）**で培った力はここでも役に立ち，初等幾何（平面図形の性質）を馬鹿にすることはできません．

解答

(1)　複素数

$z=x+yi\,(x>0,\ y>0)$ を極形式で

$$z=r(\cos\theta+i\sin\theta)$$
$$\left(r>0,\ 0<\theta<\frac{\pi}{2}\right)$$

と表すことにする．

このとき，

$$\frac{1}{z}=\frac{1}{r}\{\cos(-\theta)+i\sin(-\theta)\}$$

と表せる．

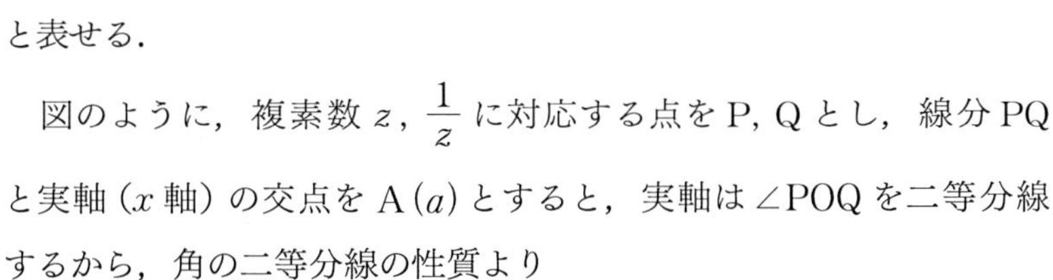

図のように，複素数 z，$\dfrac{1}{z}$ に対応する点を P, Q とし，線分 PQ と実軸（x 軸）の交点を $\mathrm{A}(a)$ とすると，実軸は $\angle\mathrm{POQ}$ を二等分線するから，角の二等分線の性質より

$$\mathrm{PA}:\mathrm{QA}=\mathrm{OP}:\mathrm{OQ}=r:\frac{1}{r}=r^2:1$$

であり，点 A は線分 PQ を $r^2:1$ の内分点，つまり，

$$a=\frac{z+\dfrac{r^2}{z}}{r^2+1}$$

と表せる．このとき，

$$z+\frac{r^2}{z}=2r\cos\theta=2x$$

$$r^2+1=x^2+y^2+1$$

であるから，$x>0$, $y>0$ より，相加平均と相乗平均の大小関係を用いると，

$$a=\frac{2x}{x^2+y^2+1}<\frac{2x}{x^2+1}=\frac{2}{x+\dfrac{1}{x}}\leqq 1$$

と評価できる.

等号成立は，$x>0$ より，$x=1$ のときであるから，$a<1$ である.

一方，$x^2+y^2+1>0$, $2x>0$ であり

$$a=\frac{2x}{x^2+y^2+1}>0$$

であることがわかる.

以上の考察から，線分 PQ は 0 と 1 との間で実軸と交わることが示せた. **終**

(2)　条件より，2つの三角形の面積が等しいから，実軸上の点 A(a) は 0 と 1 の中点である.

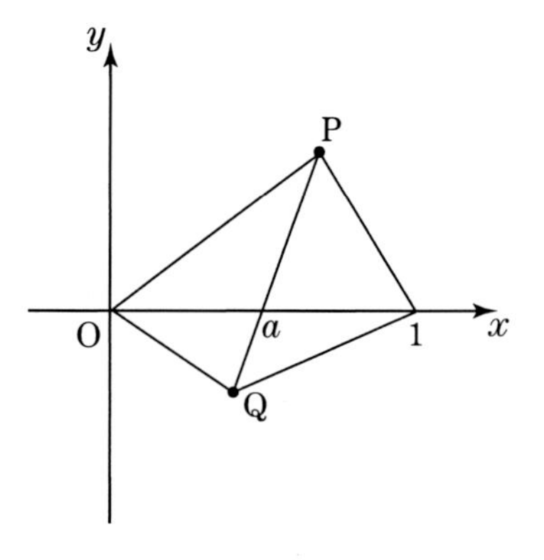

したがって，(1) より，

$x>0$, $y>0$ のもとで

$$\frac{2x}{x^2+y^2+1}=\frac{1}{2}$$

を満たせばよいから，これを整理すると，

$$(x-2)^2+y^2=3$$

である.

よって，点 z が描く図形は，図の実線部である．

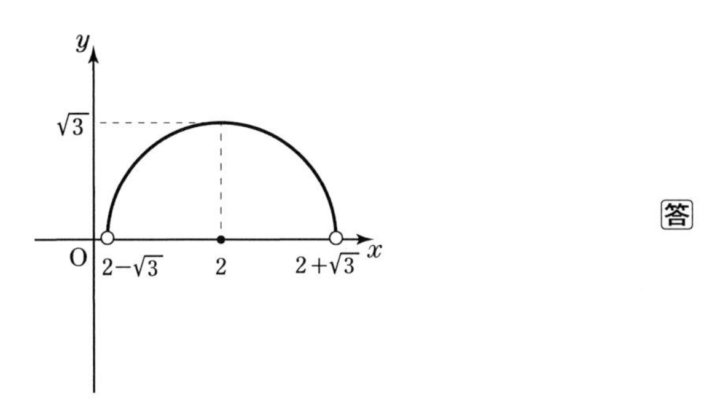

答

補足　**ジューコフスキー変換**の形をしている複素数は，このようなところにも潜在しているものであり，高校生であれば，この名前は知らなくても，どこかで見たような形であることが記憶に残っていることでしょう．

次は，複素数平面を習得することによって簡素に成し遂げられる図形の問題をみてみましょう．「学ぶ」ことが楽しくなるような問題の一つと思います．

例題 40（弘前大 一部略）

原点を O とする複素数平面を考える．

(1) O を中心とする単位円周上に z_1, z_2, z_3, z_4 の順にある 4 つの複素数によって作られる四角形の対角線が直交する条件は

$$z_1z_3+z_2z_4=0$$

であることを示せ．

(2) 正 n 角形の頂点を表す複素数を $1, z, z^2, \cdots, z^{n-1}$ $(z^n=1)$ とするとき，n が奇数ならば 2 つの対角線が直交することはあり得ないことを示せ．

参考　一般に，異なる 2 つの複素数 α, β が

$$\alpha = x_1 + y_1 i,\ \beta = x_2 + y_2 i\ (x_1, y_1, x_2, y_2 \in R)$$

と表され，これに対応する点をそれぞれ A, B とするとき，$\overrightarrow{\mathrm{OA}}$ と $\overrightarrow{\mathrm{OB}}$ が垂直であるならば，ベクトルの内積を想起すると，実数 x_1, y_1, x_2, y_2 は，関係式

$$x_1 x_2 + y_1 y_2 = 0$$

を満たし，これを複素数 α, β を用いて表すことを考えると，

$$\frac{\alpha + \overline{\alpha}}{2} \cdot \frac{\beta + \overline{\beta}}{2} + \frac{\alpha - \overline{\alpha}}{2i} \cdot \frac{\beta - \overline{\beta}}{2i} = 0$$

となる．これを整理すると，

$$\alpha \overline{\beta} + \overline{\alpha} \beta = 0 \qquad \cdots\cdots ※$$

であるから，(1) はこれに対応させ，2 つの対角線をベクトルの要素を含めた複素数で表せばよいことになります．

解答

(1)　単位円周上の 4 点 z_1, z_2, z_3, z_4 について，対角線 $z_1 z_3$ と対角線 $z_2 z_4$ が直交するとき，

$$(z_1 - z_3)(\overline{z_2 - z_4}) + (\overline{z_1 - z_3})(z_2 - z_4) = 0$$

すなわち

$$(z_1 - z_3)(\overline{z_2} - \overline{z_4}) + (\overline{z_1} - \overline{z_3})(z_2 - z_4) = 0$$

を満たす．しかも，$|z_k|^2 = 1\ (k = 1, 2, 3, 4)$ であり

$$\overline{z_k} = \frac{1}{z_k}$$

であるから，上式は

$$(z_1 - z_3)\left(\frac{1}{z_2} - \frac{1}{z_4}\right) + \left(\frac{1}{z_1} - \frac{1}{z_3}\right)(z_2 - z_4) = 0$$

すなわち

$$(z_1 - z_3)(z_2 - z_4)(z_1 z_3 + z_2 z_4) = 0$$

である．

いま，$z_1 \neq z_3, z_2 \neq z_4$ であるから

$$z_1 z_3 + z_2 z_4 = 0$$

となり，これで示せた． 

(2)　条件より，正 n 角形の頂点は単位円周上にあるから (1) を用いることを考える．

つまり，整数 $a, b, c, d\,(0 \leqq a < b < c < d \leqq n-1)$ を用いて，4 つの頂点 z^a, z^b, z^c, z^d がこの順に並んでおり，2 つの対角線 $z^a z^c$，$z^b z^d$ が直交すると仮定する．

このとき，(1) から

$$z^a z^c + z^b z^d = 0$$

すなわち

$$1 + z^{b+d-(a+c)} = 0$$

と表せるから，$b+d-(a+c)$ は整数であり，これを m とすると，上式は

$$z^m = -1$$

である．

さらに，この両辺を n 乗すると

$$(z^m)^n = (-1)^n$$

$$(z^n)^m = (-1)^n$$

となり，条件の $z^n = 1$ と，n は奇数であることから，この左辺は 1 であり，右辺は -1 だから，矛盾が生じる．

したがって，仮定がおかしいので，n が奇数ならば，正 n 角形のどの 2 つの対角線も直交することはないことが示せた．　終

このように複素数平面で簡素に証明できることは，何ともいえな

い「学び」の喜びを感じる瞬間でもあると思います．

では，**１次分数変換（メビウス変換）**を題材に，**数列**との相性も確認しておきましょう．

例題 41（横浜国立大　改題）

p, q, r は複素数の定数であり，複素数 z を与えたとき，複素数 w は

$$w=\frac{z+p}{qz+r}$$

で定まるものとする．$z=0, i, -i$ のとき，w はそれぞれ $w=1, -2, 0$ である．

(1) p, q, r の値を求めよ．また，$|w|=1$ を満たすような点 z の集合 C を図示せよ．

(2) 0 でない複素数 α に対して，

$$f(\alpha)=\frac{\alpha-1}{\alpha}$$

とおく．また，点 z の集合 C において，原点Oを除いた図形を C' とする．

（i）$\beta=f(\alpha)$ とする．点 β が C' 上を動くとき，点 α の軌跡 D を求めよ．

（ii）$\gamma=f(f(\alpha))$ とする．点 α が C' 上を動くとき，点 γ の軌跡 E を求めよ．

（iii）C' 上の点 α に対して，複素数からなる数列 $\{\alpha_n\}$ $(n=0, 1, 2, 3, \cdots)$ を

$$\alpha_0=\alpha,\quad \alpha_{n+1}=f(\alpha_n)\ (n=0, 1, 2, 3, \cdots)$$

と定める．このとき，点 α が C' 上を動くとき，点 α_{2026} の軌跡 F を図示せよ．

参考　**１次分数変換（メビウス変換）**は様々なエッセンスを内包し

ています．特に，高校数学でいう「**図形と方程式**」分野で習得した**軌跡**は，**垂直二等分線**，**アポロニウスの円**（これは**反転**との相性がよいことはいうまでもありません），**角の二等分線**などでありますが，これは複素数平面においても，基本中の基本であると認識しておくことで，図形を達観できる素地となり得ます．

解答

(1)　条件より，p, q, r は

$$\frac{p}{r}=1,\quad \frac{i+p}{qi+r}=-2,\quad \frac{-i+p}{-qi+r}=0$$

を満たす．この第 1 式目と第 3 式目から

$$p=r=i$$ 答

が得られ，これを第 2 式目に用いると

$$q=-2$$ 答

を得る．これをうけると，複素数 w は

$$w=\frac{z+i}{-2z+i}$$

と表せ，条件より $|w|=1$ であるから，これに用いると

$$\left|\frac{z+i}{-2z+i}\right|=1$$

すなわち

$$|z+i|=2\left|z-\frac{i}{2}\right|$$

を満たす．すなわち，求める点 z の集合 C は

$$|z-(-i)|:\left|z-\frac{i}{2}\right|=2:1$$

であり，点 $-i$ と点 $\frac{i}{2}$ に対し，これらを $2:1$ に内分する点 0 および外分する点 $2i$ を直径の両端とする円を描く（**アポロニウスの円**を想起した）．

したがって，点 z は等式

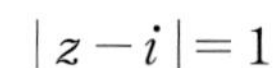

$$|z-i|=1$$

を満たし，図示すると，右のようになる． 答

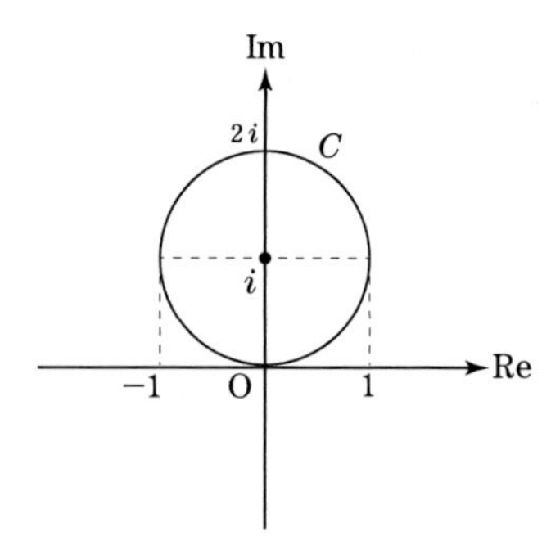

(2)

(i)　条件より，点 β は C' 上にあり

$$|\beta-i|=1,\ \beta \neq 0$$

を満たす．

また，$\beta=f(\alpha)=\dfrac{\alpha-1}{\alpha}$ であるから，これを上式に用いると

$$\left|\frac{\alpha-1}{\alpha}-i\right|=1$$

$$|(1-i)\alpha-1|=|\alpha|$$

$$|1-i|\left|\alpha-\frac{1}{1-i}\right|=|\alpha|$$

$$\sqrt{2}\left|\alpha-\frac{1+i}{2}\right|=|\alpha|$$

$$2\left\{\alpha-\left(\frac{1+i}{2}\right)\right\}\left\{\overline{\alpha}-\left(\frac{1-i}{2}\right)\right\}=\alpha\overline{\alpha}$$

$$\alpha\overline{\alpha}-(1-i)\alpha-(1+i)\overline{\alpha}+1=0$$

$$\{\overline{\alpha}-(1-i)\}\alpha-(1+i)\{\overline{\alpha}-(1-i)\}-2+1=0$$

すなわち

$$|\alpha-(1+i)|^2=1$$

となるから，求める点 α の軌跡 D は

中心 $1+i$，半径1の円

である．ただし，$\beta \neq 0$ より

$$\frac{\alpha-1}{\alpha} \neq 0$$

であるから，$\alpha \neq 1$ となる．

したがって，求める点 α の軌跡 D は図の実線部となる．

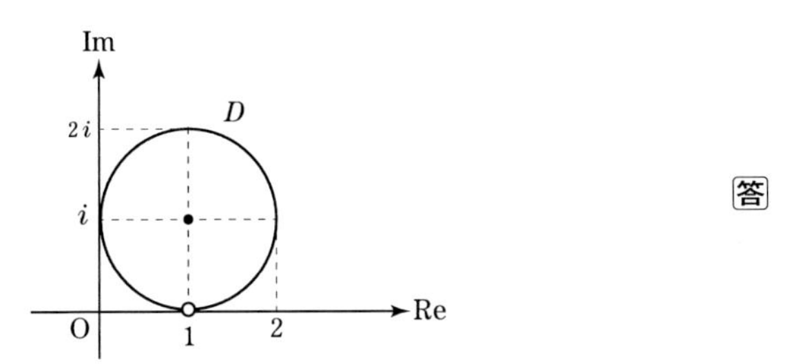

答

参考　式変形の途中で，

$$\sqrt{2}\left|\alpha-\frac{1+i}{2}\right|=|\alpha|$$

$$\left|\alpha-\frac{1+i}{2}\right|:|\alpha|=1:\sqrt{2} \qquad \cdots\cdots ①$$

とすると，これもアポロニウスの円を想起するものですが，比に根号が含まれているため，その方法での算出は若干複雑になるでしょう．

それを回避するには，点 α を $\mathrm{P}(x, y)$ とおき，点 $\mathrm{A}\left(\frac{1}{2}, \frac{1}{2}\right)$ とすることで，上式①は

$$\mathrm{AP}:\mathrm{OP}=1:\sqrt{2}$$

と捉えることができるため，これより

$$2\mathrm{AP}^2=\mathrm{OP}^2$$

によって，方程式

$$x^2+y^2-2x-2y+1=0$$

すなわち，

$$(x-1)^2+(y-1)^2=1$$

を得ることも可能となるでしょう．

(ii)　$\gamma=f(f(\alpha))=f\left(\dfrac{\alpha-1}{\alpha}\right)=\dfrac{-1}{\alpha-1}=\dfrac{1}{1-\alpha}$

であるから，$\alpha\,(\alpha\neq1)$ は γ を用いて，

$$1-\alpha=\frac{1}{\gamma}$$

より，

$$\alpha=1-\frac{1}{\gamma}=\frac{\gamma-1}{\gamma}$$

と表せる．

そこで，点 α が C' 上を動くとき，$|\alpha-i|=1$, $\alpha\neq 0$ を満たすから

$$\left|\frac{\gamma-1}{\gamma}-i\right|=1$$

となり，これは（ i ）の形に順じる．

したがって，求める点 γ の軌跡 E は

中心 $1+i$ ，半径1の円（点1は除く）　答

となる．

（iii）点 α は円 C' 上にあるから，条件から $\alpha\neq 0$ であり，しかも，$\alpha\neq 1$ である．このとき，

$$\alpha_1=f(\alpha_0)=\frac{\alpha-1}{\alpha}\ (\alpha\neq 0)$$

$$\alpha_2=f(\alpha_1)=f\left(\frac{\alpha-1}{\alpha}\right)=\frac{1}{1-\alpha}\quad(\because\text{(ii)})$$

$$\alpha_3=f(\alpha_2)=f\left(\frac{1}{1-\alpha}\right)=1-(1-\alpha)=\alpha=\alpha_0$$

となり，数列 $\{\alpha_n\}\,(n=0,1,2,\cdots\cdots)$ は，帰納的に周期3で変化する．

このことから， $2026=3\cdot 675+1$ であるから，

$$\alpha_{2026}=f(\alpha_{2025})=f(\alpha_0)=f(\alpha)=\frac{\alpha-1}{\alpha}$$

と表せる．そこで，$\alpha\neq 0$ のもとで，α を α_{2026} を用いて表すと，

$$\alpha_{2026}=\frac{\alpha-1}{\alpha}$$

$$\alpha_{2026}=1-\frac{1}{\alpha}$$

すなわち

$$\alpha=\frac{1}{1-\alpha_{2026}}$$

である．ただし，$\alpha_{2026}\neq 1$ である．

このとき，点 α が C' 上にあり，$|\alpha-i|=1$, $\alpha\neq 0$ を満たすから

$$\left|\frac{1}{1-\alpha_{2026}}-i\right|=1$$

$$|-i(1-\alpha_{2026})+1|=|1-\alpha_{2026}|$$

$$|i||(\alpha_{2026}-1)-i|=|\alpha_{2026}-1|$$

すなわち

$$|\alpha_{2026}-(1+i)|=|\alpha_{2026}-1|$$

が得られる．

したがって，求める点 α_{2026} の軌跡 F は点 $1+i$ と点 1 を結ぶ線分の垂直二等分線を描く．これを図示すると，次のようになる．

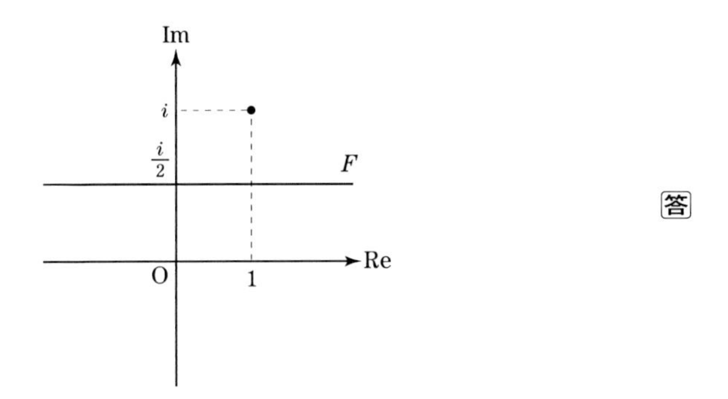

では，この章も終わりに近づきつつあります．話を方程式などに戻す印象をうけるでしょうが，複素数平面で成し得る数学的なエッセンスを届けたいという思いです．

例題 42（愛知教育大　改題）

2つの実数 a , b は $|2a|-2<b<2$ を満たしている．このとき，x の4次方程式

$$x^4+ax^3+bx^2+ax+1=0 \qquad \cdots\cdots *$$

を考える．

(1) 方程式 $*$ は $x=0$ を解にもたないことを示せ．また，$z=x+\dfrac{1}{x}$ とおくとき，方程式 $*$ を z で表し，その z の方程式の解はすべて絶対値が2以下の実数であることを示せ．

(2) 方程式 $*$ の解はすべて虚数であり，それらの大きさはすべて1であることを示せ．

参考　**相反型**の方程式では，**ジューコフスキー変換**の形が垣間見れます．複素数平面上において，これらの虚数解がどのような位置関係にあり，どのような図形（円に内接する四角形）をなすのかを理解することで，さらに嬉しい「学び」となることでしょう．

解答

(1)　方程式 $*$ において，$x=0$ とすると，左辺は1となり，右辺と矛盾するから，方程式 $*$ は $x=0$ を解にもたない．

このとき，$x \neq 0$ であるから，方程式 $*$ について，両辺を x^2 で割り，仮定の $z=x+\dfrac{1}{x}$ を用いると，

$$\left(x+\frac{1}{x}\right)^2+a\left(x+\frac{1}{x}\right)+b-2=0$$

すなわち

$$z^2+az+b-2=0 \qquad \cdots\cdots ①$$

と表せる．

そこで，$f(z)=z^2+az+b-2$ とおくと，

$$f(z)=\left(z+\frac{1}{2}a\right)^2+\frac{4(b-2)-a^2}{4}$$

と変形でき，いま $b-2<0$ であるから

$$\frac{4(b-2)-a^2}{4}<0$$

である．

よって，$y=f(z)$ は z 軸と異なる2点で交わる．しかも，$|2a|-2<2$ であり，これは $-2<a<2$ であるから，$y=f(z)$ の軸について

$$-1<-\frac{1}{2}a<1$$

である．さらに，$|2a|-2<b<2$ より，

$$f(-2)=b-2a+2>|2a|-2a \geqq 0$$

$$f(2)=b+2a+2>|2a|+2a \geqq 0$$

と評価できる．

したがって，

方程式 $f(z)=0$ は，$-2<z<2$ のところに異なる2つの実数解をもつことが示せた． **終**

(2) (1) より，方程式 $f(z)=0$ の2つの実数解を α, β とする．

このとき，

$$x+\frac{1}{x}=\alpha,\ x+\frac{1}{x}=\beta\ (-2<\alpha, \beta<2, \alpha \neq \beta)$$

であり，この1式目を x について解くと，

$$x=\frac{\alpha \pm \sqrt{\alpha^2-4}}{2}$$

となり，$-2<\alpha<2$ であるから，上式は

$$x=\frac{1}{2}\alpha \pm \frac{\sqrt{4-\alpha^2}}{2}i$$

と表せる．

同様に

$$x = \frac{1}{2}\beta \pm \frac{\sqrt{4-\beta^2}}{2}$$

を得る.

ここで，$\alpha \neq \beta$ であり，実部は異なるから，方程式 * は異なる 4 つの虚数解をもち，これらを z_1, z_2, z_3, z_4 とおくと

$$|z_1| = \sqrt{\left(\frac{1}{2}\alpha\right)^2 + \left(\frac{\sqrt{4-\alpha^2}}{2}\right)^2} = 1$$

であるから，これと同様にすると

$$|z_1| = |z_2| = |z_3| = |z_4| = 1$$

である.

これにて，題意が示せた.　**終**

次は，複素数平面と 2 次曲線の相性を確認できる問題であり，楕円が顕現しますが，これはある性質を含むものです.

例題 43（東京慈恵会医科大）

$f(x) = x^3 - 3b^2x + 2a(4a^2 - 3b^2)$ とし，a, b は $0 < b < a$ を満たす定数とする.

複素数 $p + qi$ （p, q は実数）に対して，点 (p, q) を複素数 $p + qi$ に対応する点とよび，3 次方程式 $f(x) = 0$ の実数解 α，虚部が正の解 β に対応する点をそれぞれ A, B とする．また，2 次方程式 $f'(x) = 0$ の解に対応する点を F, F′ とする.

(1) A, B の座標をそれぞれ a, b を用いて表せ.

(2) 線分 AB の中点を M とすると，FM + F′M は a のみに関係する定数となることを示し，その値を求めよ.

(3) 2 点 F, F′ を焦点とし，(2) の点 M を通る楕円は直線 AB に点 M で接することを示せ.

解答

(1)　$x=-2a$ を $f(x)$ に用いると，

$$f(-2a)=-8a^3+6ab^2+8a^3-6ab^2=0$$

であるから，$f(x)$ は $(x+2a)$ を因数にもち，

$$f(x)=(x+2a)(x^2-2ax+4a^2-3b^2)$$

と表せる．

このとき，方程式 $f(x)=0$ の実数解 α は，これより

$$\alpha=-2a$$

と定まる．

また，$f(x)=0$ の虚部が正の解 β については，2 次方程式

$$x^2-2ax+4a^2-3b^2=0$$

を解くと

$$x=a\pm\sqrt{3(a^2-b^2)}\,i \qquad (\because\ 0<b<a)$$

であるから，複素数平面上における点 A，B の座標は

$$\mathrm{A}(-2a,\,0),\ \mathrm{B}\left(a,\ \sqrt{3(a^2-b^2)}\right)$$ 答

である．

(2)　線分 AB の中点 M は

$$\left(-\frac{1}{2}a\,,\ \frac{\sqrt{3(a^2-b^2)}}{2}\right)$$

である．

また，

$$f'(x)=3x^2-3b^2=3(x+b)(x-b)$$

であるから，$f'(x)=0$ の解に対応する点 F, F′ は

$$\mathrm{F}(-b,\,0),\ \mathrm{F}'(b,\,0)$$

としても一般性を失うものではなく，これらは実軸上に存在する点である．

このとき，

・ $\mathrm{FM}=\sqrt{\left(-\dfrac{1}{2}a+b\right)^2+\left(\dfrac{\sqrt{3(a^2-b^2)}}{2}\right)^2}$

$$=\sqrt{\frac{4a^2-4ab+b^2}{4}}=\left|\frac{2a-b}{2}\right|$$

・ $\mathrm{F'M}=\sqrt{\left(-\dfrac{1}{2}a-b\right)^2+\left(\dfrac{\sqrt{3(a^2-b^2)}}{2}\right)^2}$

$$=\sqrt{\frac{4a^2+4ab+b^2}{4}}=\left|\frac{2a+b}{2}\right|$$

であり，与えられた条件の $0<b<a$ より，$2a-b>0$ であるから

$$\mathrm{FM}+\mathrm{F'M}=a-\frac{1}{2}b+a+\frac{1}{2}b=2a$$

である．

したがって，$\mathrm{FM}+\mathrm{F'M}$ は a のみに関する定数となることが示せた．　**終**

(3)　(1) と (2) から，2 つの点 F, F′ を焦点とし，長軸の長さが $2a$ の楕円を考えるが，ここで，短軸の長さを $2c\,(c>0)$ とおくと，

$$a^2-c^2=b^2$$

より，$c^2=a^2-b^2$ と表すことができる．

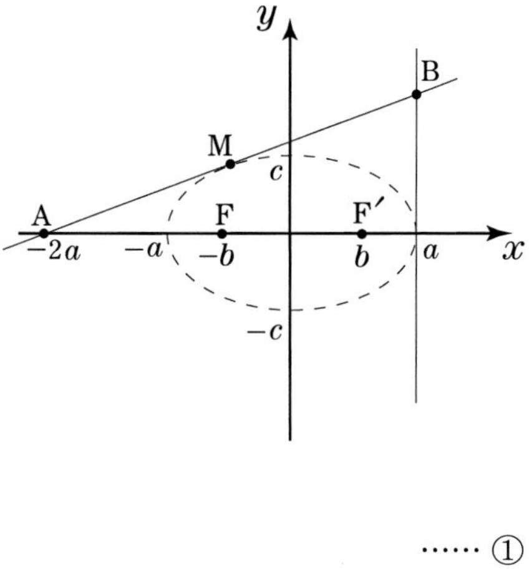

このとき，楕円の方程式は

$$\frac{x^2}{a^2}+\frac{y^2}{a^2-b^2}=1 \qquad \cdots\cdots①$$

である．一方で，直線 AB の方程式は

$$y=\frac{\sqrt{3(a^2-b^2)}}{3a}(x+2a) \qquad \cdots\cdots②$$

であるから，①と②を連立させると，

$$\frac{x^2}{a^2}+\frac{1}{a^2-b^2}\cdot\frac{3(a^2-b^2)}{9a^2}\cdot(x+2a)^2=1$$

$$3x^2+x^2+4ax+4a^2=3a^2$$

$$(2x+a)^2=0$$

すなわち

$$x=-\frac{1}{2}a\ (\text{重解})$$

が得られる．

このとき，y 座標は

$$y=\frac{\sqrt{3(a^2-b^2)}}{3a}\left(-\frac{1}{2}a+2a\right)=\frac{\sqrt{3(a^2-b^2)}}{2}$$

であり，これはまさに線分 AB の中点 M の座標に一致していることから，題意が示せた．終

参考　$f(z)=az^3+bz^2+cz+d\ (a\neq 0)$ において，a, b, c, d は実数の係数とし，方程式 $f(z)=0$ の解を α, β, γ する．また，$f'(z)=3az^2+2bz+c$ において，方程式 $f'(z)=0$ の解を w_1, w_2 とする．

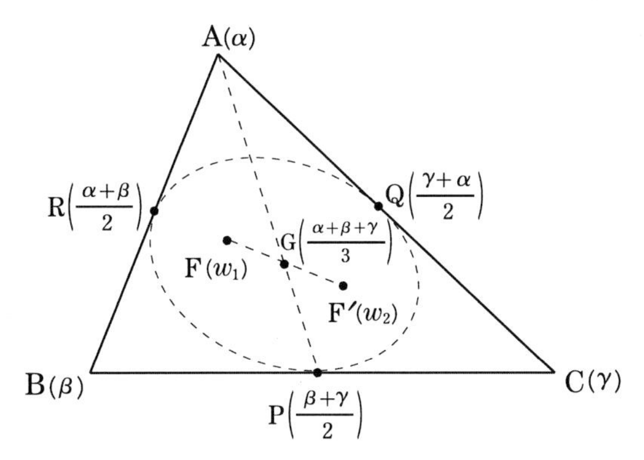

複素数平面上において，これらの 5 つの点を $A(\alpha), B(\beta), C(\gamma)$,

$F(w_1), F'(w_2)$ に対応させる．

ここで，3つの点A，B，Cで作られる三角形ABCを考えるとき，各辺の中点P，Q，Rで接し，点FとF′を焦点とする楕円が存在し，また，三角形ABCの重心Gは，楕円の中心でもあり，線分FF′の中点に一致していることになる．

上述したように，航空力学の基盤の構築と社会的にも多大な影響を与えたジューコフスキーが考案したジューコフスキー変換で締め括ることにしよう．

複素数平面において，複素数 z を

$$z = x + yi \ (x, y \text{は実数})$$

と表し，また，複素数 w を

$$w = z + \frac{a^2}{z} \ (a > 0)$$

で定まる複素数 $w = X + Yi$ とするとき，この実部と虚部はそれぞれ

$$\begin{cases} X = x + \dfrac{a^2}{x^2 + y^2} x \\ Y = y - \dfrac{a^2}{x^2 + y^2} y \end{cases}$$

の形で与えられる．

2次曲線を代表する楕円と双曲線は自然界では物の見事に現れるところが多く，それらの2次曲線の性質は様々なところにも応用されていることはご存知のことでしょう．例えば，楕円に関する性質は，医療現場でも利活用されていることはいうまでもなく，代表的な技術は体外衝撃波結石破砕術（ESWL）でしょう．この技術は1980年代以降に進展しました．

それでは，このジューコフスキー変換による楕円と双曲線の**共焦問題**にふれ，この章を閉じましょう．

例題 44

a を正の定数とする．このとき，xy 平面上において，原点O と異なる点 $\mathrm{P}(x, y)$ に対し，点 $\mathrm{Q}(X, Y)$ を次のように定める．

$$\begin{cases} X = x + \dfrac{a^2}{x^2+y^2}x \\ Y = y - \dfrac{a^2}{x^2+y^2}y \end{cases}$$

このとき，次の問いに答えよ．

(1) 点Pが円 $C: x^2+y^2=r^2\ (r>0,\ r \neq a)$ 上を動くとき，点Q の軌跡 E を求めよ．

(2) 点Pが直線 $\ell: y=(\tan\theta)x\ (0<\theta<2\pi)$ 上を動くとき，点Q の軌跡 H を求めよ．ただし，$\theta \neq \dfrac{\pi}{2},\ \dfrac{3}{2}\pi$ とする．

(3) (1) と (2) で得られた E と H の交点の1つをRとする．このとき，点Rにおける E の接線と H の接線は点Rにおいて，直交することを示せ．

解答

(1) 点Pは円 C 上の点であるから

$$\mathrm{P}(r\cos\theta,\ r\sin\theta)\ (0 \leqq \theta < 2\pi)$$

とおける．このとき，

$$\begin{cases} X = x + \dfrac{a^2}{r^2}x = \left(1+\dfrac{a^2}{r^2}\right)x \\ Y = y - \dfrac{a^2}{r^2}y = \left(1-\dfrac{a^2}{r^2}\right)y \end{cases}$$

となり

$$x = \frac{r^2}{r^2+a^2}X,\ y = \frac{r^2}{r^2-a^2}Y$$

として，$x^2+y^2=r^2$ に用いると，

$$\left(\frac{r^2}{r^2+a^2}X\right)^2+\left(\frac{r^2}{r^2-a^2}Y\right)^2=r^2$$

より，

$$\frac{X^2}{\left(r+\frac{a^2}{r}\right)^2}+\frac{Y^2}{\left(r-\frac{a^2}{r}\right)^2}=1$$

と表せるから，求める点 Q の軌跡 E は楕円である．

　また，この楕円の焦点について

$$\pm\sqrt{\left(r+\frac{a^2}{r}\right)^2-\left(r-\frac{a^2}{r}\right)^2}=\pm 2a$$

であるから，焦点の座標は

$$(-2a,\ 0),\ (2a,\ 0)$$ 答

である．

(2)　点 P は直線 ℓ 上の点であるから

$$\mathrm{P}\,(x,\ (\tan\theta)x)$$

とおける．

　このとき，与式において，これを用いると

$$X=x+\frac{a^2}{(1+\tan^2\theta)x} \quad \cdots\cdots ①$$

$$Y=(\tan\theta)x-\frac{a^2(\tan\theta)}{(1+\tan^2\theta)x} \quad \cdots\cdots ②$$

となり，①×$(\tan\theta)$ ＋②より

$$(\tan\theta)X+Y=2(\tan\theta)x$$

すなわち

$$X+\frac{Y}{\tan\theta}=2x \quad \cdots\cdots ③$$

が得られる．

　また，①－②÷$(\tan\theta)$ より

$$X-\frac{Y}{\tan\theta}=\frac{2a^2}{(1+\tan^2\theta)x} \qquad \cdots\cdots ④$$

が得られるから，③と④の辺ごとの積より

$$X^2-\frac{Y^2}{\tan^2\theta}=\frac{4a^2}{1+\tan^2\theta}$$

すなわち

$$\frac{X}{(2a\cos\theta)^2}-\frac{Y^2}{(2a\sin\theta)^2}=1$$

と表せる．

したがって，求める点 Q の軌跡 H は双曲線である．また，この双曲線の焦点について

$$\pm\sqrt{(2a\cos\theta)^2+(2a\sin\theta)^2}=\pm 2a$$

であるから，焦点の座標は

$$(-2a,\ 0),\ (2a,\ 0)$$

である． 答

(3) E と H の交点 R を (p,q) とおく．このとき，E の接線と H の接線の方程式はそれぞれ

$$\begin{cases}\dfrac{p}{\left(r+\dfrac{a^2}{r}\right)^2}x+\dfrac{q}{\left(r-\dfrac{a^2}{r}\right)^2}y=1\\[2ex]\dfrac{p}{(2a\cos\theta)^2}x-\dfrac{q}{(2a\sin\theta)^2}y=1\end{cases}$$

と表せる．

ここで

$$R_+=r+\frac{a^2}{r},\ R_-=r-\frac{a^2}{r}$$

$$C=2a\cos\theta,\ S=2a\sin\theta$$

とおき，2 つの直線の傾きの積について，内積を考える（法線ベクトルで考える）と，

$$\begin{pmatrix} \dfrac{p}{R_+^{\ 2}} \\ \dfrac{q}{R_-^{\ 2}} \end{pmatrix} \cdot \begin{pmatrix} \dfrac{p}{C^2} \\ -\dfrac{q}{S^2} \end{pmatrix} = \frac{p^2}{R_+^{\ 2}C^2} - \frac{q^2}{R_-^{\ 2}S^2}$$

となる．

一方で，交点 $\mathrm{R}(p, q)$ については

$$\frac{p^2}{R_+^{\ 2}} + \frac{q^2}{R_-^{\ 2}} = 1,\ \frac{p^2}{C^2} - \frac{q^2}{S^2} = 1$$

を同時に満たすから，これを p^2, q^2 について解くと，

$$p^2 = \frac{R_-^{\ 2} + S^2}{R_+^{\ 2}S^2 + R_-^{\ 2}C^2} \cdot R_+^{\ 2}C^2$$

$$q^2 = \frac{R_+^{\ 2} - C^2}{R_+^{\ 2}S^2 + R_-^{\ 2}C^2} \cdot R_-^{\ 2}S^2$$

である．

したがって，上述の内積は

$$\begin{pmatrix} \dfrac{p}{R_+^{\ 2}} \\ \dfrac{q}{R_-^{\ 2}} \end{pmatrix} \cdot \begin{pmatrix} \dfrac{p}{C^2} \\ -\dfrac{q}{S^2} \end{pmatrix} = \frac{R_-^{\ 2} + S^2 - R_+^{\ 2} + C^2}{R_+^{\ 2}S^2 + R_-^{\ 2}C^2}$$

であり，しかも (1) と (2) より，楕円 E と双曲線 H の焦点は一致しているから，

$$R_+^{\ 2} - R_-^{\ 2} = C^2 + S^2$$

が成り立ち，これを上式の分子に用いると 0 となるから，すなわち

$$\begin{pmatrix} \dfrac{p}{R_+^{\ 2}} \\ \dfrac{q}{R_-^{\ 2}} \end{pmatrix} \cdot \begin{pmatrix} \dfrac{p}{C^2} \\ -\dfrac{q}{S^2} \end{pmatrix} = 0$$

である．

Round up 演習（その4）

問題 4-1　◀◀埼玉医科大

$-\pi<\theta<\pi$，$z=1+\cos\theta+i\sin\theta$ とするとき，z^{32} が純虚数となるような θ の個数を求めよ．

問題 4-2　◀◀東京工業大

複素数平面上の異なる3点A，B，Cを複素数 α,β,γ で表す．ここで，A，B，Cは同一直線上にないと仮定する．

(1) $\triangle$ABCが正三角形となる必要十分条件は，

$$\alpha^2+\beta^2+\gamma^2=\alpha\beta+\beta\gamma+\gamma\alpha$$

であることを示せ．

(2) $\triangle$ABCが正三角形のとき，$\triangle$ABCの外接円周上に点Pを任意にとる．このとき，

$$\mathrm{AP}^2+\mathrm{BP}^2+\mathrm{CP}^2 \quad および \quad \mathrm{AP}^4+\mathrm{BP}^4+\mathrm{CP}^4$$

を外接円の半径 R を用いて表せ．

問題 4-3　◀◀北海道大

z を虚部が正である複素数とし，O(0), P(2), Q(2z) を複素数平面上の3点とする．△OPR, △PQS, △QOT は△OPQ の内部と重ならない正三角形とし，3点 U, V, W をそれぞれ△OPR, △PQS, △QOT の重心とする．

(1)　3点 U, V, W が表す複素数をそれぞれ z を用いて表せ．

(2)　△UVW は正三角形であることを示せ．

(3)　z が $|z-i|=\dfrac{1}{2}$ を満たしながら動くとき，△UVW の重心 G の軌跡を複素数平面上に図示せよ．ただし，i は虚数単位とする．

問題 4-4　◀◀北海道大

複素数 z に関する次の2つの方程式を考える．ただし，$\overline{z}$ を z と共役な複素数とし，i を虚数単位とする．

$$z\overline{z}=4 \cdots\cdots ①　　　|z|=|z-\sqrt{3}+i| \cdots\cdots ②$$

(1) ①，② のそれぞれの方程式について，その解 z 全体が表す図形を複素数平面上に図示せよ．

(2) ①，② の共通解となる複素数をすべて求めよ．

(3) (2) で求めたすべての複素数の積を w とおく．このとき，w^n が負の実数となるための整数 n の必要十分条件を求めよ．

■ 問題 4 - 5 ◀◀九州大

θ を $0<\theta<\dfrac{\pi}{4}$ を満たす定数とし，x の 2 次方程式

$$x^2-(4\cos\theta)x+\frac{1}{\tan\theta}=0 \qquad \cdots\cdots(*)$$

を考える．以下の問いに答えよ．

(1) 2 次方程式 ($*$) が実数解をもたないような θ の値の範囲を求めよ．

(2) θ が (1) で求めた範囲にあるとし，($*$) の 2 つの虚数解を α, β とする．ただし，α の虚部は β の虚部より大きいとする．複素数平面上の 3 点 $\mathrm{A}(\alpha)$，$\mathrm{B}(\beta)$，$\mathrm{O}(0)$ を通る円の中心を $\mathrm{C}(\gamma)$ とするとき，θ を用いて γ を表せ．

(3) 点 O，A，C を (2) のように定めるとき，三角形 OAC が直角三角形になるような θ に対する $\tan\theta$ の値を求めよ．

■ 問題 4 - 6 ◀◀九州大

以下の問いに答えよ．

(1) 4 次方程式 $x^4-2x^3+3x^2-2x+1=0$ を解け．

(2) 複素数平面上の △ABC の頂点を表す複素数をそれぞれ α, β, γ とする．

$$(\alpha-\beta)^4+(\beta-\gamma)^4+(\gamma-\alpha)^4=0$$

が成り立つとき，△ABC はどのような三角形になるか答えよ．

問題 4-7　◀◀同志社大

c を実数の定数として，方程式

$$x^4+cx^3+cx^2+cx+1=0 \quad \cdots\cdots(*)$$

を考える．

(1) $x=0$ を解にもたないことを示せ．また，$t=x+\dfrac{1}{x}$ とおくとき，t に関する2次方程式を作れ．

(2) 方程式（＊）の解がすべて虚数となるための c に関する必要十分条件を述べよ．

(3) (2) のとき，4つの虚数解を表す4つの点で作る四角形が正方形になるとき，c の値を求めよ．

問題 4-8　◀◀京都大

a, b は実数で，$a>0$ とする．z に関する方程式

$$z^3+3az^2+bz+1=0 \cdots\cdots \quad (*)$$

は3つの異なる解をもち，それらは複素数平面上で一辺の長さが $\sqrt{3}a$ の正三角形の頂点となっているとする．このとき，a, b と（＊）の3つの解を求めよ．

問題 4-9　◀◀東北大

実数 t に対して，複素数 $z=\dfrac{-1}{t+i}$ を考える．ただし，i は虚数単位とする．

(1) z の実部と虚部をそれぞれ t を用いて表せ．

(2) 絶対値 $\left|z-\dfrac{i}{2}\right|$ を求めよ．

(3) 実数 t が $-1 \leqq t \leqq 1$ の範囲を動くとき，点 z はどのような図形を描くか，複素数平面上に図示せよ．

問題 4 - 10　◀◀千葉大

複素数平面において，点 O，A，B はそれぞれ複素数 0，1，i を表すとする．点 X が複素数 $z\,(z \neq -1)$ を表すとき，$\dfrac{z}{z+1}$ を表す点を X′ と書くことにする．例えば，A′ は $\dfrac{1}{2}$ を表す点である．ただし，i は虚数単位である．

(1) 正の実数 c を固定する．正の実数 t に対して，点 P は複素数 $t+cti$ を表すとし，$\theta(t)=\angle \mathrm{P'O'A'}$ とする．このとき，極限 $\displaystyle\lim_{t\to+0}\tan\theta(t)$ を求めよ．

(2) 点 Q が三角形 OAB の周上を動くときの点 Q′ の軌跡を求め，図示せよ．

問題 4 - 11　◀◀京都大　改題

複素数平面上に点 P を表す複素数 z は

$$z=r(\cos\theta+i\sin\theta)$$

と表せる．このとき，z が次の条件をすべて満たすものとする．

（i）$1 \leqq r \leqq 2$

（ii）$-\dfrac{\pi}{4} \leqq \theta \leqq \dfrac{\pi}{4}$

このとき，点 Q を表す複素数を w とし，$w=z+\dfrac{1}{z}$ と定めるとき，点 Q が複素数平面上で描く領域の面積を求めよ．

問題 4-12　◀◀東北大

z を複素数とする．複素数平面上の3点 O(0)，A(z)，B(z^2) について，以下の問いに答えよ．

(1) 3点 O，A，B が同一直線上にあるための z の必要十分条件を求めよ．

(2) 3点 O，A，B が二等辺三角形の頂点になるような z 全体を複素数平面上に図示せよ．

(3) 3点 O，A，B が二等辺三角形の頂点であり，かつ z の偏角 θ が $0 \leqq \theta \leqq \dfrac{\pi}{3}$ を満たすとき，三角形 OAB の面積の最大値とそのときの z の値を求めよ．

問題 4-13　◀◀大阪大

r を正の実数とする．複素数平面上で，点 z が点 $\dfrac{3}{2}$ を中心とする半径 r の円周上を動くとき，

$$z + w = zw$$

を満たす点 w が描く図形を求めよ．

問題 4-14　◀◀東京大

複素数 a, b, c に対して整式 $f(z) = az^2 + bz + c$ を考える．i を虚数単位とする．

(1) α, β, γ を複素数とする．$f(0) = \alpha$，$f(1) = \beta$，$f(i) = \gamma$ が成り立つとき，a, b, c をそれぞれ α, β, γ で表せ．

(2) $f(0), f(1), f(i)$ がいずれも1以上2以下の実数であるとき，$f(2)$ のとりうる範囲を複素数平面上に図示せよ．

■ 問題 4-15　◀◀東京慈恵医科大

複素数平面上の点 z が原点を中心とする半径 1 の円周上を動くとき，$w=z+\dfrac{2}{z}$ で表される点 w のえがく図形を C とする．C で囲まれた部分の内部（境界は含まない）に定点 α をとり，α を通る直線 ℓ が C と交わる 2 点を β_1，β_2 とする．ただし，i は虚数単位とする．

(1)　$w=u+vi$（u, v は実数）とするとき，u と v の間に成り立つ関係式を求めよ．

(2)　点 α を固定したまま ℓ を動かすとき，積 $|\beta_1-\alpha|\cdot|\beta_2-\alpha|$ が最大となるような ℓ はどのような直線のときか調べよ．

■ 問題 4-16　◀◀長崎大

自然数 n に対して定まる複素数平面上の点 $\mathrm{P}_n(z_n)$ があり，z_n は以下の式を満たしている．

$$z_{n+1}=\frac{z_n-2}{2z_n-1}\quad (n=1,\ 2,\ 3,\ \cdots\cdots)$$

ただし，z_1 は $|z_1|=1$ を満たすものとする．また，i は虚数単位とする．

(1) すべての n に対して，$|z_n|=1$ であることを示せ．

(2) z_{n+2} を z_n で表せ．また，点 P_1 を定めたとき，線分 $\mathrm{P}_n\mathrm{P}_{n+1}$ の長さは，すべての n に対して一定であることを説明せよ．

(3) z_n，z_{n+1} について，$z_n=x+yi$（x, y は実数），$z_{n+1}=X+Yi$（X, Y は実数）とする．$X<0$ かつ $Y>0$ となるような点 $\mathrm{P}_n(z_n)$ の存在する範囲を複素数平面上に図示せよ．

(4) 複素数平面上の原点を O とし，$z_1=a+bi$（$a>0$，$b>0$）とする．すべての n に対して，$\triangle\mathrm{OP}_n\mathrm{P}_{n+1}$ が直角三角形となるような a と b の値を求めよ．

問題4-17　◀◀東京女子大

複素数平面上において，$4n$ 個の点を表わす複素数を $z_1, z_2, z_3, \cdots, z_{4n}$ とし，これらの $4n$ 個の点を頂点とする $4n$ 角形が正 $4n$ 角形をなしている．このとき，

$$\sum_{k=1}^{4n} {z_k}^2 = 0$$

であるならば，この正 $4n$ 角形の中心は原点にあることを証明せよ．

問題4-18　◀◀青山学院大　改題

複素数 z は，$z^4+z^3+z^2+z+1=0$ を満たしている．このとき，次の問いに答えよ．

(1)　$z^5=$ [ア] である．また，$z=\cos\theta+i\sin\theta$ $(0<\theta<2\pi)$ とおくとき，

$\cos 4\theta+\cos 3\theta+\cos 2\theta+\cos\theta=$ [イウ]，

$\sin 4\theta+\sin 3\theta+\sin 2\theta+\sin\theta=$ [エ]

$\cos 5\theta=$ [オ]，　$\sin 5\theta=$ [カ]

である．ここで，$t=z+\dfrac{1}{z}$ とおくと，t は2次方程式 [キ] を満たし，$\cos\theta$ を t を用いて表すと，

$\cos\theta=$ [ク] と表せるから，

$$\cos\theta=\frac{[\text{ケコ}]\pm\sqrt{[\text{サ}]}}{[\text{シ}]}$$

であり，複素数 z の偏角 $\theta\,(0<\theta<2\pi)$ のうち，

最小のものは $\theta=\dfrac{[\text{ス}]}{[\text{セ}]}\pi$，最大のものは $\theta=\dfrac{[\text{ソ}]}{[\text{タ}]}\pi$

である．

キ の解答群

⓪ $t^2+t+1=0$　① $t^2-t+1=0$　② $t^2+t-1=0$
③ $t^2-t-1=0$　④ $t^2-t+2=0$　⑤ $t^2-t+2=0$

ク の解答群

⓪ t　① $-t$　② $2t$　③ $-2t$　④ $\frac{1}{2}t$　⑤ $-\frac{1}{2}t$

(2) 複素数 z の偏角 θ が最小であるものを α とする．ここで，複素数平面上において，点 $1, \alpha, \alpha^2, \alpha^3, \alpha^4$ に対応する点をそれぞれ A, B, C, D, E とするとき，AB・AC・AD・AE の値を求めよ．

(3) (2) に対し，$\dfrac{1}{2-\alpha}+\dfrac{1}{2-\alpha^2}+\dfrac{1}{2-\alpha^3}+\dfrac{1}{2-\alpha^4}$ の値を求めよ．

■ 問題 4 - 19 ◀◀立命館大　改題

i を虚数単位とし，複素数 z を

$$z=\cos\frac{2}{7}\pi+i\sin\frac{2}{7}\pi$$

とする．

(1) z^7 の値を答えよ．

(2) $z^6+z^5+z^4+z^3+z^2+z$ の値を答えよ．

(3) $z+\dfrac{1}{z}$ は実数であることを示せ．

(4) $z^6-z^4+z^2-1+\dfrac{1}{z^2}-\dfrac{1}{z^4}+\dfrac{1}{z^6}$ の値を三角比を用いて答えよ．

(5) $\dfrac{1}{\cos\frac{2}{7}\pi}+\dfrac{1}{\cos\frac{4}{7}\pi}+\dfrac{1}{\cos\frac{6}{7}\pi}$ の値を三角比を用いずに答えよ．

Round up 演習

解答

■ 問題 1 - 1　（定性的な式の値）

鋭角三角形 ABC の外接円の中心を O，半径を R とするとき，

$$\triangle \mathrm{OBC}=\frac{1}{2}R^2\sin 2A$$

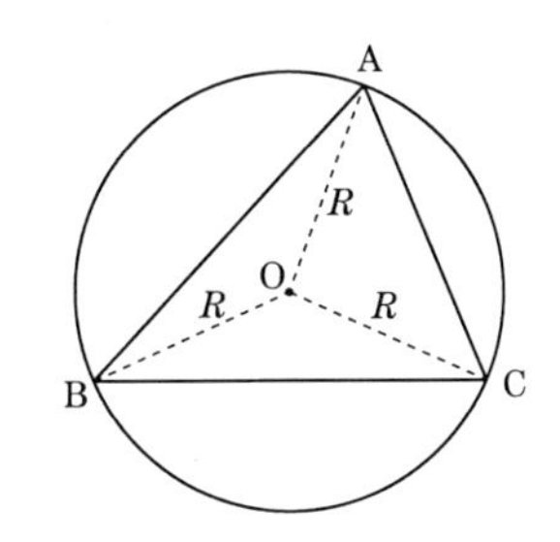

であるから，鋭角三角形 ABC の面積 S は

$$S=\frac{R^2}{2}(\sin 2A+\sin 2B+\sin 2C)$$

と表せ，すなわち

$$\sin 2A+\sin 2B+\sin 2C=\frac{2S}{R^2}$$

である．また，正弦定理より

$$\frac{a}{\sin A}=\frac{b}{\sin B}=\frac{c}{\sin C}=2R$$

であり，与式の分母について

$$\begin{aligned}\sin A\sin B\sin C&=\sin A\cdot\frac{b}{2R}\cdot\frac{c}{2R}\\&=\frac{1}{2R^2}\cdot\frac{1}{2}bc\sin A\\&=\frac{S}{2R^2}\end{aligned}$$

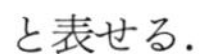

と表せる．

したがって，

$$(与式)=\frac{\dfrac{2S}{R^2}}{\dfrac{S}{2R^2}}=\underline{\underline{4}}$$　答

である．

参考と別解

実は，本問は鋭角三角形でなくても一般的に成り立ちます．つまり，このような場面で，**加法定理**や**三角関数**の和 ⟶ 積や積 ⟶ 和の公式を習得しておくと，そのような**知識と技能**が機能し威力を発揮する場面かと思います．

三角形の内角の和は $180°$ であるから，$A+B+C=\pi$ より

$$\begin{aligned}\sin 2C &= \sin\{2\pi-2(A+B)\}\\ &= -\sin 2(A+B)\\ &= -2\sin(A+B)\cos(A+B) \qquad \cdots\cdots ①\end{aligned}$$

である．

また，$\sin 2A+\sin 2B$ は，三角関数の和 ⟶ 積の公式を用いると

$$\begin{aligned}\sin 2A+\sin 2B &= 2\sin\frac{2A+2B}{2}\cos\frac{2A-2B}{2}\\ &= 2\sin(A+B)\cos(A-B) \qquad \cdots\cdots ②\end{aligned}$$

と表せるから，①と②において，辺ごとの和より，与式の分子は

$$\begin{aligned}&\sin 2A+\sin 2B+\sin 2C\\ &= -2\sin(A+B)\{\cos(A+B)-\cos(A-B)\}\\ &= -2\sin(A+B)\cdot(-2\sin A\sin B)\\ &= 4\sin(\pi-C)\sin A\sin B\\ &= 4\sin A\sin B\sin C\end{aligned}$$

となる．

すなわち

$$\frac{\sin 2A+\sin 2B+\sin 2C}{\sin A\sin B\sin C}=\underline{\underline{4}} \qquad \text{答}$$

である．

■ 問題 1-2　◀◀関西大（三角関数に対応／点と直線との距離の公式／内積／和 $x+y$ と積 xy による 2 次方程式）

(1)　点 $\mathrm{P}(x, y)$ は

$$x^2+y^2=1 \qquad \cdots\cdots ①$$

を満たし，図のように

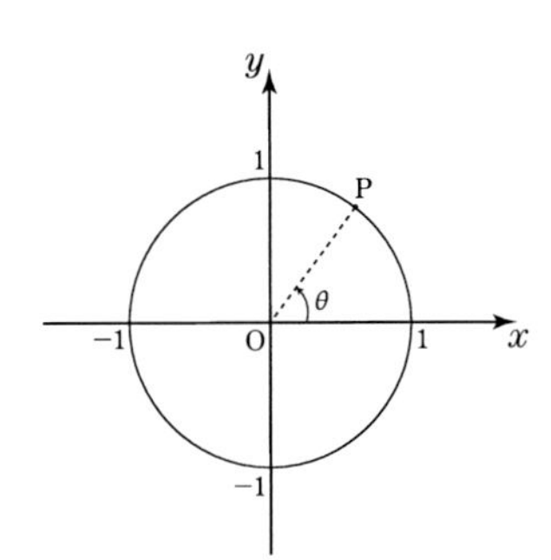

$$x=\cos\theta,\ y=\sin\theta$$

と表すことができるから

$$x+y=\cos\theta+\sin\theta$$

すなわち，三角関数の合成により

$$x+y=\sqrt{2}\sin\left(\theta+\frac{\pi}{4}\right)$$

である．

したがって，θ はすべての実数をとって変化するから

$$-\sqrt{2}\leqq\sqrt{2}\sin\left(\theta+\frac{\pi}{4}\right)\leqq\sqrt{2}$$

すなわち

$$-\sqrt{2}\leqq x+y\leqq\sqrt{2}$$ 答

である．

(2)　(1) において，①より

$$(x+y)^2-2xy=1$$

であるから，$x+y=k$ とおくと，これより

$$xy=\frac{1}{2}(k^2-1) \quad \cdots\cdots ②$$

が得られる．

このとき，

$$xy(x+y-1)=\frac{1}{2}(k^2-1)(k-1)=\frac{1}{2}(k-1)^2(k+1)$$

と表せ，ここで

$$f(k)=\frac{1}{2}(k-1)^2(k+1)=\frac{1}{2}(k^3-k^2-k+1)\quad(-\sqrt{2}\leqq k\leqq\sqrt{2})$$

とおくと

$$f'(k)=\frac{1}{2}(3k^2-2k-1)=\frac{1}{2}(k-1)(3k+1)$$

であるから，増減は次のようになる．

k	$-\sqrt{2}$	$\cdots$	$-\frac{1}{3}$	$\cdots$	1	$\cdots$	$\sqrt{2}$
$f'(k)$		$+$	0	$-$	0	$+$	
$f(k)$		↗	極大	↘	極小	↗	

ここで

$$f\left(-\frac{1}{3}\right)=\frac{1}{2}\cdot\left(-\frac{4}{3}\right)^2\cdot\frac{2}{3}=\frac{16}{27}$$

$$f(\sqrt{2})=\frac{1}{2}(2\sqrt{2}-2-\sqrt{2}+1)=\frac{\sqrt{2}-1}{2}$$

$$f(-\sqrt{2})=\frac{1}{2}(-2\sqrt{2}-2+\sqrt{2}+1)=-\frac{\sqrt{2}+1}{2}$$

であるから,

最大値は $\dfrac{16}{27}$,

最小値は $-\dfrac{\sqrt{2}+1}{2}$

である. 答

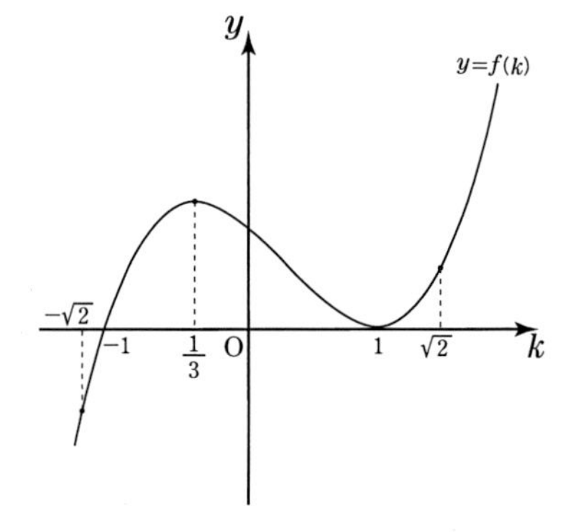

参考と補足

(点と直線と距離 / ベクトルと内積 / 和 $x+y$ と積 xy による 2 次方程式の作成)

はじめから

$$x+y=k$$

とおくと，これは $x+y-k=0$ であり，原点 $(0,\ 0)$ との距離が円の半径の 1 以下で，共有点をもつから

$$\frac{|-k|}{\sqrt{1^2+1^2}}\leqq 1$$

すなわち

$$-\sqrt{2}\leqq x+y\leqq\sqrt{2}$$

が得られる.

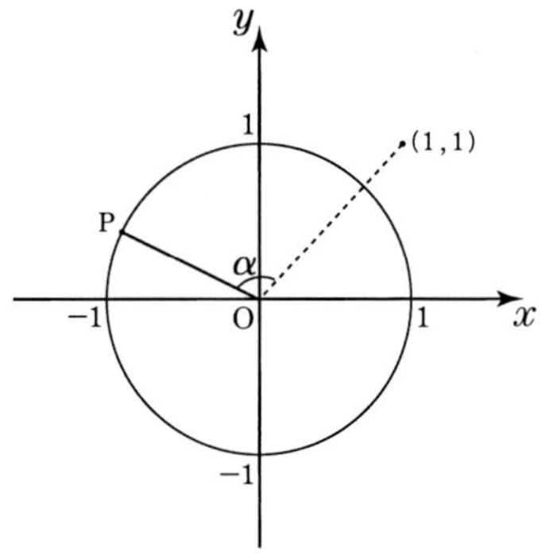

また，$x+y=\begin{pmatrix}1\\1\end{pmatrix}\cdot\begin{pmatrix}x\\y\end{pmatrix}$ と捉えると，これは 2 つのベクトル $\begin{pmatrix}1\\1\end{pmatrix}$, $\begin{pmatrix}x\\y\end{pmatrix}$ の内積を意味するから，そのなす角を α とすると

$$x+y=\begin{pmatrix}1\\1\end{pmatrix}\cdot\begin{pmatrix}x\\y\end{pmatrix}=\sqrt{2}\cdot 1\cdot\cos\alpha=\sqrt{2}\cos\alpha$$

である.

したがって，$-\sqrt{2}\leqq x+y\leqq\sqrt{2}$ を得る.

さらに，$x+y=k$ と②より，x, y を解にもつ 2 次方程式をひとつつくると，解と係数の関係から

$$t^2-kt+\frac{1}{2}(k^2-1)=0$$

であり，この 2 次方程式が $-1\leqq t\leqq 1$ のところに実数解をもてばよいから

$$g(t)=t^2-kt+\frac{1}{2}(k^2-1)=\left(t-\frac{1}{2}k\right)^2+\frac{1}{4}k^2-\frac{1}{2}$$

とおくと，次の条件をすべて満たせばよい.

$$\begin{cases}-1\leqq\dfrac{1}{2}k\leqq 1\\ \dfrac{1}{4}k^2-\dfrac{1}{2}\leqq 0\\ g(-1)=\dfrac{1}{2}k^2+k+\dfrac{1}{2}\geqq 0\\ g(1)=\dfrac{1}{2}k^2-k+\dfrac{1}{2}\geqq 0\end{cases}$$

すなわち

$$-\sqrt{2}\leqq k\leqq\sqrt{2}$$

であるから

$$-\sqrt{2}\leqq x+y\leqq\sqrt{2}$$

である.

■ 問題 1-3　◀◀大阪大／三角関数に対応

実数 x, y は $|x|\leqq 1$，$|y|\leqq 1$ であるから

$$x=\cos\alpha\,(0\leqq\alpha\leqq\pi),\quad y=\cos\beta\,(0\leqq\beta\leqq\pi)$$

とおくと，与えられた不等式の中央項をこれにて変形すると

$$\begin{aligned}&x^2+y^2-2x^2y^2+2xy\sqrt{1-x^2}\sqrt{1-y^2}\\&=\cos^2\alpha+\cos^2\beta-2\cos^2\alpha\cos^2\beta+2\cos\alpha\cos\beta\sqrt{1-\cos^2\alpha}\sqrt{1-\cos^2\beta}\\&=\cos^2\alpha+\cos^2\beta-2\cos^2\alpha\cos^2\beta+2\cos\alpha\cos\beta\sqrt{\sin^2\alpha}\sqrt{\sin^2\beta}\end{aligned}$$

であり，ここで，$0\leqq\alpha\leqq\pi$，$0\leqq\beta\leqq\pi$ より

$\sqrt{\sin^2\alpha} = |\sin\alpha| = \sin\alpha$, $\sqrt{\sin^2\beta} = |\sin\beta| = \sin\beta$

であるから，上式は

$$\cos^2\alpha + \cos^2\beta - 2\cos^2\alpha\cos^2\beta + 2\cos\alpha\cos\beta\cdot\sin\alpha\sin\beta$$

である．

さらに，これは

$$\begin{aligned}
&\cos^2\alpha + \cos^2\beta - \cos^2\alpha\cos^2\beta - \cos^2\alpha\cos^2\beta + 2\cos\alpha\cos\beta\cdot\sin\alpha\sin\beta\\
&= \cos^2\beta(1-\cos^2\alpha) + \cos^2\alpha(1-\cos^2\beta) + 2\cos\alpha\cos\beta\cdot\sin\alpha\sin\beta\\
&= \sin^2\alpha\cos^2\beta + \cos^2\alpha\sin^2\beta + 2\cos\alpha\cos\beta\cdot\sin\alpha\sin\beta\\
&= (\sin\alpha\cos\beta)^2 + 2\cos\alpha\cos\beta\cdot\sin\alpha\sin\beta + (\cos\alpha\sin\beta)^2\\
&= (\sin\alpha\cos\beta + \cos\alpha\sin\beta)^2\\
&= \sin^2(\alpha+\beta)
\end{aligned}$$

であり，$0 \leqq \alpha \leqq \pi$，$0 \leqq \beta \leqq \pi$ より，$0 \leqq \alpha + \beta \leqq 2\pi$ であるから

$$0 \leqq \sin^2(\alpha+\beta) \leqq 1$$

である．

これで不等式が成り立つことが示せた． 

問題 1-4　（トレミーの定理 / 加法定理）

(1)（**平面図形の性質による証明**）

図のように，辺 AB に対し，∠CAD に等しい角をとり，CB の延長との交点を F とする．

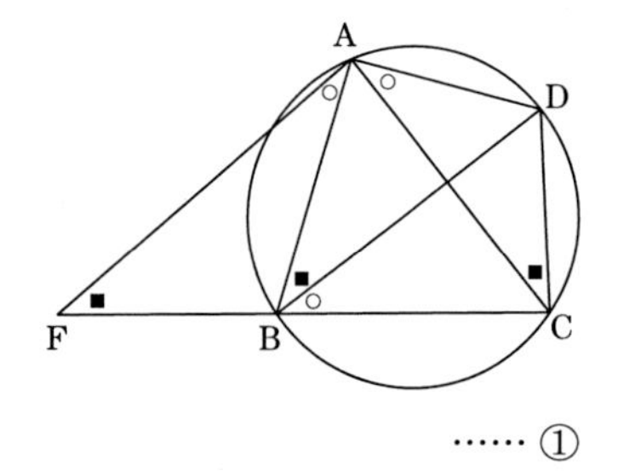

このとき，△ACD ∽ △AFB より

$$\mathrm{AD} : \mathrm{CD} = \mathrm{AB} : \mathrm{FB}$$

すなわち

$$\mathrm{FB} = \frac{\mathrm{AB}\cdot\mathrm{CD}}{\mathrm{AD}} \quad \cdots\cdots ①$$

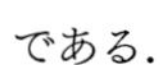
である．

また，△ABD ∽ △AFC より

$$\mathrm{AD} : \mathrm{BD} = \mathrm{AC} : \mathrm{FC}$$

すなわち

$$\mathrm{FC} = \frac{\mathrm{AC}\cdot\mathrm{BD}}{\mathrm{AD}} \quad \cdots\cdots ②$$

である．

ここで，FC＝FB＋BC であるから，①と②をこれに用いると

$$\frac{\mathrm{AC}\cdot\mathrm{BD}}{\mathrm{AD}}=\frac{\mathrm{AB}\cdot\mathrm{CD}}{\mathrm{AD}}+\mathrm{BC}$$

すなわち

$$\mathrm{AB}\cdot\mathrm{CD}+\mathrm{AD}\cdot\mathrm{BC}=\mathrm{AC}\cdot\mathrm{BD}$$

であるから，これで示せた．　**終**

別解①：余弦定理で証明

$\mathrm{AB}=a$, $\mathrm{BC}=b$, $\mathrm{CD}=c$, $\mathrm{AD}=d$, $\mathrm{AC}=x$, $\mathrm{BD}=y$ とおき，△ABC，△ACD にそれぞれ余弦定理を用い，x を a, b, c, d で表すことを考えると，次のようになる．

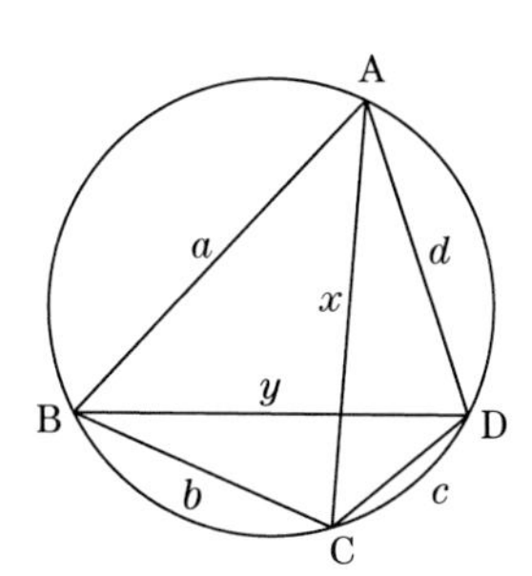

$$\begin{cases}x^2=a^2+b^2-2ab\cos B\\ x^2=c^2+d^2-2cd\cos D\end{cases}$$

が成り立つ．このとき，

$$\cos D=\cos(180°-B)=-\cos B$$

であり，上の 2 式から

$$\cos B=\frac{a^2+b^2-c^2-d^2}{2(ab+cd)}$$

が得られる．これを第一式目に用いると

$$\begin{aligned}x^2&=\frac{(a^2+b^2)(ab+cd)-ab(a^2+b^2-c^2-d^2)}{ab+cd}\\&=\frac{(a^2+b^2)cd+ab(c^2+d^2)}{ab+cd}\\&=\frac{cda^2+b(c^2+d^2)a+b^2cd}{ab+cd}\\&=\frac{(ac+bd)(ad+bc)}{ab+cd}\end{aligned}$$

であるから，$x>0$ より

$$x=\sqrt{\frac{(ac+bd)(ad+bc)}{ab+cd}}$$

と表せる．ここで，この上述した x の a, b, c, d をそれぞれ b, c, d, a とすれば，y が得られるから

$$y=\sqrt{\frac{(bd+ca)(ba+cd)}{bc+da}}$$

$$= \sqrt{\frac{(ac+bd)(ab+cd)}{ad+bc}}$$

と表せる．よって，辺ごとの積を考えると

$$xy = ac + bd$$

が得られ，

$$\mathrm{AB} \cdot \mathrm{CD} + \mathrm{AD} \cdot \mathrm{BC} = \mathrm{AC} \cdot \mathrm{BD}$$

が成り立つことが示せた．

別解②：面積による証明

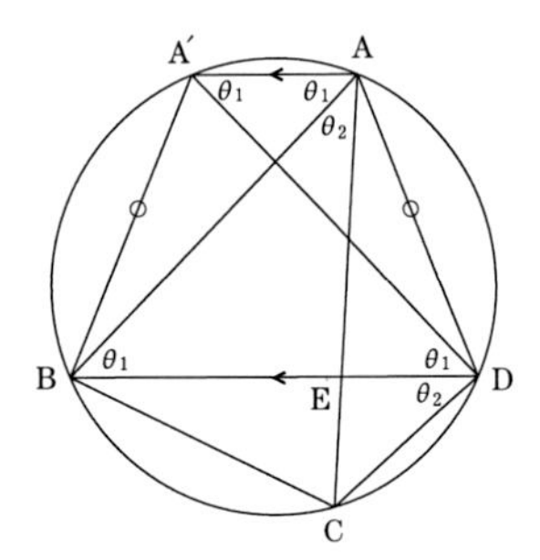

四角形 ABCD について，対角線 AC と BD が四角形の内部で交わるとき，その交点を E とする．

このとき，四角形 ABCD の面積 S は

$$S = \triangle\mathrm{EAD} + \triangle\mathrm{EBA} + \triangle\mathrm{ECB} + \triangle\mathrm{EDC}$$

であり，ここで，$\angle\mathrm{AED} = \theta$ とおくと，これは

$$S = \frac{1}{2}xd\sin\theta + \frac{1}{2}cx\sin(180^\circ - \theta) + \frac{1}{2}yc\sin\theta + \frac{1}{2}dy\sin(180^\circ - \theta)$$

$$= \frac{1}{2}\sin\theta(xd + cx + yc + dy)$$

$$= \frac{1}{2}\sin\theta\{(c+d)x + (c+d)y\}$$

$$= \frac{1}{2}(x+y)(c+d)\sin\theta$$

$$= \frac{1}{2} \cdot \mathrm{AC} \cdot \mathrm{BD} \cdot \sin\theta \qquad \cdots\cdots ③$$

と表せる．

次に，四角形 ABCD が円に内接するとき，その円において，点 A を通り対角線 BD に平行な直線を引き，円と点 A 以外の交点を A′ とする．

このとき，四角形 AA′BD は等脚台形となり，

$$\triangle\mathrm{ABD} \equiv \triangle\mathrm{A'DB} \qquad \cdots\cdots ④$$

である．しかも，この 2 つの三角形の面積は等しい．

ここで，

$$\angle\mathrm{ABD} = \theta_1,\ \angle\mathrm{BAC} = \theta_2$$

とおくと，

$$\angle \mathrm{AED} = \theta = \theta_1 + \theta_2$$

であり，円周角の定理や，AA′ // BD による錯角などより

$$\angle \mathrm{ABD} = \angle \mathrm{AA'D} = \angle \mathrm{A'DB} = \theta_1\ ,\ \angle \mathrm{BDC} = \angle \mathrm{BAC} = \theta_2$$

であるから

$$\angle \mathrm{A'DC} = \theta_1 + \theta_2 = \theta$$

である．

　また，円に内接する四角形 A′BCD において，対角の和は 180 °であるから

$$\angle \mathrm{A'BC} = 180° - \theta$$

である．

　したがって，

$$\begin{aligned}(\text{四角形A}'\text{BCD}) &= \triangle \mathrm{A'BC} + \triangle \mathrm{A'DC} \\ &= \frac{1}{2}\cdot \mathrm{A'B}\cdot \mathrm{BC}\cdot \sin(180° - \theta) + \frac{1}{2}\cdot \mathrm{A'D}\cdot \mathrm{CD}\cdot \sin\theta \\ &= \frac{1}{2}(\mathrm{A'B}\cdot \mathrm{BC} + \mathrm{A'D}\cdot \mathrm{CD})\sin\theta \qquad \cdots\cdots ⑤\end{aligned}$$

と表せ，このとき，④より，対応する辺の長さは等しいから

$$\mathrm{A'B} = \mathrm{AD},\ \mathrm{A'D} = \mathrm{AB} \qquad \cdots\cdots ⑥$$

であり，しかも，四角形 ABCD の面積 S と四角形 A′BCD の面積は等しい（∵ 等積変形）から，③と⑤と⑥より

$$\frac{1}{2}\mathrm{AC}\cdot \mathrm{BD}\cdot \sin\theta = \frac{1}{2}(\mathrm{A'B}\cdot \mathrm{BC} + \mathrm{A'D}\cdot \mathrm{CD})\sin\theta$$

$$\mathrm{AC}\cdot \mathrm{BD} = \mathrm{AD}\cdot \mathrm{BC} + \mathrm{AB}\cdot \mathrm{CD}$$

となり，これより

$$\mathrm{AB}\cdot \mathrm{CD} + \mathrm{AD}\cdot \mathrm{BC} = \mathrm{AC}\cdot \mathrm{BD}$$

が成り立つことが示せた．　終

(2)（ｉ）図のように，

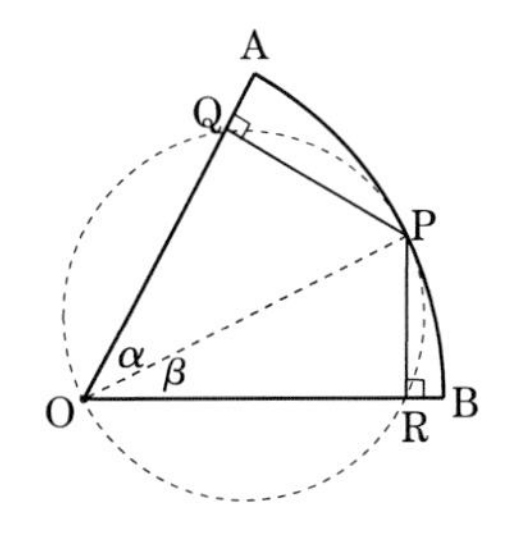

$$\angle \mathrm{POQ} = \angle \mathrm{POA} = \alpha,\ \angle \mathrm{POR} = \angle \mathrm{POB} = \beta$$

とおくと

$$\alpha + \beta = 60°,\ 0 < \alpha < 60°,\ 0 < \beta < 60°$$

であり，条件より

$$\mathrm{PQ} \perp \mathrm{OA},\ \mathrm{PR} \perp \mathrm{OB}$$

であるから，四角形 OQPR において，対角の和は 180°，すなわち，四角形 OQPR は円に内接する四

角形である．

このとき，四角形 OQPR が内接する円の直径は，まさに OP であり，その半径は 1 である．

ここで，△QOR において，正弦定理を用いると

$$\frac{\mathrm{QR}}{\sin 60^\circ} = 2 \cdot 1$$

であるから，求める QR の長さは

$$\mathrm{QR} = \sqrt{3}$$ 答

である．

別解 その 1：トレミーの定理の利活用

四角形 OQPQ が円に内接することから，(1) より，トレミーの定理が成り立ち

$$\mathrm{PQ} \cdot \mathrm{OR} + \mathrm{OQ} \cdot \mathrm{PR} = \mathrm{OP} \cdot \mathrm{QR}$$

である．ここで，与えられた条件と各辺を三角比を用いて表すと，上式は

$$2\sin\alpha \cdot 2\cos\beta + 2\sin\beta \cdot 2\cos\alpha = 2 \cdot \mathrm{QR}$$

であり，これより

$$\begin{aligned}\mathrm{QR} &= 2(\sin\alpha\cos\beta + \cos\alpha\sin\beta)\\ &= 2\sin(\alpha+\beta) \quad (\because\ \text{加法定理})\\ &= 2\sin 60^\circ\\ &= \sqrt{3}\end{aligned}$$ 答

である．

別解 その 2：座標平面上での考察／ベクトル

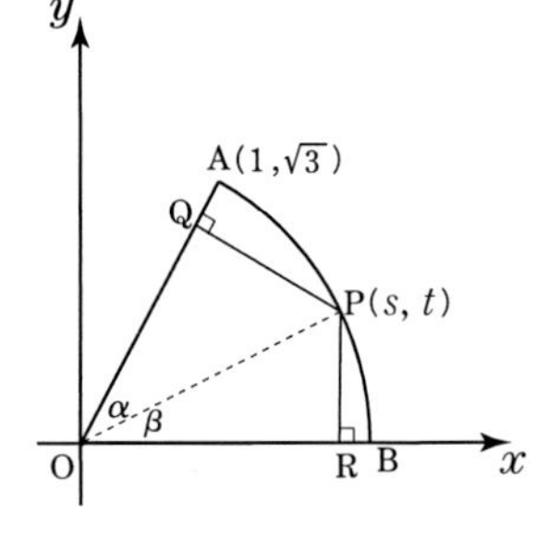

図のように，xy 平面で考え，点 B を $(2, 0)$ とし，$\angle \mathrm{AOB} = 60^\circ$ より，点 A を $(1, \sqrt{3})$ としても一般性を失うものではない．

ここで，直線 OA の方程式は $y = \sqrt{3}x$ であり，点 Q はこの直線上にあるから

$$\mathrm{Q}(q,\ \sqrt{3}q)\ (0 < q < 1)$$

とおき，点 P を (s, t) とすると，点 R の座標は

$$\mathrm{R}(s, 0)$$

である．

ここで，点 P は原点 O が中心，半径 2 の円周上の一部に存在するから

$$s^2+t^2=4$$

を満たすものである．

このとき，QR の長さは

$$\mathrm{QR}=\sqrt{(q-s)^2+(\sqrt{3}\,q)^2}=\sqrt{4q^2-2qs+s^2}$$

と表せる．

また，条件より，$\overrightarrow{\mathrm{OA}}\cdot\overrightarrow{\mathrm{PQ}}=0$ であり，

$$\begin{pmatrix}1\\ \sqrt{3}\end{pmatrix}\cdot\begin{pmatrix}q-s\\ \sqrt{3}\,q-t\end{pmatrix}=0$$

であるから，これは

$$4q-s=\sqrt{3}\,t$$

である．ここで，この両辺を 2 乗すると

$$16q^2-8qs+s^2=3t^2$$

であり，これに $s^2+t^2=4$ より，$t^2=4-s^2$ として，用いると

$$16q^2-8qs+s^2-3(4-s^2)=0$$

すなわち

$$4q^2-2qs+s^2=3$$

であるから，求める QR の長さは

$$\mathrm{QR}=\sqrt{4q^2-2qs+s^2}=\sqrt{3}$$ 答

である．

(ii) 四角形 OQPR の対角線の交点 T において，

$$\angle\mathrm{PTR}=\theta$$

とおくと，内角と外角の関係より

$$\theta=\angle\mathrm{POR}+\angle\mathrm{QRO}$$

であり，これは

$$\begin{aligned}\theta&=\beta+(90^\circ-\alpha)\\&=\beta+90^\circ-(60^\circ-\beta)\\&=2\beta+30^\circ\end{aligned}$$

である．

このとき，$0^\circ<\beta<60^\circ$ であるから

$$30^\circ<2\beta+30^\circ<150^\circ$$

すなわち

$$30° < \theta < 150° \quad \cdots\cdots ①$$

である．

ここで，四角形 OQPR の面積を S とすると

$$S = \frac{1}{2}\cdot\mathrm{OP}\cdot\mathrm{QR}\cdot\sin\theta = \frac{1}{2}\cdot 2\cdot\sqrt{3}\cdot\sin\theta = \sqrt{3}\sin\theta$$

であり，このとき，①より

$$\frac{1}{2} < \sin\theta \leqq 1$$

であるから，等号が成り立つとき，S は最大である．

したがって，$\theta = 90°$ のとき，四角形 OQPR の面積の最大値は

$$\sqrt{3} \quad \text{答}$$

である．

補足（トレミーの不等式）

一般的な四角形 ABCD において

$$\mathrm{AB}\cdot\mathrm{CD} + \mathrm{BC}\cdot\mathrm{DA} \geqq \mathrm{AC}\cdot\mathrm{BD}$$

が成り立つ．

証明

$\mathrm{AB} = a$，$\mathrm{BC} = b$，$\mathrm{CD} = c$，$\mathrm{DA} = d$，$\mathrm{AC} = x$，$\mathrm{BD} = y$ とする．

△ABP と △DBC が相似となるように点 P をとると，

$$\mathrm{AB} : \mathrm{AP} = \mathrm{DB} : \mathrm{DC}$$

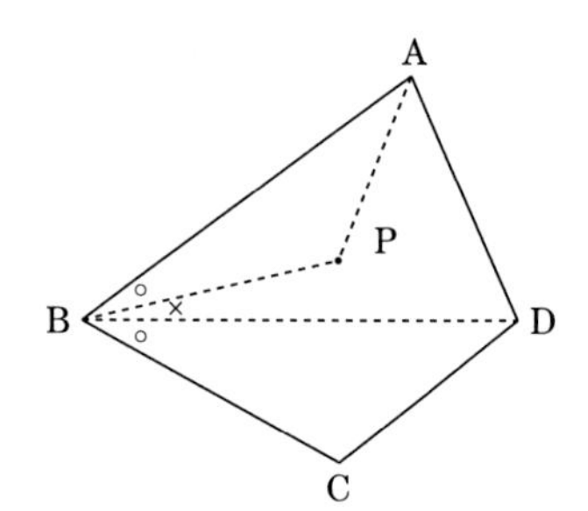

より

$$a : \mathrm{AP} = y : c$$

すなわち

$$y\cdot\mathrm{PA} = ac \quad \cdots\cdots ①$$

である．

また，△ABD と △PBC において，

$$\angle\mathrm{ABD} = \angle\mathrm{PBC} = \circ + \times$$

であり，△ABP ∽ △DBC より

$$\mathrm{AB} : \mathrm{BP} = \mathrm{BD} : \mathrm{BC}$$

であるから，

$$\triangle\mathrm{ABD} \backsim \triangle\mathrm{PBC}$$

である．これより

$$\mathrm{AD} : \mathrm{BD} = \mathrm{PC} : \mathrm{BC}$$

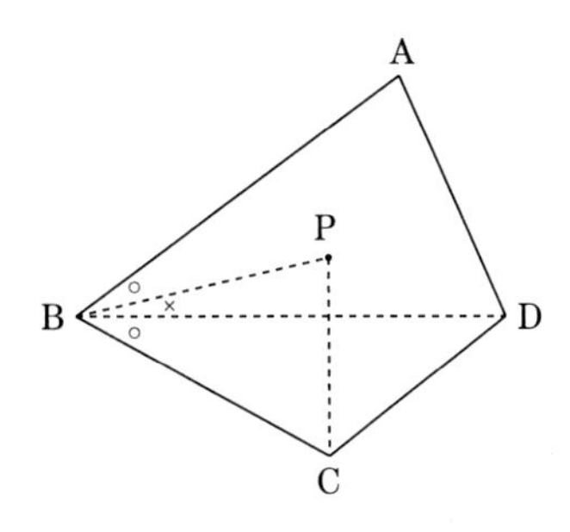

であるから，これは

$$d : y = \mathrm{PC} : b$$

すなわち

$$y \cdot \mathrm{PC} = bd \qquad \cdots\cdots ②$$

である．

また，上述したように

$$\triangle \mathrm{ABP} \backsim \triangle \mathrm{DBC}$$
$$\triangle \mathrm{ABD} \backsim \triangle \mathrm{PBC}$$

より，対応する角は等しいから

$$\angle \mathrm{BPA} = \angle \mathrm{BCD} = \alpha,$$
$$\angle \mathrm{BAD} = \angle \mathrm{BPC} = \beta$$

である．

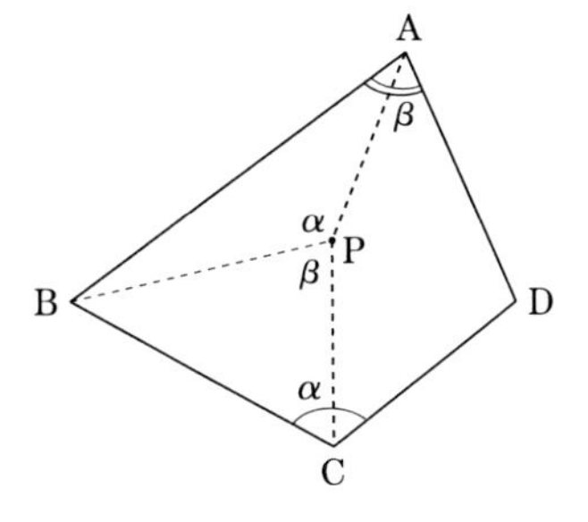

ここで，$\angle \mathrm{APC} = \theta$ とおき，$\triangle \mathrm{APC}$ において余弦定理を用いると，

$$x^2 = \mathrm{PA}^2 + \mathrm{PC}^2 - 2\mathrm{PA} \cdot \mathrm{PC} \cdot \cos\theta$$

であり，この両辺に $y^2 = \mathrm{BD}^2$ をかけると

$$(xy)^2 = (y \cdot \mathrm{PA})^2 + (y \cdot \mathrm{PC})^2 - 2(y \cdot \mathrm{PA}) \cdot (y \cdot \mathrm{PC}) \cos\theta$$

であるから，①と②より

$$(xy)^2 = (ac)^2 + (bd)^2 - 2(ac) \cdot (bd) \cos\theta$$

すなわち，$xy > 0$ より

$$xy = \sqrt{(ac)^2 + (bd)^2 - 2abcd\cos\theta}$$

$$\cdots\cdots ③$$

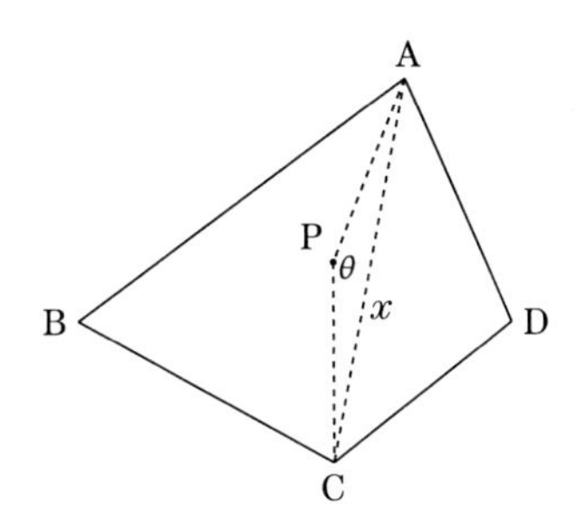

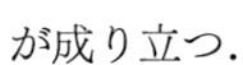

が成り立つ．

ここで，

$$-2abcd\cos\theta \leqq 2abcd$$

であり，等号が成り立つのは

$$\cos\theta = -1$$

すなわち

$$\theta = 180^\circ$$

のときであるから，これは，四角形 ABCD の対角の和が 180°であり，円に内接するときである．

したがって，③より

$$xy \leqq \sqrt{(ac)^2 + (bd)^2 + 2abcd} = \sqrt{(ac + bd)^2} = ac + bd$$

すなわち，

$$xy \leqq ac + bd$$

が成り立つ．　終

問題 1 - 5　◀◀関西大，宮崎大など

(1)　$\cos x + \sin y = -1$，$\sin x + \cos y = \sqrt{3}$ について

$$\sin y = \cos\left(\frac{\pi}{2} - y\right),\ \cos y = \sin\left(\frac{\pi}{2} - y\right)$$

であり，上の 2 式は

$$\begin{cases} \cos x + \cos\left(\dfrac{\pi}{2} - y\right) = -1 \\ \sin x + \sin\left(\dfrac{\pi}{2} - y\right) = \sqrt{3} \end{cases}$$

であるから，これは

$$\begin{pmatrix} \cos x \\ \sin x \end{pmatrix} + \begin{pmatrix} \cos\left(\dfrac{\pi}{2} - y\right) \\ \sin\left(\dfrac{\pi}{2} - y\right) \end{pmatrix} = \begin{pmatrix} -1 \\ \sqrt{3} \end{pmatrix} \quad \cdots\cdots ①$$

である．ここで，3 つのベクトルについて

$$\overrightarrow{\mathrm{OA}} = \begin{pmatrix} \cos x \\ \sin x \end{pmatrix},\ \overrightarrow{\mathrm{OB}} = \begin{pmatrix} \cos\left(\dfrac{\pi}{2} - y\right) \\ \sin\left(\dfrac{\pi}{2} - y\right) \end{pmatrix},\ \overrightarrow{\mathrm{OC}} = \begin{pmatrix} -1 \\ \sqrt{3} \end{pmatrix} \quad \cdots\cdots ②$$

とおくと

$$\left|\begin{pmatrix} \cos x \\ \sin x \end{pmatrix}\right| = \sqrt{\cos^2 x + \sin^2 x} = 1,\ \left|\begin{pmatrix} \cos\left(\dfrac{\pi}{2} - y\right) \\ \sin\left(\dfrac{\pi}{2} - y\right) \end{pmatrix}\right| = 1,\ \left|\begin{pmatrix} -1 \\ \sqrt{3} \end{pmatrix}\right| = 2 \quad \cdots ③$$

であり，①と②と③より，$\overrightarrow{\mathrm{OA}}$，$\overrightarrow{\mathrm{OC}}$ の位置について，$0 \leqq x < 2\pi$ であるから

$$x = \frac{2}{3}\pi$$

である．このとき，$\overrightarrow{\mathrm{OB}}$ と x 軸の正の方向となす角について

$$\frac{\pi}{2} - y = \frac{2}{3}\pi + 2k\pi \quad (k \text{ は整数})$$

とすると，$0 \leqq y < 2\pi$ であるから，
$k=-1$ のとき，
すなわち

$$y=\frac{11}{6}\pi$$

である．

したがって

$$(x,\ y)=\left(\frac{2}{3}\pi,\ \frac{11}{6}\pi\right) \quad \text{答}$$

である．

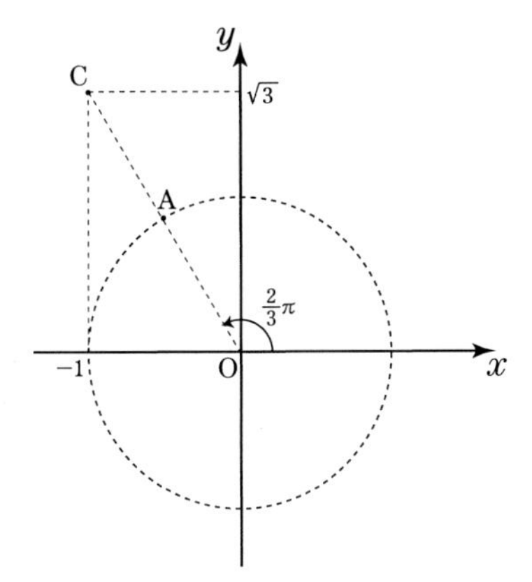

別解

第 1 式目の両辺を 2 乗すると

$$\cos^2 x+2\cos x\sin y+\sin^2 y=1$$

であり，同様に，第 2 式目の両辺を 2 乗すると

$$\sin^2 x+2\sin x\cos y+\cos^2 y=3$$

であるから，これらの辺ごとの和により

$$2+2(\sin x\cos y+\cos x\sin y)=4$$

すなわち

$$\sin(x+y)=1 \qquad \cdots\cdots ④$$

である．

ここで，$0 \leqq x+y < 4\pi$ であるから，④を満たすのは

$$x+y=\frac{\pi}{2},\ \frac{5}{2}\pi$$

であり，これは

$$y=\frac{\pi}{2}-x,\ y=\frac{5}{2}\pi-x \qquad \cdots\cdots ⑤$$

であるから，この両辺に余弦や正弦を施すと

$$\cos y=\sin x,\ \sin y=\cos x$$

である．

これを与えられた式に用いると

$$2\cos x=-1,\ 2\sin x=\sqrt{3}$$

であり，これは

$$\cos x = -\frac{1}{2},\ \sin x = \frac{\sqrt{3}}{2}$$

であるから，この2式より

$$x = \frac{2}{3}\pi$$

を得る．これを⑤に用いて，$0 \leqq y < 2\pi$ に適するのは

$$y = \frac{11}{6}\pi$$

である．

(2)　与えられている不等式は

$$\cos x \cos y + \sin x \cos y \geqq \sin x \sin y - \cos x \sin y + 1$$

$$(\sin x \cos y + \cos x \sin y) + (\cos x \cos y - \sin x \sin y) \geqq 1$$

$$\sin(x+y) + \cos(x+y) \geqq 1$$

であり，これを合成すると

$$\sqrt{2}\sin\left(x + y + \frac{\pi}{4}\right) \geqq 1$$

であるから，これより

$$\sin\left(x + y + \frac{\pi}{4}\right) \geqq \frac{1}{\sqrt{2}}$$

すなわち

$$\frac{\pi}{4} \leqq x + y + \frac{\pi}{4} \leqq \frac{\pi}{4} + 4\pi$$

である．

これは

$$\begin{cases} \dfrac{\pi}{4} \leqq x + y + \dfrac{\pi}{4} \leqq \dfrac{3}{4}\pi \\ \dfrac{\pi}{4} + 2\pi \leqq x + y + \dfrac{\pi}{4} \leqq \dfrac{3}{4}\pi + 2\pi \\ \dfrac{\pi}{4} + 4\pi = x + y + \dfrac{\pi}{4} \end{cases}$$

すなわち

$$\begin{cases} 0 \leqq x \leqq 2\pi \\ 0 \leqq y \leqq 2\pi \\ 0 \leqq x + y \leqq \dfrac{\pi}{2} \\ 2\pi \leqq x + y \leqq \dfrac{5}{2}\pi \\ x + y = 4\pi \text{ については，}(2\pi,\ 2\pi) \end{cases}$$

であり，これを図示すると，図のようになる．

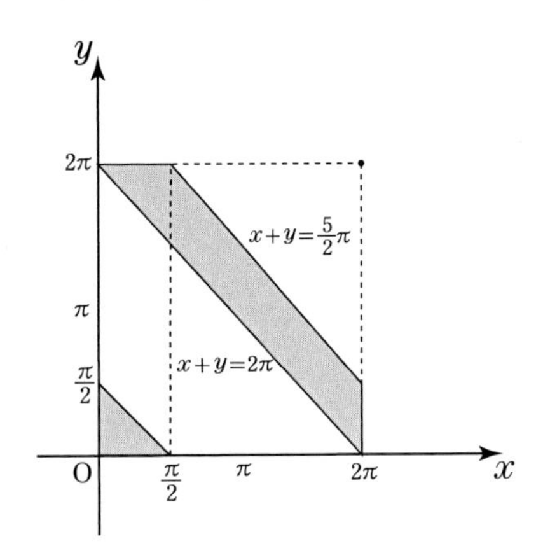

答

問題 1-6　◀◀京都大

与えられた右辺を加法定理を用いて展開すると

$$\begin{aligned}\sin^2(\alpha+\beta) &= \{\sin(\alpha+\beta)\}^2\\ &= (\sin\alpha\cos\beta+\cos\alpha\sin\beta)^2\\ &= \sin^2\alpha\cos^2\beta+\cos^2\alpha\sin^2\beta+2\sin\alpha\sin\beta\cos\alpha\cos\beta\\ &= \sin^2\alpha(1-\sin^2\beta)+(1-\sin^2\alpha)\sin^2\beta+2\sin\alpha\sin\beta\cos\alpha\cos\beta\\ &= \sin^2\alpha+\sin^2\beta-2\sin^2\alpha\sin^2\beta+2\sin\alpha\sin\beta\cos\alpha\cos\beta\end{aligned}$$

であるから，これが与えられた左辺の $\sin^2\alpha+\sin^2\beta$ に等しいことから，与えられた式は

$$2\sin\alpha\sin\beta(\cos\alpha\cos\beta-\sin\alpha\sin\beta)=0$$

すなわち

$$\sin\alpha\sin\beta\cos(\alpha+\beta)=0 \qquad \cdots\cdots ①$$

である．

ここで，$\alpha>0$，$\beta>0$，$\alpha+\beta<\pi$ より

$$0<\alpha<\pi,\ 0<\beta<\pi$$

であり，これより

$$\sin\alpha>0,\ \sin\beta>0$$

であるから，①において

$$\cos(\alpha+\beta)=0$$

すなわち

$$\alpha+\beta=\frac{\pi}{2} \qquad \cdots\cdots ②$$

を得る．

②より，$\beta=\frac{\pi}{2}-\alpha$ として，$\sin\alpha+\sin\beta$ に用いると

$$\sin\alpha+\sin\left(\frac{\pi}{2}-\alpha\right)=\sin\alpha+\cos\alpha=\sqrt{2}\sin\left(\alpha+\frac{\pi}{4}\right) \qquad \cdots\cdots ③$$

となるから，$0<\alpha<\pi$ および②より

$$0<\alpha<\frac{\pi}{2}$$

であり，③について

$$\frac{\pi}{4}<\alpha+\frac{\pi}{4}<\frac{3}{4}\pi$$

であるから

$$\frac{1}{\sqrt{2}}<\sin\left(\alpha+\frac{\pi}{4}\right)\leqq 1$$

である．

したがって，求める $\sin\alpha+\sin\beta$ のとり得る値の範囲は

$$1<\sin\alpha+\sin\beta\leqq\sqrt{2}$$ 答

である．

別解

$\theta=\pi-(\alpha+\beta)$ とおくと，$\alpha>0$，$\beta>0$，$\alpha+\beta<\pi$ より

$$0<\theta<\pi$$

であり，$\theta+\alpha+\beta=\pi$ であるから，3 つの内角 α，β，θ をもつ三角形 ABC を考えることができる．

ここで，各角の対辺の長さを a，b，c ，外接円の半径を R とすると，正弦定理より

$$\frac{a}{\sin\alpha}=\frac{b}{\sin\beta}=\frac{c}{\sin\theta}=2R \qquad \cdots\cdots ④$$

であり，

$$\sin\theta=\sin\{\pi-(\alpha+\beta)\}=\sin(\alpha+\beta)$$

であるから，与えられた式 $\sin^2\alpha+\sin^2\beta=\sin^2(\alpha+\beta)$ は

$$\sin^2\alpha+\sin^2\beta=\sin^2\theta \qquad \cdots\cdots ⑤$$

すなわち，④を⑤に用いると

$$\left(\frac{a}{2R}\right)^2+\left(\frac{b}{2R}\right)^2=\left(\frac{c}{2R}\right)^2$$

である．

これは $a^2+b^2=c^2$ であり，三平方の定理の逆から，三角形 ABC は斜辺の長さを c とする直角三角形であり，$\theta=90°$ であるから，⑤より

$$\sin^2\alpha+\sin^2\beta=1 \quad \cdots\cdots ⑥$$

である．

このとき，$x=\sin\alpha\,(>0)$，$y=\sin\beta\,(>0)$ とおくと

$$\sin\alpha+\sin\beta=x+y\,(>0) \quad \cdots\cdots ⑦$$

であり，⑥は

$$x^2+y^2=1$$

であるから，⑦において，$x+y=k\,(>0)$とおくと，直線 $x+y=k$ が円に接するときの距離について

$$\frac{|-k|}{\sqrt{1^2+1^2}}=1$$

すなわち

$$k=\sqrt{2}$$

である．

したがって，とり得る値の範囲は

$$1<x+y\leqq\sqrt{2}$$ 

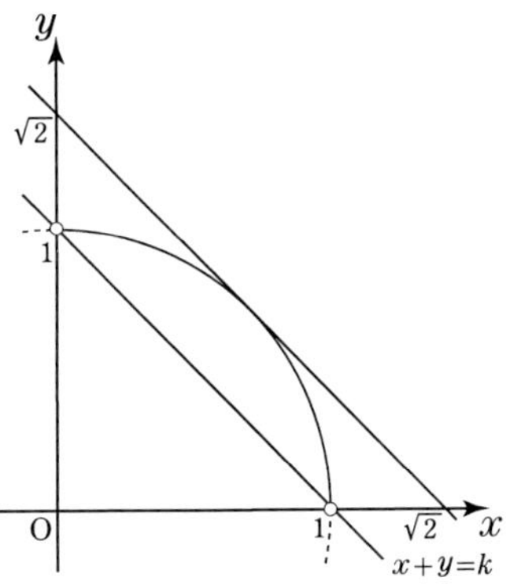

■ 問題 1-7　（一定の値）

(1) 点 O は △ABC の外接円の中心（外心）であるから

$\angle\mathrm{BOC}=2\angle A=120°$　　$\cdots\cdots$ ①　答

である．

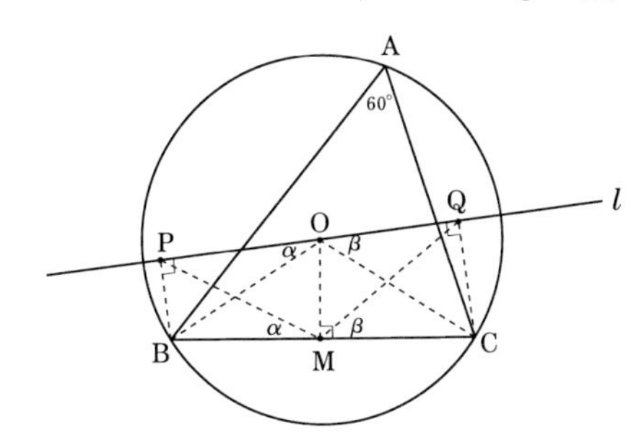

(2) 四角形 PBMO, QOMC において，それぞれ対角の和は 180° であるから，円に内接する．

　したがって，円周角の定理から

$$\angle \mathrm{POB} = \mathrm{PBM} = \alpha,\ \angle \mathrm{QOC} = \angle \mathrm{QMC} = \beta$$

であり，点 O において

$$\alpha + \beta + \angle \mathrm{BOC} = 180^\circ$$

であるから，①より

$$\alpha + \beta = 60^\circ$$ 答

である．

(3) 左辺を加法定理により展開すると

$$(\text{左辺}) = \cos x \cos y - \sin x \sin y + \cos x \cos y + \sin x \sin y = 2\cos x \cos y$$

となり，これは右辺に等しいから，これで示せた． 終

(4) 与えられている左辺は次のように変形できる．

$$(\text{左辺}) = \frac{\sin\alpha}{\cos\alpha} + \frac{\sin\beta}{\cos\beta} = \frac{\sin\alpha\cos\beta + \cos\alpha\sin\beta}{\cos\alpha\cos\beta} = \frac{2\sin(\alpha+\beta)}{2\cos\alpha\cos\beta}$$

$$= \frac{2\sin 60^\circ}{\cos(\alpha+\beta) + \cos(\alpha-\beta)}$$

$$= \frac{\sqrt{3}}{\frac{1}{2} + \cos(\alpha-\beta)} \geqq \frac{\sqrt{3}}{\frac{1}{2} + 1} = \frac{2\sqrt{3}}{3}$$

また，等号が成り立つのは $\alpha = \beta$ のときであるから，直線 $\ell \parallel \mathrm{BC}$ のときである． 終

(5) 与えられた条件から，△OBC は OB = OC の二等辺三角形であり，∠BOC = 120° より

$$\angle \mathrm{OBC} = \angle \mathrm{OCB} = 30^\circ$$

であるから，この円周角により

$$\angle \mathrm{MPO} = \angle \mathrm{MQO} = 30^\circ$$

である．

したがって，△MPQ は MP = MQ の二等辺三角形であり，この△MPQ の面積が最大となるのは，MP (MQ) が最大となるときである．

そこで，(2) で述べたように，四角形 PBMO (QOMC) は円に内接するから，MP (MQ) が最大となるのは，MP (MQ) が円の直径になるときである．

すなわち，MP が直径となるとき，OB もその円の直径であり，MP ≦ OB である．

このOBは△ABCの外接円の半径により，正弦定理から

$$\frac{BC}{\sin 60^\circ}=2OB$$

よって

$$OB=\frac{1}{2}\cdot 2\cdot\frac{2}{\sqrt{3}}=\frac{2}{\sqrt{3}}$$

である．

したがって，△MPQの面積の最大値は

$$\frac{1}{2}\cdot MP\cdot MQ\cdot\sin 120^\circ=\frac{1}{2}\cdot OB^2\cdot\frac{\sqrt{3}}{2}=\frac{1}{2}\cdot\frac{4}{3}\cdot\frac{\sqrt{3}}{2}=\frac{\sqrt{3}}{3}$$ 答

である．

問題 1-8

$\angle AOP=\alpha$，$\angle QOB=\beta$ とおくと，

$$0<\alpha<\frac{\pi}{3},\ 0<\beta<\frac{\pi}{3}$$

であり，中心角と円周角の関係より

$$\angle ABP=\frac{\alpha}{2},\ \angle BAQ=\frac{\beta}{2}$$

と表せ，四角形APQBはいま円に内接し，しかもABはこの円の直径であり

$$\angle APB=90^\circ,\ \angle AQB=90^\circ$$

であるから，四角形APQBにおいて，トレミーの定理を用いると

$$AB\cdot PQ+AP\cdot BQ=BP\cdot AQ$$

が成り立つ．

これを三角比を用いて表すと，

$$2\cdot\sqrt{3}+2\sin\frac{\alpha}{2}\cdot 2\sin\frac{\beta}{2}=2\cos\frac{\alpha}{2}\cdot 2\cos\frac{\beta}{2}$$

$$2\cos\left(\frac{\alpha}{2}+\frac{\beta}{2}\right)=\sqrt{3}$$

$$\cos\frac{\alpha+\beta}{2}=\frac{\sqrt{3}}{2}$$

$$\frac{\alpha+\beta}{2}=\frac{\pi}{6}$$

すなわち

$$\alpha+\beta=\frac{\pi}{3}\ (\text{一定})$$

が得られる．

これより，

$$\angle\mathrm{POQ}=\pi-(\alpha+\beta)=\frac{2}{3}\pi$$

が得られる．

このとき，四角形 APQB は凸四角形であるから，四角形 APQB の面積 S は

$$\begin{aligned}S&=\frac{1}{2}\cdot\mathrm{BP}\cdot\mathrm{AQ}\cdot\sin\frac{\alpha+\beta}{2}\\&=\frac{1}{2}\cdot 2\cos\frac{\alpha}{2}\cdot 2\cos\frac{\beta}{2}\cdot\frac{1}{2}\\&=\cos\frac{\alpha}{2}\cos\frac{\beta}{2}\\&=\frac{1}{2}\left(\cos\frac{\alpha+\beta}{2}+\cos\frac{\alpha-\beta}{2}\right)\\&=\frac{1}{2}\left\{\cos\left(\alpha-\frac{\pi}{6}\right)+\frac{\sqrt{3}}{2}\right\}\end{aligned}$$

と表せ，$0<\alpha<\dfrac{\pi}{3}$ であり

$$-\frac{\pi}{6}<\alpha-\frac{\pi}{6}<\frac{\pi}{6}$$

であるから

$$\frac{\sqrt{3}}{2}<\cos\left(\alpha-\frac{\pi}{6}\right)\leqq 1$$

が得られる．

したがって，求める四角形 APQB の面積 S のとり得る値の範囲は

$$\sqrt{3}<\cos\left(\alpha-\frac{\pi}{6}\right)+\frac{\sqrt{3}}{2}\leqq 1+\frac{\sqrt{3}}{2}$$

$$\frac{\sqrt{3}}{2}<S\leqq\frac{2+\sqrt{3}}{4}\qquad \text{答}$$

である．

参考　$\angle\mathrm{POQ}=\dfrac{2}{3}\pi\,(120^\circ)$ は，次のようにしても得られる．

O から，PQ に垂線を引き，その交点を M とすると，OP＝OQ であり，

$\triangle$POQ は二等辺三角形であるから,

$$\mathrm{OM}=\sqrt{1-\left(\frac{\sqrt{3}}{2}\right)^2}=\frac{1}{2}$$

である．これより

$$\mathrm{OP}:\mathrm{OM}:\ \mathrm{PM}=1:\frac{1}{2}:\frac{\sqrt{3}}{2}=2:1:\sqrt{3}$$

の直角三角形であるから,

$$\angle\mathrm{POQ}=\frac{2}{3}\pi\,(120^\circ)$$

で一定である．

また，$\triangle$POQ において，余弦定理を用いても得られる．

$$\mathrm{PQ}^2=1^2+1^2-2\cdot1\cdot1\cos(\pi-(\alpha+\beta))$$

$$(\sqrt{3})^2=2+2\cos(\alpha+\beta)$$

$$3=2\cdot2\cos^2\frac{\alpha+\beta}{2}$$

$$\sqrt{3}=2\cos\frac{\alpha+\beta}{2}$$

$$\cos\frac{\alpha+\beta}{2}=\frac{\sqrt{3}}{2}$$

すなわち

$$\frac{\alpha+\beta}{2}=\frac{\pi}{6}$$

であり

$$\alpha+\beta=\frac{\pi}{3}$$

である．

参 考　**（四角形を分割して，加法定理，合成，三角関数の和 → 積の公式などの活用）**

$S=\triangle\mathrm{AOP}+\triangle\mathrm{POQ}+\triangle\mathrm{QOB}$ と考える．

このとき,

$$S=\frac{1}{2}\sin\alpha+\frac{1}{2}\sin\frac{2}{3}\pi+\frac{1}{2}\sin\beta$$

$$=\frac{1}{2}\left\{\sin\alpha+\sin\left(\frac{\pi}{3}-\alpha\right)+\frac{\sqrt{3}}{2}\right\}$$
$$=\frac{1}{2}\left\{\sin\alpha+\frac{\sqrt{3}}{2}\cos\alpha-\frac{1}{2}\sin\alpha+\frac{\sqrt{3}}{2}\right\}$$
$$=\frac{1}{2}\left(\frac{1}{2}\sin\alpha+\frac{\sqrt{3}}{2}\cos\alpha+\frac{\sqrt{3}}{2}\right)$$
$$=\frac{1}{2}\left\{1\cdot\sin\left(\alpha+\frac{\pi}{3}\right)+\frac{\sqrt{3}}{2}\right\}\quad(\because\ \text{三角関数の合成})$$
$$=\frac{1}{2}\sin\left(\alpha+\frac{\pi}{3}\right)+\frac{\sqrt{3}}{4}$$

と表せ，$0<\alpha<\frac{\pi}{3}$ であり

$$\frac{\pi}{3}<\alpha+\frac{\pi}{3}<\frac{2}{3}\pi$$

であるから，

$$\frac{\sqrt{3}}{2}<\sin\left(\alpha+\frac{\pi}{3}\right)\leqq 1$$

すなわち

$$\frac{\sqrt{3}}{2}<S\leqq\frac{2+\sqrt{3}}{4}$$ 答

である．

問題 1-9

(1) 条件から PR ⊥ QR であるので，これらの直線の傾きの積は -1 となる．

すなわち，

$$\frac{p^2-r^2}{p-r}\cdot\frac{q^2-r^2}{q-r}=-1$$
$$(p+r)(q+r)=-1$$

となり，一定であることが示せ，その値は -1 である． 答

(2) (1) で得られた

$$(p+r)(q+r)=-1 \quad \cdots\cdots ①$$

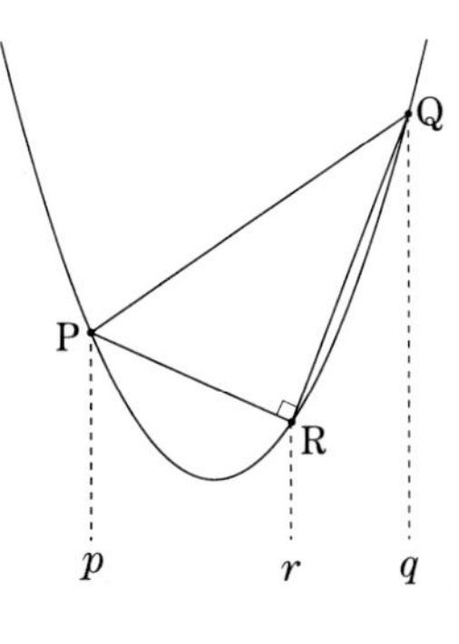

を p について解けばよく，$q+r \neq 0$ であるから

$$p=-\frac{1}{q+r}-r$$ 答

である．

(3) (左辺) について，(2) で得られたことを用いると，

$$(\text{左辺})=q-\left(-\frac{1}{q+r}-r\right)=q+r+\frac{1}{q+r} \quad \cdots\cdots ②$$

である．

ここで，条件より，$q-p>0$ であり，上式について，

$$q-p=(q+r)+\frac{1}{q+r}>0 \quad \cdots\cdots ③$$

であり，さらに，①の $(p+r)(q+r)=-1$ より

$p+r$ と $q+r$ は異符号（どちらかが正でどちらかが負）

であるから，これと③より

$q+r>0$

であることがわかる．

したがって，②において，相加平均と相乗平均の大小関係より

$$q-p=(q+r)+\frac{1}{q+r} \geqq 2\sqrt{(q+r)\cdot\frac{1}{q+r}}=2$$

となり，等号が成り立つときに，最小値を与えることになる．

それは，

$$q+r=\frac{1}{q+r}$$

すなわち

$$q+r=1 \quad (\because\ q+r>0) \quad \cdots\cdots ④$$

のときである． 答

(4) $\mathrm{PQ}=\sqrt{(q-p)^2+(q^2-p^2)^2}=\sqrt{(q-p)^2\{1+(q+p)^2\}}$

$=|q-p|\sqrt{1+(q+p)^2}$

と表すことができるから，これが最小となるのは，

$$|q-p|\text{ が最小}\quad\text{かつ}\quad q+p=0$$

のときである．

それは，(3) から

$$q-p=2\quad\text{かつ}\quad q=-p$$

であり，この 2 式より

$$p=-1$$

が得られ，$q-p=2$ のとき，④から，$q+r=1$ であるから，①より，$p+r=-1$ が得られ，

$$q=1,\ r=0$$

となる．

以上より，PQ の最小値は

$p=-1,\ q=1,\ r=0$ のとき，$PQ_{min}=2$　　答

である．

問題 1 - 10　◀◀北海道大

参考　(1) は，第 4 章ともつながりがあり，複素数平面で考察することで，一つの式で点 R の位置を確認することができます．(2) は点と点の距離によって解決できますが，図形そのものを捉えることで余弦定理を用いて解決することもできます．

解答

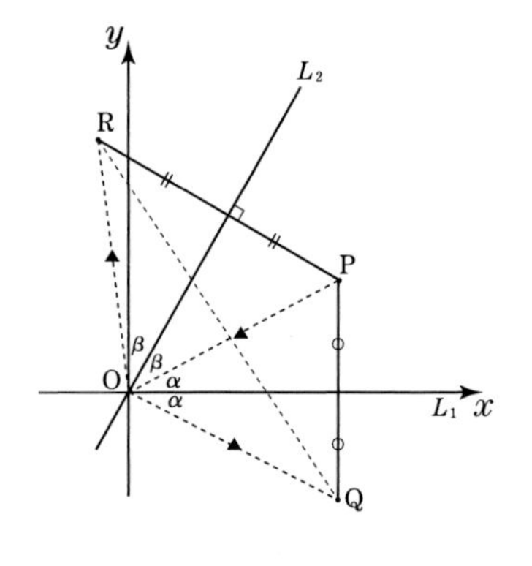

(1) 求める点 R の座標を $(p,\ q)$ とすると

$$\begin{cases}\dfrac{b+q}{2}=\sqrt{3}\cdot\dfrac{a+p}{2} & (\text{中点は直線 } L_2 \text{ 上})\\ \sqrt{3}\cdot\dfrac{b-q}{a-p}=-1 & (L_2\text{と直線PRの直交})\end{cases}$$

を満たすから，これは

$$\begin{cases}\sqrt{3}\,p-q=-\sqrt{3}\,a+b\\ p+\sqrt{3}\,q=a+\sqrt{3}\,b\end{cases}$$

であり，$p,\ q$ について解くと

$$p=\frac{-a+\sqrt{3}\,b}{2},\ q=\frac{\sqrt{3}\,a+b}{2}$$

すなわち，点 R の座標は

$$\left(\frac{-a+\sqrt{3}\,b}{2},\ \frac{\sqrt{3}\,a+b}{2}\right) \qquad \text{答}$$

である．

別解

図において，点 Q の座標は点 P を x 軸に関して，対称移動した点であるから，

$\overrightarrow{\mathrm{OR}}$ は，$\overrightarrow{\mathrm{OQ}}$ を原点 O を中心に，$\alpha+\beta=2\times60^\circ=120^\circ$ 回転させて得られるものである．これを複素数で表すと

$$r=1\cdot\left(\cos\frac{2\pi}{3}+i\sin\frac{2\pi}{3}\right)q$$

$$=\left(-\frac{1}{2}+\frac{\sqrt{3}}{2}i\right)(a-bi)$$

$$=\frac{-a+\sqrt{3}\,b}{2}+\frac{\sqrt{3}\,a+b}{2}i$$

であるから，実部は点 R の x 座標に対応し，虚部は点 R の y 座標に対応するから，点 R の座標は

$$\left(\frac{-a+\sqrt{3}\,b}{2},\ \frac{\sqrt{3}\,a+b}{2}\right) \qquad \text{答}$$

である．

(2)　点 Q の座標は点 P を x 軸に関して，対称移動した点であるから

$$\mathrm{Q}\,(a,\ -b)$$

である．

このとき，$\mathrm{QR}=2$ であるから，点と点の距離より

$$\mathrm{QR}^2=\left(a-\frac{-a+\sqrt{3}\,b}{2}\right)^2+\left(-b-\frac{\sqrt{3}+b}{2}\right)^2$$

$$4=\frac{1}{4}\{(9a^2-6\sqrt{3}\,ab+3b^2)+(3a^2+6\sqrt{3}\,ab+9b^2)\}$$

すなわち

$$a^2+b^2=\frac{4}{3}$$

である．

したがって，点 P の軌跡 C は

$$\text{中心が }(0,\ 0),\ \text{半径 }\frac{2}{\sqrt{3}}\text{ の円}$$ 答

である．

参考　$\triangle$OQR は $\mathrm{OQ}=\mathrm{OR}=\sqrt{a^2+b^2}$ の二等辺三角形であり，余弦定理より

$$\mathrm{QR}^2=\mathrm{OQ}^2+\mathrm{OR}^2-2\cdot\mathrm{OQ}\cdot\mathrm{OR}\cdot\cos 2(\alpha+\beta)$$

が成り立つから

$$4=2(a^2+b^2)-2(a^2+b^2)\cdot\left(-\frac{1}{2}\right)$$

であり，これは

$$a^2+b^2=\frac{4}{3}$$

である．

(3)　$\overrightarrow{\mathrm{PQ}}=\begin{pmatrix}a\\-b\end{pmatrix}-\begin{pmatrix}a\\b\end{pmatrix}=\begin{pmatrix}0\\-2b\end{pmatrix}$，$\overrightarrow{\mathrm{PR}}=\begin{pmatrix}\dfrac{-a+\sqrt{3}\,b}{2}\\ \dfrac{\sqrt{3}\,a+b}{2}\end{pmatrix}-\begin{pmatrix}a\\b\end{pmatrix}=\begin{pmatrix}\dfrac{-3a+\sqrt{3}\,b}{2}\\ \dfrac{\sqrt{3}\,a-b}{2}\end{pmatrix}$

であるから，$\triangle$PQR の面積を S とすると

$$S=\frac{1}{2}\left|\left(\frac{-3a+\sqrt{3}\,b}{2}\right)\cdot(-2b)-0\right|=\frac{1}{2}\left|3ab-\sqrt{3}\,b^2\right|$$

である．

ここで，$(a,\ b)$ は $a^2+b^2=\dfrac{4}{3}$ を満たすから

$$a=\frac{2}{\sqrt{3}}\cos\theta,\ b=\frac{2}{\sqrt{3}}\sin\theta \qquad \cdots\cdots *$$

に対応させると，上式は

$$\begin{aligned}S&=\frac{1}{2}\left|3\cdot\frac{2}{\sqrt{3}}\cdot\frac{2}{\sqrt{3}}\cdot\sin\theta\cos\theta-\sqrt{3}\cdot\frac{4}{3}\sin^2\theta\right|\\&=\frac{1}{2}\left|2\sin 2\theta-\frac{2}{\sqrt{3}}(1-\cos 2\theta)\right|\\&=\left|\sin 2\theta+\frac{1}{\sqrt{3}}\cos 2\theta-\frac{1}{\sqrt{3}}\right|\\&=\frac{1}{\sqrt{3}}\left|\sqrt{3}\sin 2\theta+\cos 2\theta-1\right|\end{aligned}$$

$$=\frac{1}{\sqrt{3}}\left|2\sin\left(2\theta+\frac{\pi}{6}\right)-1\right|$$

と表せる．

このとき，$-1 \leqq \sin\left(2\theta+\frac{\pi}{6}\right) \leqq 1$ であり，S が最大となるのは

$$\sin\left(2\theta+\frac{\pi}{6}\right)=-1$$

のときであり，これより

$$2\theta+\frac{\pi}{6}=\frac{3}{2}\pi,\ \frac{7}{2}\pi$$

すなわち

$$\theta=\frac{2}{3}\pi,\ \frac{5}{3}\pi$$

のときである．

したがって，△PQR の面積が最大となるときの点 P の座標は，＊より

$$\left(-\frac{1}{\sqrt{3}},\ 1\right),\ \left(\frac{1}{\sqrt{3}},\ -1\right)$$ 答

である．

問題 1 - 11

参考　右の図のようにとると

$$\triangle\mathrm{ABC}=\frac{1}{2}\cdot\mathrm{AB}\cdot\mathrm{AC}\cdot\sin\theta$$

$$\triangle\mathrm{ADE}=\frac{1}{2}\cdot\mathrm{AD}\cdot\mathrm{AE}\cdot\sin\theta$$

であるから，

$$\triangle\mathrm{ABC} : \triangle\mathrm{ADE}=\mathrm{AB}\cdot\mathrm{AC} : \mathrm{AD}\cdot\mathrm{AE}$$

である．

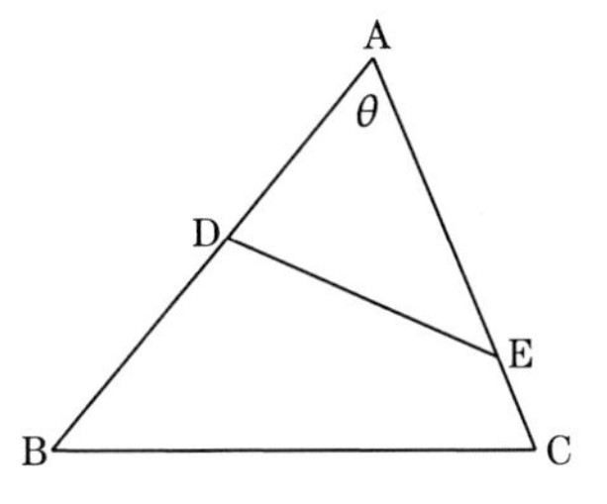

解答

条件の式に対し

$$\frac{\mathrm{AP}}{\mathrm{AB}}=p,\ \frac{\mathrm{BQ}}{\mathrm{BC}}=q,\ \frac{\mathrm{CR}}{\mathrm{CA}}=r$$

とおくと

$\mathrm{AP : AB} = p : 1$, $\mathrm{BQ : BC} = q : 1$,
$\mathrm{CR : CA} = r : 1$

であり，与えられている式は

$$p+q+r=1 \qquad \cdots\cdots ①$$

であるから，

$\triangle\mathrm{PQR}$
$= \triangle\mathrm{ABC} - (\triangle\mathrm{APR} + \triangle\mathrm{BQP} + \triangle\mathrm{CRQ})$

である．

これは

$$\begin{aligned}\triangle\mathrm{PQR} &= S - \{p(1-r)+q(1-p)+r(1-q)\}S \\ &= S-(p+q+r)S+(pq+qr+rp)S \\ &= (pq+qr+rp)S \qquad (\because\ ①)\end{aligned}$$

であり，さらに，①より

$$r = 1-(p+q)$$

であるから

$$\begin{aligned}\triangle\mathrm{PQR} &= \{pq+(p+q)r\}S \\ &= \{pq+(p+q)(1-p-q)\}S \\ &= \{-x^2-(y-1)x-y^2+y\}S \\ &= \left\{-\left(x-\frac{y-1}{2}\right)^2+\left(\frac{y-1}{2}\right)^2-y^2+y\right\}S \\ &= \left\{-\left(x-\frac{y-1}{2}\right)^2-\frac{3}{4}y^2+\frac{1}{2}y+\frac{1}{4}\right\}S \\ &= \left\{-\left(x-\frac{y-1}{2}\right)^2-\frac{3}{4}\left(y-\frac{1}{3}\right)^2+\frac{1}{3}\right\}S\end{aligned}$$

である．

したがって，

$$x = \frac{y-1}{2} \quad かつ \quad y = \frac{1}{3}$$

のとき，すなわち

$$x = \frac{1}{3},\ y = \frac{1}{3}$$

のとき，$\triangle\mathrm{PQR}$ の最大となる．

よって，$p+q+r=1$ と合わせると

$$p=q=r=\frac{1}{3}\ のとき，\triangle\mathrm{PQR}\ の面積の最大値は\ \frac{1}{3}S$$ 答

である．

参考　一般に，不等式

$$x^2+y^2+z^2 \geqq xy+yz+zx \qquad \cdots\cdots *$$

が成り立つ．

　これは

$$x^2+y^2+z^2-xy-yz-zx=\frac{1}{2}\{(x-y)^2+(y-z)^2+(z-x)^2\} \geqq 0$$

であるから，$*$が成り立ち，等号が成り立つのは

$$x=y=z$$

のときである．

　この$*$を用いると

$$pq+qr+rp \leqq p^2+q^2+r^2$$

より，$(pq+qr+rp)S$ の最大値は

$$p=q=r \quad \text{かつ} \quad p+q+r=1$$

のときであり，これより

$$p=q=r=\frac{1}{3}$$

のときとわかる．

問題 1-12　◀◀奈良教育大

(1) $x^2+y^2-y=0$ は

$$x^2+\left(y-\frac{1}{2}\right)^2=\frac{1}{4}$$

であるから，これは

中心が$\left(0,\ \frac{1}{2}\right)$，半径が$\frac{1}{2}$の円

である．

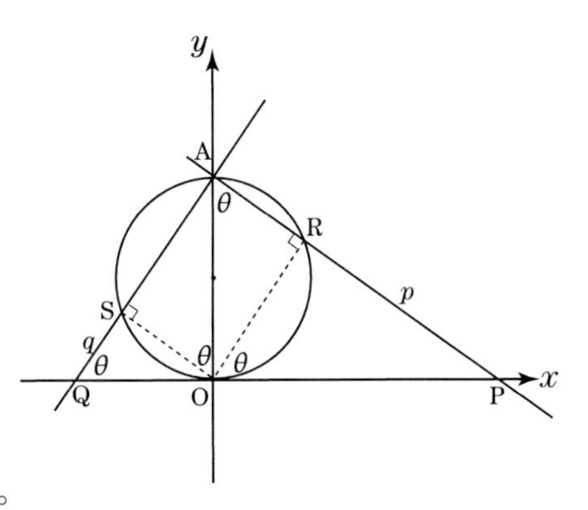

　ここで，OA はこの円の直径であり

$$\angle \mathrm{ARO}=\angle \mathrm{ASO}=90^\circ$$

であるから，△AOP において，三角比の定義より

$$\mathrm{OP}=\tan\theta$$

である．

このとき

$$p=\mathrm{PR}=\mathrm{OP}\sin\theta=\tan\theta\cdot\sin\theta=\frac{\sin^2\theta}{\cos\theta}=\frac{1-\cos^2\theta}{\cos\theta}$$ 答

であり，$\mathrm{OQ}=\tan\left(\dfrac{\pi}{2}-\theta\right)=\dfrac{\sin\left(\dfrac{\pi}{2}-\theta\right)}{\cos\left(\dfrac{\pi}{2}-\theta\right)}=\dfrac{\cos\theta}{\sin\theta}$ であるから

$$q=\mathrm{OQ}\cos\theta=\frac{\cos\theta}{\sin\theta}\cdot\cos\theta=\frac{\cos^2\theta}{\sin\theta}=\frac{1-\sin^2\theta}{\sin\theta}$$ 答

である．

(2)　p^2+q^2 は

$$\begin{aligned}p^2+q^2&=\left(\frac{1-\cos^2\theta}{\cos\theta}\right)^2+\left(\frac{1-\sin^2\theta}{\sin\theta}\right)^2\\&=\left(\frac{1}{\cos\theta}-\cos\theta\right)^2+\left(\frac{1}{\sin\theta}-\sin\theta\right)^2\\&=\frac{1}{\cos^2\theta}+\frac{1}{\sin^2\theta}-2-2+1\\&=\frac{1}{\cos^2\theta}+\frac{1}{\sin^2\theta}-3\\&=\frac{1}{\cos^2\theta\sin^2\theta}-3\end{aligned}$$

であり，$\cos^2\theta$，$\sin^2\theta$ はともに正であるから，相加平均と相乗平均の大小関係より

$$1=\cos^2\theta+\sin^2\theta\geqq 2\sqrt{\cos^2\theta\cdot\sin^2\theta}$$

が成り立ち

$$\sin^2\theta\cdot\cos^2\theta\leqq\frac{1}{4}$$

である．

したがって，

$$p^2+q^2=\frac{1}{\cos^2\theta\cdot\sin^2\theta}-3\geqq 4-3=1$$

であり，等号が成り立つときに最小を与えるから，そのときは

$$\sin^2\theta=\cos^2\theta$$

であるから，これは

$$(\sin\theta+\cos\theta)(\sin\theta-\cos\theta)=0$$

である．

ここで，$0<\theta<\dfrac{\pi}{2}$ であるから

$$\sin\theta-\cos\theta=0$$

すなわち

$$\theta=\frac{\pi}{4}$$

のとき，p^2+q^2 の最小値は

$$1$$ 答

である．

問題 1-13　◀◀秋田大

(1) $0<\theta<\dfrac{\pi}{4}$ より，$\sin\theta>0$，$\cos\theta>0$ であるから，与えられた式は

$$\cos\theta-\sin\theta=a\sin\theta\cos\theta \quad \cdots\cdots *$$

であり，両辺を 2 乗すると

$$1-2\sin\theta\cos\theta=a^2\sin^2\theta\cos^2\theta$$

であるから，これは

$$a^2(\sin\theta\cos\theta)^2+2\sin\theta\cos\theta-1=0$$

である．

このとき，$\sin\theta\cos\theta>0$ であり

$$\sin\theta\cos\theta=\frac{-1+\sqrt{1+a^2}}{a^2} \quad \cdots\cdots **$$

であるから，** を * に用いると

$$\cos\theta-\sin\theta=\frac{-1+\sqrt{1+a^2}}{a}$$ 答

である．

(2) $a=\dfrac{4}{3}$ のとき，(1) より

$$\begin{cases}\cos\theta-\sin\theta=\dfrac{1}{2}\\ \sin\theta\cos\theta=\dfrac{3}{8}\end{cases} \quad \cdots\cdots ①$$

であるから，ここで

$$(\cos\theta+\sin\theta)^2=1+2\sin\theta\cos\theta=\frac{7}{4}$$

であり，$\sin\theta>0$，$\cos\theta>0$ であるから，これより

$$\cos\theta+\sin\theta=\frac{\sqrt{7}}{2} \qquad \cdots\cdots ②$$

である．

　このとき，①の第 1 式目と②において，辺ごとの和と差より

$$\cos\theta=\frac{1+\sqrt{7}}{4},\ \sin\theta=\frac{-1+\sqrt{7}}{4}$$

である．

　ここで

$$\begin{aligned}\cos 3\theta&=\cos 2\theta\cdot\cos\theta-\sin 2\theta\cdot\sin\theta\\&=(\cos\theta+\sin\theta)(\cos\theta-\sin\theta)\cos\theta-2\sin^2\theta\cos\theta\\&=\frac{\sqrt{7}}{2}\cdot\frac{1}{2}\cdot\frac{1+\sqrt{7}}{4}-2\cdot\left(\frac{-1+\sqrt{7}}{4}\right)^2\cdot\frac{1+\sqrt{7}}{4}\\&=\frac{5-\sqrt{7}}{8}\end{aligned}$$

である．

　また，$\frac{5}{12}\pi=\frac{\pi}{4}+\frac{\pi}{6}$ であり

$$\cos\left(\frac{\pi}{4}+\frac{\pi}{6}\right)=\frac{1}{\sqrt{2}}\cdot\frac{\sqrt{3}}{2}-\frac{1}{\sqrt{2}}\cdot\frac{1}{2}=\frac{\sqrt{3}-1}{2\sqrt{2}}=\frac{\sqrt{6}-\sqrt{2}}{4}=\frac{2\sqrt{6}-2\sqrt{2}}{8}$$

であるから，$5-\sqrt{7}=\sqrt{25}-\sqrt{7}$ と $2\sqrt{6}-2\sqrt{2}=\sqrt{24}-\sqrt{8}$ の大小について

$$\sqrt{7}-\sqrt{8}<0<\sqrt{25}-\sqrt{24}$$

であり，これより

$$\sqrt{24}-\sqrt{8}<\sqrt{25}-\sqrt{7}$$

すなわち

$$2\sqrt{6}-2\sqrt{2}<5-\sqrt{7}$$

である．

　したがって，

$$\cos\frac{5}{12}\pi<\cos 3\theta$$

であり

$$\frac{5}{12}\pi>3\theta$$

であるから

$$\theta<\frac{5}{36}\pi \qquad \text{答}$$

である．

参考

$$\cos 3\theta+\sin 3\theta=(-3\cos\theta+4\cos^3\theta)+(3\sin\theta-4\sin^3\theta)$$
$$=-3(\cos\theta-\sin\theta)+4(\cos^3\theta-\sin^3\theta)$$

であり，ここで

$$\cos^3\theta-\sin^3\theta=(\cos\theta-\sin\theta)(\cos^2\theta+\cos\theta\sin\theta+\sin^2\theta)$$
$$=\frac{1}{2}\cdot\left(1+\frac{3}{8}\right)$$
$$=\frac{11}{16}$$

であるから，上式は

$$\cos 3\theta+\sin 3\theta=-3\cdot\frac{1}{2}+4\cdot\frac{11}{16}=\frac{5}{4}$$

である．

このとき，これを合成すると

$$\sqrt{2}\sin\left(3\theta+\frac{\pi}{4}\right)=\frac{5}{4}$$

であり

$$\sin\left(3\theta+\frac{\pi}{4}\right)=\frac{5\sqrt{2}}{8}\left(\fallingdotseq\frac{5\cdot 1.4}{8}\right)$$

これより

$$\frac{\sqrt{48}}{8}=\frac{4\sqrt{3}}{8}=\frac{\sqrt{3}}{2}<\frac{5\sqrt{2}}{8}=\frac{\sqrt{50}}{8}$$

であるから

$$\frac{\pi}{3}<3\theta+\frac{\pi}{4}<\frac{2}{3}\pi$$

すなわち

$$\frac{\pi}{36}<\theta<\frac{5}{36}\pi$$

である．

■問題 1-14　◀◀横浜市立大 改題

参考　前半は具体的に a を与えて考察するものであり，(2) はその延長線上にあるような内容であるから，いくつかのアプローチが考えられるため，様々なエッセンスを感受できると思います．

解答

(1)

(i) $a=\sqrt{3}$ とするとき，与えられた式は

$$\frac{1}{\sin\theta}+\frac{1}{\cos\theta}=\sqrt{3}$$

であり，これは

$$\frac{\cos\theta+\sin\theta}{\sin\theta\cos\theta}=\sqrt{3} \quad \cdots\cdots *$$

であるから，

$$\cos\theta+\sin\theta=\sqrt{3}\sin\theta\cos\theta$$

として，両辺を 2 乗すると

$$1+2\sin\theta\cos\theta=3\sin^2\theta\cos^2\theta$$

である．さらに，これは

$$3(\sin\theta\cos\theta)^2-2\sin\theta\cos\theta-1=0$$

$$(3\sin\theta\cos\theta+1)(\sin\theta\cos\theta-1)=0 \quad \cdots\cdots ①$$

と変形でき，ここで，

$$\sin\theta\cos\theta=1$$

とすると

$$\frac{1}{2}\sin 2\theta=1$$

すなわち

$$\sin 2\theta=2$$

であるから，これは三角比の定義である，$-1\leqq\sin 2\theta\leqq 1$ に反する．

したがって，求める $\sin\theta\cos\theta$ の値は，①より

$$\sin\theta\cos\theta=-\frac{1}{3} \quad \cdots\cdots ②$$ 答

である．

(ii) $\sin^4\theta+\cos^4\theta$ について

$$\begin{aligned}\sin^4\theta+\cos^4\theta&=(\sin^2\theta+\cos^2\theta)^2-2\sin^2\theta\cos^2\theta\\&=1-2(\sin\theta\cos\theta)^2\end{aligned}$$

であり，(i) より

$$\sin\theta\cos\theta=\frac{1}{2}\sin 2\theta=-\frac{1}{3}$$

であるから，求める $\sin^4\theta+\cos^4\theta+\frac{1}{2}\sin 2\theta$ の値は

$$\sin^4\theta+\cos^4\theta+\frac{1}{2}\sin 2\theta=1-2\left(-\frac{1}{3}\right)^2-\frac{1}{3}$$
$$=\frac{9-2-3}{9}$$
$$=\frac{4}{9}$$ 答

である．

(iii) ＊と②より

$$\cos\theta+\sin\theta=\sqrt{3}\cdot\left(-\frac{1}{3}\right)=-\frac{\sqrt{3}}{3}$$

であるから，ここで，$X=\cos\theta$，$Y=\sin\theta$ とおくと，X，Y は

$$\begin{cases} X+Y=-\dfrac{\sqrt{3}}{3} \\ X^2+Y^2=1 \end{cases} \quad \cdots\cdots ③$$

を満たし，これに与えられている条件の $\sin\theta<\cos\theta$ を加味すると，これは

$$Y<X \quad \cdots\cdots ④$$

であるから，③と④より，図の色が塗られた領域で点 A と交点を 1 個もつ．

したがって，$-2\pi\leqq\theta\leqq 2\pi$ であるから，この範囲では，

2 個

である．

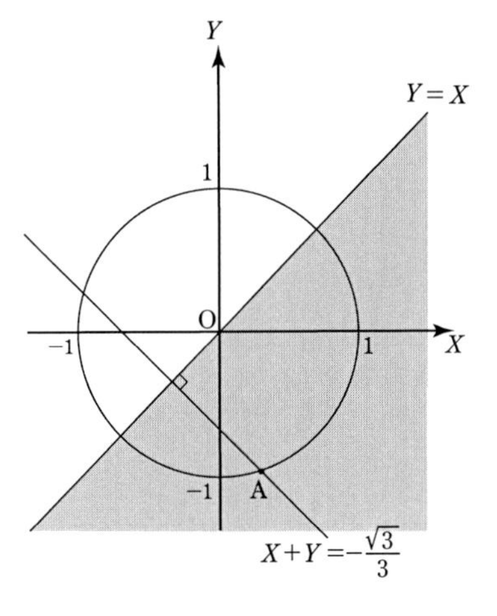

(2) $0<\theta<\dfrac{\pi}{2}$ において

$$\cos\theta>0,\ \sin\theta>0,\ \sin\theta\cos\theta>0$$

であり，与えられた式において

$$X=\frac{1}{\cos\theta}>0,\ Y=\frac{1}{\sin\theta}>0$$

とおくと，

$$\cos\theta=\frac{1}{X},\ \sin\theta=\frac{1}{Y}$$

であるから，

$$\begin{cases} X+Y=a \\ \dfrac{1}{X^2}+\dfrac{1}{Y^2}=1 \end{cases} \quad \cdots\cdots ⑤$$

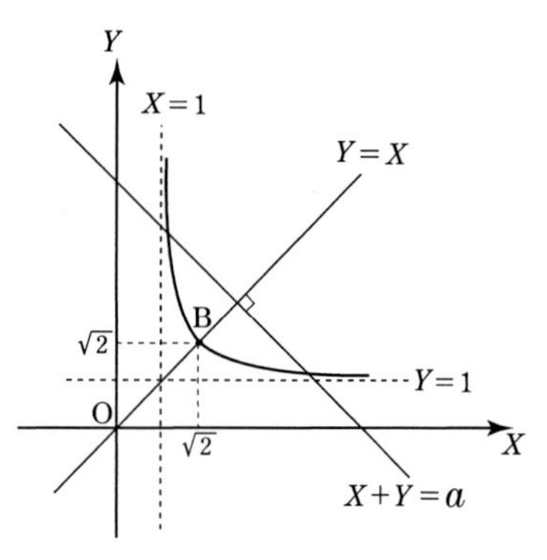

が共有点をもてばよい．

ここで，⑤の第 2 式について

$$Y^2=1+\frac{1}{X^2-1}$$

であり，$X>0$，$Y>0$ のところのみ考えればよく，しかも，⑤の 2 式はともに，$Y=X$ に関して対称であるから，⑤の第 2 式目において $Y=X$ とすると

$$\frac{1}{X^2}+\frac{1}{X^2}=1$$

すなわち，$X>0$ より

$$X=Y=\sqrt{2}$$

である．

したがって，求める a の値の範囲は

$$a \geqq 2\sqrt{2}$$ 答

である．

別解①：2 次方程式の解の存在範囲に帰着

与えられた式は

$$\frac{\cos\theta+\sin\theta}{\sin\theta\cos\theta}=a>0 \quad \cdots\cdots ⑥$$

であるから，ここで，

$$\sin\theta+\cos\theta=k \quad \cdots\cdots ⑦$$

とおき，この両辺を 2 乗すると

$$1+2\sin\theta\cos\theta=k^2$$

すなわち

$$\sin\theta\cos\theta=\frac{k^2-1}{2} \quad \cdots\cdots ⑧$$

が得られる．

⑦より

$$k=\sqrt{2}\sin\left(\theta+\frac{\pi}{4}\right)$$

と変形でき，しかも $0<\theta<\frac{\pi}{2}$ より，$\sin\theta>0$，$\cos\theta>0$ であるから

$$\frac{1}{\sqrt{2}}<\sin\left(\theta+\frac{\pi}{4}\right)\leqq 1$$

すなわち

$$1<k\leqq\sqrt{2} \qquad \cdots\cdots ⑨$$

である．

このとき，⑥，⑦，⑧より

$$\frac{k}{\frac{k^2-1}{2}}=a$$

であり，これは

$$k^2-\frac{2}{a}k-1=0$$

であるから，

$$f(k)=k^2-\frac{2}{a}k-1=\left(k-\frac{1}{a}\right)^2-\frac{1}{a^2}-1$$

とおくと，方程式 $f(k)=0$ が⑨のところに少なくとも1つの実数解をもてばよい．

ここで，

$$f(0)=-1<0,\quad f\left(\frac{1}{a}\right)=-\frac{1}{a^2}-1<0$$

であるから

$$f(1)<0 \quad かつ \quad f(\sqrt{2})\geqq 0$$

であればよい．

これより

$$f(1)=-\frac{2}{a}<0 \quad かつ \quad f(\sqrt{2})=2-\frac{2\sqrt{2}}{a}-1\geqq 0$$

であり，$a>0$ であるから

$$a\geqq 2\sqrt{2}$$ 答

である．

別解②：微分の応用

与えられた式の右辺を

$$g(\theta)=\frac{1}{\sin\theta}+\frac{1}{\cos\theta}$$

とおくと

$$g'(\theta)=\frac{-\cos\theta}{\sin^2\theta}+\frac{\sin\theta}{\cos^2\theta}=\frac{\sin^3\theta-\cos^3\theta}{\sin^2\theta\cos^2\theta}=\frac{(\sin\theta-\cos\theta)(1+\sin\theta\cos\theta)}{\sin^2\theta\cos^2\theta}$$

であり，$g'(\theta)=0$ とすると

$$1+\sin\theta\cos\theta>0$$

であるから，増減は $\sin\theta-\cos\theta$ で決まり

$$\sin\theta=\cos\theta$$

すなわち，$0<\theta<\frac{\pi}{2}$ より，

$$\theta=\frac{\pi}{4}$$

である．

これより，$g(\theta)$ の増減は次のようになる．

θ	0	$\cdots$	$\frac{\pi}{4}$	$\cdots$	$\frac{\pi}{2}$
$g'(\theta)$		$-$	0	$+$	
$g(\theta)$		↘	極小	↗	

したがって，$y=g(\theta)$ と $y=a$ が共有点をもつための条件は

$$a\geqq g\left(\frac{\pi}{4}\right)=2\sqrt{2}$$ 答

である．

問題 1-15　◀◀京都大

(1) $\cos 2\theta$ は

$$\begin{aligned}\cos 2\theta&=\cos(\theta+\theta)\\&=\cos\theta\cos\theta-\sin\theta\sin\theta\\&=\cos^2\theta-(1-\cos^2\theta)\\&=2\cos^2\theta-1\end{aligned}$$ 答

と表せる．

また，$\cos 3\theta$ は

$$\begin{aligned}\cos 2\theta&=\cos(2\theta+\theta)\\&=\cos 2\theta\cos\theta-\sin 2\theta\sin\theta\\&=(2\cos^2\theta-1)\cos\theta-2\sin^2\theta\cos\theta\end{aligned}$$

$$= (2\cos^2\theta - 1)\cos\theta - 2(1 - \cos^2\theta)\cos\theta$$
$$= -3\cos\theta + 4\cos^3\theta$$ 答

と表せる．

(2) 図のように，正５角形の頂点を，単位円周上の

$$A(1,\ 0),\ B\left(\cos\frac{2}{5}\pi,\ \sin\frac{2}{5}\pi\right)$$

に対応させても一般性を失うものではない．

ここで，△OAB において，余弦定理を用いると

$$AB^2 = 1^2 + 1^2 - 2\cdot1\cdot1\cdot\cos\frac{2}{5}\pi \quad \cdots\cdots ①$$

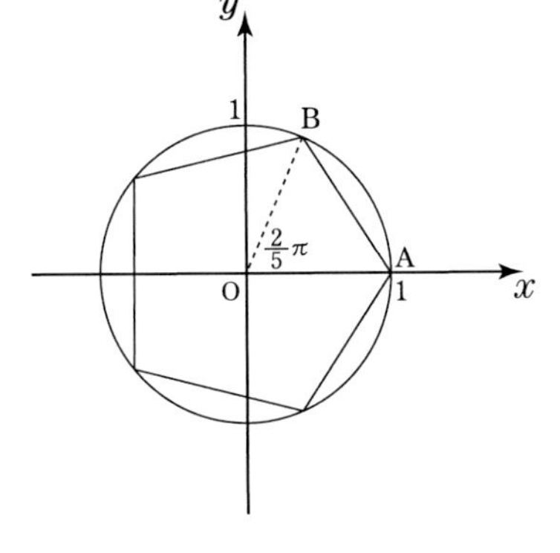

であり，

$$AB^2 = 2 - 2\cos\frac{2}{5}\pi$$

であるから，$\theta = \frac{2}{5}\pi$ とおくと，これより，$5\theta = 2\pi$ であり

$$3\theta = 2\pi - 2\theta$$

として，両辺に余弦を施すと

$$\cos 3\theta = \cos(2\pi - 2\theta)$$

すなわち

$$\cos 3\theta = \cos 2\theta$$

である．

このとき，これは，(1) より

$$-3\cos\theta + 4\cos^3\theta = 2\cos^2\theta - 1$$

であり，

$$4\cos^3\theta - 2\cos^2\theta - 3\cos\theta + 1 = 0$$

すなわち

$$(\cos\theta - 1)(4\cos^2\theta + 2\cos\theta - 1) = 0$$

である．

ここで，$\cos\theta = \cos\frac{2}{5}\pi \neq 1$ であるから

$$4\cos^2\theta + 2\cos\theta - 1 = 0$$

であり，$0<\theta<\dfrac{\pi}{2}$ であるから

$$\cos\theta=\frac{-1+\sqrt{5}}{4}$$

である．

これを①に用いると

$$AB^2=2-2\cdot\left(\frac{-1+\sqrt{5}}{4}\right)=\frac{5-\sqrt{5}}{2}$$

であり，

$$2.23^2=4.9279,\quad 2.24^2=5.0176$$

であるから

$$2.23<\sqrt{5}<2.24$$

と評価でき，これより，

$$\frac{5-2.24}{2}<\frac{5-\sqrt{5}}{2}<\frac{5-2.23}{2}$$

すなわち

$$1.38=\frac{2.76}{2}<AB^2<\frac{2.77}{2}=1.385$$

である．

ここで，$1.15^2=1.3225$ であり

$$AB^2-1.15^2>0$$

と評価でき

$$AB>1.15$$

であるから，

半径 1 の円に内接する正 5 角形の 1 辺の長さは 1.15 より大きい　答

ことがわかる．

問題 1-16　◀◀甲南大，立命館大 改題

(1) 与えられた条件より，図のようにとれるから，ここで △ABC，△ACD において，余弦定理を用いると

$$\begin{cases} y^2=1^2+1^2-2\cdot1\cdot1\cdot\cos\theta \\ y^2=1^2+x^2-2\cdot1\cdot x\cdot\cos(\pi-\theta) \end{cases}$$

であり，これより

$$2-2\cos\theta=1+x^2+2x\cos\theta$$

であるから

$$2(1+x)\cos\theta=1-x^2$$

すなわち

$$\cos\theta=\frac{(1-x)(1+x)}{2(1+x)}=\frac{1-x}{2}$$ 答

である．

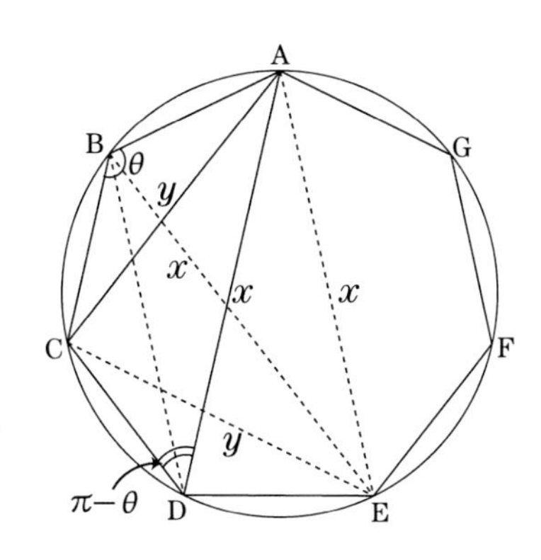

(2) 四角形 ABCD と ABCE において，トレミーの定理を用いると

$$\begin{cases}\mathrm{AB}\cdot\mathrm{CD}+\mathrm{BC}\cdot\mathrm{AD}=\mathrm{AC}\cdot\mathrm{BD}\\ \mathrm{AB}\cdot\mathrm{CE}+\mathrm{BC}\cdot\mathrm{AE}=\mathrm{AC}\cdot\mathrm{BE}\end{cases}$$

であり，これは

$$\begin{cases}1\cdot1+1\cdot x=y\cdot y\\ 1\cdot y+1\cdot x=y\cdot x\end{cases}$$

であるから，第 1 式目より

$$y=\sqrt{x+1}$$ 答

であり，また，第 2 式目より

$$y=\frac{x}{x-1}$$ 答

である．

(3) (2) より

$$\sqrt{x+1}=\frac{x}{x-1}$$

であり，これは

$$(x+1)(x-1)^2=x^2$$

であるから，展開して整理すると

$$x^3-2x^2-x+1=0$$

である．

ここで，$f(x)=x^3-2x^2-x+1$ とおくと

$$f'(x)=3x^2-4x-1$$

であり，$f'(x)=0$ とすると

$$x=\frac{2\pm\sqrt{7}}{3}$$

が得られ，$x>1$ において，増減は

x	1	$\cdots$	$\dfrac{2+\sqrt{7}}{3}$	$\cdots$
$f'(x)$		$-$	0	$+$
$f(x)$	-1	↘	極小	↗

である．

このとき，$y=f(x)$ のグラフと x 軸と交点について $\dfrac{2+\sqrt{7}}{3}$ より大きいところを点 P とすると，これが求める x の値であるから，ここで

$$2<\sqrt{7}<3$$

より

$$\frac{4}{3}<\frac{2+\sqrt{7}}{3}<\frac{5}{3}=1.6\cdots$$

である．さらに，$\theta=\dfrac{5}{7}\pi$ であり，

(1) より

$$\cos\frac{5}{7}\pi=\frac{1-x}{2}$$

であるから，これを x について評価すると

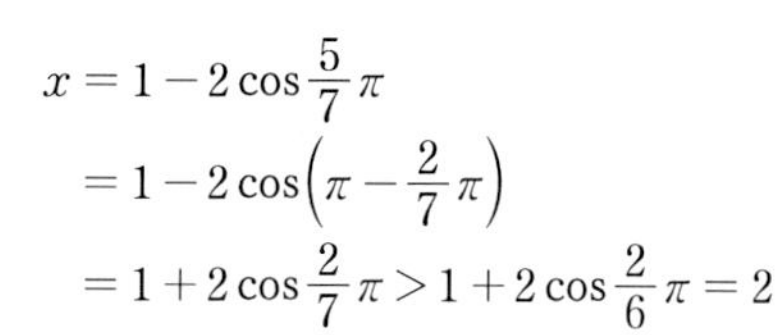

$$x=1-2\cos\frac{5}{7}\pi$$
$$=1-2\cos\left(\pi-\frac{2}{7}\pi\right)$$
$$=1+2\cos\frac{2}{7}\pi>1+2\cos\frac{2}{6}\pi=2$$

である．

$f(1.6), f(1.7), \cdots$ と調べてもよいが，もう少し精度を上げてから，$f(\alpha), f(\beta)$ が異符号になる位置を見いだすことを考察する．

このとき，

$$f(2.2)=2.2^2(2.2-2)-2.2+1=4.84\cdot0.2-1.2=-0.232<0$$
$$f(2.3)=2.3^2(2.3-2)-2.3+1=5.29\cdot0.3-1.3=0.287>0$$

であり，

$$2.2<x<2.3$$

であるから，求める x の小数第一位は

$$2$$ 答

である．

問題 1-17　◀◀滋賀大　改題

(1)　余弦定理より

$$\cos\alpha=\frac{6^2+5^2-4^2}{2\cdot6\cdot5}=\frac{3}{4}\left(=\frac{12}{16}\right) \quad \cdots\cdots ①$$

であり，

$$\cos\beta=\frac{4^2+6^2-5^2}{2\cdot4\cdot6}=\frac{9}{16} \quad \cdots\cdots ②$$

である．

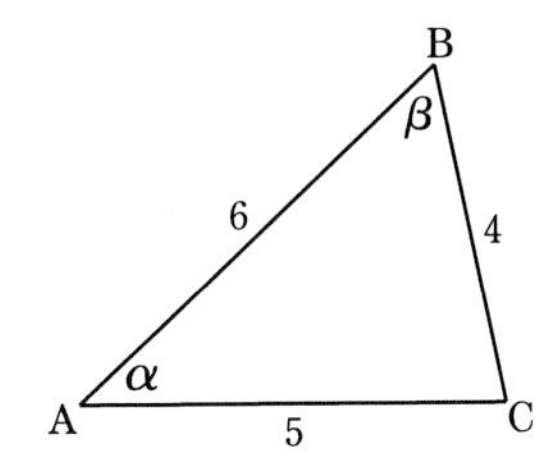

このとき，$\frac{\alpha}{2}$ と $\frac{\beta}{3}$ の大小を調べるには，それぞれ6倍して考察すればよいから

$$6\cdot\frac{\alpha}{2}=3\alpha,\quad 6\cdot\frac{\beta}{3}=2\beta$$

に対し

$$\begin{aligned}\cos6\left(\frac{\alpha}{2}\right)=\cos3\alpha&=-3\cos\alpha+4\cos^3\alpha\\&=-3\cdot\frac{3}{4}+4\cdot\left(\frac{3}{4}\right)^3\\&=-\frac{36}{16}+\frac{27}{16}\\&=-\frac{9}{16}\end{aligned}$$

であり，一方

$$\begin{aligned}\cos6\left(\frac{\beta}{3}\right)=\cos2\beta&=2\cos^2\beta-1\\&=2\left(\frac{9}{16}\right)^2-1\\&=\frac{81-128}{128}\\&=-\frac{47}{128}\end{aligned}$$

であるから，

$$\cos6\left(\frac{\alpha}{2}\right)=-\frac{9}{16}=-\frac{72}{128}$$

と評価しなおすと

$$\cos6\left(\frac{\alpha}{2}\right)<\cos6\left(\frac{\beta}{3}\right) \quad \cdots\cdots ③$$

である．

ところで，

$$\cos\frac{\pi}{6}=\frac{\sqrt{3}}{2}=\frac{8\sqrt{3}}{16},\quad \cos\frac{\pi}{4}=\frac{\sqrt{2}}{2}=\frac{8\sqrt{2}}{16},\quad \cos\frac{\pi}{3}=\frac{1}{2}=\frac{8}{16}$$

であり，①と②に対し，

$$\cos\frac{\pi}{4}<\cos\alpha<\cos\frac{\pi}{6},\quad \cos\frac{\pi}{3}<\cos\beta<\cos\frac{\pi}{4}$$

であるから，これより

$$\frac{\pi}{6}<\alpha<\frac{\pi}{4},\ \frac{\pi}{4}<\beta<\frac{\pi}{3} \qquad \cdots\cdots ④$$

であることがわかり

$$\frac{\pi}{2}<6\left(\frac{\alpha}{2}\right)<\frac{3}{4}\pi,\quad \frac{\pi}{2}<6\left(\frac{\beta}{3}\right)<\frac{2}{3}\pi$$

であるから，$6\left(\frac{\alpha}{2}\right)$，$6\left(\frac{\beta}{3}\right)$ はいずれも π をこえない．

したがって，$\cos\theta$ は $0<\theta<\pi$ において，θ の増加にともない，単調減少であるから，③より

$$6\left(\frac{\alpha}{2}\right)>6\left(\frac{\beta}{3}\right)$$

すなわち

$$\frac{\alpha}{2}>\frac{\beta}{3} \qquad \text{答}$$

である．

(2)　$\cos 3\left(\frac{\beta}{3}\right)=\frac{9}{16}$ であり，これより

$$-3\cos\frac{\beta}{3}+4\cos^3\frac{\beta}{3}=\frac{9}{16}$$

であるから，これは

$$4\cos^3\frac{\beta}{3}-3\cos\frac{\beta}{3}-\frac{9}{16}=0$$

すなわち，④より，$x=\cos\frac{\beta}{3}>0$ とおくと

$$4x^3-3x-\frac{9}{16}=0 \qquad \cdots\cdots ⑤$$

である．

ここで，$f(x)=4x^3-3x-\frac{9}{16}$ とおくと

$$f'(x)=12x^2-3=3(2x-1)(2x+1)$$

であり，$x>0$ のところにおいて，増減は

x	0	$\cdots$	$\frac{1}{2}$	$\cdots$
$f'(x)$		$-$	0	$+$
$f(x)$		↘	極小	↗

となる．

このとき

$$f\left(\frac{1}{2}\right)=4\cdot\left(\frac{1}{2}\right)^3-3\cdot\frac{1}{2}-\frac{9}{16}=\frac{8-24-9}{16}=-\frac{25}{16}$$

であり，$x>\frac{1}{2}$ のところにおいて，$y=f(x)$ は x 軸とただ 1 つの共有点をもつから，その交点がまさに $\cos\frac{\beta}{3}$ の値である．

また，

$$f\left(-\frac{3}{4}\right)=4\left(-\frac{3}{4}\right)^3-3\cdot\left(-\frac{3}{4}\right)-\frac{9}{16}=\frac{-27+36-9}{16}=0$$

であり，⑤は

$$64x^3-48x-9=0$$

であるから

$$(4x+3)(16x^2-12x-3)=0$$

であり，$16x^2-12x-3=0$ より，$x>0$ であるから

$$x=\frac{6+\sqrt{36+48}}{16}=\frac{6+2\sqrt{21}}{16}=\frac{3+\sqrt{21}}{8}$$

である．

ここで，$4<\sqrt{21}<5$ であり

$$\frac{3+4}{8}<\frac{3+\sqrt{21}}{8}<\frac{3+5}{8}$$

であるから

$$0.875<x<1$$

と評価できる．

このとき

$$f(0.9)=4\cdot(0.9)^3-3\cdot0.9-\frac{9}{16}=2.916-2.7-0.5625=-0.3465<0$$

$$f(1)=4-3-0.5625>0$$

であり，$f(0.9)$ と $f(1)$ は異符号であるから，x の小数第 1 位，すなわち，$\cos\frac{\beta}{3}$ の小数第 1 位は

9 　　答

である．

問題 1 - 18　◀◀富山大

(1)　与えられた＊について，次のように変形できる．

$$mx^2 - my^2 + (1-m^2)xy + 5(1+m^2)y - 25m = 0$$

を x について，降べきの順に並べると

$$mx^2 + (1-m^2)y \cdot x - my^2 + 5y + 5m^2y - 25m = 0$$

となり，これは

$$mx^2 + (1-m^2)y \cdot x + \{5m(my-5) - (my-5)y\} = 0$$

となるから

$$mx^2 + (1-m^2)y \cdot x + (5m-y)(my-5) = 0$$

m	$-(5m-y)$	$\cdots -5m+y$
	$\times$	
1	$-(my-5)$	$\cdots -m^2y+5m$

すなわち

$$\{mx-(5m-y)\}\{x-(my-5)\} = 0$$

である．

したがって，＊は

$$mx - 5m + y = 0 \quad \text{または} \quad x - my + 5 = 0$$ 答

の 2 つの直線を表す．

(2) (1) で得られた 2 つの直線について

$$mx - 5m + y = 0 \quad \cdots\cdots ①$$

は

$$m(x-5) + y = 0$$

であり，これは

$\begin{cases} x-5=0 \\ y=0 \end{cases}$ による連立方程式とみることができる

から，m の値に関係なく，直線①は

点 $(5, 0)$ を通る．　答

また，$x - my + 5 = 0$　$\cdots\cdots$ ②　については

$$(x+5) + m(-y) = 0$$

とできて，これは

$\begin{cases} x+5=0 \\ -y=0 \end{cases}$ による連立方程式とみることができる

から，m の値に関係なく，直線②は

点 $(-5, 0)$ を通る．　答

(3)　②は

$$ym = x + 5$$

であるから,

(Ⅰ) $y=0$ のとき；

$x+5=0$ より, $x=-5$ が得られるから, $(-5, 0)$ を①に用いると

$$-5m - 5m + 0 = 0$$

すなわち

$$m = 0 \text{（実数）}$$

を得る．これは $-1 \leqq m \leqq 3$ に適するものである．

(Ⅱ) $y \fallingdotseq 0$ のとき；

$m = \dfrac{x+5}{y}$　……③　として，①に用いると

$$\frac{x+5}{y} \cdot x - 5 \cdot \frac{x+5}{y} + y = 0$$

であり，これは

$$x^2 + 5x - 5x - 25 + y^2 = 0$$

すなわち

$$x^2 + y^2 = 25 \qquad \cdots\cdots ④$$

を得る．

ここで，③を $-1 \leqq m \leqq 3$ に用いると

$$-1 \leqq \frac{x+5}{y} \leqq 3$$

であり，$y \fallingdotseq 0$ のもとで,

$y > 0$ のとき，$-y \leqq x+5 \leqq 3y$ より,

$y \geqq -x-5$　かつ　$y \geqq \dfrac{1}{3}(x+5)$

$y < 0$ のとき，$-y \geqq x+5 \geqq 3y$ より,

$y \leqq -x-5$　かつ　$y \leqq \dfrac{1}{3}(x+5)$

したがって,（Ⅰ）と（Ⅱ）より，求める 2 直線の交点の軌跡は，図の実線部分である．

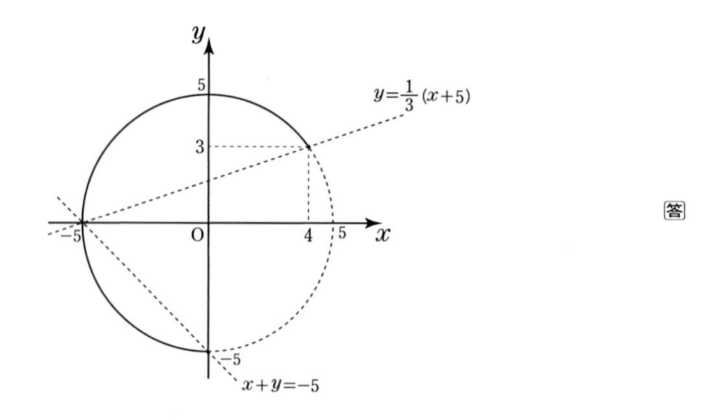

答

補 足　2 直線は m の値に関係なく，つねに直交することを用いて判断することもできます．

問題 1 - 19　◀◀名城大

(1) xy 平面上の直線 ℓ : $(\cos\theta)x+(\sin\theta)y-1-\cos\theta=0$ と点 $(1,\ 0)$ との距離は，点と直線の距離の公式から

$$\frac{|\cos\theta+0-1-\cos\theta|}{\sqrt{\cos^2\theta+\sin^2\theta}}=1$$

であり，これは θ の値に関係なく一定であることが示せた．　終

(2) (1) より，点 $(1,\ 0)$ を中心とする半径 1 の円の方程式は

$$(x-1)^2+y^2=1$$

であり，この円周上を動く点 P は

$$(1+\cos\theta,\ \sin\theta)$$

と表せ，点 P における円 C の接線の方程式は

$$\{(1+\cos\theta)-1\}(x-1)+\sin\theta\cdot y=1$$

であり，これは

$$\cos\theta\cdot x+\sin\theta\cdot y=1+\cos\theta$$

であるから，まさに直線 ℓ である．

したがって，点 P に対し，θ の値を $0\leqq\theta\leqq\frac{\pi}{2}$ の範囲で変化させると

き，直線 ℓ は円 C に接しながら，動くことになる．

よって，直線 ℓ が通過する領域を図示すると，図のようになる．ただし，境界は含む．

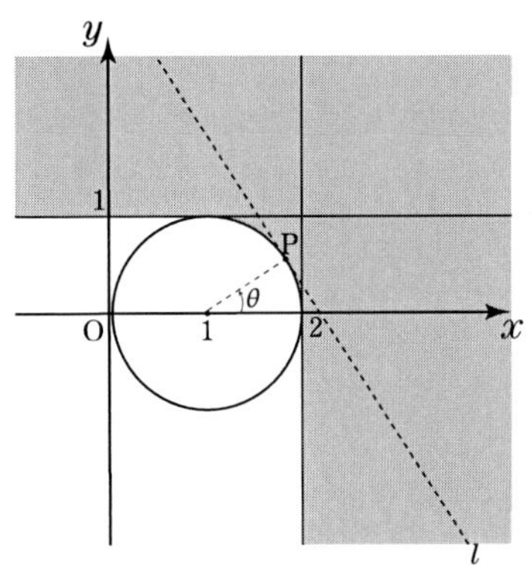

答

■ 問題 1-20　◀◀京都大 改題

(1) $m=\tan\theta$ とおくと，直線 $y=mx=(\tan\theta)x$ が円 C に接するとき，図のように $\mathrm{OT}\perp\mathrm{AT}$ であるから，

$$\mathrm{OA}=2,\ \mathrm{AT}=1$$

である．したがって，直角三角形 OAT において

$$\mathrm{OT}=\sqrt{3}$$

であり，直線 ℓ が円 C に接するとき

$$|m|=|\tan\theta|=\frac{1}{\sqrt{3}}$$

であるから，求める m のとり得る値の範囲は

$$-\frac{1}{\sqrt{3}}<m<\frac{1}{\sqrt{3}}$$

答

である．

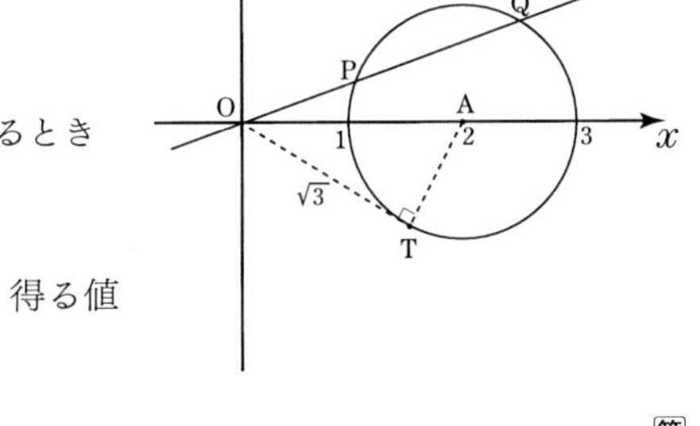

(2) (1) より，直線 ℓ が接するとき，$\mathrm{OT}=\sqrt{3}$ であるから，方べきの定理より

$$\mathrm{OP}\cdot\mathrm{OQ}=(\sqrt{3})^2=3$$ 答

である．

(3) 点 R を $(X,\ Y)$ とおくと，点 R は直線 $y=mx$ 上にあるから

$$Y=mX \quad \cdots\cdots ①$$

を満たし，しかも，条件より $\mathrm{OP}\cdot\mathrm{OQ}=\mathrm{OR}^2$ であるから

$$\mathrm{OR}^2=3$$

すなわち

$$X^2+Y^2=3 \quad \cdots\cdots ②$$

であり，(1) より

$$-\frac{1}{\sqrt{3}}<m<\frac{1}{\sqrt{3}}$$

であるから，①より

$$-\frac{1}{\sqrt{3}}<\frac{Y}{X}<\frac{1}{\sqrt{3}}$$

すなわち $X>0$ であるから

$$-\frac{1}{\sqrt{3}}X<Y<\frac{1}{\sqrt{3}}X \quad \cdots\cdots ③$$

である．

したがって，②と③より，点 R の軌跡は図の太線実線である． 答

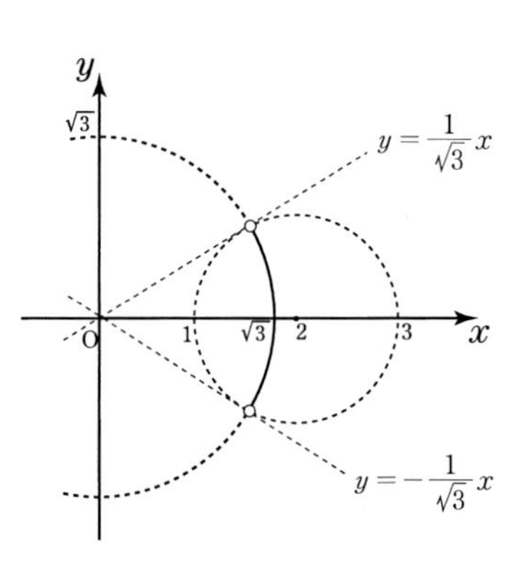

問題 1-21　◀◀大阪大

(1)　仮定から，原点 O を通り中心が A，半径 r の円 C について，その中心 A を $(a,\ b)$ とすると，円 C の方程式は

$$(x-a)^2+(y-b)^2=r^2 \quad \cdots\cdots ①$$

と表せる．ここで，この円 C 上を動く点 P を $(x,\ y)$ とすると，$(x,\ y)$ は①を満たし，

$$\mathrm{OA}=r=\sqrt{a^2+b^2}$$

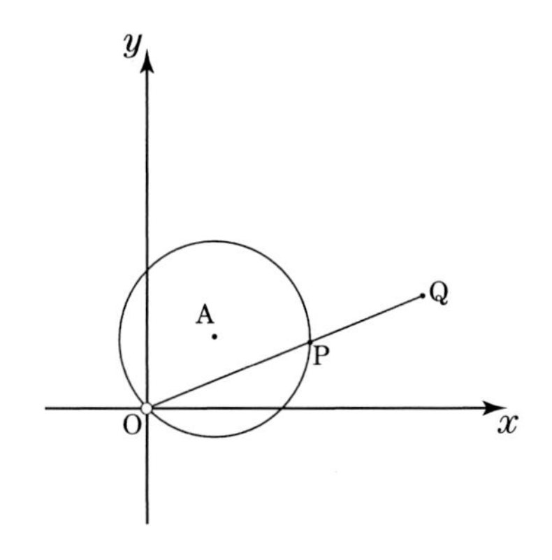

であるから，点 P は

$$x^2+y^2-2ax-2by=0$$

を満たす．

ここで，点 Q を $(X,\ Y)$ とおくと，条件 (a) と (b) より

$$\overrightarrow{\mathrm{OP}}=k\overrightarrow{\mathrm{OQ}}\ (k>0) \quad かつ \quad \sqrt{x^2+y^2}\cdot\sqrt{X^2+Y^2}=1$$

であり，この第 1 式目は

$$\begin{pmatrix} x \\ y \end{pmatrix}=k\begin{pmatrix} X \\ Y \end{pmatrix} \qquad \cdots\cdots ②$$

であるから，これを第 2 式目に用いると

$$\sqrt{k^2(X^2+Y^2)}=1$$

すなわち

$$k=\frac{1}{X^2+Y^2}$$

である．

このとき，②は

$$\begin{pmatrix} x \\ y \end{pmatrix}=\begin{pmatrix} \dfrac{X}{X^2+Y^2} \\ \dfrac{Y}{X^2+Y^2} \end{pmatrix} \qquad \cdots\cdots ③$$

であり，③を①に用いると

$$\left(\frac{X}{X^2+Y^2}\right)^2+\left(\frac{Y}{X^2+Y^2}\right)^2-2a\cdot\frac{X}{X^2+Y^2}-2b\cdot\frac{Y}{X^2+Y^2}=0$$

であるから，これは

$$\frac{1}{X^2+Y^2}-2a\cdot\frac{X}{X^2+Y^2}-2b\cdot\frac{Y}{X^2+Y^2}=0$$

すなわち

$$\frac{1}{X^2+Y^2}(2aX+2bY-1)=0$$

である．

ここで，$X^2+Y^2 \neq 0$ より

$$2aX+2bY-1=0$$

であり，これは

$$aX+bY-\frac{1}{2}=0 \qquad \cdots\cdots ④$$

であるから，この直線の法線ベクトル $\vec{h}$ は

$$\vec{h}=\begin{pmatrix}a\\b\end{pmatrix}=\overrightarrow{\mathrm{OA}}$$

である．

したがって，④は点Qの軌跡を表す直線であり，この直線の法線ベクトルが$\begin{pmatrix}a\\b\end{pmatrix}$であるから，

点Qの軌跡を表す直線は，$\overrightarrow{\mathrm{OA}}$に直交する．

これで題意が示せた．　**終**

(2)　(1)より，直線ℓは

$$ax+by-\frac{1}{2}=0$$

であり，円Cと2点で交わるのは，点と直線の距離の公式から

$$\frac{\left|a^2+b^2-\frac{1}{2}\right|}{\sqrt{a^2+b^2}}<r$$

であればよい．

このとき，$\sqrt{a^2+b^2}=r$であるから，上式は

$$\left|r^2-\frac{1}{2}\right|<r^2$$

であり

$$-r^2<r^2-\frac{1}{2}<r^2$$

すなわち，$r>0$と左側の不等式から，求めるrのとり得る値の範囲は

$$r>\frac{1}{2}$$　**答**

である．

問題 1-22　◀◀岡山大

(1) 仮定から点P $(s,\ t,\ 0)$ はxy平面上にあり，点Pが原点Oと異なるということに対し，この点Pが球面Sの外側，内側，球面上にあることが考えられるから，それぞれについて場合分けを行う．いずれにしても，3点O，A，Pを含む平面での切り口を考える．

（Ⅰ）点 P が球面 S の外側にあるとき；

図 1 のように，$\angle \mathrm{APO} = \theta$ とすると，

$$\angle \mathrm{ABQ} = \theta$$

となるから，このとき

$$\frac{1}{\mathrm{OP}} = \tan\theta \text{ より，} \mathrm{OP} = \frac{1}{\tan\theta}$$

であり，

$$\frac{\mathrm{OR}}{1} = \tan\theta \text{ より，} \mathrm{OR} = \tan\theta$$

であるから

$$\mathrm{OP} \cdot \mathrm{OR} = \frac{1}{\tan\theta} \cdot \tan\theta = 1$$

である．

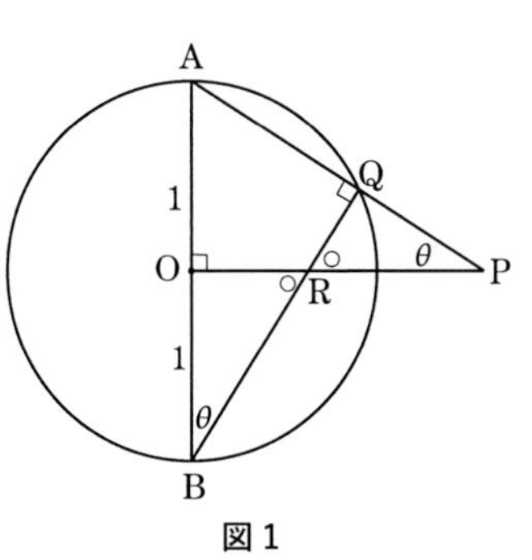

図 1

（Ⅱ）点 P が球面 S の内側にあるとき；

図 2 のように，$\angle \mathrm{OAP} = \theta$ とすると，

$$\angle \mathrm{BRO} = \theta$$

となるから，このとき

$$\frac{\mathrm{OP}}{1} = \tan\theta \text{ より，} \mathrm{OP} = \tan\theta$$

であり，

$$\frac{1}{\mathrm{OR}} = \tan\theta \text{ より，} \mathrm{OR} = \frac{1}{\tan\theta}$$

であるから

$$\mathrm{OP} \cdot \mathrm{OR} = \tan\theta \cdot \frac{1}{\tan\theta} = 1$$

である．

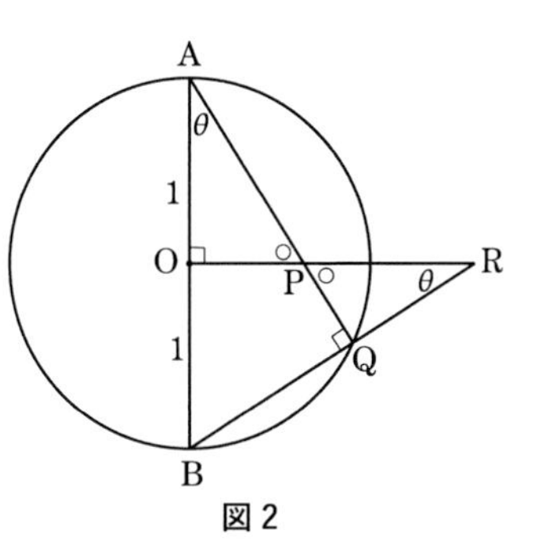

図 2

（Ⅲ）点 P が球面 S 上にあるとき；

図 3 のように，3 点 P，Q，R は一致するから

$$\mathrm{OP} \cdot \mathrm{OR} = 1 \cdot 1 = 1$$

である．

以上，（Ⅰ）～（Ⅲ）の考察により，

$$\mathrm{OP} \cdot \mathrm{OR} = 1$$

である．

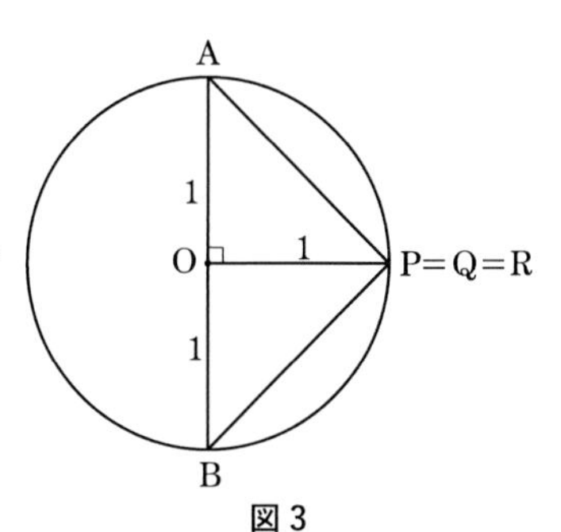

図 3

答

(2) (1) より，

$$|\overrightarrow{\mathrm{OP}}||\overrightarrow{\mathrm{OR}}|=1 \quad \text{かつ} \quad \overrightarrow{\mathrm{OP}}=k\overrightarrow{\mathrm{OR}}\ (k>0)$$

を満たし，点 P と R は xy 平面上にある．

このとき，上の 2 式より

$$\sqrt{s^2+t^2}\cdot\sqrt{u^2+v^2}=1 \quad \text{かつ} \quad \begin{pmatrix} s \\ t \end{pmatrix}=k\begin{pmatrix} u \\ v \end{pmatrix}$$

であり，2 式目を 1 式目に用いると

$$\sqrt{k^2(u^2+v^2)}=1$$

であるから

$$k=\frac{1}{u^2+v^2}$$

である．

したがって，これを $\begin{pmatrix} s \\ t \end{pmatrix}=k\begin{pmatrix} u \\ v \end{pmatrix}$ に用いると

$$s=\frac{u}{u^2+v^2},\ t=\frac{v}{u^2+v^2}\ (u^2+v^2\neq 0)$$ 答

である．

(3) 直線 ℓ は原点 O を通らない xy 平面上の直線であるから，直線 ℓ の方程式は

$$Ax+By+C=0\ (C\neq 0)$$

と表せ，点 $\mathrm{P}(s,\ t)$ はこの直線上を動くから

$$As+Bt+C=0$$

を満たし，(2) で得られたことを，これに用いると

$$A\cdot\frac{u}{u^2+v^2}+B\cdot\frac{v}{u^2+v^2}+C=0$$

$$C(u^2+v^2)+Au+Bv=0$$

$$u^2+v^2+\frac{A}{C}u+\frac{B}{C}v=0$$

であり，これはさらに

$$\left(u+\frac{A}{2C}\right)^2+\left(v+\frac{B}{2C}\right)^2=\frac{A^2+B^2}{4C^2}$$

と表せるから，これは xy 平面上において，点 $\mathrm{R}(u,\ v,\ 0)$ は

中心 $\left(-\dfrac{A}{2C},\ -\dfrac{B}{2C}\right)$，半径 $\dfrac{\sqrt{A^2+B^2}}{2|C|}$ の円の軌跡を描く．

ただし，この円は原点 O を通るから，この点 O は除く．

これで題意が示せた． 終

問題 1 - 23　◀◀香川大

点 A(0, 0, 1) を中心とする半径 1 の球面を S とし S を表す方程式は

$$x^2+y^2+(z-1)^2=1$$

であるから，このとき，S 上の点 Q を $(p,\ q,\ r)$ とすると

$$p^2+q^2+(r-1)^2=1 \qquad \cdots\cdots ①$$

を満たす．

また，直線 PQ を表す方程式は，実数 t を用いて

$$\begin{pmatrix} x \\ y \\ z \end{pmatrix}=\begin{pmatrix} 0 \\ 1 \\ 2 \end{pmatrix}+t\begin{pmatrix} p \\ q-1 \\ r-2 \end{pmatrix} \qquad \cdots\cdots ②$$

と表せ，これが xy 平面と交点をもつときの点が R であるから，②において，$z=0$ とすると

$$0=2+t(r-2)$$

より，$r \fallingdotseq 2$ のもとで

$$t=\frac{2}{2-r} \qquad \cdots\cdots ③$$

である．

ところで，$r=2$ の場合，①より $p^2+q^2=0$ であり，$p=q=0$ であるから，点 Q の座標が

$$(0,\ 0,\ 2)$$

となり，直線 PQ は xy 平面と交点をもたない．

このことから，③より，点 R の座標は

$$\left(\frac{2}{2-r}p,\ 1+\frac{2}{2-r}(q-1),\ 0\right) \qquad \cdots\cdots ④$$

と表せる．

また，直線 PQ が球面 S に接するときを考えると，球面 S の中心 A と球面 S 上の点 Q と結ぶ線分 AQ と直線 PQ は直交するから

$$\overrightarrow{\mathrm{AQ}}\cdot\overrightarrow{\mathrm{PQ}}=0$$

を満たす．これより

$$\begin{pmatrix} p \\ q \\ r-1 \end{pmatrix}\cdot\begin{pmatrix} p \\ q-1 \\ r-2 \end{pmatrix}=0$$

であり，これは

$$p^2+q^2+r^2-q-3r+2=0$$

であるから，①をこれに用いると

$$1-(r-1)^2+r^2-q-3r+2=0$$

であり，これは

$$-q-r+2=0$$

すなわち

$$q=2-r \qquad \cdots\cdots ⑤$$

が得られ，これより xy 平面上での点 R の境界の概形が得られることになる．

ここで，点 R を $(X,\ Y,\ 0)$ とすると，④と⑤より

$$X=\frac{2}{2-r}p=\frac{2}{q}p \qquad \cdots\cdots ⑥$$

であり，

$$p=\frac{X}{2}q \qquad \cdots\cdots ⑦$$

である．また

$$Y=1+\frac{2}{2-r}(q-1)=1+\frac{2}{q}(q-1)=3-\frac{2}{q}$$

であり，

$$q=\frac{2}{3-Y} \qquad \cdots\cdots ⑧$$

である．

さらに，⑤より，

$$r=2-q$$

であり，⑧をこれに用いると

$$r=2-\frac{2}{3-Y} \qquad \cdots\cdots ⑨$$

である．

また，⑦と⑧より

$$p=\frac{X}{2}\cdot\frac{2}{3-Y}=\frac{X}{3-Y} \qquad \cdots\cdots ⑩$$

である．

したがって，⑧，⑨，⑩を①に用いると

$$\left(\frac{X}{3-Y}\right)^2+\left(\frac{2}{3-Y}\right)^2+\left(1-\frac{2}{3-Y}\right)^2=1$$

であり，これは

$$X^2+2^2+(1-Y)^2=(3-Y)^2$$

であるから，すなわち

$$Y=-\frac{1}{4}X^2+1$$

である．これは求める領域の境界の概形である．

また，直線PQが球面Sの接線であり，xy平面に垂直であるとき，直線PQの方程式は

$$y=1$$

であり，点Qが球面S上を動き，直線PQがxy平面と交わるところのyの範囲は，このことから

$$y\leqq 1$$

である．

よって，点Rの軌跡と領域はxy平面において，図のようになる．ただし，境界を含む．

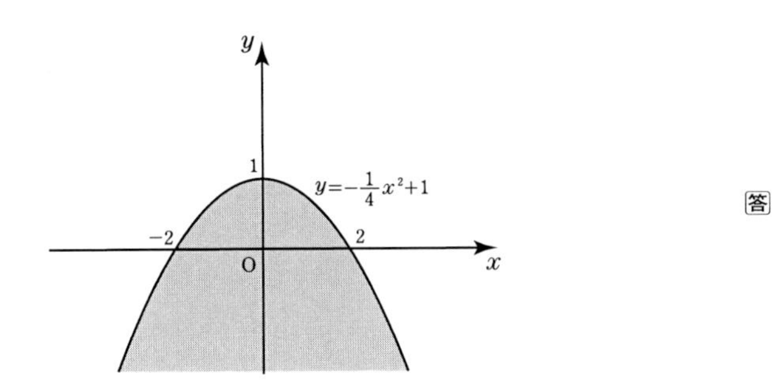

■ 問題 2-1　◀◀静岡大，関西大　改題

(1) 一般に

$$\sin(x+y)=\sin x\cos y+\cos x\sin y$$

$$\sin(x-y)=\sin x\cos y-\cos x\sin y$$

が成り立ち，これらの辺ごとの和によって

$$\sin(x+y)+\sin(x-y)=2\sin x\cos y \quad \cdots\cdots ①$$

である．

ここで，$x+y=\alpha$，$x-y=\beta$ とおくと，これらの辺ごとの和と差により

$$x=\frac{\alpha+\beta}{2},\ y=\frac{\alpha-\beta}{2}$$

であるから，これを①に用いると

$$\sin\alpha+\sin\beta=2\sin\frac{\alpha+\beta}{2}\cos\frac{\alpha-\beta}{2}$$

が成り立つ．　終

(2)

(i) 三角形 ABC の外接円の半径を R とし，三角形 ABC において正弦定理を用いると

$$\frac{a}{\sin A}=\frac{b}{\sin B}=\frac{c}{\sin C}=2R$$

が成り立つから，これより

$$a=2R\sin A,\ b=2R\sin B,\ c=2R\sin C$$

である．

このとき，これを仮定の $a+c=2b$ に用いると

$$2R\sin A+2R\sin C=2\cdot 2R\sin B$$

すなわち

$$\sin A+\sin C=2\sin B \quad \cdots\cdots ②$$

が成り立つことが示せた．　終

(ii) (1) で示したことから

$$\sin A+\sin C=2\sin\frac{A+C}{2}\cos\frac{A-C}{2}$$

であり，また，②より

$$\sin A+\sin C=2\sin B$$

であるから，これらの右辺は等しく

$$\sin\frac{A+C}{2}\cos\frac{A-C}{2}=\sin B$$

が成り立ち，これは

$$\sin\frac{A+C}{2}\cos\frac{A-C}{2}=2\sin\frac{B}{2}\cos\frac{B}{2} \quad \cdots\cdots ③$$

である．

　ここで，$A+B+C=\pi$ であるから

$$\frac{B}{2}=\frac{\pi}{2}-\frac{A+C}{2} \quad \cdots\cdots ④$$

であり，これを③に用いると

$$\sin\frac{A+C}{2}\cos\frac{A-C}{2}=2\sin\left(\frac{\pi}{2}-\frac{A+C}{2}\right)\cos\left(\frac{\pi}{2}-\frac{A+C}{2}\right)$$

であるから，これは

$$\sin\frac{A+C}{2}\cos\frac{A-C}{2}=2\cos\frac{A+C}{2}\sin\frac{A+C}{2}$$

すなわち

$$\sin\frac{A+C}{2}\left(\cos\frac{A-C}{2}-2\cos\frac{A+C}{2}\right)=0 \quad \cdots\cdots ⑤$$

である．ここで，④より

$$0<\frac{A+C}{2}<\frac{\pi}{2}$$

であり，⑤において

$$\sin\frac{A+C}{2}\neq 0$$

であるから

$$\cos\frac{A-C}{2}=2\cos\frac{A+C}{2}$$

である．

　これは

$$\cos\frac{A}{2}\cos\frac{C}{2}+\sin\frac{A}{2}\sin\frac{C}{2}=2\left(\cos\frac{A}{2}\cos\frac{C}{2}-\sin\frac{A}{2}\sin\frac{C}{2}\right)$$

であり，

$$3\sin\frac{A}{2}\sin\frac{C}{2}=\cos\frac{A}{2}\cos\frac{C}{2}$$

すなわち，$0<\frac{A}{2}<\frac{\pi}{2}$，$0<\frac{C}{2}<\frac{\pi}{2}$ であるから，両辺を $\cos\frac{A}{2}\cos\frac{C}{2}$ で割ると

$$\tan\frac{A}{2}\tan\frac{C}{2}=\frac{1}{3}$$ 答

である．

（iii）三角形 ABC において，余弦定理を用いると

$$b^2=c^2+a^2-2ca\cos B$$

であり，仮定の $a^2+c^2=2b^2$ を左辺に用いると

$$\frac{a^2+c^2}{2}=a^2+c^2-2ca\cos B$$

すなわち

$$\cos B=\frac{a^2+c^2}{4ca}=\frac{1}{4}\left(\frac{a}{c}+\frac{c}{a}\right) \quad \cdots\cdots ⑥$$

である．

ここで，$\frac{a}{c}>0$，$\frac{c}{a}>0$ であり，相加平均と相乗平均の大小関係から，⑥は

$$\cos B=\frac{1}{4}\left(\frac{a}{c}+\frac{c}{a}\right)\geqq\frac{1}{4}\cdot 2\sqrt{\frac{a}{c}\cdot\frac{c}{a}}=\frac{1}{2}$$

すなわち

$$\cos B\geqq\frac{1}{2}$$

であり，これより

$$0<B\leqq\frac{\pi}{3} \quad \cdots\cdots ⑦$$

である．

また，$A+B+C=\pi$ であり

$$B=\pi-(A+C)$$

であるから，

$$A+C-2B=(A+B+C)-3B=\pi-3B$$

である．

このとき，⑦をこれに用いると

$$A+C-2B=\pi-3B\geqq\pi-3\cdot\frac{\pi}{3}=0$$

であるから

$$A+C-2B\geqq 0$$

すなわち

$$A+C\geqq 2B$$

が成り立つことが示せた．

また，等号が成り立つのは，

$$\frac{a}{c}=\frac{c}{a} \quad \text{かつ} \quad B=\frac{\pi}{3}$$

のときであり，これは正三角形のときである．　終

■ **問題 2-2**　◀◀早稲田大　改題

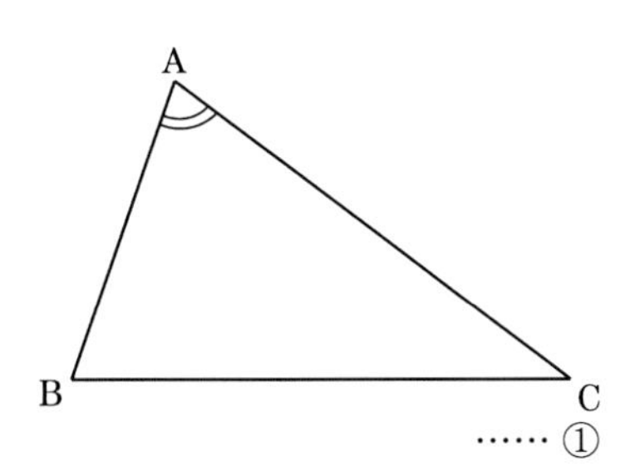

(1) 三角形 ABC の外接円の半径を R とし，正弦定理より

$$a=2R\sin A,\ b=2R\sin B,$$
$$c=2R\sin C$$

と表せる．これを条件の $2a=b+c$ に用いると

$$2\sin A=\sin B+\sin C \quad \cdots\cdots ①$$

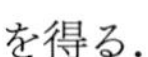
を得る．

また，三角形の 3 つの内角の和と条件より

$$A+B+C=\pi,\ B-C=\frac{\pi}{3}$$

であり，この第 2 式目は

$$B=\frac{\pi}{3}+C,\ C=B-\frac{\pi}{3}$$

と表せるから，これを第 1 式目にそれぞれ用いると

$$A+\left(\frac{\pi}{3}+C\right)+C=\pi,\quad A+B+\left(B-\frac{\pi}{3}\right)=\pi$$

であり

$$C=\frac{\pi}{3}-\frac{A}{2},\ B=\frac{2}{3}\pi-\frac{A}{2} \quad \cdots\cdots ②$$

である．

このとき，②を①に用いると

$$2\sin A=\sin\left(\frac{2}{3}\pi-\frac{A}{2}\right)+\sin\left(\frac{\pi}{3}-\frac{A}{2}\right)$$

であり，右辺を加法定理により，展開すると

$$2\sin A=\left(\frac{\sqrt{3}}{2}\cdot\cos\frac{A}{2}+\frac{1}{2}\cdot\sin\frac{A}{2}\right)+\left(\frac{\sqrt{3}}{2}\cdot\cos\frac{A}{2}-\frac{1}{2}\cdot\sin\frac{A}{2}\right)$$

であるから，これは

$$2\cdot 2\sin\frac{A}{2}\cos\frac{A}{2}=\sqrt{3}\cos\frac{A}{2}$$

すなわち

$$\cos\frac{A}{2}\left(4\sin\frac{A}{2}-\sqrt{3}\right)=0$$

である．

ここで，$0<\frac{A}{2}<\frac{\pi}{2}$ であるから，$\cos\frac{A}{2}>0$ より

$$4\sin\frac{A}{2}=\sqrt{3}$$

であり，これより

$$\sin\frac{A}{2}=\frac{\sqrt{3}}{4}$$

である．

このことから

$$\cos\frac{A}{2}=\sqrt{1-\sin^2\frac{A}{2}}=\sqrt{1-\frac{3}{16}}=\frac{\sqrt{13}}{4}$$

であるから，求める $\sin A$ の値は

$$\sin A=2\sin\frac{A}{2}\cos\frac{A}{2}=2\cdot\frac{\sqrt{3}}{4}\cdot\frac{\sqrt{13}}{4}=\frac{\sqrt{39}}{8}$$ 答

である．

(2) $\angle\mathrm{MAB}=\theta$，中線 AM の長さを x とすると，三角形 ABM の面積と三角形 ACM の面積は等しいから

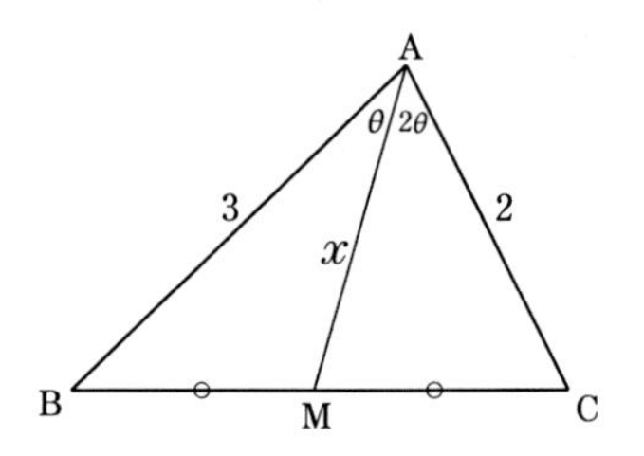

$$\frac{1}{2}\cdot 3\cdot x\cdot\sin\theta=\frac{1}{2}\cdot 2\cdot x\cdot\sin 2\theta$$

であり，これは

$$3x\sin\theta=4x\sin\theta\cos\theta$$

であるから

$$x\cdot\sin\theta(3-4\cos\theta)=0$$

すなわち，$x>0$，$\sin\theta>0$ であるから

$$3-4\cos\theta=0$$

より

$$\cos\theta=\frac{3}{4} \quad \cdots\cdots ③$$

を得る．

これより

$$\sin\theta=\sqrt{1-\cos^2\theta}=\sqrt{1-\frac{9}{16}}=\frac{\sqrt{7}}{4} \qquad \cdots\cdots ④$$

であり，三角形 ABC の面積について

$$\triangle ABC=\triangle ABM+\triangle ACM$$

であるから

$$\frac{1}{2}\cdot3\cdot2\cdot\sin3\theta=\frac{1}{2}\cdot3\cdot x\cdot\sin\theta+\frac{1}{2}\cdot2\cdot x\cdot\sin2\theta$$

である．

これは

$$6(3\sin\theta-4\sin^3\theta)=3x\cdot\sin\theta+2x\cdot2\sin\theta\cos\theta$$

であり，③と④をこれに用いると

$$6\left(3\cdot\frac{\sqrt{7}}{4}-4\cdot\frac{7\sqrt{7}}{64}\right)=3x\cdot\frac{\sqrt{7}}{4}+4x\cdot\frac{\sqrt{7}}{4}\cdot\frac{3}{4}$$

であるから，すなわち

$$x=AM=\frac{5}{4} \qquad 答$$

である．

また，三角形 ABC において，中線定理を用いると

$$AB^2+AC^2=2(AM^2+BM^2)$$

であり，これは

$$9+4=2\left(\frac{25}{16}+BM^2\right)$$

であるから，$BM>0$ より

$$BM=\frac{\sqrt{79}}{4}$$

である．

したがって，

$$a=BC=2BM=\frac{\sqrt{79}}{2} \qquad 答$$

である．

参考（BC の長さについて）

三角形 ABC において，余弦定理を用いると

$$BC^2=3^2+2^2-2\cdot3\cdot2\cdot\cos3\theta$$

であり，これは

$$BC^2 = 13 - 12(-3\cos\theta + 4\cos^3\theta)$$

であるから，③をこれに用いると

$$BC^2 = 13 + 36 \cdot \frac{3}{4} - 48 \cdot \frac{27}{64}$$
$$= \frac{160 - 81}{4}$$
$$= \frac{79}{4}$$

であるから，$BC > 0$ より

$$BC = \frac{\sqrt{79}}{2}$$

としても得られる．

問題 2-3　◀◀東京大／角の評価

(1)　与えられた条件より，

$\angle OAP = \angle PMQ = \theta$ とし

$$\overrightarrow{AO} = \begin{pmatrix} 0 \\ -1 \end{pmatrix},\ \overrightarrow{AP} = \begin{pmatrix} p \\ -1 \end{pmatrix} \quad \cdots\cdots ♪$$

とすると，直角三角形OAPにおいて，$0 < p < 1$ より

$$\tan\theta = \frac{|0 \cdot (-1) - p \cdot (-1)|}{p \cdot 0 + (-1) \cdot (-1)} = p \quad \cdots\cdots ①$$

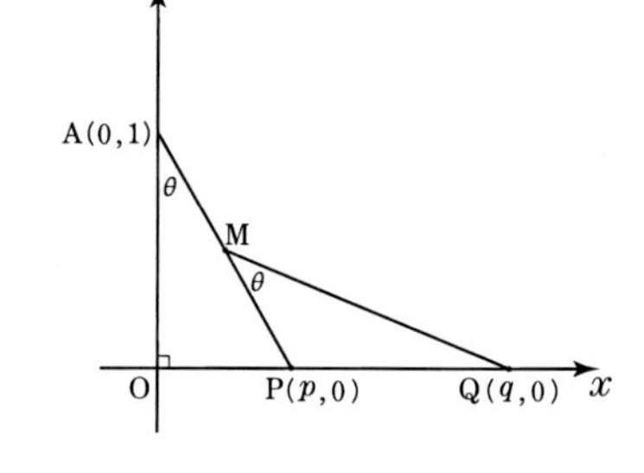

と表せる．また，三角形MPQおいて

$$\overrightarrow{MP} = \begin{pmatrix} \frac{p}{2} \\ -\frac{1}{2} \end{pmatrix},\ \overrightarrow{MQ} = \begin{pmatrix} q - \frac{p}{2} \\ -\frac{1}{2} \end{pmatrix} \quad \cdots\cdots ♫$$

より，$p < q$ であるから

$$\tan\theta = \frac{\left|\frac{p}{2} \cdot \left(-\frac{1}{2}\right) - \left(q - \frac{p}{2}\right) \cdot \left(-\frac{1}{2}\right)\right|}{\frac{p}{2}\left(q - \frac{p}{2}\right) + \left(-\frac{1}{2}\right) \cdot \left(-\frac{1}{2}\right)}$$
$$= \frac{\left|\frac{q - p}{2}\right|}{\frac{p}{2}\left(q - \frac{p}{2}\right) + \left(-\frac{1}{2}\right) \cdot \left(-\frac{1}{2}\right)}$$

$$= \frac{q-p}{p\left(q-\frac{p}{2}\right)+\frac{1}{2}} \qquad \cdots\cdots ②$$

と表せる．

このとき，①と②より

$$p = \frac{q-p}{p\left(q-\frac{p}{2}\right)+\frac{1}{2}}$$

であり，これを q について解くと，

$$p^2q - \frac{1}{2}p^3 + \frac{1}{2}p = q - p$$

$$(1-p^2)q = \frac{3p-p^3}{2}$$

すなわち

$$q = \frac{p(3-p^2)}{2(1-p^2)}$$

である．　答

(2)　$q = \frac{1}{3}$ のとき，(1) より

$$\frac{1}{3} = \frac{p(3-p^2)}{2(1-p^2)}$$

であり，$0<p<1$ であるから，これは

$$2-2p^2 = 9p-3p^3$$

すなわち

$$3p^3-2p^2-9p+2=0 \qquad \cdots\cdots ③$$

である．

ここで，$f(p)=3p^3-2p^2-9p+2$ とおくと

$$\begin{aligned} f(2) &= 3\cdot2^3-2\cdot2^2-9\cdot2+2 \\ &= 24-8-18+2=0 \end{aligned}$$

であるから，$f(p)$ は $p-2$ を因数にもつ．

$$\begin{array}{r|l} & 3p^2+4p-1 \\ \hline p-2 & 3p^3-2p^2-9p+2 \\ & 3p^3-6p^2 \\ \hline & 4p^2-9p+2 \\ & 4p^2-8p \\ \hline & -p+2 \\ & -p+2 \\ \hline & 0 \end{array}$$

このことから

$$f(p)=(p-2)(3p^2+4p-1)$$

と表せ，③は $f(p)=0$ であり，$0<p<1$ より

$$3p^2+4p-1=0$$

すなわち

$$p=\frac{-2+\sqrt{7}}{3}$$

を得る．

このとき

$$q-p=\frac{1}{3}-\frac{-2+\sqrt{7}}{3}=1-\frac{\sqrt{7}}{3}>0$$

であるから，これは $p<q$ を満たす．

したがって，求める p の値は

$$p=\frac{-2+\sqrt{7}}{3}$$ 答

である．

(3)　$S>T$ は，$2S>2T$ であり，♪と♬より（①と②の各分子の絶対値部分に着目）

$$|p|>\left|\frac{q-p}{2}\right|$$

であるから，これより，$q<3p$ である．これと条件の $p<q$ を合わせると，

$$p<q<3p$$

すなわち，(1) の結果より

$$p<\frac{p(3-p^2)}{2(1-p^2)}<3p \quad \cdots\cdots ④$$

である．

このとき，④において左側の不等式から

$$2p-2p^3<3p-p^3$$

であり，

$$p^3+p>0$$

すなわち

$$p(p^2+1)>0$$

であるから，条件の $0<p<1$ と合わせると

$$0<p<1 \quad \cdots\cdots ⑤$$

が得られる．

一方，④において，右側の不等式から

$$3p-p^3<6p-6p^3$$

であり

$$5p^3-3p<0$$

すなわち

$$p(5p^2-3)>0$$

であるから，条件の $0<p<1$ より，

$$5p^2-3<0$$

すなわち

$$0<p<\frac{\sqrt{15}}{5} \qquad \cdots\cdots ⑥$$

である．

したがって，⑤と⑥より，求める p の範囲は

$$0<p<\frac{\sqrt{15}}{5}$$ 答

である．

■ 問題 2-4　◀◀東京大／角の評価

図のようにとれるから，点 P を (x, y) として

$$\overrightarrow{\mathrm{PA}}=\begin{pmatrix}1-x\\-y\end{pmatrix},\ \overrightarrow{\mathrm{PB}}=\begin{pmatrix}-1-x\\-y\end{pmatrix},$$
$$\overrightarrow{\mathrm{PC}}=\begin{pmatrix}-x\\-1-y\end{pmatrix}$$

と定め，点Pが y 軸上の点C以外のところに存在するとき，条件の $\angle\mathrm{APC}=\angle\mathrm{BPC}$ を満たすことは明らかである．

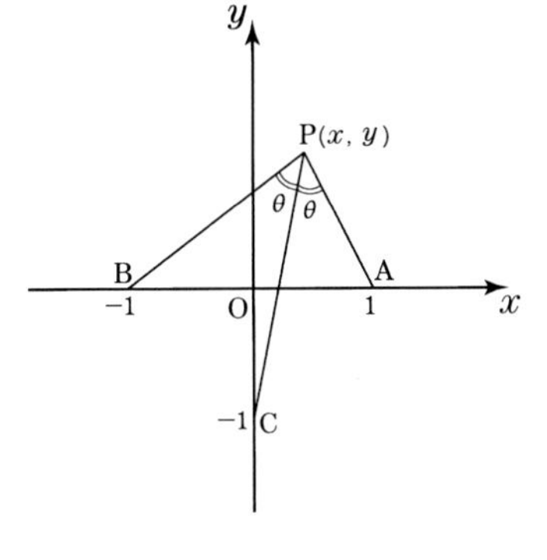

ここで，

$$\tan\angle\mathrm{APC}=\frac{|(1-x)(-1-y)-xy|}{(1-x)\cdot(-x)+(-y)\cdot(-1-y)}$$
$$=\frac{|x-(y+1)|}{x^2-x+(y^2+y)} \qquad \cdots\cdots ①$$

であり，また，

$$\tan\angle\mathrm{BPC}=\frac{|(-1-x)(-1-y)-xy|}{(-1-x)\cdot(-x)+(-y)\cdot(-1-y)}=\frac{|x+(y+1)|}{x^2+x+(y^2+y)}$$

$\cdots\cdots ②$

であるから，①と②において

$$A=y+1,\ B=y^2+y$$

とおくと，条件から

$$\frac{|x-A|}{x^2-x+B}=\frac{|x+A|}{x^2+x+B}$$

である．

これより

$$(x+A)^2(x^2-x+B)^2=(x-A)^2(x^2+x+B)^2$$

であり，変形すると

$$\{(x+A)(x^2-x+B)\}^2-\{(x-A)(x^2+x+B)\}^2=0$$

$$\{(x+A)(x^2-x+B)+(x-A)(x^2+x+B)\}\times\{(x+A)(x^2-x+B)-(x-A)(x^2+x+B)\}=0$$

$$(x^3+Bx-Ax)(-x^2+Ax^2+AB)=0$$

$$x\{x^2+(y^2+y)-(y+1)\}\{-x^2+(y+1)x^2+(y+1)(y^2+y)\}=0$$

$$xy(x^2+y^2-1)\{x^2+(y+1)^2\}=0 \quad \cdots\cdots ③$$

である．

ここで，③において

$$x^2+(y+1)^2=0$$

は

$$(x,\ y)=(0,\ -1)$$

であり，これは点 C の意味するから，条件に適さない．

また，①と②の分母の式は内積を示唆し，条件を満たすのは，①と②の分母の式が同符号（ただし，$\angle\mathrm{APC}=\angle\mathrm{BPC}=90°$ を満たす点 P はただ 1 つの原点 O である）であることから，

$$x^2-x+y^2+y=\left(x-\frac{1}{2}\right)^2+\left(y+\frac{1}{2}\right)^2-\frac{1}{2}$$

$$x^2+x+y^2+y=\left(x+\frac{1}{2}\right)^2+\left(y+\frac{1}{2}\right)^2-\frac{1}{2}$$

すなわち

$$\begin{cases}\left(x-\frac{1}{2}\right)^2+\left(y+\frac{1}{2}\right)^2>\frac{1}{2}\\ \left(x+\frac{1}{2}\right)^2+\left(y+\frac{1}{2}\right)^2>\frac{1}{2}\end{cases},\quad \begin{cases}\left(x-\frac{1}{2}\right)^2+\left(y+\frac{1}{2}\right)^2<\frac{1}{2}\\ \left(x+\frac{1}{2}\right)^2+\left(y+\frac{1}{2}\right)^2<\frac{1}{2}\end{cases} \quad \cdots\cdots ④$$

である．

したがって，④の領域において，求める点 P の軌跡は

$$x=0,\ \ y=0,\ \ x^2+y^2=1$$

の実線部分である．

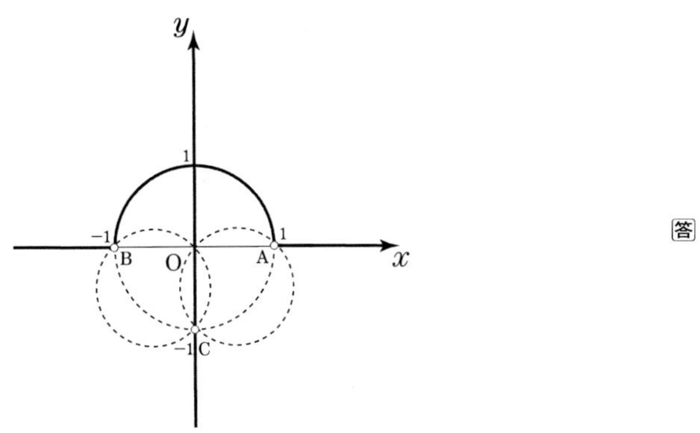

答

問題 2-5　◀◀大阪大　改題

(1) 3 つの直線 AB, BC, CA の傾き p, q, r は

$$\begin{cases} p = \dfrac{b^2 - a^2}{b - a} = b + a \\ q = c + b \\ r = c + a \end{cases} \quad \cdots\cdots *$$

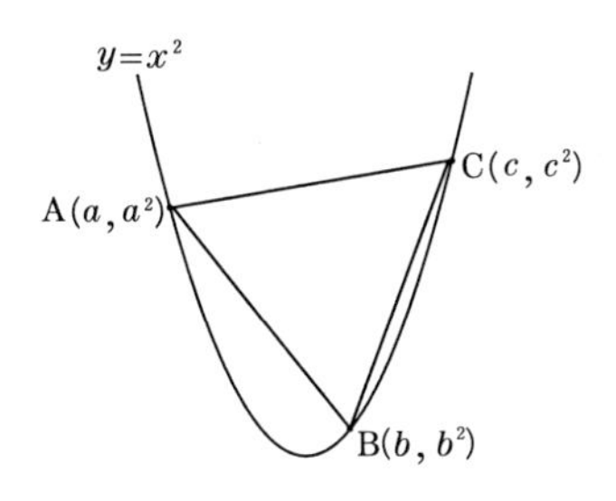

と表せ，直線 AB, BC が x 軸の正の方向となす角をそれぞれ α, β とすると，内角と外角の関係より

$$\alpha = \beta + \frac{\pi}{3} \quad \left(\alpha \neq \frac{\pi}{2},\ \frac{5}{6}\pi\right)$$

を満たすから，

$$\beta = \alpha - \frac{\pi}{3}$$

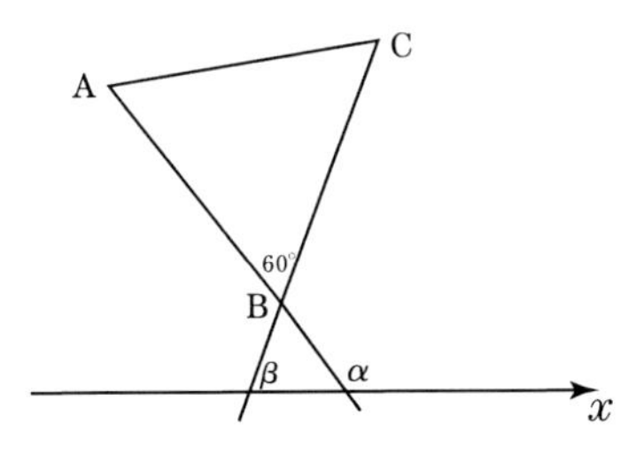

として，この両辺に正接を施すと

$$\tan\beta = \tan\left(\alpha - \frac{\pi}{3}\right) = \frac{\tan\alpha - \sqrt{3}}{1 + \sqrt{3}\tan\alpha}$$

が得られ，

$$\tan\alpha = p,\ \tan\beta = q$$

であるから，これに用いると

$$q=\frac{p-\sqrt{3}}{1+\sqrt{3}\,p}$$

となる．

ここで，上述したように

$$p \neq \tan\frac{5}{6}\pi\left(=-\frac{1}{\sqrt{3}}\right)$$

であるから，上式より

$$q(1+\sqrt{3}\,p)=p-\sqrt{3}$$

すなわち

$$\sqrt{3}\,pq=p-q-\sqrt{3} \qquad \cdots\cdots ①$$

を得る．

これと同様にすると，直線 BC と CA の傾きおよび直線 CA と AB の傾きから

$$\sqrt{3}\,qr=q-r-\sqrt{3} \qquad \cdots\cdots ②$$

$$\sqrt{3}\,rp=r-p-\sqrt{3} \qquad \cdots\cdots ③$$

を得るから，①と②と③の辺ごとの和によって

$$\sqrt{3}(pq+qr+rp)=-3\sqrt{3}$$

すなわち

$$pq+qr+rp=-3 \text{（一定）}$$

である．　終

(2) 正三角形 ABC の重心 G を $(X,\ Y)$ とすると

$$\begin{cases} X=\dfrac{a+b+c}{3} \\ Y=\dfrac{a^2+b^2+c^2}{3} \end{cases}$$

である．この第 1 式目から

$$3X=a+b+c$$

であり，両辺を 2 乗すると

$$9X^2=a^2+b^2+c^2+2(ab+bc+ca) \qquad \cdots\cdots ④$$

であるから，第 2 式目から

$$a^2+b^2+c^2=3Y \qquad \cdots\cdots ⑤$$

より，⑤を④に用いると

$$9X^2=3Y+2(ab+bc+ca) \qquad \cdots\cdots ⑥$$

である．

　このとき，(1) で得られた

$$pq+qr+rp=-3$$

を a, b, c を用いて表すと，＊より

$$(a+b)(c+b)+(c+b)(c+a)+(c+a)(a+b)=-3$$

$$a^2+b^2+c^2+3(ab+bc+ca)=-3$$

であり，⑤をこれに用いると

$$3Y+3(ab+bc+ca)=-3$$

すなわち

$$ab+bc+ca=-Y-1 \quad \cdots\cdots ⑦$$

である．

　したがって，⑦を⑥に用いると

$$9X^2=3Y+2(-Y-1)$$

すなわち

$$Y=9X^2+2$$

であるから，正三角形 ABC の重心 G は

　　放物線 $y=9x^2+2$ 上を動く．　答

問題 2-6　◀◀福井大

(1)　$y=\frac{1}{4}x^2$ の両辺を x で微分すると

$$y'=\frac{1}{2}x$$

であり，$y=\frac{1}{4}x^2$ 上の点 $\left(x,\ \frac{1}{4}x^2\right)$ における接線の傾きは

$$\frac{1}{2}x$$

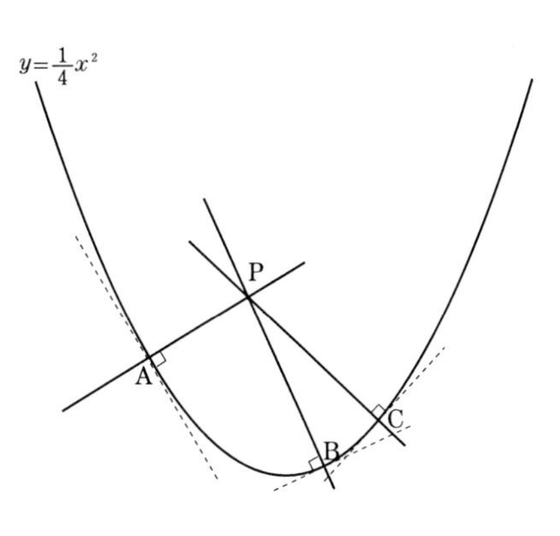

であるから，この点における法線の傾きは，$x \neq 0$ のもとで

$$-\frac{2}{x}$$

である．

これより，点 $A(2a, a^2)$ における法線 ℓ の方程式は

$$y-a^2=-\frac{2}{2a}(x-2a)$$

であり，$a=0$ の場合は，y 軸となるから，これより

$$x+ay=a^3+2a \quad \cdots\cdots ①$$

となる．

これと同様に，点 B, C における法線 m, n の方程式はそれぞれ

$$x+by=b^3+2b \quad \cdots\cdots ②$$

$$x+cy=c^3+2c \quad \cdots\cdots ③$$

と表せる．

このとき，2 つの法線 ℓ, m の交点について，①と②の辺ごとの差より

$$(a-b)y=(a^3-b^3)+2(a-b)$$

が得られ，$a \neq b$ より

$$y=a^2+ab+b^2+2 \quad \cdots\cdots ④$$

である．

また，2 つの法線 ℓ, n の交点について，①と③の辺ごとの差より

$$y=a^2+ac+c^2+2 \quad \cdots\cdots ⑤$$

を得るから，3 つの法線 ℓ, m, n が 1 点で交わるのは，④と⑤の右辺が等しいことが必要であるから

$$a^2+ab+b^2+2=a^2+ac+c^2+2$$

である．これは

$$a(b-c)+(b-c)(b+c)=0$$

であり

$$(b-c)(a+b+c)=0$$

であるから，$b \neq c$ より

$$a+b+c=0$$

となる．

逆に，$a+b+c=0$ が成り立つとき，①，②，③の辺ごとの和により

$$3x+(a+b+c)y=a^3+b^3+c^3+2(a+b+c)$$

は，$a+b+c=0$ から

$$x=\frac{a^3+b^3+c^3}{3}$$

となり，ここで

$$a^3+b^3+c^3-3abc=(a+b+c)(a^2+b^2+c^2-ab-bc-ca)$$

であるが，$a+b+c=0$ から，これは

$$a^3+b^3+c^3-3abc=0$$

となるから，上式の x は

$$x=abc$$

と表せる．

このとき，これを①に用いると

$$abc+ay=a^3+2a$$

であり，$a \neq 0$ のもとで，$a=-b-c$ より，これは

$$y=(-b-c)^2+2-bc=b^2+bc+c^2+2 \quad \cdots\cdots ⑥$$

となる．

また，②より

$$ac+y=b^2+2$$

であり，

$$y=b^2-(-b-c)c+2=b^2+bc+c^2+2 \quad \cdots\cdots ⑦$$

となり，さらに，③より

$$ab+y=c^2+2$$

であるから

$$y=c^2-(-b-c)b+2=b^2+bc+c^2+2 \quad \cdots\cdots ⑧$$

となる．

したがって，$a+b+c=0$ のとき，⑥，⑦，⑧はすべて等しいから一致し，3 点 A，B，C における法線が 1 点で交わるための必要十分条件は

$$a+b+c=0$$

であることが示せた．　終

(2) $\angle \mathrm{BAC}=90^\circ$ としても，一般性を失うものではなく，$a \neq b \neq c$ のもとで

$$\overrightarrow{\mathrm{AB}}\cdot\overrightarrow{\mathrm{AC}}=0$$

を満たすから，これは

$$\begin{pmatrix} 2b-2a \\ b^2-a^2 \end{pmatrix}\cdot\begin{pmatrix} 2c-2a \\ c^2-a^2 \end{pmatrix}=0$$

である．これより

$$4(b-a)(c-a)+(b-a)(b+a)(c-a)(c+a)=0$$

であり

$$(b-a)(c-a)\{4+(b+a)(c+a)\}=0$$

であるから，$a \fallingdotseq b \fallingdotseq c$ より

$$4+(b+a)(c+a)=0$$

である．ここで，$a+b+c=0$ より

$$4+(-c)(-b)=0$$

すなわち

$$bc=-4 \quad \cdots\cdots ⑨$$

を得るから，3 つの法線 ℓ, m, n の交点 P を $(X,\ Y)$ とすると，(1) より

$$\begin{cases} X=abc \\ Y=b^2+bc+c^2+2 \end{cases}$$

であり，⑨をこれに用いると

$$\begin{cases} X=-4a \\ Y=(b+c)^2-bc+2=(-a)^2+6=a^2+6 \end{cases}$$

であるから，この第 1 式目より

$$a=-\frac{1}{4}X$$

として，第 2 式目に用いると

$$Y=\frac{1}{16}X^2+6$$

であるから，求める点 P の軌跡は

放物線 $y=\dfrac{1}{16}x^2+6$ 上を動く．　答

問題 2-7　◀◀横浜市立大，九州大など

(1)　$3\theta=2\theta+\theta$ であるから

$$\begin{aligned} \sin 3\theta &= \sin(2\theta+\theta) \\ &= \sin 2\theta\cos\theta+\cos 2\theta\sin\theta \\ &= 2\sin\theta\cos^2\theta+(1-2\sin^2\theta)\sin\theta \\ &= 2\sin\theta(1-\sin^2\theta)+\sin\theta-2\sin^3\theta \\ &= 3\sin\theta-4\sin^3\theta \end{aligned}$$

であり，これで示せた．

終

(2)　$\theta=\dfrac{\pi}{9}$ とおくと，(1) より

$$\sin 3\cdot\frac{\pi}{9}=3\sin\frac{\pi}{9}-4\sin^3\frac{\pi}{9}$$

であり，これは

$$4\sin^3\frac{\pi}{9}-3\sin\frac{\pi}{9}+\frac{\sqrt{3}}{2}=0$$

であるから，$\sin\dfrac{\pi}{9}=x$ とおくと，これより

$$4x^3-3x+\frac{\sqrt{3}}{2}=0$$

すなわち，$\sin\dfrac{\pi}{9}$ は方程式 $4x^3-3x+\dfrac{\sqrt{3}}{2}=0$ の解の一つである．

同様に，

$$\sin 3\cdot\frac{2\pi}{9}=3\sin\frac{2\pi}{9}-4\sin^3\frac{2\pi}{9}$$

であり，

$$\sin 3\cdot\frac{2\pi}{9}=\sin\frac{2\pi}{3}=\frac{\sqrt{3}}{2}$$

であるから，$\sin\dfrac{2\pi}{9}$ は方程式 $4x^3-3x+\dfrac{\sqrt{3}}{2}=0$ の解の一つである．

また，

$$\sin 3\cdot\left(-\frac{4\pi}{9}\right)=3\sin\left(-\frac{4\pi}{9}\right)-4\sin^3\left(-\frac{4\pi}{9}\right)$$

であり，

$$\sin 3\cdot\left(-\frac{4\pi}{9}\right)=\sin\left(-\frac{4\pi}{3}\right)=\sin\frac{2\pi}{3}=\frac{\sqrt{3}}{2}$$

であるから，$\sin\left(-\dfrac{4\pi}{9}\right)$ は方程式 $4x^3-3x+\dfrac{\sqrt{3}}{2}=0$ の解の一つである．

したがって，

$\sin\dfrac{\pi}{9}$，$\sin\dfrac{2\pi}{9}$，$\sin\left(-\dfrac{4\pi}{9}\right)$ は方程式 $4x^3-3x+\dfrac{\sqrt{3}}{2}=0$ の解であることが示せた．　**終**

(3) $\sin\dfrac{\pi}{9}$，$\sin\dfrac{2\pi}{9}$，$\sin\left(-\dfrac{4\pi}{9}\right)$ はすべて異なるから，(2) の 3 次方程式において，解と係数の関係より

$$\sin\frac{\pi}{9}\sin\frac{2\pi}{9}\sin\left(-\frac{4\pi}{9}\right)=-\frac{\frac{\sqrt{3}}{2}}{4}=-\frac{\sqrt{3}}{8}$$

であり，

$$\sin\left(-\frac{4\pi}{9}\right)=-\sin\frac{4\pi}{9}$$

であるから，これを上式に用いると，求める式の値は

$$\sin\frac{\pi}{9}\sin\frac{2\pi}{9}\sin\frac{4\pi}{9}=\frac{\sqrt{3}}{8}$$ 答

である．

別解：(1) の利活用

$$\begin{aligned}\sin\frac{\pi}{9}\sin\frac{2\pi}{9}\sin\frac{4\pi}{9}&=\sin\frac{\pi}{9}\left[-\frac{1}{2}\left\{\cos\left(\frac{4\pi}{9}+\frac{2\pi}{9}\right)-\cos\left(\frac{4\pi}{9}-\frac{2\pi}{9}\right)\right\}\right]\\&=\sin\frac{\pi}{9}\cdot\left(-\frac{1}{2}\right)\left\{\left(-\frac{1}{2}\right)-\cos\frac{2\pi}{9}\right\}\\&=\sin\frac{\pi}{9}\cdot\left(-\frac{1}{2}\right)\left\{-\frac{1}{2}-\left(1-2\sin^2\frac{\pi}{9}\right)\right\}\\&=\sin\frac{\pi}{9}\left(\frac{3}{4}-\sin^2\frac{\pi}{9}\right)\\&=\frac{1}{4}\left(3\sin\frac{\pi}{9}-4\sin^3\frac{\pi}{9}\right)\\&=\frac{1}{4}\sin\frac{3\pi}{9}\\&=\frac{\sqrt{3}}{8}\end{aligned}$$

としてもよい．

(4) $\sin x\neq 0$ のもとで

$$\begin{aligned}&2^n\sin x\cos x\cdot\cos 2x\cdot\cos 2^2x\cdot\cdots\cdot\cos 2^{n-1}x\\&=2^{n-1}\cdot(2\sin x\cos x)\cdot\cos 2x\cdot\cos 2^2x\cdot\cdots\cdots\cdot\cos 2^{n-1}x\\&=2^{n-1}\sin 2x\cdot\cos 2x\cdot\cos 2^2x\cdot\cdots\cdots\cdot\cos 2^{n-1}x\\&=2^{n-2}\cdot(2\sin 2x\cos 2x)\cdot\cos 2^2x\cdot\cdots\cdots\cdot\cos 2^{n-1}x\\&=2^{n-2}\cdot\sin 2^2x\cdot\cos 2^2x\cdot\cdots\cdots\cdot\cos 2^{n-1}x\end{aligned}$$

……(繰り返す)

$$\begin{aligned}&=2\sin 2^{n-1}x\cos 2^{n-1}x\\&=\sin 2^nx\end{aligned}$$

であるから，これより

$$\cos x\cdot\cos 2x\cdot\cos 2^2x\cdot\cdots\cdot\cos 2^{n-1}x=\frac{\sin 2^n x}{2^n\sin x}$$

が成り立つことが示せた．　終

(5) $A=\cos\frac{\pi}{9}\cos\frac{2\pi}{9}\cos\frac{4\pi}{9}$ とおき，(4) で示したことから

$$\sin\frac{\pi}{9}\cdot A=\sin\frac{\pi}{9}\cdot\cos\frac{\pi}{9}\cos\frac{2\pi}{9}\cos\frac{4\pi}{9}$$

とすれば，これは

$$\sin\frac{\pi}{9}\cdot A=\frac{1}{2}\sin\frac{2\pi}{9}\cdot\cos\frac{2\pi}{9}\cos\frac{4\pi}{9}$$

$$\sin\frac{\pi}{9}\cdot A=\frac{1}{4}\sin\frac{4\pi}{9}\cdot\cos\frac{4\pi}{9}$$

$$\sin\frac{\pi}{9}\cdot A=\frac{1}{8}\sin\frac{8\pi}{9}$$

となる．

　ここで

$$\sin\frac{8\pi}{9}=\sin\left(\pi-\frac{\pi}{9}\right)=\sin\frac{\pi}{9}$$

であるから，上式は

$$A=\frac{1}{8}$$　答

である．

(6)
$$\tan\frac{\pi}{9}\tan\frac{2\pi}{9}\tan\frac{4\pi}{9}=\frac{\sin\frac{\pi}{9}\sin\frac{2\pi}{9}\sin\frac{4\pi}{9}}{\cos\frac{\pi}{9}\cos\frac{2\pi}{9}\cos\frac{4\pi}{9}}=\frac{\frac{\sqrt{3}}{8}}{\frac{1}{8}}=\sqrt{3}$$

であり，

　$\tan\theta=\sqrt{3}$ を満たす $-\frac{\pi}{2}<\theta<\frac{\pi}{2}$ の θ は

$$\theta=\frac{\pi}{3}$$　答

である．

(7) $t=\cos\frac{\pi}{9}$ とおく．このとき，一般に

$$\cos 3\theta=-3\cos\theta+4\cos^3\theta$$

であり，この θ に $\theta=\frac{\pi}{9}$ を対応させると

$$\frac{1}{2}=-3t+4t^3$$

すなわち，$t=\cos\frac{\pi}{9}$ は

$$8t^3-6t-1=0$$

の解である．

ここで，$f(t)=8t^3-6t-1$ とおき，t が有理数であると仮定する．
このとき，$f(t)=0$ を有理数の範囲で左辺を因数分解することを考えるが

$$f\left(\frac{1}{2}\right)=1-3-1\neq 0,\quad f\left(-\frac{1}{2}\right)=-1+3-1\neq 0$$

$$f\left(\frac{1}{4}\right)=\frac{1}{8}-\frac{3}{2}-1\neq 0,\quad f\left(-\frac{1}{4}\right)=-\frac{1}{8}+\frac{3}{2}-1\neq 0$$

$$f\left(\frac{1}{8}\right)=\frac{1}{64}-\frac{3}{4}-1\neq 0,\quad f\left(-\frac{1}{8}\right)=-\frac{1}{64}+\frac{3}{4}-1\neq 0$$

$$f(1)=8-6-1\neq 0,\quad f(-1)=-8+6-1\neq 0$$

であるから，これは有理数の範囲で左辺を因数分解することはできない．

また，

$$\cos\frac{\pi}{3}<\cos\frac{\pi}{9}<\cos 0$$

であり，これは

$$\frac{1}{2}<t<1$$

であるから，これと合わせても不合理である．

したがって，

$t=\cos\frac{\pi}{9}$ は無理数である

ことが示せた．　**終**

問題 2-8　◀◀岐阜大

(1) 条件の $\tan\alpha\cdot\tan\beta=1$ より，

$$\frac{\sin\alpha}{\cos\alpha}\cdot\frac{\sin\beta}{\cos\beta}=1$$

であり，これは

$$\cos\alpha\cos\beta-\sin\alpha\sin\beta=0$$

であるから，すなわち

$$\cos(\alpha+\beta)=0$$

である．

したがって，ある整数 k をとり

$$\alpha+\beta=\frac{\pi}{2}+k\pi$$

となるから，これで成り立つことが示せた．　終

(2) $3x=2x+x$ であり

$$\tan 3x=\tan(2x+x)$$
$$=\frac{\tan 2x+\tan x}{1-\tan 2x\tan x}$$
$$=\frac{\dfrac{2\tan x}{1-\tan x\tan x}+\tan x}{1-\dfrac{2\tan x}{1-\tan x\tan x}\cdot\tan x}$$

である．

ここで，$t=\tan x$ であるから，上式をこれで改めると

$$\tan 3x=\frac{\dfrac{2t}{1-t^2}+t}{1-\dfrac{2t^2}{1-t^2}}=\frac{2t+t-t^3}{1-t^2-2t^2}=\frac{3t-t^3}{1-3t^2}$$　答

である．

(3) $y=c\tan x$ は c の値に関係なく，原点Oを通り，$y=\tan 3x$ も原点Oを通るから，原点Oで2つの曲線は1つの解をもつことがわかる．

ここで，$x\neq 0$ に対し，$t=\tan x$ とおくと，2つの曲線が交点をもつかどうかは，連立させて，(2) より

$$c\cdot t=\frac{3t-t^3}{1-3t^2}$$

となり，これは

$$c=\frac{3-t^2}{1-3t^2}$$

すなわち，$-\dfrac{\pi}{6}<x<\dfrac{\pi}{6}$ で，$-\dfrac{1}{\sqrt{3}}<t<\dfrac{1}{\sqrt{3}}$ であるから

$$c=\frac{t^2-3}{3t^2-1}=\frac{\dfrac{1}{3}\cdot(3t^2-1)+\dfrac{1}{3}-3}{3t^2-1}=\frac{1}{3}\left(1-\frac{8}{3t^2-1}\right)$$

である．

　ここで，

$$f(t)=\frac{1}{3}\left(1-\frac{8}{3t^2-1}\right)$$

とおき，t を $-t$ とすると

$f(-t)=f(t)$ であるから，$f(t)$ は偶関数であることがわかる．

　つまり，$0<t<\frac{1}{\sqrt{3}}$ について

$$f'(t)=\frac{1}{3}\cdot\frac{6t}{(3t^2-1)^2}=\frac{2t}{(3t^2-1)^2}>0$$

であり，この区間で単調増加であることがわかり，さらに

$$\lim_{t\to+0}f(t)=3=f(0)$$

$$\lim_{t\to\frac{1}{\sqrt{3}}-0}f(t)=+\infty$$

であるから，$Y=f(t)$ のグラフは図のようになる．

　したがって，これに直線 $Y=c$ を重ねると，$Y=f(t)$ と1つの交点をもつごとに t は1つ対応するから，$y=c\tan x$ と $y=\tan 3x$ の交点の個数はこれに従う．

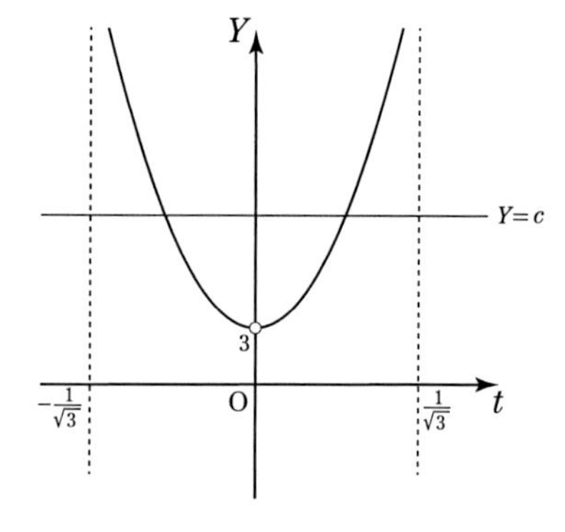

　以上の考察より，上述したことと合わせると，共有点の個数は，c のとり得る範囲によって

$c\leqq 3$ のとき，1個

$c>3$ のとき，3個

となる．　**答**

問題 2-9　◀◀東京医科歯科大

(1) 条件の $\tan\alpha\cdot\tan\beta=1$ より

$$\frac{\sin\alpha}{\cos\alpha}=\frac{\cos\beta}{\sin\beta}$$

であり，これは

$$\cos\alpha\cos\beta-\sin\alpha\sin\beta=0$$

であるから，すなわち

$$\cos(\alpha+\beta)=0$$

である．

したがって

$$\alpha+\beta=\frac{\pi}{2}+k\pi\ (k\text{は整数})$$

であり，条件より $0<\alpha<\frac{\pi}{2}$，$0<\beta<\frac{\pi}{2}$ であるから，

$$0<\alpha+\beta<\pi$$

すなわち，$k=1$ と決まるから，

$$\alpha+\beta=\frac{\pi}{2}$$ 答

である．

別解

条件より

$$\tan\alpha=\frac{1}{\tan\beta}=\tan\left(\frac{\pi}{2}-\beta\right)$$

であり

$$\tan\alpha=\tan\left(\frac{\pi}{2}-\beta\right)$$

である．ここで $0<\beta<\frac{\pi}{2}$ より

$$0<\frac{\pi}{2}-\beta<\frac{\pi}{2}$$

であるから，上式より

$$\alpha=\frac{\pi}{2}-\beta$$

すなわち

$$\alpha+\beta=\frac{\pi}{2}$$ 答

である．

(2) 条件の $\alpha+\beta+\gamma=\frac{\pi}{2}$ は

$$\gamma=\frac{\pi}{2}-(\alpha+\beta)$$

とできるから，この両辺に正接を施すと

$$\tan\gamma=\tan\left(\frac{\pi}{2}-(\alpha+\beta)\right)=\frac{1}{\tan(\alpha+\beta)}$$

である．

これは

$$\tan\gamma=\frac{1-\tan\alpha\tan\beta}{\tan\alpha+\tan\beta}$$

であり，

$$\tan\gamma(\tan\alpha+\tan\beta)=1-\tan\alpha\tan\beta$$

であるから，すなわち

$$\tan\alpha\tan\beta+\tan\beta\tan\gamma+\tan\gamma\tan\alpha=1$$

である．これは α, β, γ の値によらず一定であることが示せた．　終

(3) 与えられた条件は，実数 α, β, γ が，

$$0<\alpha<\frac{\pi}{2},\ 0<\beta<\frac{\pi}{2},\ 0<\gamma<\frac{\pi}{2},\ \alpha+\beta+\gamma=\frac{\pi}{2}$$

を満たすから，ここで (2) を用いると

$$\tan\alpha\tan\beta+\tan\beta\tan\gamma+\tan\gamma\tan\alpha=1 \quad \cdots\cdots ①$$

である．このとき，

$$x=\tan\alpha>0,\ y=\tan\beta>0,\ z=\tan\gamma>0$$

とおくと，①は

$$xy+yz+zx=1$$

である．ここで，求める

$$\tan\alpha+\tan\beta+\tan\gamma=x+y+z$$

と表せるから，

$$\begin{aligned}(x+y+z)^2&=x^2+y^2+z^2+2(xy+yz+zx)\\&=x^2+y^2+z^2+2\\&=\frac{x^2+y^2}{2}+\frac{y^2+z^2}{2}+\frac{z^2+x^2}{2}+2\end{aligned}$$

$$\geqq \frac{1}{2}\cdot 2\sqrt{x^2y^2}+\frac{1}{2}\cdot 2\sqrt{y^2z^2}+\frac{1}{2}\cdot 2\sqrt{z^2x^2}+2 \text{（相加・相乗平均）}$$
$$=xy+yz+zx+2$$
$$=3 \quad (\because \ xy+yz+zx=1)$$

であるから

$x>0$，$y>0$，$z>0$ より

$$x+y+z\geqq\sqrt{3}$$

である．

また，等号が成り立つのは

$$x=y=z \quad かつ \quad xy+yz+zx=1$$

のときであり，すなわち

$$x=y=z=\frac{1}{\sqrt{3}}$$

のときである．

したがって，求める式のとり得る値の範囲は

$$\tan\alpha+\tan\beta+\tan\gamma=x+y+z\geqq\sqrt{3}$$ 答

である．

■ 問題 2-10　◀◀一橋大　改題

条件より

$$x=\frac{1}{\tan\alpha},\ y=\frac{1}{\tan\beta},\ z=\frac{1}{\tan\gamma} \quad \cdots\cdots ①$$

とおくと，一般に，$f(\theta)=\tan\theta$ は $0<\theta<\frac{\pi}{4}$ で単調増加であり，条件の

$0<\alpha\leqq\beta\leqq\gamma$ より

$$0<\tan\alpha\leqq\tan\beta\leqq\tan\gamma<1 \quad \cdots\cdots ②$$

を満たすから，①と②より

$$0<\frac{1}{x}\leqq\frac{1}{y}\leqq\frac{1}{z}<1$$

すなわち

$$1<z\leqq y\leqq x$$

である．

また，条件の $\alpha+\beta+\gamma=\frac{\pi}{4}$ は

$$\alpha+\beta=\frac{\pi}{4}-\gamma$$

であり，この両辺に正接を施すと

$$\tan(\alpha+\beta)=\tan\left(\frac{\pi}{4}-\gamma\right)$$

であるから

$$\frac{\tan\alpha+\tan\beta}{1-\tan\alpha\tan\beta}=\frac{1-\tan\gamma}{1+\tan\gamma} \quad \cdots\cdots ③$$

である．

このとき，①を③に用いると

$$\frac{\dfrac{1}{x}+\dfrac{1}{y}}{1-\dfrac{1}{xy}}=\frac{1-\dfrac{1}{z}}{1+\dfrac{1}{z}}$$

であり，これは

$$\frac{x+y}{xy-1}=\frac{z-1}{z+1}$$

であるから，

$$xyz+1=x+y+z+xy+yz+zx \quad \cdots\cdots ④$$

である．

さらに，$xyz>0$ より，この両辺をこれで割ると

$$\begin{aligned}1<1+\frac{1}{xyz}&=\frac{1}{x}+\frac{1}{y}+\frac{1}{z}+\frac{1}{xy}+\frac{1}{yz}+\frac{1}{zx}\\&\leqq\frac{1}{z}+\frac{1}{z}+\frac{1}{z}+\frac{1}{z^2}+\frac{1}{z^2}+\frac{1}{z^2}\end{aligned}$$

であり，これより

$$1<\frac{3}{z}+\frac{3}{z^2}$$

であるから

$$z^2-3z-3<0$$

すなわち，これは

$$\frac{3-\sqrt{21}}{2}<z<\frac{3+\sqrt{21}}{2}<\frac{3+5}{2}=4$$

と評価できるから，整数 z の候補は，$1<z\leqq y\leqq x$ と合わせると

$$z=2,\ 3$$

である．

（i）$z=2$ のとき；

④より

$$2xy+1=x+y+2+xy+2y+2x$$

であり，これは

$$xy-3x-3y=1$$

であるから

$$x(y-3)-3(y-3)-9=1$$

すなわち

$$(x-3)(y-3)=10$$

である．ここで，$1<y\leqq x$ であり，$x-3\geqq y-3$ であるから

$x-3$	10	5
$y-3$	1	2

より

x	13	8
y	4	5

であり，これらはすべて $z=2$ に対して成り立つ．

（ii）$z=3$ のとき；

④より

$$3xy+1=x+y+3+xy+3y+3x$$

であり，これは

$$xy-2x-2y=1$$

であるから

$$x(y-2)-2(y-2)-4=1$$

すなわち

$$(x-2)(y-2)=5$$

である．ここで，$1<y\leqq x$ であり，$x-2\geqq y-2$ であるから

$x-2$	5
$y-2$	1

より

x	7
y	3

であり，これは $z=3$ に対して成り立つ．

したがって，求める $(x,\ y,\ z)=\left(\dfrac{1}{\tan\alpha},\ \dfrac{1}{\tan\beta},\ \dfrac{1}{\tan\gamma}\right)$ の整数の組は

$$(x,\ y,\ z)=(13,\ 4,\ 2),\ (8,\ 5,\ 2),\ (7,\ 3,\ 3)$$ 答

である．

問題 2-11　◀◀一橋大　改題

図のように，三角形 ABC の内接円と各辺との接点をそれぞれ P, Q, R とする．

このとき，

$$\triangle \mathrm{ARI} \equiv \triangle \mathrm{AQI},\quad \triangle \mathrm{BPI} \equiv \triangle \mathrm{BRI},$$
$$\triangle \mathrm{CQI} \equiv \triangle \mathrm{CPI}$$

であるから，内接円の中心に対して

$$\angle \mathrm{AIR} = \angle \mathrm{AIQ} = \alpha$$
$$\angle \mathrm{BIP} = \angle \mathrm{BIR} = \beta$$
$$\angle \mathrm{CIQ} = \angle \mathrm{CIP} = \gamma$$

とおくと，

$$0 < \alpha < \frac{\pi}{2},\ 0 < \beta < \frac{\pi}{2},\ 0 < \gamma < \frac{\pi}{2} \quad \cdots\cdots ①$$

であり，しかも

$$2\alpha + 2\beta + 2\gamma = 2\pi$$

すなわち

$$\alpha + \beta + \gamma = \pi$$

である．

このとき，△ABC の面積を S とすると

$$S = 2(\triangle \mathrm{ARI} + \triangle \mathrm{BPI} + \triangle \mathrm{CQI})$$
$$= 2\left(\frac{1}{2}\cdot 1\cdot \tan\alpha + \frac{1}{2}\cdot 1\cdot \tan\beta + \frac{1}{2}\cdot 1\cdot \tan\gamma\right)$$
$$= \tan\alpha + \tan\beta + \tan\gamma \quad \cdots\cdots ②$$

と表せる．

一般に，

$f(\theta) = \tan\theta \ \left(0 < \theta < \frac{\pi}{2}\right)$ は下に凸で単調増加であるから，このグラフの性質より

$$\tan\frac{\alpha+\beta+\gamma}{3} \leqq \frac{\tan\alpha + \tan\beta + \tan\gamma}{3}$$

が成り立ち，これより

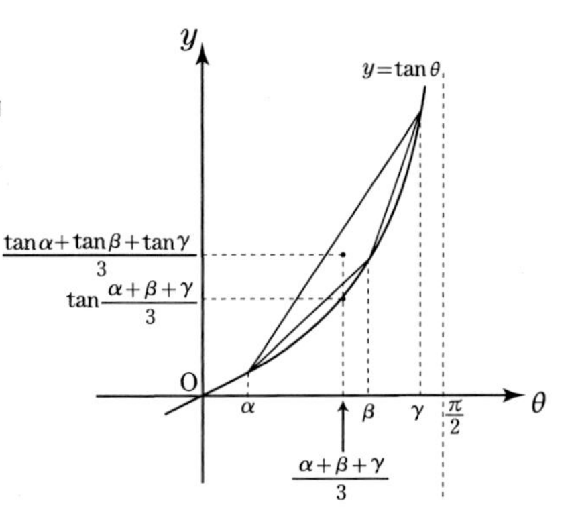

$$\tan\frac{\pi}{3} \leqq \frac{\tan\alpha + \tan\beta + \tan\gamma}{3}$$

であるから

$$\tan\alpha + \tan\beta + \tan\gamma \geqq 3\sqrt{3} \qquad \cdots\cdots ③$$

である．

また，等号が成り立つのは

$$\alpha = \beta = \gamma \quad かつ \quad \alpha + \beta + \gamma = \pi$$

のときであるから

$$\alpha = \beta = \gamma = \frac{\pi}{3}$$

のときである．

したがって，求める $\triangle$ABC の面積 S の最小値は

$$S \geqq 3\sqrt{3}$$

であることから，等号が成り立つとき，すなわち

$\triangle$ABC が正三角形のとき，S の最小値は $3\sqrt{3}$ 　答

である．

問題 2-12　◀◀帝京大　改題

(1) $\dfrac{\pi}{12} = \dfrac{\pi}{3} - \dfrac{\pi}{4}$ であるから

$$\begin{aligned}\tan\frac{\pi}{12} &= \tan\left(\frac{\pi}{3} - \frac{\pi}{4}\right)\\ &= \frac{\sqrt{3}-1}{1+\sqrt{3}}\\ &= \frac{(\sqrt{3}-1)^2}{(\sqrt{3}+1)(\sqrt{3}-1)}\\ &= 2-\sqrt{3}\end{aligned}$$
答

である．

(2) 与えられた不等式の最右辺の値は，(1) より

$$2 - \sqrt{3} = \tan\frac{\pi}{12}$$

であり，与えられている不等式は

$$0 \leqq \frac{a_i - a_j}{1 + a_i a_j} \leqq \tan\frac{\pi}{12}$$

であるから，任意の正の実数 a_k $(k=1,\ 2,\ 3,\cdots,\ n)$ に対して，

$$a_k = \tan\theta_k \left(0 < \theta_k < \frac{\pi}{2}\right)$$

となる θ_k が一対一対応し，上の不等式は

$$0 \leqq \frac{\tan\theta_i - \tan\theta_j}{1 + \tan\theta_i \tan\theta_j} \leqq \tan\frac{\pi}{12}$$

であり

$$0 \leqq \tan(\theta_i - \theta_j) \leqq \tan\frac{\pi}{12}$$

すなわち

$$0 \leqq \theta_i - \theta_j \leqq \frac{\pi}{12} \qquad \cdots\cdots ①$$

と表せる．

このとき，異なる正の n 個の $\theta_k\left(k=1,\ 2,\ 3,\cdots,\ n,\ 0<\theta_k<\dfrac{\pi}{2}\right)$ に対し，①を満たす 2 つの θ_i，θ_j $(i \neq j)$ がつねに存在するような最小の正の整数 n を求めればよい．

そこで，区間 $0<\theta<\dfrac{\pi}{2}$ を 6 等分すると，すなわち，

$$0<x\leqq\frac{\pi}{12},\quad \frac{\pi}{12}<x\leqq\frac{\pi}{6},\quad \frac{\pi}{6}<x\leqq\frac{\pi}{4},\quad \frac{\pi}{4}<x\leqq\frac{\pi}{3},$$
$$\frac{\pi}{3}<x\leqq\frac{5\pi}{12},\quad \frac{5\pi}{12}<x<\frac{\pi}{2} \qquad \cdots\cdots ②$$

に分けると，

(i) $n \leqq 6$ であるとき；

例えば，6 つの区切られたそれぞれの区間にそれぞれ 1 個ずつの

$$\theta_1=\frac{\pi}{33},\ \theta_2=\frac{4\pi}{33},\ \theta_3=\frac{7\pi}{33},\ \theta_4=\frac{10\pi}{33},\ \theta_5=\frac{13\pi}{33},\ \theta_6=\frac{16\pi}{33}$$

をとれば，どの 2 つを選んでも

$$|\theta_i - \theta_j| \geqq \frac{3\pi}{33} = \frac{\pi}{11} > \frac{\pi}{12}$$

であるから，つねに条件に適するとは限らない．

(ii) $n=7$ であるとき；

②に対し，7 個の $\theta_1, \theta_2, \theta_3, \cdots, \theta_7$ のうち少なくとも 2 個を含む区間が

存在する（鳩の巣原理）ことになる．

このとき，その同じ区間に存在する数を θ_j, θ_k $(\theta_j \geqq \theta_k)$ とすると，その差は

$$0 \leqq \theta_j - \theta_k < \frac{\pi}{12} \ (j \neq k, 1 \leqq j, k \leqq 7)$$

となるから，これより

$$0 \leqq \tan(\theta_j - \theta_k) < \tan\frac{\pi}{12}$$

$$0 \leqq \frac{\tan\theta_j - \tan\theta_k}{1 + \tan\theta_j \tan\theta_k} < \tan\frac{\pi}{12}$$

$$0 \leqq \frac{a_j - a_k}{1 + a_j a_k} < 2 - \sqrt{3}$$

であり，不等式を満たす．

したがって，求める整数 n の最小値は

$$n = 7$$ 答

である．

■ 問題 2-13　◀◀宮崎大

(1)　方程式

$$\tan x = x \qquad \cdots\cdots ※$$

に対し，$f(x) = \tan x - x$ とおくと，

$$f'(x) = \frac{1}{\cos^2 x} - 1$$
$$= (1 + \tan^2 x) - 1$$
$$= \tan^2 x \geqq 0$$

であり，任意の自然数 n に対し，区間 $n\pi - \frac{\pi}{2} < x < n\pi + \frac{\pi}{2}$ では，つねに単調増加な関数であることがわかる．

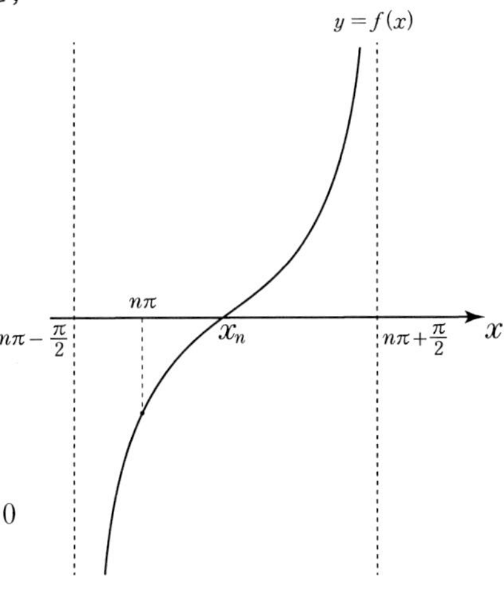

ここで，任意の自然数 n に対し

$$f(n\pi) = \tan(n\pi) - (n\pi) = -n\pi < 0$$

であり，

$$\lim_{x \to n\pi + \frac{\pi}{2}} f(x) = +\infty$$

であるから，1つの自然数 n をとるごとに，

区間 $n\pi - \frac{\pi}{2} < x < n\pi + \frac{\pi}{2}$ のところに方程式 $f(x)=0$ を満たす x はただ1つ存在することが示せた． 終

(2) 与えられた式において，

$$\theta_n = n\pi + \frac{\pi}{2} - x_n \qquad \cdots\cdots ①$$

とおく．

ここで，x_n は (1) における※の解であるから

$$x_n = \tan x_n \qquad \cdots\cdots ②$$

を満たす．

このとき，①より

$$x_n = n\pi + \frac{\pi}{2} - \theta_n \qquad \cdots\cdots *$$

として，②の右辺に用いると

$$\begin{aligned} x_n &= \tan\left(n\pi + \frac{\pi}{2} - \theta_n\right) \\ &= \tan\left\{\frac{\pi}{2} + (n\pi - \theta_n)\right\} \\ &= -\frac{1}{\tan(n\pi - \theta_n)} \\ &= -\frac{1 + \tan n\pi \tan\theta_n}{\tan n\pi - \tan\theta_n} \\ &= \frac{1}{\tan\theta_n} \qquad \cdots\cdots ③ \end{aligned}$$

である．

また，x_n は，(1) より

$$n\pi < x_n < n\pi + \frac{\pi}{2} \qquad \cdots\cdots ④$$

を満たす実数であり，これより

$$n\pi + \frac{\pi}{2} - x_n > 0$$

すなわち

$$0 < \theta_n < \frac{\pi}{2}$$

と評価できる．

ここで，③より

$$\tan\theta_n = \frac{1}{x_n}$$

であり，④のすべての辺に対し，逆数をとると

$$\frac{1}{n\pi + \frac{\pi}{2}} < \frac{1}{x_n} < \frac{1}{n\pi}$$

すなわち

$$\frac{1}{n\pi + \frac{\pi}{2}} < \tan\theta_n < \frac{1}{n\pi}$$

であるから，$n \longrightarrow \infty$ とすると，両側極限はともに 0 に収束するから，はさみうちの原理より

$$\lim_{n\to\infty}\tan\theta_n = 0$$

すなわち

$$\lim_{n\to\infty}\theta_n = 0 \qquad \cdots\cdots ⑤$$

である．

このとき，＊と③より

$$n\pi + \frac{\pi}{2} - \theta_n = \frac{1}{\tan\theta_n}$$

であり，両辺に θ_n をかけると，これは

$$n\theta_n\pi + \frac{\pi}{2}\theta_n - \theta_n^2 = \frac{\theta_n}{\tan\theta_n}$$

すなわち

$$n\theta_n = \frac{1}{\pi}\left(\frac{\theta_n}{\tan\theta_n} - \frac{\pi}{2}\theta_n + \theta_n^2\right) \qquad \cdots\cdots ⑥$$

である．

そこで，一般に，$0 < \theta_n < \frac{\pi}{2}$ に対し

$$\sin\theta_n < \theta_n < \tan\theta_n$$

が成り立つから，これは

$$\cos\theta_n < \frac{\theta_n}{\tan\theta_n} < 1$$

であり，$n \longrightarrow \infty$ のとき，⑤より，$\theta_n \longrightarrow 0$ であるから，この両側極限はともに 1 に収束する．

すなわち，はさみうちの原理から

$$\lim_{n\to\infty}\frac{\theta_n}{\tan\theta_n}=1 \qquad \cdots\cdots ⑦$$

である．

したがって，求める極限値は，⑤，⑥，⑦より

$$\lim_{n\to\infty}n\left(n\pi+\frac{\pi}{2}-x_n\right)=\lim_{n\to\infty}n\theta_n$$
$$=\lim_{n\to\infty}\frac{1}{\pi}\left(\frac{\theta_n}{\tan\theta_n}-\frac{\pi}{2}\theta_n+\theta_n{}^2\right)$$
$$=\frac{1}{\pi} \qquad \text{答}$$

である．

問題 2-14　◀◀京都大

(1) 三角形 ABC において，余弦定理を用いると

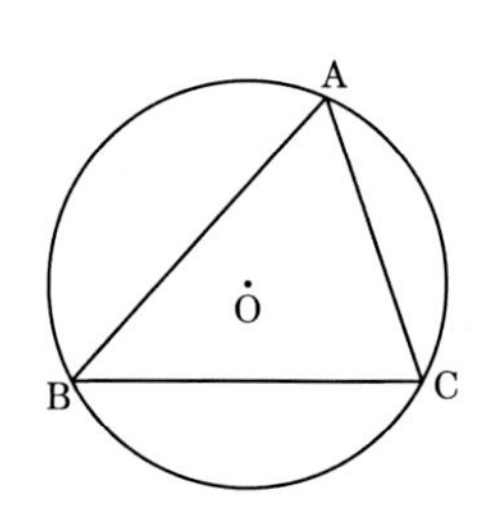

$$AB^2=BC^2+CA^2-2\cdot BC\cdot CA\cdot\cos\angle BCA$$

が成り立ち，これより

$$2BC\cdot CA\cdot\cos\angle BCA=BC^2+CA^2-AB^2$$

である．

ここで，仮定から

$$BC^2+CA^2>8-AB^2$$

であり，これを上式に用いると

$$2BC\cdot CA\cdot\cos\angle BCA=\underset{\sim\sim\sim\sim\sim\sim}{BC^2+CA^2}-AB^2$$
$$>(8-AB^2)-AB^2$$
$$=8-2AB^2$$

である．

このとき，辺 AB の長さが円の直径 2 をこえることはないから

$$0<AB\leqq 2$$

上式より

$$BC\cdot CA\cdot\cos\angle BCA>4-4=0$$

であり，すなわち，BC＞，CA＞0 であるから

$$\cos\angle BCA>0$$

である．

このことから

$$0 < \angle BCA < \frac{\pi}{2}$$

である．

これと同様にすると

$$0 < \angle CAB < \frac{\pi}{2},\ 0 < \angle ABC < \frac{\pi}{2}$$

であるから，三角形 ABC は鋭角三角形であることが示せた．　終

(2) 三角形 ABC の外接円の中心を O とし，O からの 3 点 A, B, C への位置ベクトルをそれぞれ $\vec{a}$，$\vec{b}$，$\vec{c}$ とするとき

$$\begin{aligned} AB^2+BC^2+CA^2 &= |\overrightarrow{AB}|^2+|\overrightarrow{BC}|^2+|\overrightarrow{CA}|^2 \\ &= |\vec{b}-\vec{a}|^2+|\vec{c}-\vec{b}|^2+|\vec{a}-\vec{c}|^2 \\ &= 6-2(\vec{a}\cdot\vec{b}+\vec{b}\cdot\vec{c}+\vec{c}\cdot\vec{a}) \qquad \cdots\cdots ① \end{aligned}$$

と表せる．

ここで，

$$|\vec{a}+\vec{b}+\vec{c}|^2=|\vec{a}|^2+|\vec{b}|^2+|\vec{c}|^2+2(\vec{a}\cdot\vec{b}+\vec{b}\cdot\vec{c}+\vec{c}\cdot\vec{a})$$

すなわち

$$2(\vec{a}\cdot\vec{b}+\vec{b}\cdot\vec{c}+\vec{c}\cdot\vec{a})=|\vec{a}+\vec{b}+\vec{c}|^2-3 \qquad \cdots\cdots ②$$

である．

ここで，②を①に用いると

$$AB^2+BC^2+CA^2=6-|\vec{a}+\vec{b}+\vec{c}|^2+3=9-|\vec{a}+\vec{b}+\vec{c}|^2$$

であり，

$$|\vec{a}+\vec{b}+\vec{c}|^2 \geqq 0$$

であるから，これを上式に用いると

$$AB^2+BC^2+CA^2=9-|\vec{a}+\vec{b}+\vec{c}|^2 \leqq 9$$

すなわち

$$AB^2+BC^2+CA^2 \leqq 9$$

が成り立つことが示せた．

また，等号が成り立つのは

$$\vec{a}+\vec{b}+\vec{c}=\vec{0}$$

のときであり，これは

$$\frac{\vec{a}+\vec{b}+\vec{c}}{3}=\vec{0}$$

であるから，三角形 ABC の重心とその外接円の中心，すなわち，外心が一致するときであり，正三角形のときである． 終

参 考

(1)　三角形 ABC において，正弦定理を用いると

$$\frac{\mathrm{BC}}{\sin A}=\frac{\mathrm{CA}}{\sin B}=\frac{\mathrm{AB}}{\sin C}=2$$

であり，これより

$$\mathrm{BC}=2\sin A,\ \mathrm{CA}=2\sin B,\ \mathrm{AB}=2\sin C$$

であるから，

$$\begin{aligned}\mathrm{AB}^2+\mathrm{BC}^2+\mathrm{CA}^2&=4(\sin^2 A+\sin^2 B+\sin^2 C)\\&=4\left(\frac{1-\cos 2A}{2}+\frac{1-\cos 2B}{2}+\frac{1-\cos 2C}{2}\right)\\&=6-2(\cos 2A+\cos 2B)-2\cos 2C\\&=6-2\cdot 2\cos\frac{2A+2B}{2}\cos\frac{2A-2B}{2}-2\cos 2C\\&=6-4\cos(A+B)\cos(A-B)-2\cos 2C\\&=6-4\cos(\pi-C)\cos(A-B)-2(2\cos^2 C-1)\\&=6+4\cos C\cos(A-B)-4\cos^2 C+2\\&=8+4\cos C\{\cos(A-B)-\cos C\}\qquad\cdots\cdots *\\&=8+4\cos C\{\cos(A-B)-\cos(\pi-(A+B))\}\\&=8+4\cos C\{\cos(A-B)+\cos(A+B)\}\\&=8+8\cos A\cos B\cos C\end{aligned}$$

である．

ここで，これが 8 より大きいとき

$$8+8\cos A\cos B\cos C>8$$

すなわち

$$\cos A\cos B\cos C>0 \qquad\cdots\cdots ③$$

である．

このとき，$0<A<\pi$，$0<B<\pi$，$0<C<\pi$ であるものの，A, B, C のうち，2 つが $\frac{\pi}{2}$ より大きいと仮定すると，三角形 ABC は存在しないから，矛盾する．

したがって，③において

$$\cos A>0,\ \cos B>0,\ \cos C>0$$

であるから，三角形 ABC は鋭角三角形であることがわかる．

また，＊において

$$\begin{aligned}\mathrm{AB}^2+\mathrm{BC}^2+\mathrm{CA}^2&=-4\cos^2 C+4\cos C\cos(A-B)+8\\&=\underline{\underline{-4\left\{\cos C-\frac{\cos(A-B)}{2}\right\}^2}}+\cos^2(A-B)+8\\&\leqq\cos^2(A-B)+8\end{aligned}$$

とすれば

$$0\leqq\cos^2(A-B)\leqq 1$$

であるから，上式から

$$\mathrm{AB}^2+\mathrm{BC}^2+\mathrm{CA}^2\leqq\cos^2(A-B)+8\leqq 9$$

が導かれる．

この場合，等号成立は

$$\cos C-\frac{\cos(A-B)}{2}=0\quad \text{かつ}\quad \cos(A-B)=1$$

であり，2 式目から

$$A=B$$

が得られ，これを 1 式目に用いると

$$\cos C=\frac{1}{2}$$

すなわち

$$C=\frac{\pi}{3}$$

が得られるから，1 つの角が 60° で二等辺三角形であるのは，正三角形とわかる．

■ **問題 2-15**　◀◀京都大　改題／オイラーの不等式

(1) 一般に，実数 A, B に対し，不等式

$$A^2+B^2\geqq 2AB$$

が成り立つから，3 つの実数 x, y, z を用意すると，3 つの不等式

$$x^2+y^2\geqq 2xy,\quad y^2+z^2\geqq 2yz,\quad z^2+x^2\geqq 2zx \quad\cdots\cdots ※$$

を作ることができ，これらの辺ごとの和によって，不等式

$$x^2+y^2+z^2 \geqq xy+yz+zx$$

が成り立つ．等号成立は，※より，$x=y=z$ のときである．

ここで，$x>0$，$y>0$，$z>0$ であるとき，※より

$$z(x^2+y^2) \geqq 2xyz, \quad x(y^2+z^2) \geqq 2xyz, \quad y(z^2+x^2) \geqq 2xyz$$

であるから，これらの辺ごとの和によって

$$z(x^2+y^2)+x(y^2+z^2)+y(z^2+x^2) \geqq 6xyz$$

不等式

$$x^2y+xy^2+y^2z+yz^2+z^2x+zx^2 \geqq 6xyz \qquad \cdots\cdots(*)$$

が成り立つことがわかる．

（i）（＊）において，両辺に $3xyz$ を加えると，

$$x^2y+xy^2+y^2z+yz^2+z^2x+zx^2+3xyz \geqq 9xyz$$

であり，この左辺は

$$\begin{aligned}&x^2y+xy^2+y^2z+yz^2+z^2x+zx^2+3xyz\\ &=xy(x+y+z)+yz(x+y+z)+zx(x+y+z)\\ &=(x+y+z)(xy+yz+zx)\end{aligned}$$

すなわち

$$(x+y+z)(xy+yz+zx) \geqq 9xyz \qquad \cdots\cdots ①$$

が作れ，さらに，$xyz(x+y+z)>0$ より，①の両辺をこれで割ると

$$\frac{1}{x}+\frac{1}{y}+\frac{1}{z} \geqq \frac{9}{x+y+z} \qquad \cdots\cdots ②$$

が成り立つ．

また，等号成立は，※より

$$x=y=z$$

のときである．　終

（ii）（＊）において，$x>0$，$y>0$，$z>0$ であるとき，両辺に $2xyz$ を加えると，

$$x^2y+xy^2+y^2z+yz^2+z^2x+zx^2+2xyz \geqq 8xyz$$

であり，左辺は

$$\begin{aligned}&x^2y+xy^2+y^2z+yz^2+z^2x+zx^2+2xyz\\ &=(y+z)x^2+(y^2+2yz+z^2)x+yz(y+z) \quad (x\text{ についての降べきの順})\\ &=(y+z)\{x^2+(y+z)x+yz\}\end{aligned}$$

$$=(x+y)(y+z)(z+x)$$

であるから，すなわち，不等式

$$(x+y)(y+z)(z+x) \geqq 8xyz \qquad \cdots\cdots(★)$$

が成り立ち，等号成立は，※より

$$x=y=z$$

のときである．

(2)

（ｉ）(1)の（ｉ）より，3つの正の実数 A, B, C に対し，②より，不等式

$$\frac{1}{A}+\frac{1}{B}+\frac{1}{C} \geqq \frac{9}{A+B+C} \qquad \cdots\cdots ③$$

が成り立つ．

そこで，一般に，三角形 ABC の 3 辺の長さ a, b, c について，三角形の成立条件から

$$a+b>c,\ b+c>a,\ c+a>b$$

すなわち

$$a+b-c>0,\ b+c-a>0,\ c+a-b>0$$

が成り立つから，ここで，

$$A=a+b-c>0,\ B=b+c-a>0,\ C=c+a-b>0$$

とおき，これらの辺ごとの和を考えると，

$$A+B+C=a+b+c$$

が得られ，これらを不等式③に用いると，

$$\frac{1}{a+b-c}+\frac{1}{b+c-a}+\frac{1}{c+a-b} \geqq \frac{9}{a+b+c}$$

が成り立つ．

また，等号が成り立つのは，

$$(A+B+C)\left(\frac{1}{A}+\frac{1}{B}+\frac{1}{C}\right)=9$$

$$(A+B+C)(AB+BC+CA)=9ABC$$

$$A^2B+A^2C+AB^2+B^2C+BC^2+C^2A=6ABC$$

$$A(B^2-2BC+C^2)+B(C^2-2CA+A^2)+C(A^2-2AB+B^2)=0$$

$$A(B-C)^2+B(C-A)^2+C(A-B)^2=0$$

であり，これより

$$B-C=0 \quad かつ \quad C-A=0 \quad かつ \quad A-B=0$$

のときであるから

$$A = B = C$$

すなわち

$$a = b = c$$

のときであり，つまり，三角形 ABC が正三角形のときである．　終

（ii）(1) の（ii）の（★）より，$A > 0$，$B > 0$，$C > 0$ のとき，

$$(A + B)(B + C)(C + A) \geqq 8ABC \quad \cdots\cdots ④$$

が成り立ち，三角形の 3 つの辺について

$$A = a + b - c,\ B = b + c - a,\ C = c + a - b$$

とおき，

$$A + B = 2b,\ B + C = 2c,\ C + A = 2a$$

だから，これらを不等式④に用いると，

$$2b \cdot 2c \cdot 2a \geqq 8(a + b - c)(b + c - a)(c + a - b)$$

すなわち

$$(a + b - c)(b + c - a)(c + a - b) \leqq abc$$

が成り立つ．

また，等号が成り立つのは

$$A = B \quad \text{かつ} \quad B = C \quad \text{かつ} \quad C = A$$

のときであるから，すなわち，

$$a = b = c$$

のときである．つまり，三角形 ABC は正三角形である．　終

(3) 頂点 A, B, C の対辺の長さをそれぞれ a, b, c とする．

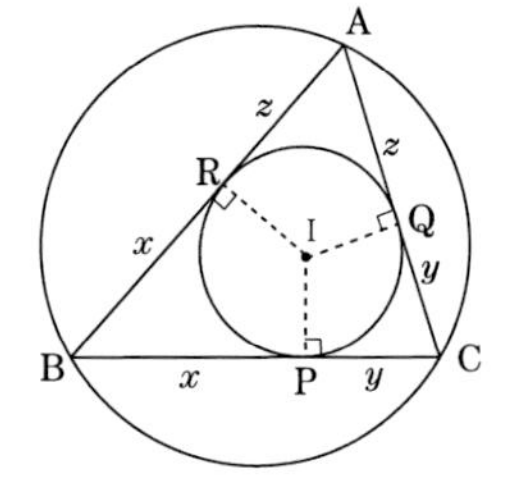

また，三角形 ABC の内心を I，内接円と各辺との接点をそれぞれ P, Q, R とする．

このとき，円外の点から引く 2 本の接線の長さは等しいから，

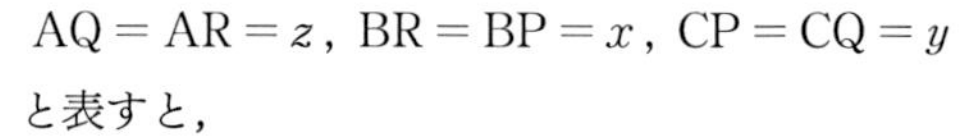
$\text{AQ} = \text{AR} = z$，$\text{BR} = \text{BP} = x$，$\text{CP} = \text{CQ} = y$

と表すと，

$$a = x + y,\ b = y + z,\ c = z + x \quad \cdots\cdots ※$$

であり，三角形 ABC の面積 S をヘロンの公式によって a, b, c を用いて表すと，

$$S=\sqrt{\frac{a+b+c}{2}\cdot\frac{a+b-c}{2}\cdot\frac{b+c-a}{2}\cdot\frac{c+a-b}{2}} \quad \cdots\cdots ⑤$$

である．

また，この三角形 ABC の面積 S は外接円の半径が 1 より，

$$S=\frac{abc}{4\cdot 1}=\frac{abc}{4} \quad \cdots\cdots ⑥$$

と表せ，しかも，三角形の面積 S と内接円の半径 r の関係は

$$S=\frac{1}{2}r(a+b+c) \quad \cdots\cdots ⑦$$

であるから，⑥と⑦より

$$\frac{1}{2}r(a+b+c)=\frac{abc}{4}$$

$$r=\frac{abc}{2(a+b+c)}$$

が得られ，$r\leqq\frac{1}{2}$ を示すということは，この式において

$$\frac{abc}{a+b+c}\leqq 1$$

が成り立つことを示せればよい．

ここで，⑤と⑥より

$$\sqrt{\frac{a+b+c}{2}\cdot\frac{a+b-c}{2}\cdot\frac{b+c-a}{2}\cdot\frac{c+a-b}{2}}=\frac{abc}{4}$$

であり，これより

$$(a+b+c)(a+b-c)(b+c-a)(c+a-b)=(abc)^2$$

であるから，すなわち，

$$\frac{abc}{a+b+c}=\frac{(a+b-c)(b+c-a)(c+a-b)}{abc} \quad \cdots\cdots ⑧$$

と表せる．

このとき，(2) の（ii）より

$$(a+b-c)(b+c-a)(c+a-b)\leqq abc$$

が成り立つから，この両辺を $abc>0$ で割ると

$$\frac{(a+b-c)(b+c-a)(c+a-b)}{abc}\leqq 1$$

が得られ，⑧の右辺がまさにこれであるから

$$\frac{abc}{a+b+c}=\frac{(a+b-c)(b+c-a)(c+a-b)}{abc}\leqq 1$$

である．

等号が成り立つのは，上述したように

$$a=b=c$$

すなわち，三角形 ABC が正三角形のときである．

したがって，

半径 1 の円周上に相異なる 3 点 A，B，C における三角形 ABC の内接円の半径は $\dfrac{1}{2}$ 以下である

ことが示せた．　**終**

参考　⑧において，三角形の成立条件と，$x>0$，$y>0$，$z>0$ より

$$a+b-c=2y>0,\ b+c-a=2z>0,\ c+a-b=2x>0$$

であり，さらに

$$abc=(x+y)(y+z)(z+x) \quad \cdots\cdots ⑨$$

と表せ，相加平均と相乗平均の関係より

$$abc=(x+y)(y+z)(z+x) \geqq 2\sqrt{xy}\cdot 2\sqrt{yz}\cdot 2\sqrt{zx}=8xyz$$

すなわち，この逆数をとると

$$\frac{1}{(x+y)(y+z)(z+x)} \leqq \frac{1}{8xyz} \quad \cdots\cdots ⑩$$

である．これは（★）からも導くことができる．

このとき，式⑧の右辺において，⑨と⑩を用いると

$$\begin{aligned}\frac{abc}{a+b+c} &= (a+b-c)(b+c-a)(c+a-b)\cdot\frac{1}{abc} \\ &= 2x\cdot 2y\cdot 2z\cdot\frac{1}{\underset{\sim\sim\sim\sim\sim\sim\sim\sim}{(x+y)(y+z)(z+x)}} \leqq 8xyz\cdot\frac{1}{\underset{\sim\sim\sim}{8xyz}}=1\end{aligned}$$

となり，これより

$$\frac{abc}{a+b+c} \leqq 1$$

が成り立つ．

また，等号が成り立つのは，

$$x=y=z$$

のときであり，すなわち

$$a=b=c$$

の正三角形のときである．

問題 2-16　◀◀宮崎大　改題

(1) G は三角形 ABC の重心であるから

$$\overrightarrow{OG}=\frac{\overrightarrow{OA}+\overrightarrow{OB}+\overrightarrow{OC}}{3}$$ 答

である.

(2) AI の延長と辺 BC との交点で，A でない方を点 D とすると，角の二等分線の性質から

$$BD:CD=AB:AC=c:b$$

であり，さらに △BDA において，BI は角の二等分線であるから

$$AI:ID=BA:BD=c:\frac{c}{b+c}a=(b+c):a$$

である.

このとき

$$\overrightarrow{AI}=\frac{b+c}{a+b+c}\overrightarrow{AD}$$

$$=\frac{b+c}{a+b+c}\cdot\frac{b\overrightarrow{AB}+c\overrightarrow{AC}}{b+c}$$

$$=\frac{1}{a+b+c}(b\overrightarrow{AB}+c\overrightarrow{AC})$$

であり，始点を O にすると

$$\overrightarrow{OI}-\overrightarrow{OA}=\frac{1}{a+b+c}\{b(\overrightarrow{OB}-\overrightarrow{OA})+c(\overrightarrow{OC}-\overrightarrow{OA})\}$$

であるから，これより

$$\overrightarrow{OI}=\frac{1}{a+b+c}(-b\overrightarrow{OA}-c\overrightarrow{OA}+b\overrightarrow{OB}+c\overrightarrow{OC})+\overrightarrow{OA}$$

すなわち

$$\overrightarrow{OI}=\frac{a\overrightarrow{OA}+b\overrightarrow{OB}+c\overrightarrow{OC}}{a+b+c}$$ 答

である.

(3) O は外心であり，OA = OB = R（半径）であるから

$$\overrightarrow{OA}\cdot\overrightarrow{OB}=\frac{1}{2}(OA^2+OB^2-AB^2)=R^2-\frac{1}{2}c^2$$ 答

である.

(4) (2) と (3) より

$$|\overrightarrow{\mathrm{OI}}|^2=\frac{1}{(a+b+c)^2}\{R^2(a^2+b^2+c^2)$$

$$+2(ab\overrightarrow{\mathrm{OA}}\cdot\overrightarrow{\mathrm{OB}}+bc\overrightarrow{\mathrm{OB}}\cdot\overrightarrow{\mathrm{OC}}+ca\overrightarrow{\mathrm{OC}}\cdot\overrightarrow{\mathrm{OA}})\}$$

$$=\frac{1}{(a+b+c)^2}\left\{R^2(a^2+b^2+c^2)+2ab\left(R^2-\frac{1}{2}c^2\right)\right.$$

$$\left.+2bc\left(R^2-\frac{1}{2}a^2\right)+2ca\left(R^2-\frac{1}{2}b^2\right)\right\}$$

$$=\frac{1}{(a+b+c)^2}\{R^2(a^2+b^2+c^2+2ab+2bc+2ca)-abc(a+b+c)\}$$

$$=\frac{1}{(a+b+c)^2}\{R^2(a+b+c)^2-abc(a+b+c)\}$$

$$=R^2-\frac{abc}{a+b+c}$$

であるから,

$$R^2-\mathrm{OI}^2=\frac{abc}{a+b+c}$$ 答

である.

また, (1) より

$$|\overrightarrow{\mathrm{OG}}|^2=\frac{1}{9}\{3R^2+2(\overrightarrow{\mathrm{OA}}\cdot\overrightarrow{\mathrm{OB}}+\overrightarrow{\mathrm{OB}}\cdot\overrightarrow{\mathrm{OC}}+\overrightarrow{\mathrm{OC}}\cdot\overrightarrow{\mathrm{OA}})\}$$

$$=\frac{1}{9}\left\{3R^2+2\left(R^2-\frac{1}{2}c^2+R^2-\frac{1}{2}a^2+R^2-\frac{1}{2}b^2\right)\right\}$$

$$=\frac{1}{9}\{9R^2-(a^2+b^2+c^2)\}$$

$$=R^2-\frac{1}{9}(a^2+b^2+c^2)$$

であるから,

$$R^2-\mathrm{OG}^2=\frac{a^2+b^2+c^2}{9}$$ 答

である.

(5) O は外心であり, 一般に

$\mathrm{OG}\geqq 0$, $\mathrm{OI}\geqq 0$

であるから, $\mathrm{OG}^2\leqq\mathrm{OI}^2$ を示せればよく, $R>0$ より

$R^2-\mathrm{OG}^2\geqq R^2-\mathrm{OI}^2$

が示せればよい.

このとき, (4) より

$$(R^2-\mathrm{OG}^2)-(R^2-\mathrm{OI}^2)=\frac{a^2+b^2+c^2}{9}-\frac{abc}{a+b+c}$$
$$=\frac{(a^2+b^2+c^2)(a+b+c)-9abc}{9(a+b+c)}$$

である．

このとき，a, b, c はすべて正であるから，相加平均と相乗平均の大小関係から

$$a^2+b^2+c^2 \geqq 3\sqrt[3]{a^2b^2c^2},\quad a+b+c \geqq 3\sqrt[3]{abc}$$

が成り立ち，この辺ごとの積より

$$(a^2+b^2+c^2)(a+b+c) \geqq 9abc$$

が成り立ち，これより上式は

$$(R^2-\mathrm{OG}^2)-(R^2-\mathrm{OI}^2) \geqq 0$$

である．

また，等号成立は

$$a^2=b^2=c^2 \quad かつ \quad a=b=c$$

のときであり，三角形 ABC が正三角形のときである．

したがって

$$(R^2-\mathrm{OG}^2)-(R^2-\mathrm{OI}^2) \geqq 0$$

すなわち

$$\mathrm{OG} \leqq \mathrm{OI}$$

が成り立つことが示せた．　終

問題 2-17　◀◀大阪大　改題

O を中心とする半径 r の円に，三角形 ABC が内接するから，

$$\overrightarrow{\mathrm{OA}}=\vec{a},\ \overrightarrow{\mathrm{OB}}=\vec{b},\ \overrightarrow{\mathrm{OC}}=\vec{c}$$

とおくと

$$|\vec{a}|=|\vec{b}|=|\vec{c}|=r$$

である．

また，3 点 A, B, C の O に関する対称点がそれぞれ P, Q, R であるから

$$\overrightarrow{\mathrm{OP}}=-\vec{a},\quad \overrightarrow{\mathrm{OQ}}=-\vec{b},\quad \overrightarrow{\mathrm{OR}}=-\vec{c}$$

である．

このとき，△PBC，△QCA，△RAB の重心 X, Y, Z は

$$\overrightarrow{OX}=\frac{-\vec{a}+\vec{b}+\vec{c}}{3},\quad \overrightarrow{OY}=\frac{\vec{a}-\vec{b}+\vec{c}}{3},\quad \overrightarrow{OZ}=\frac{\vec{a}+\vec{b}-\vec{c}}{3}$$

と表すことができるから，

$$\begin{aligned}&OX^2+OY^2+OZ^2\\&=\frac{1}{9}(3r^2-2\vec{a}\cdot\vec{b}+2\vec{b}\cdot\vec{c}-2\vec{c}\cdot\vec{a})+\frac{1}{9}(3r^2-2\vec{a}\cdot\vec{b}-2\vec{b}\cdot\vec{c}+2\vec{c}\cdot\vec{a})\\&\qquad+\frac{1}{9}(3r^2+2\vec{a}\cdot\vec{b}-2\vec{b}\cdot\vec{c}-2\vec{c}\cdot\vec{a})\\&=r^2-\frac{2}{9}(\vec{a}\cdot\vec{b}+\vec{b}\cdot\vec{c}+\vec{c}\cdot\vec{a})\end{aligned}\quad\cdots\cdots ①$$

である．

ここで，△ABC の重心を G とすると

$$\overrightarrow{OG}=\frac{\vec{a}+\vec{b}+\vec{c}}{3}$$

であるから

$$|\overrightarrow{OG}|^2=\frac{1}{9}\{3r^2+2(\vec{a}\cdot\vec{b}+\vec{b}\cdot\vec{c}+\vec{c}\cdot\vec{a})\}$$

であり，これより

$$\frac{2}{9}(\vec{a}\cdot\vec{b}+\vec{b}\cdot\vec{c}+\vec{c}\cdot\vec{a})=|\overrightarrow{OG}|^2-\frac{1}{3}r^2$$

であるから，①にこれを用いると

$$OX^2+OY^2+OZ^2=r^2-\left\{|\overrightarrow{OG}|^2-\frac{1}{3}r^2\right\}=\frac{4}{3}r^2-|\overrightarrow{OG}|^2$$

である．

このとき，

$$|\overrightarrow{OG}|^2\geqq 0\quad\cdots\cdots ②$$

であるから

$$OX^2+OY^2+OZ^2=\frac{4}{3}r^2-|\overrightarrow{OG}|^2\leqq\frac{4}{3}r^2$$

であり，成り立つことが示せた．

また，等号が成り立つのは，②より

$$\overrightarrow{OG}=\vec{0}$$

すなわち，外心 O と重心 G が一致するときであるから，

△ABC が正三角形のとき

である．　終

問題 2-18　◀◀横浜国立大　改題

(1) $\overrightarrow{AP}=s\overrightarrow{AB}+t\overrightarrow{AC}$ に対し，実数 $s,\ t$ が

$$s\geqq 0,\ t\geqq 0,\ 1\leqq s+t\leqq 2$$

を満たしながら動くとき，点 P が動き得る範囲（存在範囲）は，図のように

$$\overrightarrow{AB'}=2\overrightarrow{AB},\ \overrightarrow{AC'}=2\overrightarrow{AC}$$

となる点 B′, C′ をとればよい.

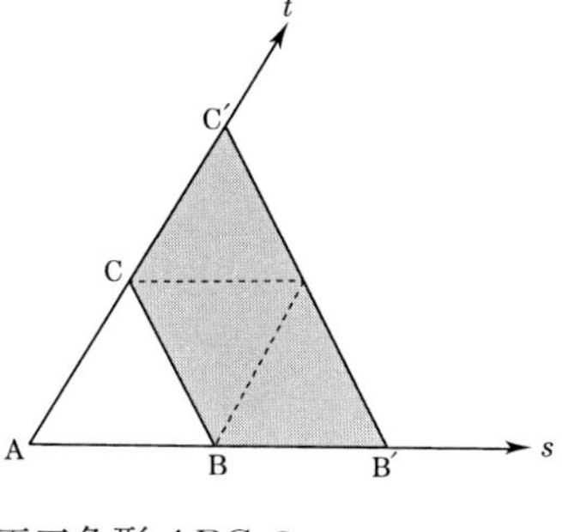

したがって，求める面積は，図の色が塗られた領域（境界含む）であり，それは正三角形 ABC の

$$3\text{ 倍}$$　答

である.

(2) $\overrightarrow{AP}=s\overrightarrow{AB}+t\overrightarrow{AC}$ に対し，実数 $s,\ t$ が

$$s\geqq 0,\ t\geqq 0,\ 1\leqq |s|+|t|\leqq 2$$

を満たしながら動くとき，点 P が動き得る範囲（存在範囲）について，$s,\ t$ の正負で場合分けを考えればよい.

（i）$s\geqq 0,\ t\geqq 0$ のとき，(1) と同じである.

（ii）$s\leqq 0,\ t\geqq 0$ のとき，$1\leqq -s+t\leqq 2$ である.

（iii）$s\geqq 0,\ t\leqq 0$ のとき，$1\leqq s-t\leqq 2$ である.

（iv）$s\leqq 0,\ t\leqq 0$ のとき，$1\leqq -s-t\leqq 2$ である.

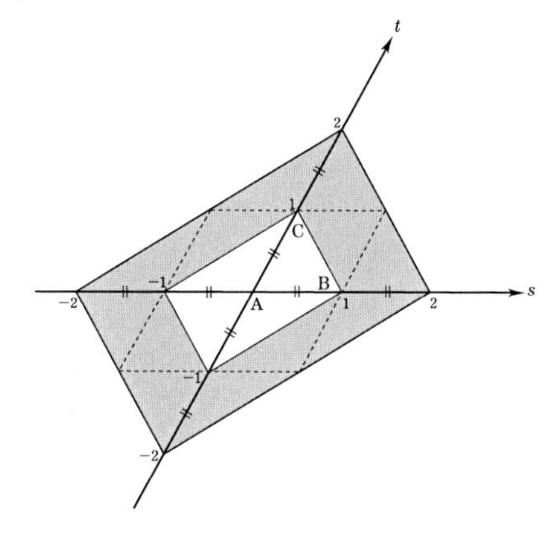

したがって，点 P が動いてできる図形 E は，色が塗られた部分であり，境界を含むから，求める面積は

$$\frac{3\sqrt{3}}{4}\times 4=3\sqrt{3}$$　答

である.

問題 2-19　◀◀長崎大　改題

(1)（ i ）$\alpha=1,\ \beta=1,\ \gamma=-1$ とするとき，＊は

$$\overrightarrow{PA}+\overrightarrow{PB}-\overrightarrow{PC}=\vec{0}$$

であり，ベクトルの始点をすべて点 A にそろえると，これは

$$-\overrightarrow{AP}+(\overrightarrow{AB}-\overrightarrow{AP})-(\overrightarrow{AC}-\overrightarrow{AP})=\vec{0}$$

$$-\overrightarrow{AP}+\overrightarrow{AB}-\overrightarrow{AC}=\vec{0}$$

$$\overrightarrow{AP}=\overrightarrow{AB}-\overrightarrow{AC}$$

であるから，点 P は【図】の点 P_1 に一致し，領域 D_2 に存在する．　答

（ii）$\alpha=2,\ \beta=-3,\ \gamma=2$ とするとき，＊は

$$2\overrightarrow{PA}-3\overrightarrow{PB}+2\overrightarrow{PC}=\vec{0}$$

であり，ベクトルの始点をすべて点 A にそろえると

$$-2\overrightarrow{AP}-3(\overrightarrow{AB}-\overrightarrow{AP})+2(\overrightarrow{AC}-\overrightarrow{AP})=\vec{0}$$

$$-\overrightarrow{AP}-3\overrightarrow{AB}+2\overrightarrow{AC}=\vec{0}$$

$$\overrightarrow{AP}=-3\overrightarrow{AB}+2\overrightarrow{AC}$$

であるから，点 P は【図】の点 P_2 に一致し，領域 D_4 に存在する．　答

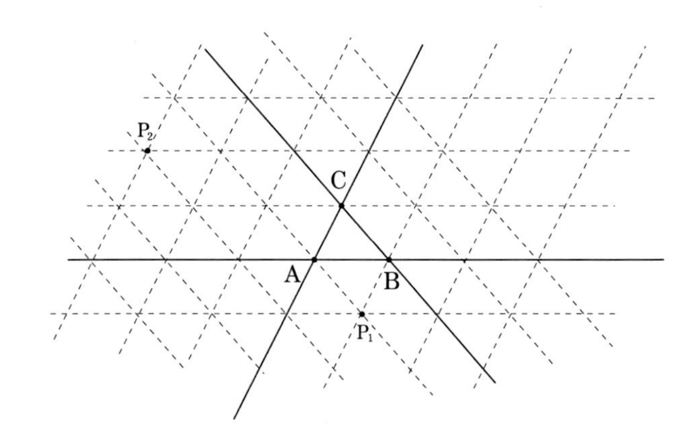

(2) $\alpha=\mathrm{BC},\ \beta=\mathrm{CA},\ \gamma=\mathrm{AB}$ であるとき，$\alpha>0,\ \beta>0,\ \gamma>0$ であり，

$$-\alpha\overrightarrow{AP}+\beta(\overrightarrow{AB}-\overrightarrow{AP})+\gamma(\overrightarrow{AC}-\overrightarrow{AP})=\vec{0}$$

$$-(\alpha+\beta+\gamma)\overrightarrow{AP}+\beta\overrightarrow{AB}+\gamma\overrightarrow{AC}=\vec{0}$$

であるから，これより

$$\overrightarrow{\mathrm{AP}}=\frac{\beta}{\alpha+\beta+\gamma}\overrightarrow{\mathrm{AB}}+\frac{\gamma}{\alpha+\beta+\gamma}\overrightarrow{\mathrm{AC}} \quad \cdots\cdots ※$$

である．

ここで，$0<\dfrac{\beta}{\alpha+\beta+\gamma}<1$，$0<\dfrac{\gamma}{\alpha+\beta+\gamma}<1$ であり，直線 AP と辺 BC との交点を D とすると，$\overrightarrow{\mathrm{AD}}=k\overrightarrow{\mathrm{AP}}$（$k$ は実数）と表せ，

$$\overrightarrow{\mathrm{AD}}=\frac{k\beta}{\alpha+\beta+\gamma}\overrightarrow{\mathrm{AB}}+\frac{k\gamma}{\alpha+\beta+\gamma}\overrightarrow{\mathrm{AC}} \quad \cdots\cdots ①$$

であり，点 D は辺 BC 上の点であるから，係数の和について

$$\frac{k\beta}{\alpha+\beta+\gamma}+\frac{k\gamma}{\alpha+\beta+\gamma}=1$$

すなわち

$$k=\frac{\alpha+\beta+\gamma}{\beta+\gamma}$$

である．

このとき，①より

$$\overrightarrow{\mathrm{AD}}=\frac{\beta}{\beta+\gamma}\overrightarrow{\mathrm{AB}}+\frac{\gamma}{\beta+\gamma}\overrightarrow{\mathrm{AC}}=\frac{\beta\overrightarrow{\mathrm{AB}}+\gamma\overrightarrow{\mathrm{AC}}}{\beta+\gamma}$$

と表せ，仮定より，$\beta=\mathrm{CA}$，$\gamma=\mathrm{AB}$ であり，点 D は辺 BC を

$$\gamma:\beta=\mathrm{AB}:\mathrm{CA}=\mathrm{BD}:\mathrm{CD} \quad \cdots\cdots ②$$

の比に内分する点であるから，線分 AD は ∠BAC の二等分線である．

さらに，

$$\mathrm{AP}:\mathrm{PD}=1:(k-1)=(\beta+\gamma):\alpha$$

であり，すなわち，点 P は線分 AD を

$$\mathrm{AP}:\mathrm{PD}=(\beta+\gamma):\alpha \quad \cdots\cdots ③$$

の比に内分する点である．

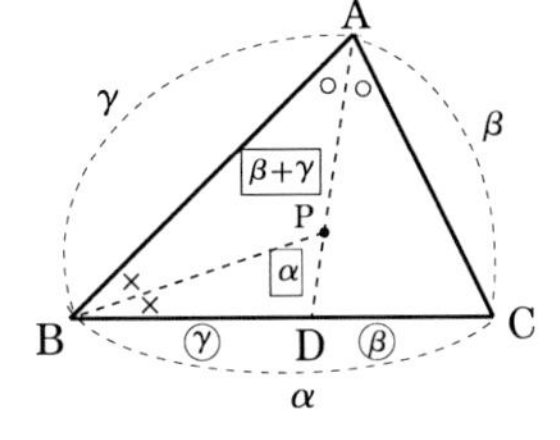

また，三角形 ABD において，仮定より，$\alpha=\mathrm{BC}$，$\beta=\mathrm{CA}$，$\gamma=\mathrm{AB}$ であり

$$\mathrm{BA}:\mathrm{BD}=\mathrm{BA}:\frac{\gamma}{\gamma+\beta}\mathrm{BC}=\gamma:\frac{\gamma}{\gamma+\beta}\alpha=(\beta+\gamma):\alpha \quad \cdots\cdots ④$$

であるから，③と④より

$$\mathrm{AP}:\mathrm{PD}=\mathrm{BA}:\mathrm{BD} \quad \cdots\cdots ⑤$$

であるから，線分 BP は ∠ABC の二等分線である．

したがって，②と⑤より得られたこと，すなわち，2 つの角の二等分線

が交わる交点 P は三角形 ABC の内心であることが示せた.　終

(3) (ⅰ)(2) の※より

$$\overrightarrow{AP}=\frac{\beta}{\alpha+\beta+\gamma}\overrightarrow{AB}+\frac{\gamma}{\alpha+\beta+\gamma}\overrightarrow{AC}$$

であり，これは

$$\overrightarrow{AP}=\frac{\gamma+\beta}{\alpha+\beta+\gamma}\cdot\frac{\beta\overrightarrow{AB}+\gamma\overrightarrow{AC}}{\gamma+\beta}$$

と表せ，ここで

$$0<\frac{\beta+\gamma}{\alpha+\beta+\gamma}<1 \qquad \cdots\cdots ⑥$$

である.

- $\alpha=0$ のとき，$\beta+\gamma=1$ であり，点 P は辺 BC を $\gamma:\beta$ に内分する点 D に一致する.
- $\alpha=1$ のとき，$\beta+\gamma=0$，すなわち，$\beta=\gamma=0$ であり，点 P は頂点 A に一致する.
- $\beta+\gamma\neq 0$ のとき，⑥より，点 P は線分 AD 上に存在する.

したがって，$\alpha\geqq 0$，$\beta\geqq 0$，$\gamma\geqq 0$，$\alpha+\beta+\gamma=1$ であるとき，点 P は三角形 ABC の周および内部に存在することが示せた.　終

(ⅱ) 三角形 ABC が，1 辺の長さが 1 の正三角形であるとき，内心は重心に一致するから

$$\overrightarrow{AI}=\frac{\overrightarrow{AB}+\overrightarrow{AC}}{3}$$

であり，

$$\begin{aligned}|\overrightarrow{IP}|^2&=|\overrightarrow{AP}-\overrightarrow{AI}|^2\\&=\left|(\beta\overrightarrow{AB}+\gamma\overrightarrow{AC})-\frac{\overrightarrow{AB}+\overrightarrow{AC}}{3}\right|^2\\&=\left|\left(\beta-\frac{1}{3}\right)\overrightarrow{AB}+\left(\gamma-\frac{1}{3}\right)\overrightarrow{AC}\right|^2\\&=\left(\beta-\frac{1}{3}\right)^2+\left(\gamma-\frac{1}{3}\right)^2+2\left(\beta-\frac{1}{3}\right)\left(\gamma-\frac{1}{3}\right)\times\frac{1}{2}(1^2+1^2-1^2)\\&=\beta^2+\gamma^2-\beta-\gamma+\beta\gamma+\frac{1}{3}\end{aligned}$$　答

である.

(iii) 一辺の長さが1の正三角形ABCに内接する円の半径rは

$$r=\frac{\sqrt{3}}{2}\cdot\frac{1}{3}=\frac{\sqrt{3}}{6}$$

であり，点Pが点Iを中心とする半径$\frac{\sqrt{3}}{6}$の円周上に存在するとき，

$|\overrightarrow{IP}|=\frac{\sqrt{3}}{6}$を満たす．

さらに，条件より$\alpha+\beta+\gamma=1$であり

$$\overrightarrow{AP}=\beta\overrightarrow{AB}+\gamma\overrightarrow{AC}$$

と表せるから，このとき，$|\overrightarrow{IP}|^2=\frac{1}{12}$として，(ii)より

$$\beta^2+\gamma^2-\beta-\gamma+\beta\gamma+\frac{1}{3}=\frac{1}{12}$$

$$\beta(\beta-1)+\gamma(\gamma-1)+\beta\gamma=-\frac{1}{4}$$

$$\beta(-\alpha-\gamma)+\gamma(-\alpha-\beta)+\beta\gamma=-\frac{1}{4}\quad(\because\ \beta+\gamma=1-\alpha)$$

$$-\alpha\beta-\beta\gamma-\gamma\alpha-\beta\gamma+\beta\gamma=-\frac{1}{4}$$

$$\alpha\beta+\beta\gamma+\gamma\alpha=\frac{1}{4}$$

を満たす．

逆に，$\alpha\beta+\beta\gamma+\gamma\alpha=\frac{1}{4}$を満たすとき，条件の$\alpha+\beta+\gamma=1$より，この両辺を2乗すると，

$$1=\alpha^2+\beta^2+\gamma^2+2(\alpha\beta+\beta\gamma+\gamma\alpha)$$

$$\alpha^2+\beta^2+\gamma^2=\frac{1}{2}$$

が得られる．

このとき，

$$\begin{aligned}|\overrightarrow{IP}|^2&=\beta^2+\gamma^2-\beta-\gamma+\beta\gamma+\frac{1}{3}\\&=\beta^2+\gamma^2+\beta\gamma-(\beta+\gamma)+\frac{1}{3}\\&=\beta^2+\gamma^2+\left(\frac{1}{4}-\alpha\beta-\gamma\alpha\right)-(\beta+\gamma)+\frac{1}{3}\quad\left(\because\ \alpha\beta+\beta\gamma+\gamma\alpha=\frac{1}{4}\right)\\&=\beta^2+\gamma^2+\frac{1}{4}-\alpha(\beta+\gamma)-(\beta+\gamma)+\frac{1}{3}\end{aligned}$$

$$=\beta^2+\gamma^2+\frac{1}{4}-(1+\alpha)(\beta+\gamma)+\frac{1}{3}$$

$$=\beta^2+\gamma^2+\frac{1}{4}-(1+\alpha)(1-\alpha)+\frac{1}{3} \quad (\because \ \alpha+\beta+\gamma=1)$$

$$=\alpha^2+\beta^2+\gamma^2-\frac{5}{12}$$

$$=\frac{1}{2}-\frac{5}{12} \quad \left(\because \ \alpha^2+\beta^2+\gamma^2=\frac{1}{2}\right)$$

$$=\frac{1}{12}$$

となり，これより $|\overrightarrow{\mathrm{IP}}|>0$ であるから，

$$|\overrightarrow{\mathrm{IP}}|=\frac{1}{2\sqrt{3}}=\frac{\sqrt{3}}{6}$$

である．

したがって，点 P は内心 I を中心とする半径 $\frac{\sqrt{3}}{6}$ の円周上の点，すなわち，これは正三角形 ABC の内接円周上に存在する．

つまり，点 P が点 I を中心とする三角形 ABC の内接円周上に存在することは，

$$\alpha\beta+\beta\gamma+\gamma\alpha=\frac{1}{4}$$

であるための必要十分条件である．

(4) △ABC は一辺の長さが $2\sqrt{3}$ の正三角形であり，実数の定数 α, β, γ が

$$\alpha+\beta+\gamma=1, \ \alpha^2+\beta^2+\gamma^2=1$$

を満たすとき，正三角形 ABC の重心 G からの 4 点 A, B, C, P への位置ベクトルをそれぞれ $\vec{a}$, $\vec{b}$, $\vec{c}$, $\vec{p}$ とすると，(2) の※より

$$\vec{p}=\alpha\vec{a}+\beta\vec{b}+\gamma\vec{c}$$

と表せる．

このとき，正三角形 ABC は一辺の長さが $2\sqrt{3}$ であり

$$\mathrm{GA}=\mathrm{GB}=\mathrm{GC}=2$$

であるから，

$$|\vec{a}|^2=|\vec{b}|^2=|\vec{c}|^2=4$$

である．しかも，内積 $\vec{a}\cdot\vec{b}$, $\vec{b}\cdot\vec{c}$, $\vec{c}\cdot\vec{a}$ の値は

$$\vec{a}\cdot\vec{b}=\vec{b}\cdot\vec{c}=\vec{c}\cdot\vec{a}=2\cdot2\cdot\cos\frac{2}{3}\pi=-2$$

であるから，$|\vec{p}|^2$ は

$$
\begin{aligned}
|\vec{p}|^2 &= (\alpha\vec{a}+\beta\vec{b}+\gamma\vec{c})\cdot(\alpha\vec{a}+\beta\vec{b}+\gamma\vec{c})\\
&= \alpha^2|\vec{a}|^2+\beta^2|\vec{b}|^2+\gamma^2|\vec{c}|^2+2(\alpha\beta\vec{a}\cdot\vec{b}+\beta\gamma\vec{b}\cdot\vec{c}+\gamma\alpha\vec{c}\cdot\vec{a})\\
&= 4(\alpha^2+\beta^2+\gamma^2)-4(\alpha\beta+\beta\gamma+\gamma\alpha)\\
&= 4-4(\alpha\beta+\beta\gamma+\gamma\alpha) \qquad (\because\ \alpha^2+\beta^2+\gamma^2=1)
\end{aligned}
$$

と表せ，α, β, γ は $\alpha+\beta+\gamma=1$，$\alpha^2+\beta^2+\gamma^2=1$ を満たすから，これより

$$(\alpha+\beta+\gamma)^2=\alpha^2+\beta^2+\gamma^2+2(\alpha\beta+\beta\gamma+\gamma\alpha)$$

すなわち

$$\alpha\beta+\beta\gamma+\gamma\alpha=0$$

を得る．

したがって，上式は

$$|\vec{p}|^2=4$$

であり，すなわち

$$|\vec{p}|=2$$

であるから，点 P は

正三角形の重心 G を中心とする半径 2 の円を描く．　答

問題 2-20　◀◀広島大，九州大　改題

(1) 仮定より

$$|\overrightarrow{OA}|=|\overrightarrow{OB}|=1$$

であり，4 点 O，A，E，B でつくる四角形 OAEB は平行四辺形であるから，

$$\overrightarrow{AE}=\overrightarrow{OB},\ \overrightarrow{BE}=\overrightarrow{OA}$$

すなわち，四角形 OAEB はひし形である．

このとき，ひし形の性質より，対角線は角を二等分するから，線分 OE が ∠AOB を二等分することが示せた．

(2) 2 つの対角線 PR と QS の交点 O を基点とする位置ベクトル

$$\overrightarrow{OP}=\vec{p},\ \overrightarrow{OQ}=\vec{q}$$

とすると

$$\overrightarrow{\mathrm{OR}}=k\vec{p}\,,\ \overrightarrow{\mathrm{OS}}=\ell\vec{q}\ \ (k,\ \ell\text{は実数}) \qquad \cdots\cdots *$$

と表せる.

ここで, 4つの三角形 PQR, QRS, RSP, SPQ の重心 X, Y, Z, W について

$$\overrightarrow{\mathrm{OX}}=\frac{\vec{p}+\vec{q}+k\vec{p}}{3},\ \overrightarrow{\mathrm{OY}}=\frac{\vec{q}+k\vec{p}+\ell\vec{q}}{3}$$

$$\overrightarrow{\mathrm{OZ}}=\frac{k\vec{p}+\ell\vec{q}+\vec{p}}{3},\ \overrightarrow{\mathrm{OW}}=\frac{\ell\vec{q}+\vec{p}+\vec{q}}{3}$$

と表せ, 四角形 XYZW がひし形であるとき, 2つの対角線 XZ と WY は互いに中点で交わり, しかも, 直交するから

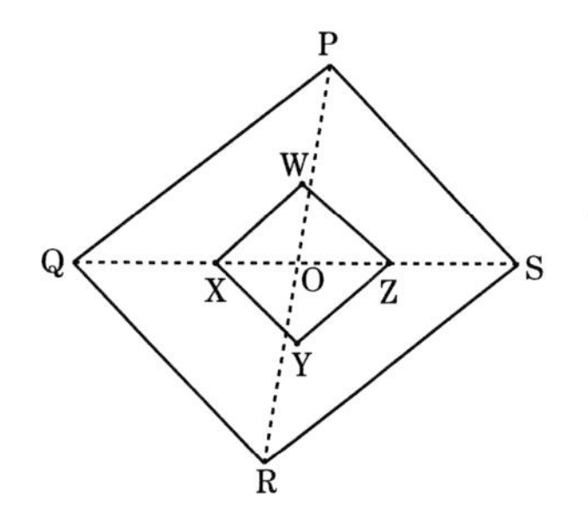

$$\begin{cases}\dfrac{\overrightarrow{\mathrm{OX}}+\overrightarrow{\mathrm{OZ}}}{2}=\dfrac{\overrightarrow{\mathrm{OY}}+\overrightarrow{\mathrm{OW}}}{2}\\ \overrightarrow{\mathrm{XZ}}\cdot\overrightarrow{\mathrm{YW}}=0\end{cases}$$

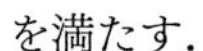

を満たす.

この第1式目において, 上式の4つのベクトルを用いると

$$\left(\frac{k+1}{3}\vec{p}+\frac{1}{3}\vec{q}\right)+\left(\frac{k+1}{3}\vec{p}+\frac{\ell}{3}\vec{q}\right)=\left(\frac{k}{3}\vec{p}+\frac{\ell+1}{3}\vec{q}\right)+\left(\frac{1}{3}\vec{p}+\frac{\ell+1}{3}\vec{q}\right)$$

であり, これは

$$\frac{2(k+1)}{3}\vec{p}+\frac{\ell+1}{3}\vec{q}=\frac{k+1}{3}\vec{p}+\frac{2(\ell+1)}{3}\vec{q}$$

であるから, ベクトルの相等より

$$\begin{cases}\dfrac{2(k+1)}{3}=\dfrac{k+1}{3}\\ \dfrac{\ell+1}{3}=\dfrac{2(\ell+1)}{3}\end{cases}$$

すなわち

$$k=-1,\ \ell=-1 \qquad \cdots\cdots ①$$

である.

また, 第2式目において

$$\overrightarrow{\mathrm{XZ}}=\overrightarrow{\mathrm{OZ}}-\overrightarrow{\mathrm{OX}}=\frac{\ell-1}{3}\vec{q}\,,\quad \overrightarrow{\mathrm{YW}}=\overrightarrow{\mathrm{OW}}-\overrightarrow{\mathrm{OY}}=\frac{1-k}{3}\vec{p}$$

であり, これを第2式目に用いると

$$\left(\frac{\ell-1}{3}\vec{q}\right)\cdot\left(\frac{1-k}{3}\vec{p}\right)=0$$

であるから，①より，これは

$$\vec{p}\cdot\vec{q}=0$$

を得る．

ここで，$\vec{p}\neq\vec{0}$，$\vec{q}\neq\vec{0}$ であるから

$$\overrightarrow{\mathrm{OP}}\perp\overrightarrow{\mathrm{OQ}}$$

である．

また，①を＊に用いると

$$\overrightarrow{\mathrm{OR}}=-\vec{p}\ ,\ \overrightarrow{\mathrm{OS}}=-\vec{q}$$

であり，O は PR と QS の中点であり，しかも

$$\mathrm{PR}\perp\mathrm{QS},\ |\overrightarrow{\mathrm{OP}}|=|\overrightarrow{\mathrm{OR}}|,\ |\overrightarrow{\mathrm{OQ}}|=|\overrightarrow{\mathrm{OS}}|$$

であるから，四角形 PQRS はひし形であることが示せた．　終

(3) (1) の S に内接する四角形 ABCD が

$$\overrightarrow{\mathrm{OA}}+\overrightarrow{\mathrm{OB}}+\overrightarrow{\mathrm{OC}}+\overrightarrow{\mathrm{OD}}=\vec{0}$$

を満たすとき，これは

$$\overrightarrow{\mathrm{OA}}+\overrightarrow{\mathrm{OB}}=-(\overrightarrow{\mathrm{OC}}+\overrightarrow{\mathrm{OD}})$$

であり，これより

$$|\overrightarrow{\mathrm{OA}}+\overrightarrow{\mathrm{OB}}|^2=|-(\overrightarrow{\mathrm{OC}}+\overrightarrow{\mathrm{OD}})|^2$$

が成り立つから

$$1+1+2\overrightarrow{\mathrm{OA}}\cdot\overrightarrow{\mathrm{OB}}=1+1+2\overrightarrow{\mathrm{OC}}\cdot\overrightarrow{\mathrm{OD}}$$

すなわち

$$\overrightarrow{\mathrm{OA}}\cdot\overrightarrow{\mathrm{OB}}=\overrightarrow{\mathrm{OC}}\cdot\overrightarrow{\mathrm{OD}} \qquad \cdots\cdots ②$$

である．

このとき，②より

$$\begin{aligned}|\overrightarrow{\mathrm{AB}}|^2-|\overrightarrow{\mathrm{CD}}|^2&=|\overrightarrow{\mathrm{OB}}-\overrightarrow{\mathrm{OA}}|^2-|\overrightarrow{\mathrm{OD}}-\overrightarrow{\mathrm{OC}}|^2\\&=-2(\overrightarrow{\mathrm{OA}}\cdot\overrightarrow{\mathrm{OB}}-\overrightarrow{\mathrm{OC}}\cdot\overrightarrow{\mathrm{OD}})=0\end{aligned}$$

であるから

$$|\overrightarrow{\mathrm{AB}}|=|\overrightarrow{\mathrm{CD}}| \qquad \cdots\cdots ③$$

である．

一方で，与えられた式を

$$\overrightarrow{OA}+\overrightarrow{OC}=-(\overrightarrow{OB}+\overrightarrow{OD})$$

とすると

$$|\overrightarrow{OA}+\overrightarrow{OC}|^2=|-(\overrightarrow{OB}+\overrightarrow{OD})|^2$$

より

$$\overrightarrow{OA}\cdot\overrightarrow{OC}=\overrightarrow{OB}\cdot\overrightarrow{OD}$$

が得られ，これより

$$|\overrightarrow{AC}|^2-|\overrightarrow{BD}|^2=0$$

すなわち

$$|\overrightarrow{AC}|=|\overrightarrow{BD}| \qquad \cdots\cdots ④$$

である．

さらに，与えられた式を

$$\overrightarrow{OA}+\overrightarrow{OD}=-(\overrightarrow{OB}+\overrightarrow{OC})$$

とすると

$$|\overrightarrow{OA}+\overrightarrow{OD}|^2=|-(\overrightarrow{OB}+\overrightarrow{OC})|^2$$

より

$$\overrightarrow{OA}\cdot\overrightarrow{OD}=\overrightarrow{OB}\cdot\overrightarrow{OC}$$

が得られ，これより

$$|\overrightarrow{AD}|^2-|\overrightarrow{BC}|^2=0$$

すなわち

$$|\overrightarrow{AD}|=|\overrightarrow{BC}| \qquad \cdots\cdots ⑤$$

である．

したがって，③，④，⑤より，四角形 ABCD は

$$AB=CD,\ AD=BC,\ AC=BD\ (対角線)$$

であるから，長方形である．　答

問題 3-1　◀◀神戸大

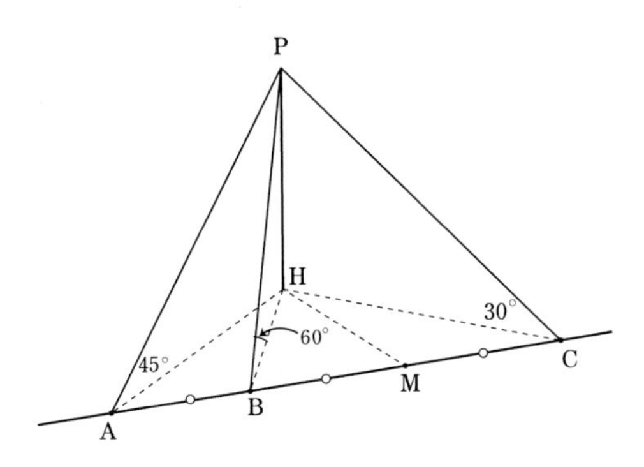

(1) 条件から，図のようにとれ，BC の中点を M とすると，条件の $BC=2AB$ より

$$AB=BM=CM$$

であるから，三角形 HAM，HBC において

それぞれ中線定理を用いると

$$\begin{cases} AH^2+MH^2=2(AB^2+BH^2) \\ BH^2+CH^2=2(BM^2+MH^2) \end{cases}$$

が成り立つ．

この 2 式から，MH^2 を消去することを考えるが，この第 1 式目を 2 倍し，$BM^2=AB^2$ を第 2 式目に用いると

$$\begin{cases} 2AH^2+2MH^2=4(AB^2+BH^2) \\ BH^2+CH^2=2(AB^2+MH^2) \end{cases}$$

であり，これらの辺ごとの和によって，$2MH^2$ は消去されるから

$$2AH^2+BH^2+CH^2=6AB^2+4BH^2$$

であるから，すなわち

$$2AH^2-3BH^2+CH^2=6AB^2 \quad \cdots\cdots ①$$

が成り立つことが示せた．　**終**

(2) 条件より，A，B，C から P を見上げた角度 ∠PAH，∠PBH，∠PCH はそれぞれ 45°, 60°, 30° であるから，三角形 AHP は直角二等辺三角形であり

$$AH=PH \quad \cdots\cdots ②$$

である．また，三角形 BHP，CHP おいて，$2:1:\sqrt{3}$ より

$$BH=\frac{1}{\sqrt{3}}PH,\quad CH=\sqrt{3}\,PH \quad \cdots\cdots ③$$

であるから，②と③を①に用いると

$$6AB^2=2PH^2-3\left(\frac{1}{\sqrt{3}}PH^2\right)+(\sqrt{3}\,PH)^2$$

すなわち

$$\mathrm{PH}^2=\frac{3}{2}\mathrm{AB}^2$$

である．ここで，条件より，$\mathrm{AB}=100$ とすることから

$$\mathrm{PH}=\frac{\sqrt{6}}{2}\cdot 100=50\sqrt{6}$$

であり，ここで

$$2.44^2=5.9536,\quad 2.45^2=6.0025$$

であるから

$$2.44<\sqrt{6}<2.45$$

である．

したがって

$$2.44\cdot 50<\mathrm{PH}<2.45\cdot 50$$

すなわち

$$122<\mathrm{PH}<122.5$$

であるから，塔の高さ PH の整数部分は

$$122\,(\mathrm{m})$$ 答

である．

(3) 図のように，点 H から AC に垂線を引き，その交点を N とし，$\mathrm{BN}=x$ とすると

$$\mathrm{CN}=200-x$$

である．また，(2) のとき，②と③より

$$\mathrm{AH}=\mathrm{PH}=50\sqrt{6}$$

$$\mathrm{BH}=\frac{1}{\sqrt{3}}\mathrm{PH}=50\sqrt{2}$$

$$\mathrm{CH}=150\sqrt{2}$$

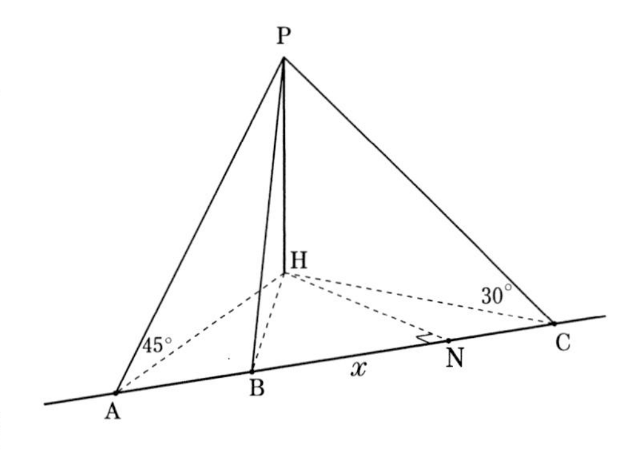

であるから，求める $\mathrm{HN}=s$ とおくと，三角形 HBN，HNC において，三平方の定理より

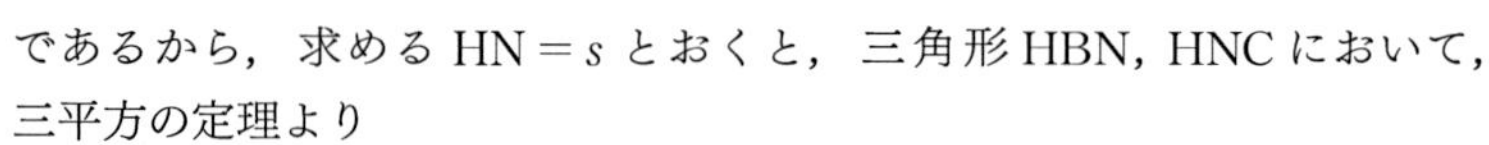

$$\begin{cases}s^2+x^2=(50\sqrt{2})^2\\ s^2+(200-x)^2=(150\sqrt{2})^2\end{cases}$$

が成り立つ．

これらの辺ごとの差によって

$$(200-x)^2-x^2=(150\sqrt{2})^2-(50\sqrt{2})^2$$

であり

$$200(200-2x)=200\sqrt{2}\cdot 100\sqrt{2}$$

であるから

$$200-2x=200$$

すなわち

$$x=0$$

を得る．

したがって，点 N は点 B に一致していることがわかり，H と道 AC との距離は

$$\mathrm{HN}=\mathrm{HB}=50\sqrt{2}\ (\mathrm{m})$$

であるから，

$$1.41^2=1.9881,\ 1.42^2=2.0164$$

すなわち

$$1.41<\sqrt{2}<1.42$$

である．

よって，求める整数部分は

$$1.41\cdot 50<\mathrm{BH}<1.42\cdot 50$$

より

$$70.5<\mathrm{BH}<71$$

であるから

$$70\ (\mathrm{m})$$ 答

である．

■ 問題 3-2　◀◀法政大

(1) 三角形 ABC において，余弦定理を用いると

$$\mathrm{BC}^2=(\sqrt{2})^2+2^2-2\cdot\sqrt{2}\cdot 2\cdot\frac{1}{\sqrt{2}}=2$$

であり，BC > 0 より

$$\mathrm{BC}=\sqrt{2}$$

であるから，三角形 ABC は $\angle\mathrm{ABC}=90^\circ$ の直角二等辺三角形である．

また，三角形 ACD においても

$$CD^2=2^2+(\sqrt{3})^2-2\cdot 2\cdot\sqrt{3}\cdot\frac{\sqrt{3}}{2}=1$$

であり，$CD>0$ より

$$CD=1$$

であるから，三角形ACDは $\angle ADC=90^\circ$ の直角三角形である．

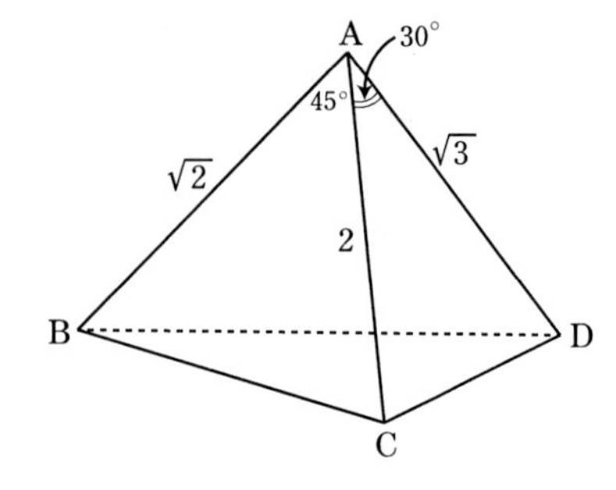

ここで，$BD=x$ とおくと

$$\begin{cases}\cos\angle BAD=\dfrac{(\sqrt{2})^2+(\sqrt{3})^2-x^2}{2\cdot\sqrt{2}\cdot\sqrt{3}}\\ \cos\angle BCD=\dfrac{(\sqrt{2})^2+1^2-x^2}{2\cdot\sqrt{2}\cdot 1}\end{cases}$$

と表せ，条件より

$$\frac{(\sqrt{2})^2+(\sqrt{3})^2-x^2}{2\cdot\sqrt{2}\cdot\sqrt{3}}=\sqrt{3}\cdot\frac{(\sqrt{2})^2+1^2-x^2}{2\cdot\sqrt{2}\cdot 1}$$

が成り立つから，これを x について解くと

$$5-x^2=3(3-x^2)$$

すなわち，$x>0$ より

$$x=BD=\sqrt{2}$$ 答

である．

(2) (1) より

$$\cos\angle BCD=\frac{(\sqrt{2})^2+1^2-(\sqrt{2})^2}{2\cdot\sqrt{2}\cdot 1}=\frac{1}{2\sqrt{2}}=\frac{\sqrt{2}}{4}$$

であり，

$$\sin\angle BCD=\sqrt{1-\cos^2\angle BCD}=\sqrt{1-\frac{1}{8}}=\frac{\sqrt{7}}{2\sqrt{2}}=\frac{\sqrt{14}}{4}$$

である．

また，$\cos\angle BAD=\sqrt{3}\cos\angle BCD$ より

$$\cos\angle BAD=\sqrt{3}\cdot\frac{\sqrt{2}}{4}=\frac{\sqrt{6}}{4}$$

であり，

$$\sin\angle BAD=\sqrt{1-\cos^2\angle BAD}=\sqrt{1-\frac{3}{8}}=\frac{\sqrt{5}}{2\sqrt{2}}=\frac{\sqrt{10}}{4}$$

である．

したがって，求める表面積を S とすると

$$S=\triangle\mathrm{ABC}+\triangle\mathrm{ACD}+\triangle\mathrm{ADB}+\triangle\mathrm{BCD}$$
$$=\frac{1}{2}\cdot\sqrt{2}\cdot\sqrt{2}+\frac{1}{2}\cdot1\cdot\sqrt{3}+\frac{1}{2}\cdot\sqrt{2}\cdot\sqrt{3}\cdot\frac{\sqrt{10}}{4}+\frac{1}{2}\cdot\sqrt{2}\cdot1\cdot\frac{\sqrt{14}}{4}$$
$$=1+\frac{\sqrt{3}}{2}+\frac{\sqrt{15}}{4}+\frac{\sqrt{7}}{4}$$ 答

である．

(3) 上述したことをまとめると

$$\mathrm{BA}=\mathrm{BC}=\mathrm{BD}=\sqrt{2}$$

であり，点 B から △ACD を含む平面に垂線を引き，その交点を H とすると，その点 H は △ACD の外心に一致し，いま △ACD は直角三角形であるから，点 H は AC の中点に一致する．

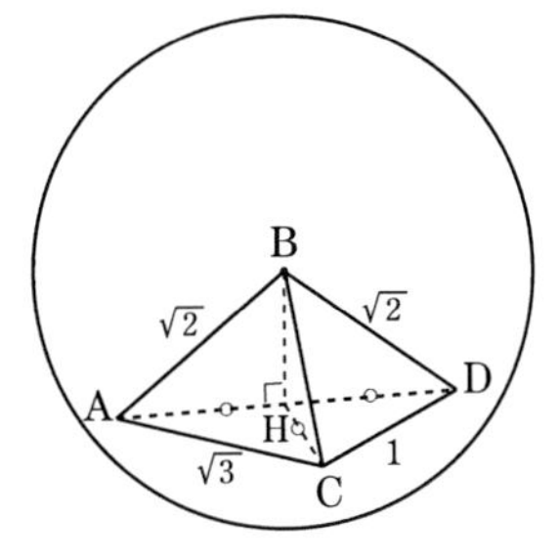

したがって，求める体積を V とすると

$$V=\frac{1}{3}\cdot\triangle\mathrm{ACD}\cdot\mathrm{BH}$$
$$=\frac{1}{3}\cdot\frac{1}{2}\cdot\sqrt{3}\cdot1\cdot1$$
$$=\frac{\sqrt{3}}{6}$$ 答

である．

問題 3-3　◀◀東京大

(1) 条件より

$$\cos\angle\mathrm{ACB}=\cos\angle\mathrm{ADB}=\frac{4}{5}>0$$

であり，2 つの角 ∠ACB，∠ADB は鋭角と判断してよい．

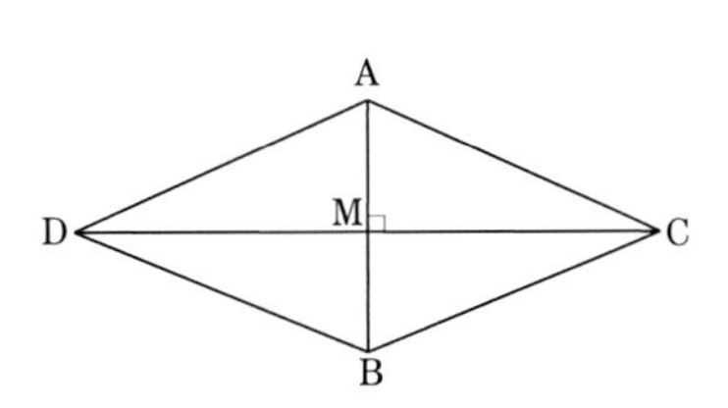

また，これに対応する

$$\sin\angle\mathrm{ACB}=\sin\angle\mathrm{ADB}=\frac{3}{5}>0$$

ある．

このとき，条件より CA = CB であるから，△CAB は二等辺三角形であり，同様に，条件より DA = DB であるから，△DAB は二等辺三角形である．

ここで，AB の中点を M とし，2 点 C，D より AB に垂線を引くと，その交点は M に一致するから，3 点 C，M，D は同一直線上に存在し，

$$AB \perp CD$$

であることがわかる．

これより，四角形 DBCA はひし形であり

$$CA = CB = DA = DB = x$$

とおき，△CAB において，余弦定理を用いると，AB = 1 は与えられているから

$$1^2 = x^2 + x^2 - 2 \cdot x \cdot x \cdot \cos \angle ACB$$

であり，$\cos\angle ACB = \dfrac{4}{5}$ であるから，これは

$$2x^2\left(1 - \frac{4}{5}\right) = 1$$

すなわち

$$x^2 = \frac{5}{2}$$

である．

また，点 M は AB の中点であり

$$AM = BM = \frac{1}{2}$$

であるから，三平方の定理より

$$CM = DM = \sqrt{x^2 - AM^2} = \sqrt{\frac{5}{2} - \frac{1}{4}} = \frac{3}{2}$$

である．

よって，求める △ABC の面積 S は

$$S = \frac{1}{2} \cdot 1 \cdot \frac{3}{2} = \frac{3}{4}$$ 答

である．

(2) 図のように，辺 CD の中点を N とする．このとき △MCD において

$$MC = MD = \frac{3}{2}$$

であり，AB ⊥ DM，AB ⊥ CM，CD ⊥ MN より

$$\triangle MCD \perp CD$$

である．

また，四面体 ABCD は半径 1 の球面に内接するから，その中心を O とすると

$$\mathrm{OA}=\mathrm{OB}=\mathrm{OC}=\mathrm{OD}=1$$

であり，O は線分 MN 上に存在する点である．

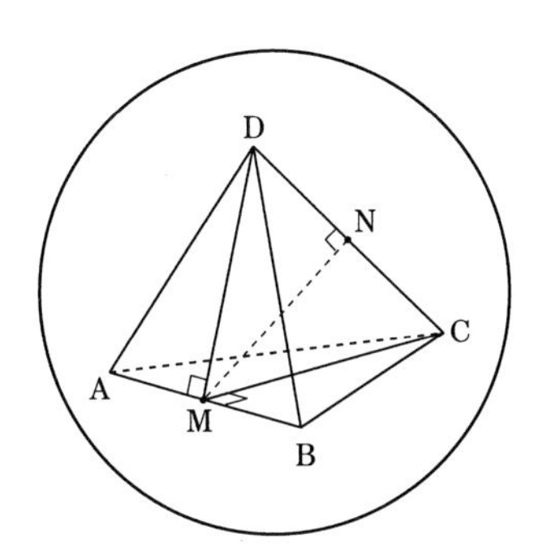

また，条件より AB = 1 でもあるから，△OAB は正三角形であり

$$\mathrm{OM}=\frac{\sqrt{3}}{2}$$

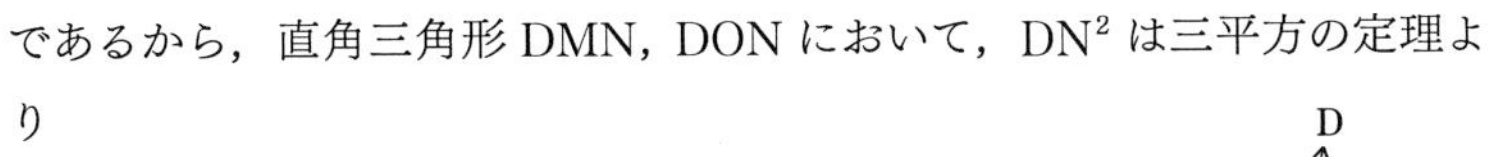

であるから，直角三角形 DMN，DON において，DN^2 は三平方の定理より

$$\mathrm{DN}^2=\mathrm{DM}^2-\mathrm{MN}^2=\mathrm{DO}^2-\mathrm{ON}^2$$

と 2 通り表せ，これより

$$\left(\frac{3}{2}\right)^2-\left(\frac{\sqrt{3}}{2}+\mathrm{ON}\right)^2=1-\mathrm{ON}^2$$

であるから，これより

$$\mathrm{ON}=\frac{\sqrt{3}}{6}$$

である．このことから，

$$\mathrm{DN}^2=1-\left(\frac{\sqrt{3}}{6}\right)^2=\frac{11}{12}$$

であり

$$\mathrm{DN}=\frac{\sqrt{11}}{2\sqrt{3}}$$

であるから，求める四面体 ABCD の体積 V は

$$V=\frac{1}{3}\cdot\triangle\mathrm{MCD}\cdot\mathrm{AB}=\frac{1}{3}\cdot\left(\frac{1}{2}\cdot\mathrm{CD}\cdot\mathrm{MN}\right)\cdot\mathrm{AB}$$

である．ここで，

$$\mathrm{CD}=2\mathrm{DN}=\frac{\sqrt{11}}{\sqrt{3}},\quad \mathrm{MN}=\mathrm{OM}+\mathrm{ON}=\frac{\sqrt{3}}{2}+\frac{\sqrt{3}}{6}=\frac{2\sqrt{3}}{3}$$

であるから

$$V=\frac{1}{3}\cdot\frac{1}{2}\cdot\frac{\sqrt{11}}{\sqrt{3}}\cdot\frac{2\sqrt{3}}{3}\cdot 1=\frac{\sqrt{11}}{9}$$ 答

である．

問題 3-4　◀◀立命館大　改題

(1) $\overrightarrow{AB}=\begin{pmatrix}2\\1\\2\end{pmatrix}$, $\overrightarrow{AC}=\begin{pmatrix}-2\\2\\1\end{pmatrix}$であり，

$$|\overrightarrow{AB}|=\sqrt{4+1+4}=3,\quad |\overrightarrow{AC}|=\sqrt{4+4+1}=3$$

である．また，

$$\overrightarrow{AB}\cdot\overrightarrow{AC}=-4+2+2=0$$

であり，$\overrightarrow{AB}\neq\vec{0}$，$\overrightarrow{AC}\neq\vec{0}$ であるから，これらはともに平行でないから

$$\angle BAC=90^\circ$$

である．

したがって，$\triangle ABC$ は

直角二等辺三角形　（ ア ：①）　答

であり，求める面積は

$$\triangle ABC=\frac{1}{2}\cdot3\cdot3=\frac{9}{2}$$　答

である．

(2) 原点 O から，三角形 ABC を含む平面 α に垂線を下ろし，その交点 H を，実数 s, t を用いて

$$\overrightarrow{OH}=\overrightarrow{OA}+s\overrightarrow{AB}+t\overrightarrow{AC}$$

と表すとき，$\overrightarrow{OH}\perp\overrightarrow{AB}$，$\overrightarrow{OH}\perp\overrightarrow{AC}$ であるから

$$(\overrightarrow{OA}+s\overrightarrow{AB}+t\overrightarrow{AC})\cdot\overrightarrow{AB}=0 \text{ かつ } (\overrightarrow{OA}+s\overrightarrow{AB}+t\overrightarrow{AC})\cdot\overrightarrow{AC}=0$$

が成り立つ．このとき，

$$\left\{\begin{pmatrix}1\\1\\-1\end{pmatrix}+s\begin{pmatrix}2\\1\\2\end{pmatrix}+t\begin{pmatrix}-2\\2\\1\end{pmatrix}\right\}\cdot\begin{pmatrix}2\\1\\2\end{pmatrix}=0,\quad \left\{\begin{pmatrix}1\\1\\-1\end{pmatrix}+s\begin{pmatrix}2\\1\\2\end{pmatrix}+t\begin{pmatrix}-2\\2\\1\end{pmatrix}\right\}\cdot\begin{pmatrix}-2\\2\\1\end{pmatrix}=0$$

であるから，

$$1+9s=0,\quad -1+9t=0$$

すなわち

$$s=-\frac{1}{9},\quad t=\frac{1}{9}$$　答

である．

(3)　(2) より，

$$\overrightarrow{\mathrm{OH}}=\begin{pmatrix}1\\1\\-1\end{pmatrix}-\frac{1}{9}\begin{pmatrix}2\\1\\2\end{pmatrix}+\frac{1}{9}\begin{pmatrix}-2\\2\\1\end{pmatrix}=\begin{pmatrix}\frac{5}{9}\\\frac{10}{9}\\-\frac{10}{9}\end{pmatrix}$$

であるから，点 H の座標は

$$\left(\frac{5}{9},\ \frac{10}{9},\ -\frac{10}{9}\right)$$ 答

である．

(4) (1) より，$\triangle$ABC は直角二等辺三角形であるから，この面積は

$$\frac{1}{2}\cdot3\cdot3=\frac{9}{2}$$

である．また，(2) と (3) より

$$|\overrightarrow{\mathrm{OH}}|=\sqrt{\frac{25}{81}+\frac{100}{81}+\frac{100}{81}}=\frac{15}{9}=\frac{5}{3}$$

であるから，求める体積は

$$\frac{1}{3}\cdot\frac{9}{2}\cdot\frac{5}{3}=\frac{5}{2}$$ 答

である．

(5) 四面体 OABC の 4 つの頂点 O, A, B, C を通る球の中心を P とし，その座標を $(x,\ y,\ z)$ とする．このとき，

$$\mathrm{PA}=\mathrm{PB}=\mathrm{PC}=\mathrm{PO}$$

を満たす．

また，点 P から $\triangle$ABC を含む平面に垂線を下ろしたその足を L とすると，点 L は $\triangle$ABC の外心であり

$$\mathrm{LA}=\mathrm{LB}=\mathrm{LC}$$

を満たすものの，$\triangle$ABC は直角二等辺三角形であるから，点 L は辺 BC の中点に一致する．

したがって，四面体 OABC に外接する球の中心 P は

$\triangle$OBC の外心

であることがわかり，

$$\overrightarrow{\mathrm{OB}}\cdot2\overrightarrow{\mathrm{OP}}=|\overrightarrow{\mathrm{OB}}|^2 \quad かつ \quad \overrightarrow{\mathrm{OC}}\cdot2\overrightarrow{\mathrm{OP}}=|\overrightarrow{\mathrm{OC}}|^2 \qquad \cdots\cdots ①$$

を満たす．また，

$$|\overrightarrow{OB}|^2=14,\quad |\overrightarrow{OC}|^2=10$$

より，①は

$$\overrightarrow{OB}\cdot\overrightarrow{OP}=7 \quad \text{かつ} \quad \overrightarrow{OC}\cdot\overrightarrow{OP}=5$$

であるから，

$$3x+2y+z=7 \quad \text{かつ} \quad -x+3y=5 \qquad \cdots\cdots ②$$

である．

さらに，点 P から辺 OA に垂線を下ろしたその足を N とすると，点 N は辺 OA の中点であるから，

$$\overrightarrow{OA}\cdot\overrightarrow{PN}=0 \qquad \cdots\cdots ③$$

を満たし，点 N の座標は

$$\left(\frac{1}{2},\ \frac{1}{2},\ -\frac{1}{2}\right)$$

であるから，③より

$$\begin{pmatrix}1\\1\\-1\end{pmatrix}\cdot\begin{pmatrix}x-\frac{1}{2}\\ y-\frac{1}{2}\\ z+\frac{1}{2}\end{pmatrix}=0$$

すなわち

$$2x+2y-2z=3 \qquad \cdots\cdots ④$$

である．

よって，②の 2 式と④より，求める点 P の座標は

$$(x,y,z)=\left(\frac{7}{10},\ \frac{19}{10},\ \frac{11}{10}\right) \qquad \text{答}$$

であり，この球面の半径は

$$\sqrt{\left(\frac{7}{10}\right)^2+\left(\frac{19}{10}\right)^2+\left(\frac{11}{10}\right)^2}=\sqrt{\frac{49+361+121}{100}}=\frac{\sqrt{531}}{10}=\frac{3\sqrt{59}}{10}$$

である．

問題 3-5　◀◀早稲田大

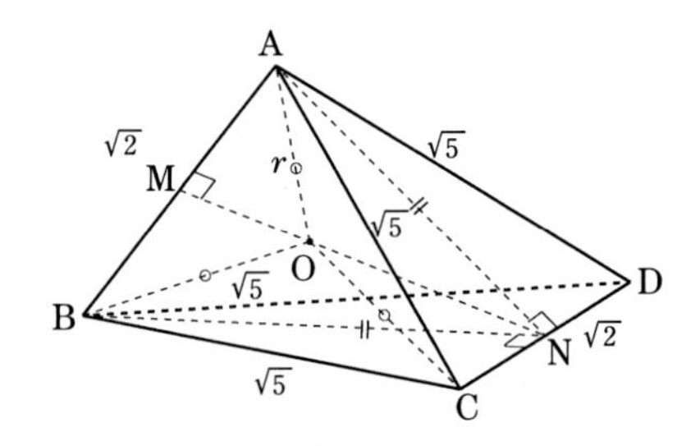

(1) 条件より，四面体 ABCD の 4 つの面はすべて合同な二等辺三角形である．

ここで，AB, CD の中点をそれぞれ M, N とすると

$$AB \perp MN,\ CD \perp MN$$

であり，

$$AN = BN = \sqrt{(\sqrt{5})^2 - \left(\frac{\sqrt{2}}{2}\right)^2} = \sqrt{5 - \frac{1}{2}} = \frac{3}{\sqrt{2}}$$

であるから

$$MN = \sqrt{\left(\frac{3}{\sqrt{2}}\right)^2 - \left(\frac{\sqrt{2}}{2}\right)^2} = \sqrt{\frac{9}{2} - \frac{1}{2}} = 2$$

である．

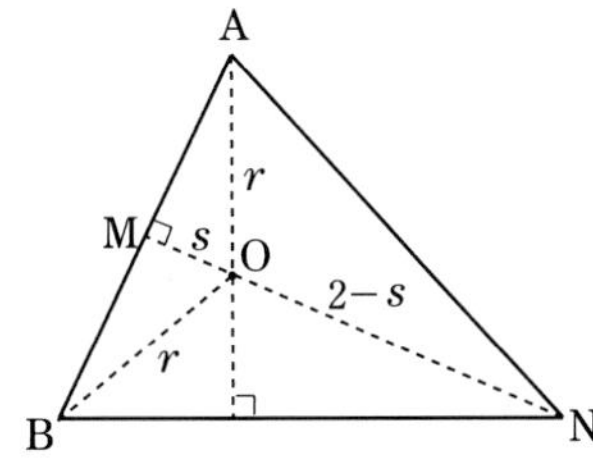

このとき，球面の中心をOとすると，対称性から，右図のように存在し，$OM = s$ とおくと，

$$ON = 2 - s$$

であり，上の図において，△OCN で三平方の定理を用いると

$$OC^2 = (2-s)^2 + \left(\frac{\sqrt{2}}{2}\right)^2 = (2-s)^2 + \frac{1}{2} \quad \cdots\cdots ①$$

である．また，△OAM で三平方の定理を用いると

$$OA^2 = r^2 = s^2 + \frac{1}{2} \quad \cdots\cdots ②$$

であり， $OA = OC$ であるから，①と②より

$$(2-s)^2 + \frac{1}{2} = s^2 + \frac{1}{2}$$

すなわち

$$s = 1$$

である．

これを②に用いると

$$r^2 = \frac{3}{2}$$

すなわち

$$r = \frac{\sqrt{6}}{2} \quad \text{答}$$

である．

参考：等面四面体の性質

四面体 ABCD は等面四面体であるから，直方体に埋めこむことができ，図のようにその 3 辺を x, y, z とすると，4 点 A, B, C, D を通る球面の半径がまさに求めるものであり，それは直方体の対角線の長さの半分でよい．

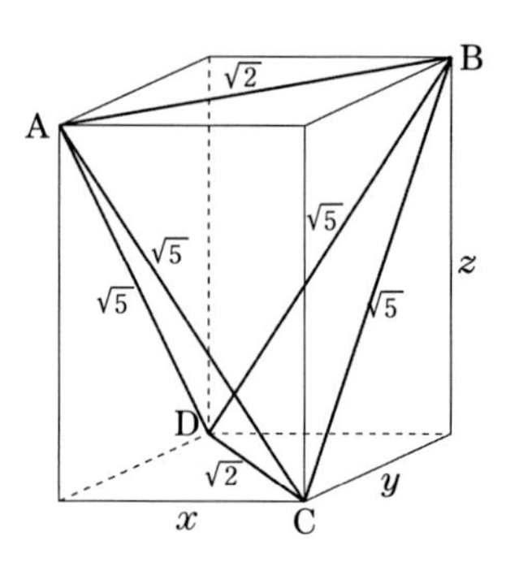

このとき，

$$x^2+y^2=2,\ y^2+z^2=5,\ z^2+x^2=5$$

であり，辺ごとの和より

$$x^2+y^2+z^2=6$$

であるから，求める半径 r は

$$r=\frac{\sqrt{x^2+y^2+z^2}}{2}=\frac{\sqrt{6}}{2}$$ 答

である．

(2) 条件より

$$\triangle OAB \equiv \triangle OBC \equiv \triangle OCA$$

であり

$$AB=BC=CA$$

であるから，三角形 ABC は正三角形である．

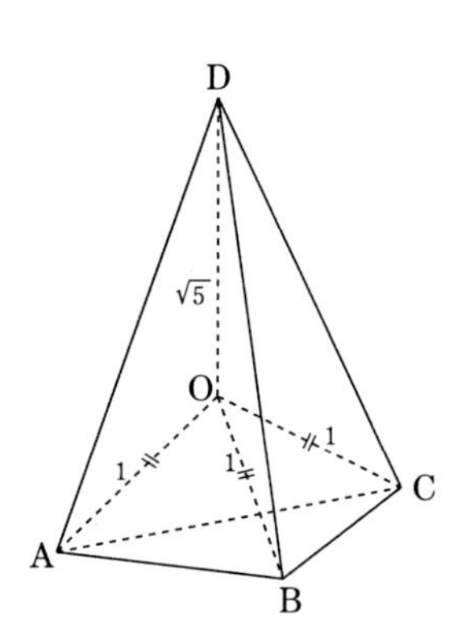

このとき

$$\begin{aligned}\overrightarrow{OA}\cdot\overrightarrow{OB}=\overrightarrow{OB}\cdot\overrightarrow{OC}=\overrightarrow{OC}\cdot\overrightarrow{OA}\\ =\frac{1}{2}(1^2+1^2-AB^2)\end{aligned} \quad \cdots\cdots ①$$

である．

ここで，$\overrightarrow{OA}\cdot\overrightarrow{OD}$，$\overrightarrow{OB}\cdot\overrightarrow{OD}$，$\overrightarrow{OC}\cdot\overrightarrow{OD}$ は，条件の $\overrightarrow{OA}+\overrightarrow{OB}+\overrightarrow{OC}+\overrightarrow{OD}=\vec{0}$ より

$$|\overrightarrow{OA}+\overrightarrow{OD}|^2=|-\overrightarrow{OB}-\overrightarrow{OC}|^2$$

とできるから

$$1+5+2\overrightarrow{OA}\cdot\overrightarrow{OD}=1+1+2\overrightarrow{OB}\cdot\overrightarrow{OC}$$

より

$$\overrightarrow{OA}\cdot\overrightarrow{OD}=\overrightarrow{OB}\cdot\overrightarrow{OC}-2$$

である．これと同様にすると

$$\overrightarrow{OB}\cdot\overrightarrow{OD}=\overrightarrow{OA}\cdot\overrightarrow{OC}-2$$

$$\overrightarrow{OC}\cdot\overrightarrow{OD}=\overrightarrow{OA}\cdot\overrightarrow{OB}-2$$

であり，①をこれに用いると

$$\overrightarrow{OA}\cdot\overrightarrow{OD}=\overrightarrow{OB}\cdot\overrightarrow{OD}=\overrightarrow{OC}\cdot\overrightarrow{OD}$$

が成り立つから，これより

$$\overrightarrow{OD}\cdot\overrightarrow{AB}=0 \quad \text{かつ} \quad \overrightarrow{OD}\cdot\overrightarrow{AC}=0$$

が得られ，$\overrightarrow{OD}\neq\vec{0}$，$\overrightarrow{AB}\neq\vec{0}$，$\overrightarrow{AC}\neq\vec{0}$ であるから

$$\mathrm{OD}\perp\mathrm{AB} \quad \text{かつ} \quad \mathrm{OD}\perp\mathrm{AC}$$

である．

このことから

$$\mathrm{OD}\perp\triangle\mathrm{ABC}$$

であることがわかる．

また，条件の $\overrightarrow{OA}+\overrightarrow{OB}+\overrightarrow{OC}+\overrightarrow{OD}=\vec{0}$ より

$$\overrightarrow{OD}=-(\overrightarrow{OA}+\overrightarrow{OB}+\overrightarrow{OC})=-3\cdot\frac{\overrightarrow{OA}+\overrightarrow{OB}+\overrightarrow{OC}}{3}$$

とでき，ここで，$\dfrac{\overrightarrow{OA}+\overrightarrow{OB}+\overrightarrow{OC}}{3}=\overrightarrow{OH}$ とすると，点 H は △ABC の重心で

3 点 O，D，H は同一直線上に存在する点

であり

$$\overrightarrow{OD}=-3\overrightarrow{OH}$$

であるから

$$|\overrightarrow{OH}|=\frac{1}{3}|\overrightarrow{OD}|=\frac{\sqrt{5}}{3}$$

である．

このとき，三平方の定理より

$$\mathrm{AH}=\sqrt{1-\left(\frac{\sqrt{5}}{3}\right)^2}=\frac{2}{3}$$

であり，点 H は △ABC の重心であるから

$$\mathrm{AB}=\frac{2}{\sqrt{3}}\cdot1=\frac{2\sqrt{3}}{3}$$

である．

また，△DHM において，$\mathrm{DH}=\sqrt{5}+\dfrac{\sqrt{5}}{3}=\dfrac{4\sqrt{5}}{3}$ であり，三平方の定理を用いると

$$\mathrm{DM}=\sqrt{\left(\frac{1}{3}\right)^2+\left(\frac{4\sqrt{5}}{3}\right)^2}=\sqrt{\frac{1+80}{9}}=3$$

であり，図のように

$$\triangle\mathrm{DIJ}\backsim\triangle\mathrm{DMH}$$

であるから

$$\mathrm{DI}:\mathrm{IJ}=\mathrm{DM}:\mathrm{MH}$$

が成り立つ．これより

$$\left(\frac{4\sqrt{5}}{3}-r\right):r=3:\frac{1}{3}$$

であり

$$3r=\frac{4\sqrt{5}}{9}-\frac{1}{3}r$$

すなわち

$$r=\frac{2\sqrt{5}}{15}$$

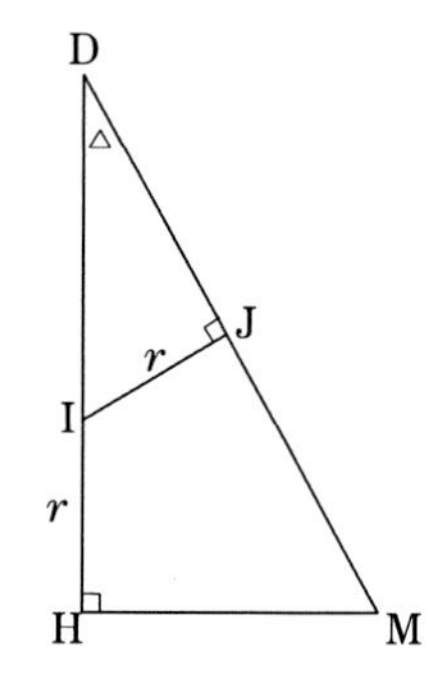

答

である．

問題 3-6　◀◀京都大

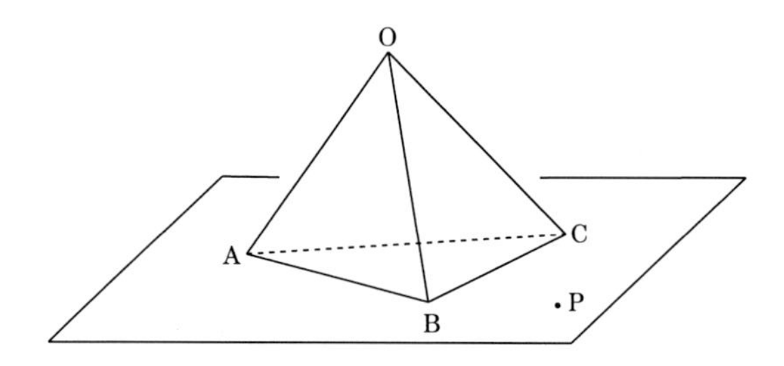

参考　一般に，図のような △ABC を含む平面上に存在する点 P は

$$\overrightarrow{\mathrm{OP}}=\overrightarrow{\mathrm{OA}}+s\,\overrightarrow{\mathrm{AB}}+t\,\overrightarrow{\mathrm{AC}}\quad(s,\ t\text{ は実数})$$

すなわち

$$\overrightarrow{OP}=(1-s-t)\overrightarrow{OA}+s\overrightarrow{OB}+t\overrightarrow{OC}$$

と表せるから，3つのベクトルの係数の和は1である．

解答

直線QRと直線PCが交点をもつとき，その交点と直線QRと直線PCを含む平面がただ1つに定まる．

その平面は△PQCを含む平面であり，点Rはこの平面上に存在するものである．

このとき，実数kにより

$$\overrightarrow{OR}=k\overrightarrow{OD}$$

と表せ，これは

$$\begin{aligned}\overrightarrow{OR}&=k(\overrightarrow{OA}+2\overrightarrow{OB}+3\overrightarrow{OC})\\&=k\overrightarrow{OA}+2k\overrightarrow{OB}+3k\overrightarrow{OC}\\&=k\cdot3\overrightarrow{OP}+2k\cdot2\overrightarrow{OQ}+3k\overrightarrow{OC}\\&=3k\overrightarrow{OP}+4k\overrightarrow{OQ}+3k\overrightarrow{OC}\end{aligned}$$

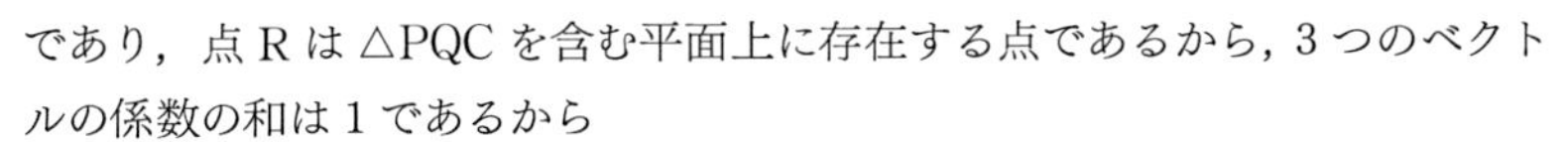

であり，点Rは△PQCを含む平面上に存在する点であるから，3つのベクトルの係数の和は1であるから

$$3k+4k+3k=1$$

すなわち

$$k=\frac{1}{10}$$

である．

したがって，求める比は

$$\mathrm{OR}:\mathrm{RD}=1:9$$ 

である．

■ 問題 3-7　◀◀名古屋市立大

(1) 点Pは線分AQを$s:(1-s)$の比に内分するから

$$\overrightarrow{OP}=(1-s)\overrightarrow{OA}+s\overrightarrow{OQ}$$

であり，点Qは辺BCを$t:(1-t)$の比に内分するから

$$\overrightarrow{\mathrm{OP}}=(1-s)\overrightarrow{\mathrm{OA}}+s\{(1-t)\overrightarrow{\mathrm{OB}}+t\overrightarrow{\mathrm{OC}}\}$$

すなわち

$$\overrightarrow{\mathrm{OP}}=(1-s)\vec{a}+s(1-t)\vec{b}+st\vec{c}$$ 答

である.

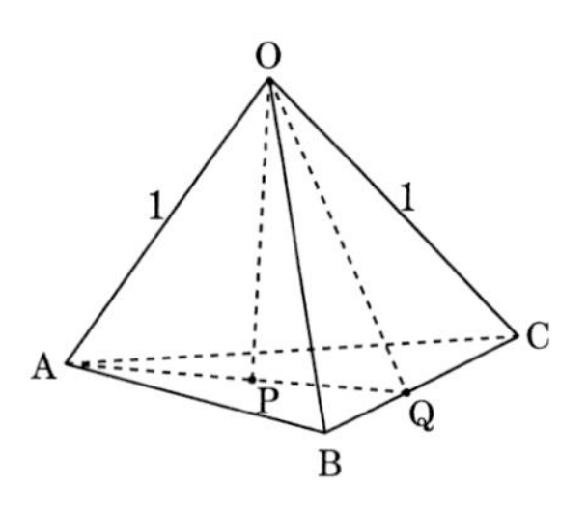

(2) 条件より

$$\overrightarrow{\mathrm{OP}}\cdot\overrightarrow{\mathrm{AB}}=0 \quad \text{かつ} \quad \overrightarrow{\mathrm{OP}}\cdot\overrightarrow{\mathrm{AC}}=0$$

であるから, (1) より

$$\begin{cases}\{(1-s)\vec{a}+s(1-t)\vec{b}+st\vec{c}\}\cdot(\vec{b}-\vec{a})=0\\ \{(1-s)\vec{a}+s(1-t)\vec{b}+st\vec{c}\}\cdot(\vec{c}-\vec{a})=0\end{cases}$$

である. また, 条件より, $|\vec{a}|=|\vec{b}|=|\vec{c}|=1$, $\vec{a}\cdot\vec{b}=\frac{1}{2}$, $\vec{b}\cdot\vec{c}=\frac{1}{2}$, $\vec{c}\cdot\vec{a}=\frac{2}{3}$ であり, この 2 式は

$$\begin{cases}\frac{1}{2}(1-s)+s(1-t)+\frac{1}{2}st\underline{-(1-s)-\frac{1}{2}s(1-t)-\frac{2}{3}st}=0\\ \frac{2}{3}(1-s)+\frac{1}{2}s(1-t)+st\underline{-(1-s)-\frac{1}{2}s(1-t)-\frac{2}{3}st}=0\end{cases} \quad \cdots\cdots *$$

であるから, 〰(波下線) 部分が等しいことから

$$\frac{1}{2}(1-s)+s(1-t)+\frac{1}{2}st=\frac{2}{3}(1-s)+\frac{1}{2}s(1-t)+st$$

である.

これより

$$-1+4s=6st$$

すなわち

$$st=\frac{2}{3}s-\frac{1}{6} \quad \cdots\cdots ①$$

であるから, これを＊の第 1 式目に用いると

$$-\frac{1}{2}+s-\frac{2}{3}\left(\frac{2}{3}s-\frac{1}{6}\right)=0$$

であり,

$$s=\frac{7}{10} \quad \cdots\cdots ②$$

である.

このとき, ②を①に用いると

$$\frac{7}{10}t=\frac{2}{3}\cdot\frac{7}{10}-\frac{1}{6}$$

であり，これより

$$t=\frac{3}{7}$$

である．

したがって，

$$s=\frac{7}{10},\ t=\frac{3}{7}$$ 答

である．

(3) (2) のとき，(1) で得られた式に s, t の値を用いて

$$|\overrightarrow{\mathrm{OP}}|^2=\left|\frac{3}{10}\vec{a}+\frac{2}{5}\vec{b}+\frac{3}{10}\vec{c}\right|^2$$

$$=\frac{9}{100}+\frac{4}{25}+\frac{9}{100}+2\cdot\frac{3}{10}\cdot\frac{2}{5}\cdot\frac{1}{2}+2\cdot\frac{2}{5}\cdot\frac{3}{10}\cdot\frac{1}{2}+2\cdot\frac{3}{10}\cdot\frac{3}{10}\cdot\frac{2}{3}$$

$$=\frac{9+16+9+12+12+12}{100}$$

$$=\frac{70}{100}$$

であるから

$$|\overrightarrow{\mathrm{OP}}|=\frac{\sqrt{70}}{10}$$

である．

また，

$$|\overrightarrow{\mathrm{AB}}|^2=|\vec{b}-\vec{a}|^2=1+1-2\cdot\frac{1}{2}=1$$

$$|\overrightarrow{\mathrm{AC}}|^2=|\vec{c}-\vec{a}|^2=1+1-2\cdot\frac{2}{3}=\frac{2}{3}$$

$$\overrightarrow{\mathrm{AB}}\cdot\overrightarrow{\mathrm{AC}}=(\vec{b}-\vec{a})\cdot(\vec{c}-\vec{a})=\frac{1}{2}-\frac{1}{2}-\frac{2}{3}+1=\frac{1}{3}$$

であるから，△ABC の面積 S は

$$S=\frac{1}{2}\sqrt{|\overrightarrow{\mathrm{AB}}|^2|\overrightarrow{\mathrm{AC}}|^2-(\overrightarrow{\mathrm{AB}}\cdot\overrightarrow{\mathrm{AC}})^2}$$

$$=\frac{1}{2}\sqrt{1\cdot\frac{2}{3}-\frac{1}{9}}$$

$$=\frac{\sqrt{5}}{6}$$

である．

したがって，求める四面体 OABC の体積 V は

$$V=\frac{1}{3}\cdot\frac{\sqrt{5}}{6}\cdot\frac{\sqrt{70}}{10}=\frac{\sqrt{14}}{36}$$ 答

である．

問題 3-8　◀◀東京大

(1) 点 P の座標を (p, q, r) とおくと，$\overrightarrow{OP}\cdot\overrightarrow{OA}=0$ より

$$\begin{pmatrix}p\\q\\r\end{pmatrix}\cdot\begin{pmatrix}2\\0\\0\end{pmatrix}=0\text{ ，すなわち，}\quad p=0 \qquad \cdots\cdots ①$$

である．また，$\overrightarrow{OP}\cdot\overrightarrow{OB}=0$ より

$\begin{pmatrix}p\\q\\r\end{pmatrix}\cdot\begin{pmatrix}1\\1\\1\end{pmatrix}=0$，すなわち，$p+q+r=0$ であり，①をこれに用いると，

$$q+r=0 \qquad \cdots\cdots ②$$

である．さらに，$\overrightarrow{OP}\cdot\overrightarrow{OC}=1$ より

$\begin{pmatrix}p\\q\\r\end{pmatrix}\cdot\begin{pmatrix}1\\2\\3\end{pmatrix}=1$，すなわち，$p+2q+3r=1$ であり，①をこれに用いると

$$2q+3r=1 \qquad \cdots\cdots ③$$

であるから，②と③より

$$q=-1,\ r=1$$

である．

したがって，求める点 P の座標は

$$(0,-1,1)$$ 答

である．

(2) 直線 AB の方程式は

$$\begin{pmatrix}x\\y\\z\end{pmatrix}=\begin{pmatrix}2\\0\\0\end{pmatrix}+k\begin{pmatrix}-1\\1\\1\end{pmatrix}\ (k\text{ は実数})$$

と表せるから，直線 AB 上の点はすべて

$$(2-k,\ k,\ k)$$

と表せる．

このとき，点 P から直線 AB に垂線を下ろし，その垂線と直線 AB の交点を H とすると

$$\overrightarrow{PH}\cdot\overrightarrow{AB}=0 \qquad \cdots\cdots ④$$

を満たし

$$\overrightarrow{PH}=\begin{pmatrix}2-k\\k\\k\end{pmatrix}-\begin{pmatrix}0\\-1\\1\end{pmatrix}=\begin{pmatrix}2-k\\k+1\\k-1\end{pmatrix}$$

であるから，④より

$$\begin{pmatrix}2-k\\k+1\\k-1\end{pmatrix}\cdot\begin{pmatrix}-1\\1\\1\end{pmatrix}=0$$

であり

$$-2+k+k+1+k-1=0$$

すなわち

$$k=\frac{2}{3}$$

である．

したがって，点 H の座標は

$$\left(\frac{4}{3},\ \frac{2}{3},\ \frac{2}{3}\right)$$

であり，このとき，$\overrightarrow{OH}=a\overrightarrow{OA}+b\overrightarrow{OB}$ (a，b は実数) と表すと

$$\begin{pmatrix}\frac{4}{3}\\\frac{2}{3}\\\frac{2}{3}\end{pmatrix}=a\begin{pmatrix}2\\0\\0\end{pmatrix}+b\begin{pmatrix}1\\1\\1\end{pmatrix}$$ より，$$\begin{cases}2a+b=\frac{4}{3}\\b=\frac{2}{3}\end{cases}$$ であり，

a, b について解くと

$$a=\frac{1}{3},\ b=\frac{2}{3}$$

であるから，

$$\overrightarrow{OH}=\frac{1}{3}\overrightarrow{OA}+\frac{2}{3}\overrightarrow{OB}$$ 答

である．

(3) 条件より

$$\overrightarrow{OQ}=\frac{3}{4}\begin{pmatrix}2\\0\\0\end{pmatrix}+\begin{pmatrix}0\\-1\\1\end{pmatrix}=\begin{pmatrix}\frac{3}{2}\\-1\\1\end{pmatrix}$$

であり，点 Q の座標は $\left(\frac{3}{2},\ -1,\ 1\right)$ である．

次に，3 点 O(0, 0, 0)，$H\left(\frac{4}{3},\ \frac{2}{3},\ \frac{2}{3}\right)$，B(1, 1, 1) で定まる平面を考え，△OHB の周および内部の点を T とすると

$$\overrightarrow{OT}=s\overrightarrow{OH}+t\overrightarrow{OB}\ \ (s,\ t \text{ は } s\geqq 0,\ t\geqq 0,\ 0\leqq s+t\leqq 1)$$

と表せ，これは

$$\overrightarrow{OT}=s\left(\frac{1}{3}\overrightarrow{OA}+\frac{2}{3}\overrightarrow{OB}\right)+t\overrightarrow{OB}=\frac{1}{3}s\overrightarrow{OA}+\left(\frac{2}{3}s+t\right)\overrightarrow{OB}$$

と表せる．

このとき，

$$\begin{aligned}\overrightarrow{QT}&=\overrightarrow{OT}-\overrightarrow{OQ}\\&=\frac{1}{3}s\overrightarrow{OA}+\left(\frac{2}{3}s+t\right)\overrightarrow{OB}-\frac{3}{4}\overrightarrow{OA}-\overrightarrow{OP}\\&=\left(\frac{1}{3}s-\frac{3}{4}\right)\overrightarrow{OA}+\left(\frac{2}{3}s+t\right)\overrightarrow{OB}-\overrightarrow{OP}\end{aligned}$$

であるから

$$\begin{aligned}|\overrightarrow{QT}|^2&=\left(\frac{1}{3}s-\frac{3}{4}\right)^2\cdot 4+\left(\frac{2}{3}s+t\right)^2\cdot 3+2\\&\quad+2\left(\frac{1}{3}s-\frac{3}{4}\right)\left(\frac{2}{3}s+t\right)\cdot 2-2\left(\frac{2}{3}s+t\right)\cdot 0-2\left(\frac{1}{3}s-\frac{3}{4}\right)\cdot 0\\&=4\left(\frac{1}{9}s^2-\frac{1}{2}s+\frac{9}{16}\right)+3\left(\frac{4}{9}s^2+\frac{4}{3}st+t^2\right)+2\\&\qquad+4\left(\frac{2}{9}s^2+\frac{1}{3}st-\frac{1}{2}s-\frac{3}{4}t\right)\\&=\frac{8}{3}s^2-4s+\frac{16}{3}st+3t^2-3t+\frac{17}{4}\\&=\frac{8}{3}\left\{s^2+\frac{3}{2}\left(\frac{4}{3}t-1\right)s\right\}+3t^2-3t+\frac{17}{4}\\&=\frac{8}{3}\left\{s+\frac{3}{4}\left(\frac{4}{3}t-1\right)\right\}^2+3t^2-3t+\frac{17}{4}-\frac{8}{3}\cdot\frac{9}{16}\left(\frac{4}{3}t-1\right)^2\\&=\frac{8}{3}\left(s+t-\frac{3}{4}\right)^2+3t^2-3t+\frac{17}{4}-\frac{3}{2}\left(\frac{16}{9}t^2-\frac{8}{3}t+1\right)\\&=\frac{8}{3}\left(s+t-\frac{3}{4}\right)^2+\frac{1}{3}t^2+t+\frac{11}{4}\end{aligned}$$

$$=\frac{8}{3}\left(s+t-\frac{3}{4}\right)^2+\frac{1}{3}\left(t+\frac{3}{2}\right)^2+2$$

である．

ここで，$s \geqq 0$，$t \geqq 0$，$0 \leqq s+t \leqq 1$ であり

$t=1\,(s=0)$ のとき，$\left|\overrightarrow{\mathrm{QT}}\right|^2$ の最大値は

$$\frac{8}{3}\cdot\frac{1}{16}+\frac{1}{3}\cdot\frac{25}{4}+2=\frac{2+25+24}{12}=\frac{17}{4}$$

$t=0\left(s=\dfrac{3}{4}\right)$ のとき，$\left|\overrightarrow{\mathrm{QT}}\right|^2$ の最小値は $\dfrac{1}{3}\cdot\dfrac{9}{4}+2=\dfrac{9+24}{12}=\dfrac{11}{4}$

であるから，$\left|\overrightarrow{\mathrm{QT}}\right|$ と r について

$$\frac{\sqrt{11}}{2} \leqq r \leqq \frac{\sqrt{17}}{2}$$　答

である．

問題 3-9　◀◀一橋大

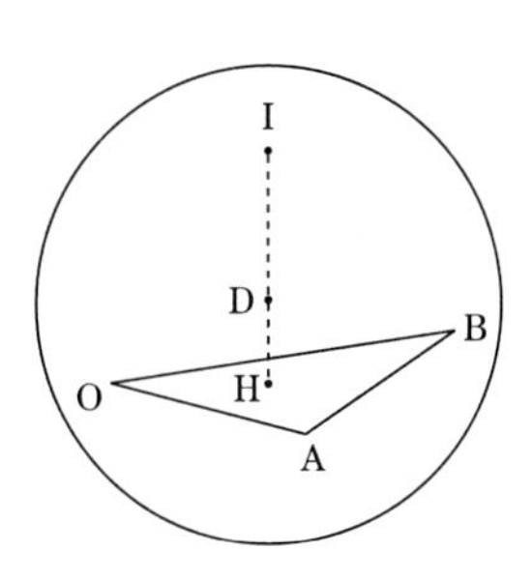

与えられた条件の $\left|\overrightarrow{\mathrm{PA}}+3\overrightarrow{\mathrm{PB}}+2\overrightarrow{\mathrm{PC}}\right| \leqq 36$ は

$$\left|-6\overrightarrow{\mathrm{OP}}+\overrightarrow{\mathrm{OA}}+3\overrightarrow{\mathrm{OB}}+2\overrightarrow{\mathrm{OC}}\right| \leqq 36$$

すなわち

$$\left|\overrightarrow{\mathrm{OP}}-\frac{\overrightarrow{\mathrm{OA}}+3\overrightarrow{\mathrm{OB}}+2\overrightarrow{\mathrm{OC}}}{6}\right| \leqq 6$$

である．

ここで，

$$\overrightarrow{\mathrm{OD}}=\frac{\overrightarrow{\mathrm{OA}}+3\overrightarrow{\mathrm{OB}}+2\overrightarrow{\mathrm{OC}}}{6}$$

とおくと，上式は

$$\left|\overrightarrow{\mathrm{OP}}-\overrightarrow{\mathrm{OD}}\right| \leqq 6$$

であり，このとき

$$\overrightarrow{\mathrm{OD}}=\frac{1}{6}\left\{\begin{pmatrix}-3\\2\\0\end{pmatrix}+\begin{pmatrix}3\\15\\0\end{pmatrix}+\begin{pmatrix}8\\10\\2\end{pmatrix}\right\}=\begin{pmatrix}\frac{4}{3}\\[2pt]\frac{9}{2}\\[2pt]\frac{1}{3}\end{pmatrix}$$

であるから，点 P は点 D を中心とする半径 6 の球の内部および球面上を動き，△OAB は xy 平面に含まれているから，点 D から xy 平面へ垂線を引き，その交点を H とすると，DH の距離は点 D の z 座標であるから

$$\mathrm{DH}=\frac{1}{3}$$

である．

したがって，求める体積の最大値は

$$\frac{1}{3}\cdot\triangle\mathrm{OAB}\cdot\mathrm{IH}=\frac{1}{3}\cdot\frac{1}{2}|(-3)\cdot 5-1\cdot 2|\cdot\left(6+\frac{1}{3}\right)=\frac{323}{18}$$ 答

である．

問題 3-10　◀◀岩手大

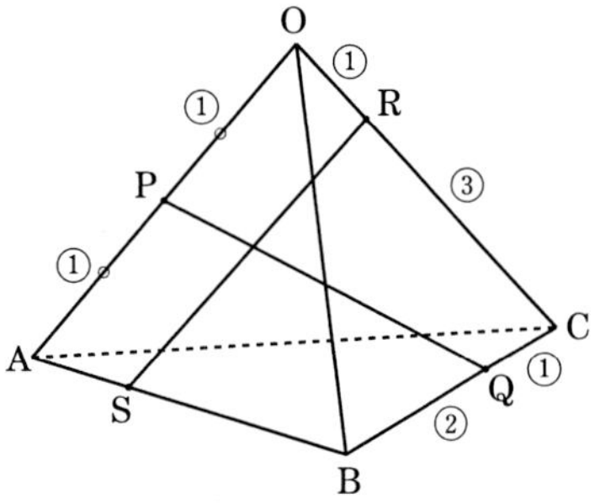

(1) 条件より

$$\overrightarrow{\mathrm{PQ}}=\overrightarrow{\mathrm{OQ}}-\overrightarrow{\mathrm{OP}}$$
$$=\frac{\vec{b}+2\vec{c}}{3}-\frac{1}{2}\vec{a}$$
$$=-\frac{1}{2}\vec{a}+\frac{1}{3}\vec{b}+\frac{2}{3}\vec{c}$$ 答

である．

また，

$$\overrightarrow{\mathrm{RS}}=\overrightarrow{\mathrm{OS}}-\overrightarrow{\mathrm{OR}}$$
$$=(1-s)\vec{a}+s\vec{b}-\frac{1}{4}\vec{c}$$ 答

である．

(2) PQ // RS が成り立つと仮定すると

$$\overrightarrow{\mathrm{RS}}=t\overrightarrow{\mathrm{PQ}} \quad \cdots\cdots ①$$

と表せる実数 t が存在する．

このとき，(1) で得られた 2 つのベクトルをこれに用いると

$$(1-s)\vec{a}+s\vec{b}-\frac{1}{4}\vec{c}=-\frac{1}{2}t\vec{a}+\frac{1}{3}t\vec{b}+\frac{2}{3}t\vec{c}$$

であり，ベクトルの相等より

$$\begin{cases} 1-s=-\dfrac{1}{2}t \\ s=\dfrac{1}{3}t \\ -\dfrac{1}{4}=\dfrac{2}{3}t \end{cases} \qquad \cdots\cdots *$$

であるから，第 3 式目より

$$t=-\frac{3}{8}$$

であり，これを第 2 式目に用いると

$$s=-\frac{1}{8}$$

である．これらの値を第 1 式目に用いると

$$(\text{左辺})=1-s=1-\left(-\frac{1}{8}\right)=\frac{9}{8}$$

$$(\text{右辺})=-\frac{1}{2}t=-\frac{1}{2}\left(-\frac{3}{8}\right)=\frac{3}{16}$$

であり，左辺と右辺で矛盾するから，この値は * をすべて満たす実数 s, t ではない．したがって，①の仮定がおかしいから線分 PQ と線分 RS は平行でないことが示せた．　終

(3) (2) で示したことにより，PQ と RS は平行でないから，2 つの線分 PQ と RS が同一平面上に存在するとき，それらは交点をただ 1 つもつ．その交点を X とすると，点 X は 2 つの直線 PQ と RS 上に存在するものであり，2 つの実数 p, q を用いて

$$\overrightarrow{\mathrm{PX}}=p\overrightarrow{\mathrm{PQ}} \quad \text{かつ} \quad \overrightarrow{\mathrm{RX}}=q\overrightarrow{\mathrm{RS}}$$

を満たす実数 p，q が存在することである．

この第 1 式目において，(1) より

$$\overrightarrow{\mathrm{OX}}-\overrightarrow{\mathrm{OP}}=-\frac{1}{2}p\vec{a}+\frac{1}{3}p\vec{b}+\frac{2}{3}p\vec{c}$$

すなわち

$$\overrightarrow{\mathrm{OX}}=\left(-\frac{1}{2}p+\frac{1}{2}\right)\vec{a}+\frac{1}{3}p\vec{b}+\frac{2}{3}p\vec{c} \qquad \cdots\cdots ②$$

である．また，第 2 式目において，(1) より

$$\overrightarrow{\mathrm{OX}}-\overrightarrow{\mathrm{OR}}=(1-s)q\vec{a}+sq\vec{b}-\frac{1}{4}q\vec{c}$$

すなわち

$$\overrightarrow{\mathrm{OX}}=(1-s)q\vec{a}+sq\vec{b}-\left(\frac{1}{4}q-\frac{1}{4}\right)\vec{c} \quad \cdots\cdots ③$$

である．

このとき，②と③において，ベクトルの相等より

$$\begin{cases} -\dfrac{1}{2}p+\dfrac{1}{2}=(1-s)q \\ \dfrac{1}{3}p=sq \\ \dfrac{2}{3}p=-\dfrac{1}{4}q+\dfrac{1}{4} \end{cases}$$

であり，この第 2 式を第 1 式目に用いると

$$-\frac{1}{2}p+\frac{1}{2}=q-\frac{1}{3}p$$

であるから，これは

$$-p-6q=-3 \quad \cdots\cdots ④$$

である．また，第 3 式目は

$$8p+3q=3 \quad \cdots\cdots ⑤$$

であるから，④と⑤より

$$p=\frac{1}{5},\ q=\frac{7}{15}$$

であり，これを第 2 式目に用いると

$$s=\frac{1}{3}\cdot\frac{1}{5}\cdot\frac{15}{7}=\frac{1}{7}$$

で，これは $0<s<1$ を満たす．

したがって，線分 PQ と線分 RS が同一平面上にあるとき，s の値は

$$s=\frac{1}{7} \quad \text{答}$$

である．

問題 3-11　◀◀同志社大　改題

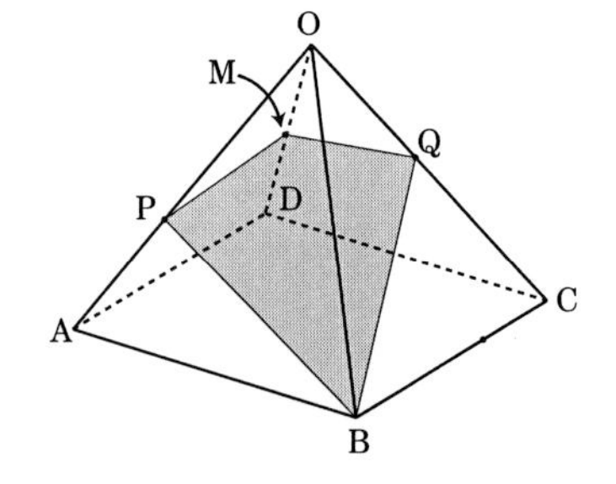

(1) O を基点とする 3 点 A, B, C への位置ベクトルをそれぞれ $\vec{a}$, $\vec{b}$, $\vec{c}$ とすると，点 D は平行四辺形 ABCD の頂点であり

$$\overrightarrow{\mathrm{AD}}=\overrightarrow{\mathrm{BC}}$$

であるから

$$\overrightarrow{OD}-\overrightarrow{OA}=\overrightarrow{OC}-\overrightarrow{OB}$$

すなわち

$$\overrightarrow{OD}=\vec{a}-\vec{b}+\vec{c}$$

と表せる.

ここで，条件より，4 点 P，B，Q，M が同一平面上にあるとき

$$\overrightarrow{BM}=s\overrightarrow{BP}+t\overrightarrow{BQ}\ \ (s,\ t\text{は実数}) \qquad \cdots\cdots ①$$

の形で与えられる実数 s, t が存在することであり，また，点 P と Q はそれぞれ

$$\overrightarrow{OP}=p\vec{a}\ \ (0<p<1),\quad \overrightarrow{OQ}=q\vec{c}\ \ (0<q<1)$$

と表せる（仮定）から，これを①に用いると

$$\overrightarrow{OM}-\overrightarrow{OB}=s(\overrightarrow{OP}-\overrightarrow{OB})+t(\overrightarrow{OQ}-\overrightarrow{OB})$$

すなわち

$$\overrightarrow{OM}=sp\vec{a}+(1-s-t)\vec{b}+tq\vec{c}$$

であり，点 M が OD の中点であることから

$$\frac{\vec{a}-\vec{b}+\vec{c}}{2}=sp\vec{a}+(1-s-t)\vec{b}+tq\vec{c}$$

である．このとき，ベクトルの相等より

$$\begin{cases}\dfrac{1}{2}=sp\\[2mm] -\dfrac{1}{2}=1-s-t\\[2mm] \dfrac{1}{2}=tq\end{cases}$$

であり，この第 1 式目と第 3 式目から

$$s=\frac{1}{2p},\ t=\frac{1}{2q}$$

であり，これを第 2 式目に用いると

$$-\frac{1}{2}=1-\frac{1}{2p}-\frac{1}{2q}$$

すなわち

$$\frac{1}{p}+\frac{1}{q}=3$$

が得られ，これで示せた.　終

(2)

$$(\triangle\text{OAC の面積})=\frac{1}{2}\cdot\text{OA}\cdot\text{OC}\cdot\sin\angle\text{AOC}$$

であり，また，

$$(\triangle \mathrm{OPQ}\text{の面積}) = \frac{1}{2}\cdot \mathrm{OP}\cdot \mathrm{OQ}\cdot \sin\angle \mathrm{AOC}$$
$$= \frac{1}{2}\cdot p\mathrm{OA}\cdot q\mathrm{OC}\cdot \sin\angle \mathrm{AOC}$$
$$= pq\cdot(\triangle \mathrm{OAC}\text{の面積}) \qquad \cdots\cdots ②$$

である．ここで，$0<p<1$，$0<q<1$ に対し，相加平均と相乗平均の大小関係から

$$\frac{1}{p}+\frac{1}{q} \geqq 2\sqrt{\frac{1}{pq}}$$

が成り立ち，(1) で得られた式の値をこれに用いると

$$3 \geqq 2\sqrt{\frac{1}{pq}}$$

すなわち

$$pq \geqq \frac{4}{9}$$

である．

したがって，これを②に用いると

$$(\triangle O\mathrm{PQ}\text{の面積}) = pq\cdot(\triangle \mathrm{OAC}\text{の面積}) \geqq \frac{4}{9}(\triangle \mathrm{OAC}\text{の面積})$$

であり，等号が成り立つのは

$$\frac{1}{p}=\frac{1}{q} \quad \text{かつ} \quad \frac{1}{p}+\frac{1}{q}=3$$

のとき，すなわち

$$p=q=\frac{2}{3}$$

のときである．

よって，三角形 OPQ の面積の最小値は三角形 OAC の面積の

$$\frac{4}{9}\text{倍}$$ 答

である．

問題 3-12 ◀◀九州大

(1) 一般に，4 点 O，A，B，C でつくる四面体 OABC において，点 X が四面体 OABC の内部にあるとき

$$\overrightarrow{\mathrm{OX}} = s\overrightarrow{\mathrm{OA}} + t\overrightarrow{\mathrm{OB}} + r\overrightarrow{\mathrm{OC}}$$

と表せ，実数 s, t, r は $s>0$，$t>0$，$r>0$，$0<s+t+r<1$ を満たす．

ここで，与えられた仮定より，点 G は

$$\overrightarrow{OG}=k(\overrightarrow{OA}+\overrightarrow{OB}+\overrightarrow{OC}) \quad \cdots\cdots ①$$

で定められ，この G が四面体 OABC の内部に存在するのは，上述したことから

$$0<k+k+k<1$$

すなわち

$$0<k<\frac{1}{3}$$ 答

を満たすときである．

(2) 図のように，$\angle AOB=\theta$ とし，四面体COAB, ROPQの頂点C, Rから，三角形OAB含む平面にそれぞれ垂線を引き，その交点を C′, R′ とすると

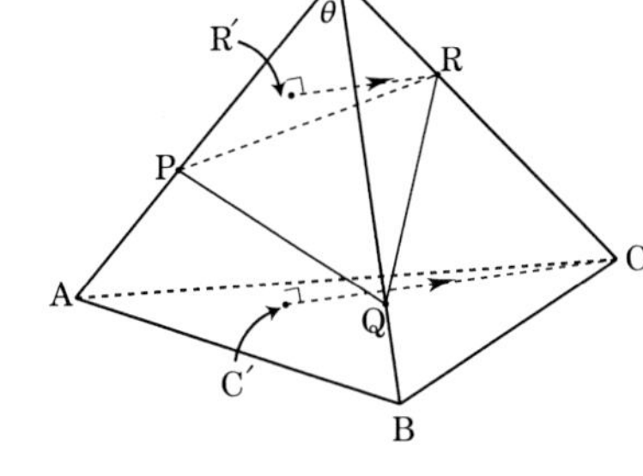

$$\frac{V'}{V}=\frac{\frac{1}{3}\cdot\triangle OPQ\cdot RR'}{\frac{1}{3}\cdot\triangle OAB\cdot CC'}$$

$$=\frac{\frac{1}{2}\cdot OP\cdot OQ\cdot\sin\theta\cdot RR'}{\frac{1}{2}\cdot OA\cdot OB\cdot\sin\theta\cdot CC'}=pq\cdot\frac{RR'}{CC'}$$

であり，ここで，

$$\frac{RR'}{CC'}=\frac{OR}{OC}=\frac{r\cdot OC}{OC}=r$$

であるから

$$\frac{V'}{V}=pqr$$ 答

である．

(3) 4 点 G, P, Q, R が同一平面上にあるとき，

$$\overrightarrow{OG}=s'\overrightarrow{OP}+t'\overrightarrow{OQ}+u'\overrightarrow{OR} \quad (s'+t'+u'=1)$$

を満たすから，これは仮定より

$$\overrightarrow{OG}=s'(p\overrightarrow{OA})+t'(q\overrightarrow{OB})+u'(r\overrightarrow{OC})=s'p\overrightarrow{OA}+t'q\overrightarrow{OB}+u'r\overrightarrow{OC}$$

と表せ，①と比べると

$$k = s'p = t'q = u'r$$

であり，これより

$$s' = \frac{k}{p},\ t' = \frac{k}{q},\ u' = \frac{k}{r}$$

であるから，$s' + t' + u' = 1$ に用いると

$$\frac{k}{p} + \frac{k}{q} + \frac{k}{r} = 1$$

すなわち

$$k = \frac{pqr}{pq + qr + rp} \qquad \cdots\cdots ②$$ 答

である．

(4) $p = 3k = \dfrac{1}{2}$ であるとき

$$p = \frac{1}{2},\ k = \frac{1}{6}$$

であるから，この値を②に用いると

$$\frac{1}{6}\left(2 + \frac{1}{q} + \frac{1}{r}\right) = 1$$

となり，これは

$$\frac{1}{q} + \frac{1}{r} = 4 \qquad \cdots\cdots *$$

であるから

$$qr = \frac{1}{4}(q + r) \qquad \cdots\cdots ③$$

である．

ここで，②より

$$\begin{aligned}\frac{V'}{V} &= pqr \\ &= k(pq + qr + rp) \\ &= \frac{1}{6}\left\{\frac{1}{2}(q + r) + qr\right\}\end{aligned}$$

であり，さらに③を用いると

$$\frac{V'}{V} = \frac{1}{6}\left\{\frac{1}{2}(q + r) + \frac{1}{4}(q + r)\right\} = \frac{1}{8}(q + r)$$

と表せる．

このとき，$q > 0$，$r > 0$ より，相加平均と相乗平均の大小関係から

$$\frac{V'}{V}=\frac{1}{8}(q+r)\geqq\frac{1}{8}\cdot 2\sqrt{qr}=\frac{1}{4}\sqrt{qr} \quad \cdots\cdots ④$$

であり，＊より

$$\frac{1}{q}+\frac{1}{r}\geqq 2\sqrt{\frac{1}{qr}}$$

であり，これは

$$4\geqq 2\sqrt{\frac{1}{qr}}$$

すなわち

$$\sqrt{qr}\geqq\frac{1}{2}$$

であるから，これを④に用いると

$$\frac{V'}{V}\geqq\frac{1}{4}\cdot\frac{1}{2}=\frac{1}{8}$$

である．

等号が成り立つのは

$$q=r \quad \text{かつ} \quad \frac{1}{q}=\frac{1}{r} \quad \text{かつ} \quad \frac{1}{q}+\frac{1}{r}=4$$

であるから

$$q=r=\frac{1}{2}$$

のときである．

したがって，$\dfrac{V'}{V}$ は

$p=q=r=\dfrac{1}{2}$ のとき，$\dfrac{V'}{V}$ の最小値は $\dfrac{1}{8}$　答

である．

問題 3-13　◀◀宮城教育大

(1) $0<p<1$，$0<q<1$，$0<r<1$ のとき，

$$pqr>0$$

が成り立つ．

一方で，

$$\begin{aligned}&(pq+qr+rp-p-q-r+1)-pqr\\&=(q+r-1-qr)p-(q+r-1-qr)\\&=(p-1)(q+r-1-qr)\end{aligned}$$

$$=(p-1)\{(1-r)q-(1-r)\}$$
$$=(p-1)(q-1)(r-1)>0$$

であるから，

$$(pq+qr+rp-p-q-r+1)-pqr>0$$

である．よって

$$0<pqr<pq+qr+rp-p-q-r+1$$

が成り立つことが示せた．　終

(2) 平面 α 上の点 X は

$$\overrightarrow{\mathrm{OX}}=\overrightarrow{\mathrm{OP}}+k\overrightarrow{\mathrm{PQ}}+\ell\overrightarrow{\mathrm{PR}}$$
$$=\overrightarrow{\mathrm{OP}}+k(\overrightarrow{\mathrm{OQ}}-\overrightarrow{\mathrm{OP}})+\ell(\overrightarrow{\mathrm{OR}}-\overrightarrow{\mathrm{OP}})$$
$$=p\overrightarrow{\mathrm{OA}}+k\left\{(1-q)\overrightarrow{\mathrm{OA}}+q\overrightarrow{\mathrm{OB}}-p\overrightarrow{\mathrm{OA}}\right\}+\ell\left\{(1-r)\overrightarrow{\mathrm{OB}}+r\overrightarrow{\mathrm{OC}}-p\overrightarrow{\mathrm{OA}}\right\}$$
$$=\{p+k(1-q)-kp-p\ell\}\overrightarrow{\mathrm{OA}}+\{kq+\ell(1-r)\}\overrightarrow{\mathrm{OB}}+\ell r\overrightarrow{\mathrm{OC}}$$

と表せる．

ここで，点 X が OC 上にあるとき，$\overrightarrow{\mathrm{OX}}=x\overrightarrow{\mathrm{OC}}$ と表せ，4 点 O，A，B，C は同一平面上にないから，

$$\begin{cases}p+k(1-q)-kp-p\ell=0\\kq+\ell(1-r)=0\\\ell r=x\end{cases}\quad\text{より，}\quad\begin{cases}(1-p-q)k-p\ell+p=0\\qk+(1-r)\ell=0\\\ell r=x\end{cases}$$

を同時に満たす x，k，ℓ が存在し，この第 1 式目と第 2 式目より

$$k=-\frac{p(1-r)}{pq+qr+rp-p-q-r+1},\quad \ell=\frac{pq}{pq+qr+rp-p-q-r+1}$$

を得る．これを第 3 式目に用いると

$$x=\frac{pqr}{pq+qr+rp-p-q-r+1}$$

となり，(1) の不等式から

$$0<x<1$$

であるから，この x を s と書き換えれば

$$s=\frac{pqr}{pq+qr+rp-p-q-r+1}\qquad\text{答}$$

である．

(3) 四角形 PQRS が長方形となるのは

$$\begin{cases}\overrightarrow{PQ}=\overrightarrow{SR}\\ \overrightarrow{PQ}\perp\overrightarrow{PS}\end{cases}$$

のときである．ここで

$$\begin{aligned}\overrightarrow{PQ}&=\overrightarrow{OQ}-\overrightarrow{OP}\\&=(1-p-q)\overrightarrow{OA}+q\overrightarrow{OB}\end{aligned}$$

$$\begin{aligned}\overrightarrow{SR}&=\overrightarrow{OR}-\overrightarrow{OS}\\&=(1-r)\overrightarrow{OB}+(r-s)\overrightarrow{OC}\end{aligned}$$

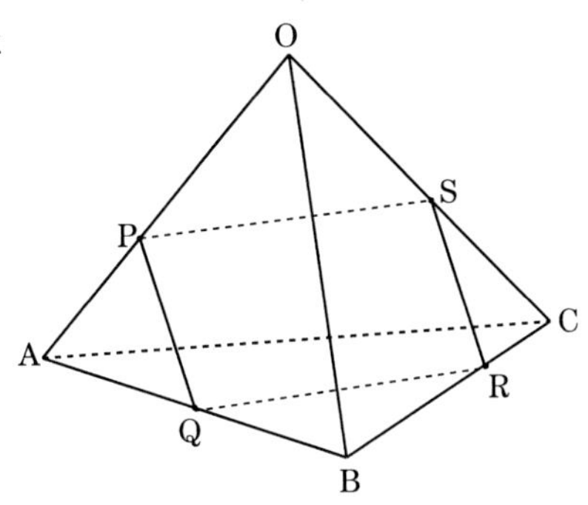

であり，ベクトルの相等より

$$\begin{cases}1-p-q=0\\ q=1-r\\ r-s=0\end{cases}$$

を満たすから，これより

$$p=1-q,\ r=1-q,\ r=s$$

である．

このとき

$$\overrightarrow{PQ}=q\overrightarrow{OB}$$

であり，さらに

$$\begin{aligned}\overrightarrow{PS}=\overrightarrow{OS}-\overrightarrow{OP}=s\overrightarrow{OC}-p\overrightarrow{OA}&=(1-q)\overrightarrow{OC}-(1-q)\overrightarrow{OA}\\&=(1-q)(\overrightarrow{OC}-\overrightarrow{OA})\end{aligned}$$

となるから，$\overrightarrow{PQ}\cdot\overrightarrow{PS}=0$ より

$$q\overrightarrow{OB}\cdot(1-q)(\overrightarrow{OC}-\overrightarrow{OA})=0$$

であり，$0<q(1-q)<1$ より，上式から

$$\overrightarrow{OB}\cdot\overrightarrow{AC}=0$$

を得る．

したがって，$\overrightarrow{OB}\neq\vec{0}$，$\overrightarrow{AC}\neq\vec{0}$ であるから

$$\overrightarrow{OB}\perp\overrightarrow{AC}$$

であることが示せた． 終

問題 3-14　◀◀東京海洋大

(1)　条件より

$$\overrightarrow{\mathrm{CH}} \perp \overrightarrow{\mathrm{OA}},\ \overrightarrow{\mathrm{CH}} \perp \overrightarrow{\mathrm{OB}}$$

であり，内積は 0 であるから

$$\begin{cases}(\vec{h}-\vec{c})\cdot\vec{a}=0\\(\vec{h}-\vec{c})\cdot\vec{b}=0\end{cases}$$

すなわち

$$\vec{h}\cdot\vec{a}=\vec{c}\cdot\vec{a},\ \vec{h}\cdot\vec{b}=\vec{c}\cdot\vec{b} \qquad \cdots\cdots *$$

であることが示せた． 

(2)　＊と仮定から

$$\begin{cases}(x\vec{a}+y\vec{b})\cdot\vec{a}=\cos\beta\\(x\vec{a}+y\vec{b})\cdot\vec{b}=\cos\alpha\end{cases}$$

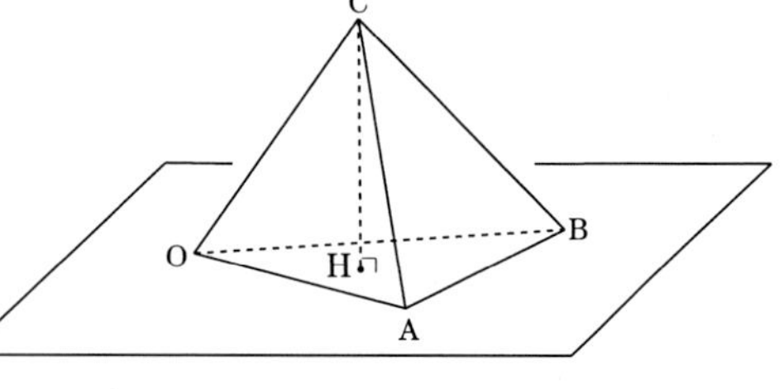

であり，これは

$$\begin{cases}x+\cos\gamma\cdot y=\cos\beta\\\cos\gamma\cdot x+y=\cos\alpha\end{cases}$$

である．

ここで，$0<\gamma<\pi$ より，$1-\cos^2\gamma \neq 0$ であるから，これを x, y について解くと

$$x=\frac{\cos\beta-\cos\gamma\cos\alpha}{1-\cos^2\gamma},\quad y=\frac{\cos\alpha-\cos\beta\cos\alpha}{1-\cos^2\gamma} \qquad \text{答}$$

である．

(3)　$|\vec{h}|<1$ より

$$|\vec{h}|^2<1$$

であるから

$$\begin{aligned}|\vec{h}|^2&=\vec{h}\cdot\vec{h}\\&=\vec{h}\cdot(x\vec{a}+y\vec{b})\\&=x(\vec{c}\cdot\vec{a})+y(\vec{b}\cdot\vec{c}) \qquad (\because\ *)\\&=\frac{\cos\beta-\cos\gamma\cos\alpha}{1-\cos^2\gamma}\cdot\cos\beta+\frac{\cos\alpha-\cos\beta\cos\alpha}{1-\cos^2\gamma}\cdot\cos\alpha\end{aligned}$$

$$= \frac{\cos^2\alpha + \cos^2\beta - 2\cos\beta - \cos\alpha\cos\beta\cos\gamma}{1-\cos^2\gamma}$$

と表せ，これが 1 より小さいから

$$\frac{\cos^2\alpha + \cos^2\beta - 2\cos\beta - \cos\alpha\cos\beta\cos\gamma}{1-\cos^2\gamma} < 1$$

すなわち

$$\cos^2\alpha + \cos^2\beta + \cos^2\gamma < 1 + 2\cos\alpha\cos\beta\cos\gamma$$

が成り立つことが示せた．　終

問題 3-15　◀◀岐阜大

(1)　与えられた条件の

$$\vec{a}+\vec{b}+\vec{c}+\vec{d}=\vec{0},$$
$$|\vec{a}|=|\vec{b}|=|\vec{c}|=|\vec{d}|=1$$

より，O を基点（中心）とする球面に 4 点 A，B，C，D が存在する．

ここで

$$|\vec{a}+\vec{b}|^2=|-\vec{c}-\vec{d}|^2$$

とできるから

$$\vec{a}\cdot\vec{b}=\vec{c}\cdot\vec{d} \qquad \cdots\cdots ①$$

が成り立ち，①は

$$\frac{1}{2}(1^2+1^2-AB^2)=\frac{1}{2}(1^2+1^2-CD^2)$$

であるから

$$AB=CD$$

である．

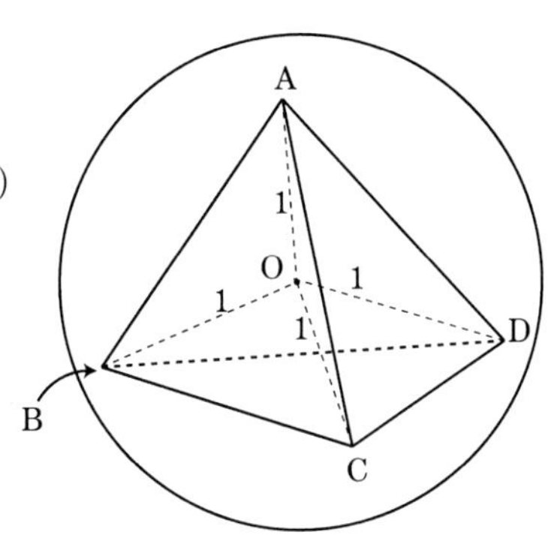

このとき

$$\triangle OAB \equiv \triangle OCD$$

であり，対応する角の大きさは等しいから

$$\angle AOB = \angle COD$$

すなわち

$\vec{a}$ と $\vec{b}$ のなす角と $\vec{c}$ と $\vec{d}$ のなす角は等しいこと

が示せた．　終

(2) (1) と同様にすると

$$\vec{a}\cdot\vec{c}=\vec{b}\cdot\vec{d},\ \vec{a}\cdot\vec{d}=\vec{b}\cdot\vec{c} \quad \cdots\cdots ②$$

であり，これより

$$\mathrm{AC}=\mathrm{BD},\ \mathrm{AD}=\mathrm{BC}$$

であるから

$$\triangle\mathrm{OAC}\equiv\triangle\mathrm{OBD},\ \triangle\mathrm{OAD}\equiv\triangle\mathrm{OBC}$$

すなわち，対応する角の大きさは等しいから

$$\angle\mathrm{AOC}=\angle\mathrm{BOD},\ \angle\mathrm{AOD}=\angle\mathrm{BOC}$$

が成り立つ．

ここで

$$\begin{aligned}(\vec{a}+\vec{b})\cdot(\vec{b}+\vec{c})&=\vec{a}\cdot\vec{b}+\underset{\sim\sim\sim}{\vec{a}\cdot\vec{c}}+\vec{b}\cdot\vec{b}+\vec{b}\cdot\vec{c}\\&=\vec{a}\cdot\vec{b}+\vec{b}\cdot\vec{d}+\vec{b}\cdot\vec{b}+\vec{b}\cdot\vec{c} \quad (\because\ ②\text{の第1式目})\\&=\vec{b}\cdot(\vec{a}+\vec{b}+\vec{c}+\vec{d})\\&=0\end{aligned}$$

であり，これで示せた．　終

(3) (2) より

$$(\vec{a}+\vec{b})\cdot(\vec{b}+\vec{c})=0$$

であり，これは

$$\vec{a}\cdot\vec{b}+\vec{a}\cdot\vec{c}+|\vec{b}|^2+\vec{b}\cdot\vec{c}=0$$

であるから，$\vec{a}$ と $\vec{b}$ のなす角および $\vec{b}$ と $\vec{c}$ のなす角を θ とし，$\vec{a}$ と $\vec{c}$ のなす角を δ とすると，上式は

$$\cos\theta+\cos\delta+1+\cos\theta=0$$

であり

$$\cos\delta=-2\cos\theta-1$$

である．

ここで，$-1\leqq\cos\delta\leqq 1$ であるから，上式より

$$-1\leqq-2\cos\theta-1\leqq 1$$

$$0\leqq-2\cos\theta\leqq 2$$

すなわち

$$-1\leqq\cos\theta\leqq 0$$

であるから，$\cos\theta\leqq 0$ が示せた．　終

問題 3-16　◀◀京都大　改題

(1) 点 C と求める点 D は直線 m に関して対称であり，直線 m 上の点 A と 2 つの点 C，D について，

$$\overrightarrow{AC}+\overrightarrow{AD} \parallel m \quad \text{かつ} \quad \overrightarrow{CD} \perp m$$

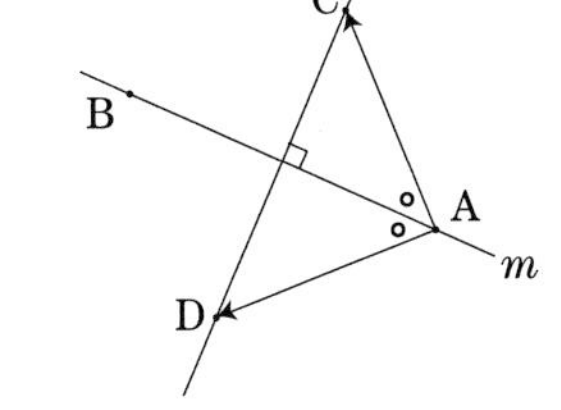

を満たすから，実数 k を用いると，これは

$$\overrightarrow{AC}+\overrightarrow{AD}=k\overrightarrow{AB} \quad \text{かつ}$$

$$(\overrightarrow{AD}-\overrightarrow{AC})\cdot\overrightarrow{AB}=0$$

と表せる．

ここで，第 1 式目より

$$\overrightarrow{AD}=-\overrightarrow{AC}+k\overrightarrow{AB}$$

であるから，第 2 式目に用いると

$$(-\overrightarrow{AC}+k\overrightarrow{AB}-\overrightarrow{AC})\cdot\overrightarrow{AB}=0$$

$$(k\overrightarrow{AB}-2\overrightarrow{AC})\cdot\overrightarrow{AB}=0$$

$$k|\overrightarrow{AB}|^2-2\overrightarrow{AB}\cdot\overrightarrow{AC}=0$$

すなわち

$$k=\frac{2\overrightarrow{AB}\cdot\overrightarrow{AC}}{|\overrightarrow{AB}|^2}$$

である．

このとき，

$$\overrightarrow{AB}\cdot\overrightarrow{AC}=\begin{pmatrix}-3\\2\end{pmatrix}\cdot\begin{pmatrix}-1\\5\end{pmatrix}=13, \quad |\overrightarrow{AB}|^2=13$$

であるから，上式より

$$k=2$$

となる．

したがって，$\overrightarrow{AD}=-\overrightarrow{AC}+k\overrightarrow{AB}$ より

$$\overrightarrow{AD}=-\begin{pmatrix}-1\\5\end{pmatrix}+2\begin{pmatrix}-3\\2\end{pmatrix}=\begin{pmatrix}-5\\-1\end{pmatrix}$$

となり，

$$\overrightarrow{OD}-\overrightarrow{OA}=\begin{pmatrix}-5\\-1\end{pmatrix}, \quad \overrightarrow{OD}=\begin{pmatrix}2\\0\end{pmatrix}+\begin{pmatrix}-5\\-1\end{pmatrix}=\begin{pmatrix}-3\\-1\end{pmatrix}$$

であるから，求める点 D の座標は

$$D(-3,-1)$$　答

となる．

(2)　条件より

$$\overrightarrow{AB} \perp \overrightarrow{DE},\ \overrightarrow{AC} \perp \overrightarrow{DE},\ \overrightarrow{AD} + \overrightarrow{AE} = s\overrightarrow{AB} + t\overrightarrow{AC}\ (s, t \text{ は実数})$$

を満たす点 E を見出せばよい．この第 3 式目から

$$\overrightarrow{AE} = -\overrightarrow{AD} + s\overrightarrow{AB} + t\overrightarrow{AC} \quad \cdots\cdots ①$$

と表すことができる．

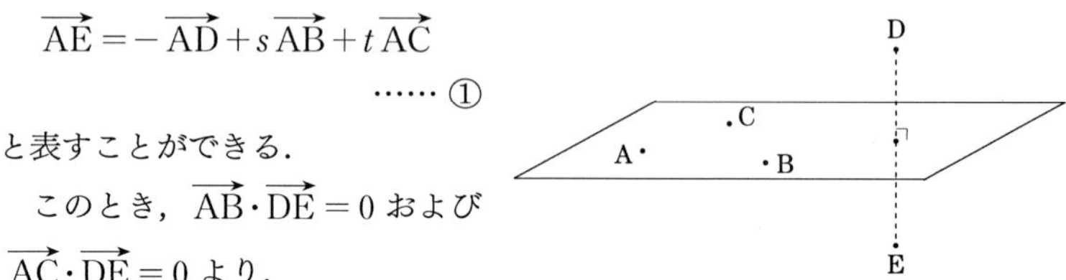

このとき，$\overrightarrow{AB} \cdot \overrightarrow{DE} = 0$ および $\overrightarrow{AC} \cdot \overrightarrow{DE} = 0$ より，

$$\overrightarrow{AB} \cdot (\overrightarrow{AE} - \overrightarrow{AD}) = 0,\ \overrightarrow{AC} \cdot (\overrightarrow{AE} - \overrightarrow{AD}) = 0$$

であるから，①を用いると，これらは

$$\overrightarrow{AB} \cdot (-2\overrightarrow{AD} + s\overrightarrow{AB} + t\overrightarrow{AC}) = 0,\ \overrightarrow{AC} \cdot (-2\overrightarrow{AD} + s\overrightarrow{AB} + t\overrightarrow{AC}) = 0 \quad \cdots\cdots ②$$

となる．

ここで，

$$\overrightarrow{AB} \cdot \overrightarrow{AD} = \begin{pmatrix} -1 \\ -1 \\ 1 \end{pmatrix} \cdot \begin{pmatrix} -1 \\ 2 \\ 7 \end{pmatrix} = 6,\quad \overrightarrow{AB} \cdot \overrightarrow{AB} = \begin{pmatrix} -1 \\ -1 \\ 1 \end{pmatrix} \cdot \begin{pmatrix} -1 \\ -1 \\ 1 \end{pmatrix} = 3$$

$$\overrightarrow{AB} \cdot \overrightarrow{AC} = \begin{pmatrix} -1 \\ -1 \\ 1 \end{pmatrix} \cdot \begin{pmatrix} -2 \\ 0 \\ 2 \end{pmatrix} = 4,\quad \overrightarrow{AC} \cdot \overrightarrow{AD} = \begin{pmatrix} -2 \\ 0 \\ 2 \end{pmatrix} \cdot \begin{pmatrix} -1 \\ 2 \\ 7 \end{pmatrix} = 16$$

$$\overrightarrow{AC} \cdot \overrightarrow{AC} = \begin{pmatrix} -2 \\ 0 \\ 2 \end{pmatrix} \cdot \begin{pmatrix} -2 \\ 0 \\ 2 \end{pmatrix} = 8$$

であるから，これより②は

$$-12 + 3s + 4t = 0,\ -32 + 4s + 8t = 0$$

となり，これを s, t について解くと，

$$s = -4,\ t = 6$$

を得る．

さらに，これを①に用いると，

$$\overrightarrow{AE} = -\begin{pmatrix} -1 \\ 2 \\ 7 \end{pmatrix} - 4\begin{pmatrix} -1 \\ -1 \\ 1 \end{pmatrix} + 6\begin{pmatrix} -2 \\ 0 \\ 2 \end{pmatrix}$$

$$\overrightarrow{OE} = \begin{pmatrix} 2 \\ 1 \\ 0 \end{pmatrix} - \begin{pmatrix} -1 \\ 2 \\ 7 \end{pmatrix} - \begin{pmatrix} -4 \\ -4 \\ 4 \end{pmatrix} + \begin{pmatrix} -12 \\ 0 \\ 12 \end{pmatrix} = \begin{pmatrix} -5 \\ 3 \\ 1 \end{pmatrix}$$

であるから，求める点 E の座標は

$$\mathrm{E}(-5,\ 3,\ 1)$$ 答

となる．

問題 3-17　◀◀佐賀大

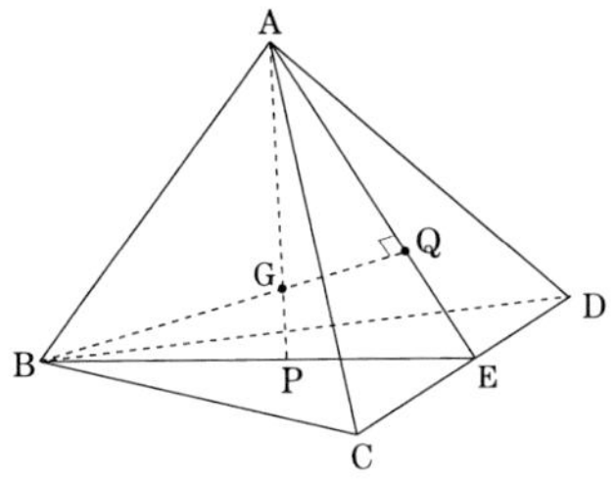

点 A を基点とする位置ベクトルを

$$\overrightarrow{\mathrm{AB}}=\vec{b},\ \overrightarrow{\mathrm{AC}}=\vec{c},\ \overrightarrow{\mathrm{AD}}=\vec{d},\ \overrightarrow{\mathrm{AG}}=\vec{g}$$

とする．

このとき，条件より

$$\begin{cases}\overrightarrow{\mathrm{BG}}\perp\overrightarrow{\mathrm{AC}}\text{ かつ }\overrightarrow{\mathrm{BG}}\perp\overrightarrow{\mathrm{AD}}\\ \overrightarrow{\mathrm{CG}}\perp\overrightarrow{\mathrm{AB}}\text{ かつ }\overrightarrow{\mathrm{CG}}\perp\overrightarrow{\mathrm{AD}}\\ \overrightarrow{\mathrm{DG}}\perp\overrightarrow{\mathrm{AB}}\text{ かつ }\overrightarrow{\mathrm{DG}}\perp\overrightarrow{\mathrm{AC}}\end{cases}$$

であり，これは

$$\begin{cases}(\vec{g}-\vec{b})\cdot\vec{c}=0\text{ かつ }(\vec{g}-\vec{b})\cdot\vec{d}=0\\ (\vec{g}-\vec{c})\cdot\vec{b}=0\text{ かつ }(\vec{g}-\vec{c})\cdot\vec{d}=0\\ (\vec{g}-\vec{d})\cdot\vec{b}=0\text{ かつ }(\vec{g}-\vec{d})\cdot\vec{c}=0\end{cases}$$

であるから，

$$\begin{cases}\vec{g}\cdot\vec{c}=\vec{b}\cdot\vec{c}\text{ かつ }\vec{g}\cdot\vec{d}=\vec{b}\cdot\vec{d}\\ \vec{g}\cdot\vec{b}=\vec{b}\cdot\vec{c}\text{ かつ }\vec{g}\cdot\vec{d}=\vec{c}\cdot\vec{d}\\ \vec{g}\cdot\vec{b}=\vec{b}\cdot\vec{d}\text{ かつ }\vec{g}\cdot\vec{c}=\vec{c}\cdot\vec{d}\end{cases}\quad\cdots\cdots①$$

である．

このとき，①の 6 つの式において，右辺の $\vec{b}\cdot\vec{c}$，$\vec{b}\cdot\vec{d}$ に着目すると，その左辺から，

$$\vec{g}\cdot\vec{c}=\vec{g}\cdot\vec{b}\text{ より，}\ \overrightarrow{\mathrm{AG}}\perp\overrightarrow{\mathrm{BC}}\quad\cdots\cdots②$$

$$\vec{g}\cdot\vec{d}=\vec{g}\cdot\vec{b}\text{ より，}\ \overrightarrow{\mathrm{AG}}\perp\overrightarrow{\mathrm{BD}}\quad\cdots\cdots③$$

が成り立つ．

一方，①の 6 つの式において，左辺に着目すると，その右辺から

$$\vec{b}\cdot\vec{c}=\vec{b}\cdot\vec{d}=\vec{c}\cdot\vec{d}\quad\cdots\cdots④$$

が成り立つ．

この④において，左の 2 式より

$$\vec{b}\cdot(\vec{d}-\vec{c})=0$$

であり，

$$\overrightarrow{\mathrm{AB}} \perp \overrightarrow{\mathrm{CD}}$$

である．

これと同様にすると，④から

$$\overrightarrow{\mathrm{AC}} \perp \overrightarrow{\mathrm{BD}},\ \overrightarrow{\mathrm{AD}} \perp \overrightarrow{\mathrm{BC}}$$

が得られ，四面体 ABCD におけるねじれの位置に存在する辺が互いに直交するときの性質から

$$\mathrm{AB}^2+\mathrm{CD}^2=\mathrm{AC}^2+\mathrm{BD}^2=\mathrm{AD}^2+\mathrm{BC}^2 \quad \cdots\cdots ⑤$$

が成り立つ．

ところで，$\overrightarrow{\mathrm{AG}}=\dfrac{\vec{b}+\vec{c}+\vec{d}}{4}$ と表せ，これを②に用いると，

$$\frac{\vec{b}+\vec{c}+\vec{d}}{4}\cdot(\vec{c}-\vec{b})=0$$

であり，これより

$$-|\vec{b}|^2+|\vec{c}|^2+\vec{c}\cdot\vec{d}-\vec{b}\cdot\vec{d}=0$$

すなわち

$$|\vec{b}|=|\vec{c}| \quad (\because ④)$$

となる．

これと同様にすると，③より

$$|\vec{b}|=|\vec{d}|$$

が得られ，

$$|\vec{b}|=|\vec{c}|=|\vec{d}| \quad \cdots\cdots ⑥$$

である．

これは

$$\mathrm{AB}=\mathrm{AC}=\mathrm{AD} \quad \cdots\cdots ⑦$$

であり，⑦を⑤に用いると，

$$\mathrm{BC}=\mathrm{BD}=\mathrm{CD} \quad \cdots\cdots ⑧$$

が得られる．

さらに，①の第 1 式目 $\vec{g}\cdot\vec{c}=\vec{b}\cdot\vec{c}$ において，

$$\frac{\vec{b}+\vec{c}+\vec{d}}{4}\cdot\vec{c}=\vec{b}\cdot\vec{c}$$

であり

$$\vec{b}\cdot\vec{c}+|\vec{c}|^2+\vec{c}\cdot\vec{d}=4\vec{b}\cdot\vec{c}$$

であるから，すなわち

$$\vec{b}\cdot\vec{c}=\frac{1}{2}|\vec{b}|^2 \quad (\because\ ④と⑥)$$

である．

ここで，$\angle \mathrm{BAC}=\theta$ とすると，

$$\cos\theta=\frac{\vec{b}\cdot\vec{c}}{|\vec{b}||\vec{c}|}=\frac{1}{2}$$

であり

$$\theta=60^\circ$$

が得られるから，$\triangle \mathrm{ABC}$ は正三角形，すなわち，

$$\mathrm{AB}=\mathrm{AC}=\mathrm{BC} \qquad \cdots\cdots ⑨$$

である．

したがって，⑦と⑧と⑨より，

四面体 ABCD の 6 つ辺の長さはすべて等しいから，正四面体であることが示せた．　終

■ 問題 3-18　◀◀東北大　改題

(1)　点 A を基点とする位置ベクトルを

$$\overrightarrow{\mathrm{AB}}=\vec{b},\ \overrightarrow{\mathrm{AC}}=\vec{c},\ \overrightarrow{\mathrm{AD}}=\vec{d}$$

とする．これらのベクトルは互いに平行でなく $\vec{0}$ でない．

ここで，線分 LP を $s:1-s\,(0\leqq s\leqq 1)$ に内分する点を S，線分 NR を $t:1-t\,(0\leqq t\leqq 1)$ に内分する点を T とするとき，

$$\overrightarrow{\mathrm{AS}}=\frac{1-s}{2}\vec{b}+\frac{s}{2}\vec{c}+\frac{s}{2}\vec{d} \qquad \cdots\cdots ①$$

$$\overrightarrow{\mathrm{AT}}=\frac{t}{2}\vec{b}+\frac{t}{2}\vec{c}+\frac{1-t}{2}\vec{d} \qquad \cdots\cdots ②$$

と表せる．ここで，2 つの線分 LP, NR が交わるとき，①と②より

$$\begin{cases}\dfrac{1-s}{2}=\dfrac{t}{2}\\[2mm] \dfrac{s}{2}=\dfrac{t}{2}\\[2mm] \dfrac{s}{2}=\dfrac{1-t}{2}\end{cases} \qquad \cdots\cdots ③$$

の 3 つの式を同時に満たす実数 s, t が存在することに他ならないから，

$$1-s=t,\ s=t,\ すなわち,\ s=t=\frac{1}{2}$$

を得る．この実数値は③のすべての式を満たすから，線分 LP 上の点 S と線分 NR 上の点 T は一致し，すなわち，①および②から，

$$\overrightarrow{AS}=\frac{\vec{b}+\vec{c}+\vec{d}}{4}$$

と表せ，さらにこれは

$$\overrightarrow{AS}=\frac{\frac{\vec{b}+\vec{d}}{2}+\frac{\vec{c}}{2}}{2}=\frac{\overrightarrow{AQ}+\overrightarrow{AM}}{2}$$

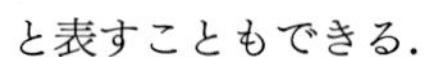

と表すこともできる．

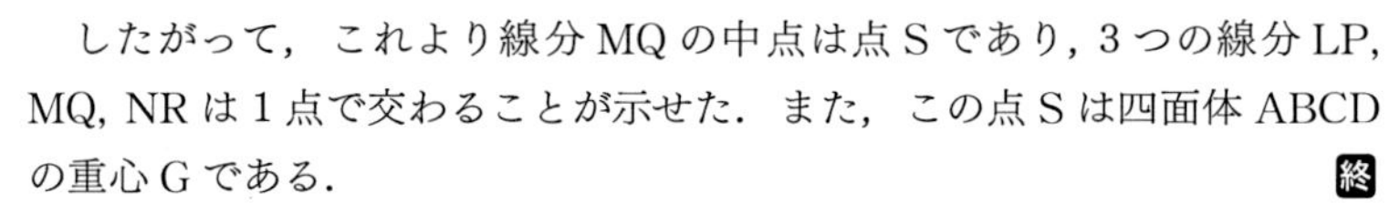

したがって，これより線分 MQ の中点は点 S であり，3 つの線分 LP, MQ, NR は 1 点で交わることが示せた．また，この点 S は四面体 ABCD の重心 G である．　終

(2)　(1) より，

$$\overrightarrow{LP}=\overrightarrow{AP}-\overrightarrow{AL}=\frac{\vec{c}+\vec{d}}{2}-\frac{1}{2}\vec{b}=\frac{-\vec{b}+\vec{c}+\vec{d}}{2}$$

$$\overrightarrow{MQ}=\overrightarrow{AQ}-\overrightarrow{AM}=\frac{\vec{b}+\vec{d}}{2}-\frac{1}{2}\vec{c}=\frac{\vec{b}-\vec{c}+\vec{d}}{2}$$

$$\overrightarrow{NR}=\overrightarrow{AR}-\overrightarrow{AN}=\frac{\vec{b}+\vec{c}}{2}-\frac{1}{2}\vec{d}=\frac{\vec{b}+\vec{c}-\vec{d}}{2}$$

であり，条件 $|\overrightarrow{LP}|=|\overrightarrow{MQ}|=|\overrightarrow{NR}|$ より，$|\overrightarrow{LP}|^2=|\overrightarrow{MQ}|^2=|\overrightarrow{NR}|^2$ であるから，上式より

$$|-\vec{b}+\vec{c}+\vec{d}|^2=|\vec{b}-\vec{c}+\vec{d}|^2=|\vec{b}+\vec{c}-\vec{d}|^2$$

が成り立ち，この最左辺と最右辺の 2 式から

$$-2\vec{b}\cdot\vec{c}+2\vec{c}\cdot\vec{d}-2\vec{b}\cdot\vec{d}=2\vec{b}\cdot\vec{c}-2\vec{c}\cdot\vec{d}-2\vec{b}\cdot\vec{d}$$

すなわち

$$\vec{b}\cdot\vec{c}=\vec{c}\cdot\vec{d}$$

を得る．

これと同様にすると，すなわち

$$\vec{b}\cdot\vec{c}=\vec{c}\cdot\vec{d}=\vec{b}\cdot\vec{d} \qquad \cdots\cdots ④$$

が得られる．また，④の $\vec{b}\cdot\vec{c}=\vec{b}\cdot\vec{d}$ より

$$\vec{b}\cdot(\vec{d}-\vec{c})=0$$

であり

$$\overrightarrow{\mathrm{AB}}\cdot\overrightarrow{\mathrm{CD}}=0$$

であるから，$\overrightarrow{\mathrm{AB}}\neq\vec{0}$，$\overrightarrow{\mathrm{CD}}\neq\vec{0}$ より

$$\overrightarrow{\mathrm{AB}}\perp\overrightarrow{\mathrm{CD}}$$

である．

　また，これと同様にすると，

$$\overrightarrow{\mathrm{AC}}\perp\overrightarrow{\mathrm{BD}},\ \overrightarrow{\mathrm{AD}}\perp\overrightarrow{\mathrm{BC}}$$

が得られ，これらをまとめると

$$\mathrm{AB}\perp\mathrm{CD},\ \mathrm{AC}\perp\mathrm{BD},\ \mathrm{AD}\perp\mathrm{BC} \qquad \cdots\cdots ⑤$$

となり，⑤から，四面体のねじれの位置に存在する辺の長さについて，

$$\mathrm{AB}^2+\mathrm{CD}^2=\mathrm{AC}^2+\mathrm{BD}^2=\mathrm{AD}^2+\mathrm{BC}^2 \qquad \cdots\cdots ⑥$$

が成り立つ．

　また，残りの条件である 4 つの △ABC，△ACD，△ADB，△BCD の面積が等しいことから

$$|\vec{b}|^2|\vec{c}|^2-(\vec{b}\cdot\vec{c})^2=|\vec{c}|^2|\vec{d}|^2-(\vec{c}\cdot\vec{d})^2=|\vec{b}|^2|\vec{d}|^2-(\vec{b}\cdot\vec{d})^2$$
$$=|\overrightarrow{\mathrm{BC}}|^2|\overrightarrow{\mathrm{BD}}|^2-(\overrightarrow{\mathrm{BC}}\cdot\overrightarrow{\mathrm{BD}})^2 \qquad \cdots\cdots ⑦$$

が成り立ち，この⑦の左 3 式において，④を用いると，

$$|\vec{b}|=|\vec{c}|=|\vec{d}|$$

であり，これは

$$\mathrm{AB}=\mathrm{AC}=\mathrm{AD}(=b) \qquad \cdots\cdots ⑧$$

である．

　これを⑥に用いると，

$$\mathrm{CD}=\mathrm{BD}=\mathrm{BC}(=x) \qquad \cdots\cdots ⑨$$

が得られる．

　ここで，b と x については，⑦の最左辺と最右辺より

$$b^2\cdot b^2-\left\{\frac{1}{2}(b^2+b^2-x^2)\right\}^2=x^2\cdot x^2-\left\{\frac{1}{2}(x^2+x^2-x^2)\right\}^2$$

であるから

$$x^2(x+b)(x-b)=0$$

すなわち

$$x=b$$

である．

これより，⑧と⑨から

$$AB = AC = AD = CD = BD = BC$$

となり，これは正四面体である．これで示せた．　終

問題 3-19　◀◀名古屋大　改題

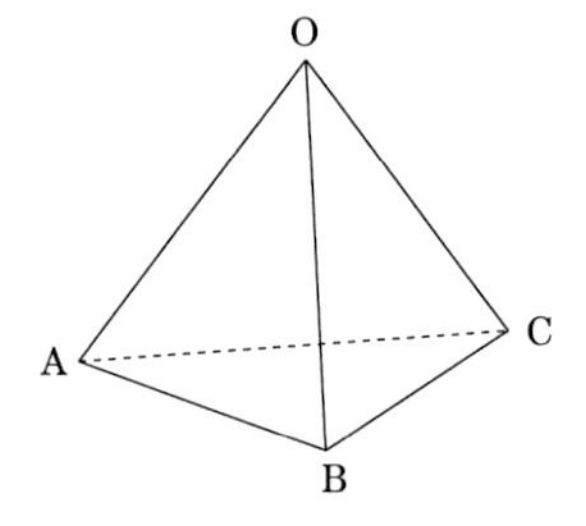

4 点 O，A，B，C は同一平面上にないから，

$$\overrightarrow{OA} = \vec{a}\,,\ \overrightarrow{OB} = \vec{b}\,,\ \overrightarrow{OC} = \vec{c}$$

と表すことにする．

条件より

$$|\vec{a}|^2 = |\vec{c} - \vec{b}|^2,\ |\vec{b}|^2 = |\vec{a} - \vec{c}|^2,$$
$$|\vec{c}|^2 = |\vec{b} - \vec{a}|^2$$

であり，これらの辺ごとの和によって，

$$|\vec{a}|^2 + |\vec{b}|^2 + |\vec{c}|^2 - 2\vec{a}\cdot\vec{b} - 2\vec{b}\cdot\vec{c} - 2\vec{c}\cdot\vec{a} = 0 \quad \cdots\cdots *$$

を得る．

このとき，＊は，次のように表すことができる．

$|\vec{a} + \vec{b} - \vec{c}|^2 - 4\vec{a}\cdot\vec{b} = 0$ より，$\vec{a}\cdot\vec{b} = \dfrac{1}{4}|\vec{a} + \vec{b} - \vec{c}|^2$

$|-\vec{a} + \vec{b} + \vec{c}|^2 - 4\vec{b}\cdot\vec{c} = 0$ より，$\vec{b}\cdot\vec{c} = \dfrac{1}{4}|-\vec{a} + \vec{b} + \vec{c}|^2$

$|\vec{a} - \vec{b} + \vec{c}|^2 - 4\vec{c}\cdot\vec{a} = 0$ より，$\vec{c}\cdot\vec{a} = \dfrac{1}{4}|\vec{a} - \vec{b} + \vec{c}|^2$

ここで，点 O は 3 点 A，B，C で作る平面上に存在しないから

$$\vec{a} + \vec{b} \neq \vec{c},\quad \vec{b} + \vec{c} \neq \vec{a},\quad \vec{c} + \vec{a} \neq \vec{b}$$

であり，上式において，

$$\vec{a}\cdot\vec{b} > 0,\ \vec{b}\cdot\vec{c} > 0,\ \vec{c}\cdot\vec{a} > 0$$

である．

したがって，これと条件の OA＝BC，OB＝CA，OC＝AB より

$\vec{a}\cdot\vec{b} = \dfrac{1}{2}(OA^2 + OB^2 - AB^2) > 0$ だから，$BC^2 + CA^2 > AB^2$ であり，

$\vec{b}\cdot\vec{c} = \dfrac{1}{2}(OB^2 + OC^2 - BC^2) > 0$ だから，$CA^2 + AB^2 > BC^2$ であり，

$\vec{c}\cdot\vec{a} = \dfrac{1}{2}(OC^2 + OA^2 - CA^2) > 0$ だから，$AB^2 + BC^2 > CA^2$ である．

よって，

三角形 ABC は鋭角三角形

であることが示せた．　**終**

問題 3-20　◀◀京都大

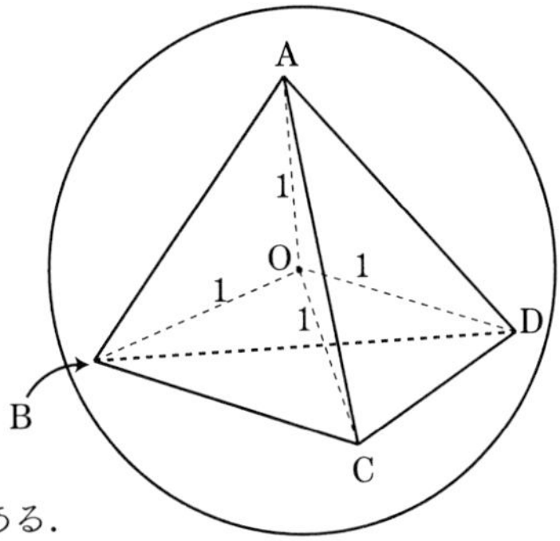

仮定の $\overrightarrow{OA}\cdot\overrightarrow{OB}=\frac{1}{2}$ より

$$\frac{1}{2}(1^2+1^2-AB^2)=\frac{1}{2}$$

すなわち

$$AB=1$$

である．これより，

$$OA=OB=AB=1$$

であるから，三角形 OAB は正三角形である．

そこで，座標空間において，原点 O(0, 0, 0) に対し

$$A\left(\frac{\sqrt{3}}{2},\ -\frac{1}{2},\ 0\right),\ B\left(\frac{\sqrt{3}}{2},\ \frac{1}{2},\ 0\right),\ C(a,\ b,\ c),\ D(p,\ q,\ r)$$

とおいても，一般性を失うものではない．

このとき，条件より

$$\begin{cases}\overrightarrow{OA}\cdot\overrightarrow{OC}=\dfrac{\sqrt{3}}{2}a-\dfrac{1}{2}b=-\dfrac{\sqrt{6}}{4}\\ \overrightarrow{OB}\cdot\overrightarrow{OC}=\dfrac{\sqrt{3}}{2}a+\dfrac{1}{2}b=-\dfrac{\sqrt{6}}{4}\end{cases}$$

であり，辺ごとの差によって

$$b=0$$

が得られ，これより

$$a=-\frac{1}{\sqrt{2}}$$

である．

さらに，点 C は球面上の点であり，OC = 1 であるから，これは

$$a^2+b^2+c^2=1$$

であり，上述した値をこれに用いると

$$c=\pm\frac{1}{\sqrt{2}}$$

すなわち

$$\mathrm{C}\left(-\frac{1}{\sqrt{2}},\ 0,\ \pm\frac{1}{\sqrt{2}}\right)$$

である．

また，条件の $\overrightarrow{\mathrm{OA}}\cdot\overrightarrow{\mathrm{OD}}=\overrightarrow{\mathrm{OB}}\cdot\overrightarrow{\mathrm{OD}}=k$ について

$$\begin{cases}\overrightarrow{\mathrm{OA}}\cdot\overrightarrow{\mathrm{OD}}=\dfrac{\sqrt{3}}{2}p-\dfrac{1}{2}q=k\\ \overrightarrow{\mathrm{OB}}\cdot\overrightarrow{\mathrm{OD}}=\dfrac{\sqrt{3}}{2}p+\dfrac{1}{2}q=k\end{cases}$$

であり，辺ごとの差によって

$$q=0$$

が得られ，これをうけて

$$p=\frac{2}{\sqrt{3}}k$$

である．

ここで，点 D は球面上の点であり，OD = 1 であるから，これは

$$p^2+q^2+r^2=1$$

であり，上述した値をこれに用いると

$$r=\pm\sqrt{1-\frac{4}{3}k^2}$$

が得られ

$$1-\frac{4}{3}k^2>0$$

でなければならないから

$$0<k<\frac{\sqrt{3}}{2}$$

である．

このとき

$$\mathrm{D}\left(\frac{2}{\sqrt{3}}k,\ 0,\ \pm\sqrt{1-\frac{4}{3}k^2}\right)$$

であり，このもとで，条件の $\overrightarrow{\mathrm{OC}}\cdot\overrightarrow{\mathrm{OD}}=\dfrac{1}{2}$ について考えると，次の 2 つの場合が考えられる．

（i）$\overrightarrow{\mathrm{OC}}\cdot\overrightarrow{\mathrm{OD}}=-\dfrac{1}{\sqrt{2}}\cdot\dfrac{2}{\sqrt{3}}k+\dfrac{1}{\sqrt{2}}\sqrt{1-\dfrac{4}{3}k^2}=\dfrac{1}{2}$

（ii）$\overrightarrow{\mathrm{OC}}\cdot\overrightarrow{\mathrm{OD}}=-\dfrac{1}{\sqrt{2}}\cdot\dfrac{2}{\sqrt{3}}k-\dfrac{1}{\sqrt{2}}\sqrt{1-\dfrac{4}{3}k^2}=\dfrac{1}{2}$

ここで，（ii）が成り立つと仮定すると，左辺は負で，右辺は正であるから，

矛盾し，これを満たす k は存在しない．

　したがって，(ⅰ)のときを考えれば十分であり，

$$\frac{1}{\sqrt{2}}\sqrt{1-\frac{4}{3}k^2}=\frac{1}{2}+\frac{1}{\sqrt{2}}\cdot\frac{2}{\sqrt{3}}k$$

として，両辺を 2 乗すると

$$\frac{1}{2}-\frac{2}{3}k^2=\frac{1}{4}+\frac{\sqrt{6}}{3}k+\frac{2}{3}k^2$$

であり，これは

$$\frac{4}{3}k^2+\frac{\sqrt{6}}{3}k-\frac{1}{4}=0$$

すなわち

$$16k^2+4\sqrt{6}k-3=0$$

である．

　さらに，これは

$$k=\frac{-2\sqrt{6}\pm\sqrt{24+48}}{16}$$

であり，$k>0$ より

$$k=\frac{-2\sqrt{6}+6\sqrt{2}}{16}$$

であるから

$$k=\frac{3\sqrt{2}-\sqrt{6}}{8}$$

である．

　ここで，この k の値について

$$k=\frac{3\sqrt{2}-\sqrt{6}}{8}=\frac{\sqrt{6}(\sqrt{3}-1)}{8}<\frac{4\sqrt{3}}{8}=\frac{\sqrt{3}}{2}$$

と評価でき，$0<k<\dfrac{\sqrt{3}}{2}$ を満たすから，求める k の値は

$$k=\frac{\sqrt{6}(\sqrt{3}-1)}{8}\left(=\frac{3\sqrt{2}-\sqrt{6}}{8}\right)$$ 答

である．

問題 4 - 1　◀◀埼玉医科大

〔参考〕　$1+\cos\theta$, $1-\cos\theta$, $1+\sin\theta$, $1-\sin\theta$ は三角関数の半角の公式より

$$1+\cos\theta=2\cos^2\frac{\theta}{2}$$

$$1-\cos\theta=2\sin^2\frac{\theta}{2}$$

$$1+\sin\theta=\left(\cos^2\frac{\theta}{2}+\sin^2\frac{\theta}{2}\right)+2\sin\frac{\theta}{2}\cos\frac{\theta}{2}=\left(\sin\frac{\theta}{2}+\cos\frac{\theta}{2}\right)^2$$

$$1-\sin\theta=\left(\cos^2\frac{\theta}{2}+\sin^2\frac{\theta}{2}\right)-2\sin\frac{\theta}{2}\cos\frac{\theta}{2}=\left(\sin\frac{\theta}{2}-\cos\frac{\theta}{2}\right)^2$$

と変形でき，これらは三角関数の表現の一端で，三角関数は様々な顔をもつことがわかります．

本問では，与えられた実部 $1+\cos\theta$ と虚部 $\sin\theta$ から，半角の公式で書き改め表現し直すことをスタートとすればよいです．

〔参考〕　実部は

$$1+\cos\theta=2\cos^2\frac{\theta}{2}$$

であり，虚部は

$$\sin\theta=2\sin\frac{\theta}{2}\cos\frac{\theta}{2}$$

であるから

$$z=\left(2\cos^2\frac{\theta}{2}\right)+i\cdot2\sin\frac{\theta}{2}\cos\frac{\theta}{2}=2\cos\frac{\theta}{2}\left(\cos\frac{\theta}{2}+i\sin\frac{\theta}{2}\right)\quad\cdots\cdots①$$

と表せる．

ここで，条件の $-\pi<\theta<\pi$ より

$$-\frac{\pi}{2}<\frac{\theta}{2}<\frac{\pi}{2}$$

であるから

$$2\cos\frac{\theta}{2}>0$$

であり，①の両辺を 32 乗すると，ド・モアブルの定理から

$$z^{32}=\left(2\cos\frac{\theta}{2}\right)^{32}(\cos16\theta+i\sin16\theta)$$

である．

このとき，これが純虚数となるのは，実部について

$$\cos 16\theta = 0$$

であり，整数 k を用いて

$$16\theta = \frac{\pi}{2} + k\pi$$

と表せ，$-\pi < \theta < \pi$ にこれを用いると

$$-16\pi < \frac{\pi}{2} + k\pi < 16\pi$$

すなわち

$$-\frac{33}{2} < k < \frac{31}{2}$$

である．これを満たす整数 k は

$$k = -16,\ -15,\ \cdots\cdots,\ 14,\ 15$$

であり，k と θ は一対一対応であるから，求める θ の個数は

$15-(-16)+1=32$ 個　答

である．

問題 4-2　◀◀東京工業大

参考　複素数平面上で与えられた設問であるが，(2) と (3) は初等幾何（平面図形の性質）で十分に解決できるものであり，ここに配列したのは，図形に関する表現を習得したことで，その幅が拡がっていることを再確認しようというものである．また，複素数で表現することは，ベクトルを内包しており（$\overrightarrow{AC}=$(等倍)・($\pm 60°$回転)・$\overrightarrow{AB}$），複素数による表現は図形的なエッセンスを簡素化している側面をもっていることも確認したい．

解答

(1) 三角形 ABC が正三角形であるのは

$\overrightarrow{AC}$ は，点 A を中心に $\overrightarrow{AB}$ を $\pm\frac{\pi}{3}$ 回転させ等倍すること

で得られるから，これを複素数で表現すると

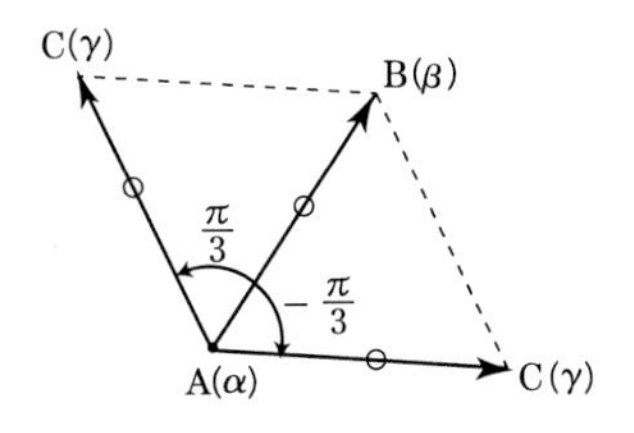

$$\gamma-\alpha=1\cdot\left\{\cos\left(\pm\frac{\pi}{3}\right)+i\sin\left(\pm\frac{\pi}{3}\right)\right\}\cdot(\beta-\alpha)$$

すなわち

$$\gamma-\alpha=\left(\frac{1}{2}\pm\frac{\sqrt{3}}{2}i\right)(\beta-\alpha)$$

である．さらに，これは

$$\gamma-\alpha=\frac{1}{2}(\beta-\alpha)\pm\frac{\sqrt{3}}{2}i(\beta-\alpha)$$

$$\gamma-\frac{1}{2}(\alpha+\beta)=\pm\frac{\sqrt{3}}{2}i(\beta-\alpha)$$

であり，両辺を 2 乗し，整理すると

$$\gamma^2-(\alpha+\beta)\gamma+\frac{1}{4}(\alpha+\beta)^2=-\frac{3}{4}(\beta-\alpha)^2$$

$$4\gamma^2-4(\alpha+\beta)\gamma+\alpha^2+2\alpha\beta+\beta^2+3(\alpha^2-2\alpha\beta+\beta^2)=0$$

$$\alpha^2+\beta^2+\gamma^2=\alpha\beta+\beta\gamma+\gamma\alpha$$

である．

また，これは逆についても成り立つから，△ABC は正三角形となる必要十分条件は

$$\alpha^2+\beta^2+\gamma^2=\alpha\beta+\beta\gamma+\gamma\alpha$$

であることが示せた．　終

(2) 点 P が $\overset{\frown}{\mathrm{AC}}$ 上にあるときを考えても，一般性を失うものではない．ここで，円に内接する四角形 ABCP において，トレミーの定理を用いると

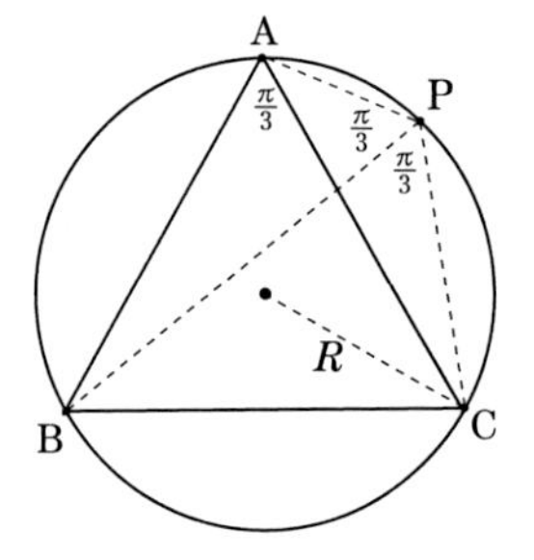

$$\mathrm{AP}\cdot\mathrm{BC}+\mathrm{AB}\cdot\mathrm{CP}=\mathrm{AC}\cdot\mathrm{BP}$$

が成り立ち，△ABC は正三角形でり

$$\mathrm{AB}=\mathrm{BC}=\mathrm{AC}$$

であるから，これを上式に用いると

$$\mathrm{BP}=\mathrm{AP}+\mathrm{CP} \quad \cdots\cdots ①$$

を得る．

ここで，①より

$$\mathrm{AP}^2+\mathrm{BP}^2+\mathrm{CP}^2=\mathrm{AP}^2+(\mathrm{AP}+\mathrm{CP})^2+\mathrm{CP}^2$$
$$=2(\mathrm{AP}^2+\mathrm{CP}^2+\mathrm{AP}\cdot\mathrm{CP}) \quad \cdots\cdots ②$$

であり，△PAC において，余弦定理を用いると

$$\mathrm{AC}^2 = \mathrm{AP}^2 + \mathrm{CP}^2 - 2\mathrm{AP}\cdot\mathrm{CP}\cdot\cos 120^\circ$$

であるから，これは

$$\mathrm{AC}^2 = \mathrm{AP}^2 + \mathrm{CP}^2 + \mathrm{AP}\cdot\mathrm{CP} \qquad \cdots\cdots ③$$

である．

また，円の半径が R であるから，正弦定理より

$$\frac{\mathrm{AC}}{\sin 60^\circ} = 2R$$

すなわち

$$\mathrm{AC} = \sqrt{3}R \qquad \cdots\cdots ④$$

である．

したがって，③と④より

$$\mathrm{AP}^2 + \mathrm{BP}^2 + \mathrm{CP}^2 = 2\mathrm{AC}^2 = 6R^2 \qquad \text{答}$$

である．

また，

$$\begin{aligned}
&\mathrm{AP}^4 + \mathrm{BP}^4 + \mathrm{CP}^4\\
&= (\mathrm{AP}^2 + \mathrm{BP}^2 + \mathrm{CP}^2)^2 - 2(\mathrm{AP}^2\cdot\mathrm{BP}^2 + \mathrm{BP}^2\cdot\mathrm{CP}^2 + \mathrm{CP}^2\cdot\mathrm{AP}^2)\\
&= (6R^2)^2 - 2\{\mathrm{BP}^2(\mathrm{AP}^2 + \mathrm{CP}^2) + \mathrm{CP}^2\cdot\mathrm{AP}^2\}\\
&= 36R^4 - 2\{(\mathrm{AP} + \mathrm{CP})^2(\mathrm{AP}^2 + \mathrm{CP}^2) + \mathrm{CP}^2\cdot\mathrm{AP}^2\}\\
&= 36R^4 - 2\{(\mathrm{AP}^2 + \mathrm{CP}^2 + 2\mathrm{AP}\cdot\mathrm{CP})(\mathrm{AP}^2 + \mathrm{CP}^2) + \mathrm{CP}^2\cdot\mathrm{AP}^2\}\\
&= 36R^4 - 2\{(\mathrm{AP}^2 + \mathrm{CP}^2)^2 + 2(\mathrm{AP}^2 + \mathrm{CP}^2)\cdot\mathrm{AP}\cdot\mathrm{CP} + (\mathrm{AP}\cdot\mathrm{CP})^2\}\\
&= 36R^4 - 2(\mathrm{AP}^2 + \mathrm{CP}^2 + \mathrm{AP}\cdot\mathrm{CP})^2\\
&= 36R^4 - 2(\mathrm{AC}^2)^2 \qquad (\because ③)\\
&= 36R^4 - 2(3R^2)^2 \qquad (\because ④)\\
&= 18R^4 \qquad \text{答}
\end{aligned}$$

である．

■ 問題 4-3　◀◀北海道大／ナポレオンの三角形

(1) 図のようにとれる．このとき，3 点 R，S，T を表す複素数をそれぞれ r, s, t とし，U，V，W を表す複素数をそれぞれ u, v, w とすると

$$r = \left\{\cos\left(-\frac{\pi}{3}\right) + i\sin\left(-\frac{\pi}{3}\right)\right\}\cdot 2 = 1 - \sqrt{3}i$$

であるから

$$u=\frac{0+2+(1-\sqrt{3}i)}{3}=\frac{3-\sqrt{3}i}{3}$$ 答

である．

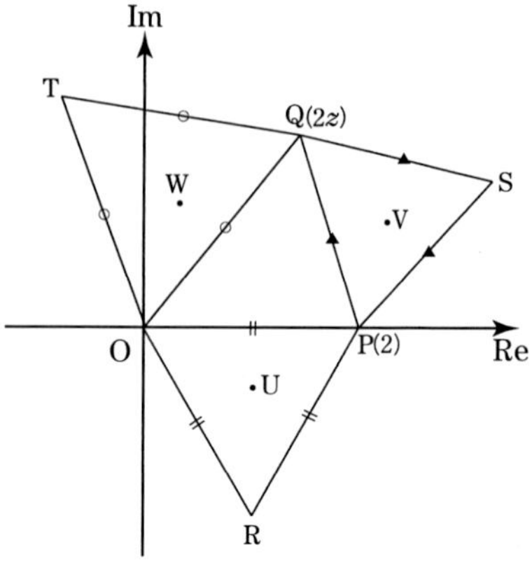

　また，$\overrightarrow{\mathrm{PS}}$ は，点Pを中心に，$\overrightarrow{\mathrm{PQ}}$ を $-\frac{\pi}{3}$ 回転させたものであるから

$s-p=$
$$\left\{\cos\left(-\frac{\pi}{3}\right)+i\sin\left(-\frac{\pi}{3}\right)\right\}(2z-2)$$

であり，これより

$$s=(1-\sqrt{3}i)(z-1)+2$$

であるから

$$v=\frac{2+2z+(1-\sqrt{3}i)(z-1)+2}{3}=\frac{(3-\sqrt{3}i)z+(3+\sqrt{3}i)}{3}$$ 答

である．

　さらに，

$$t=\left(\cos\frac{\pi}{3}+i\sin\frac{\pi}{3}\right)\cdot 2z=(1+\sqrt{3}i)z$$

であるから

$$w=\frac{0+2z+(1+\sqrt{3}i)z}{3}=\frac{3+\sqrt{3}i}{3}z$$ 答

である．

(2) $\overrightarrow{\mathrm{UV}}$ を点Uを中心に $\frac{\pi}{3}$ 回転させたものが $\overrightarrow{\mathrm{UW}}$ となればよいことを示す．

　ここで，(1) より

$$v-u=\frac{(3-\sqrt{3}i)z+(3+\sqrt{3}i)}{3}-\frac{3-\sqrt{3}i}{3}=\frac{(3-\sqrt{3}i)z+2\sqrt{3}i}{3}$$

であり，また

$$w-u=\frac{3+\sqrt{3}i}{3}z-\frac{3-\sqrt{3}i}{3}=\frac{(3+\sqrt{3}i)z-(3-\sqrt{3}i)}{3}$$

である．

　このとき，

$$\left(\cos\frac{\pi}{3}+i\sin\frac{\pi}{3}\right)(v-u)$$

$$=\frac{1+\sqrt{3}\,i}{2}\cdot\frac{(3-\sqrt{3}\,i)z+2\sqrt{3}\,i}{3}$$

$$=\frac{1}{2}\cdot\frac{\sqrt{3}}{3}(1+\sqrt{3}\,i)\{(\sqrt{3}-i)z+2i\}$$

$$=\frac{1}{2}\cdot\frac{\sqrt{3}}{3}\{(\sqrt{3}-i+3i+\sqrt{3})z+2i-2\sqrt{3}\}$$

$$=\frac{\sqrt{3}}{3}\{(\sqrt{3}+i)z-(\sqrt{3}-i)\}$$

$$=\frac{(3+\sqrt{3}\,i)z-(3-\sqrt{3}\,i)}{3}$$

$$=w-u$$

となるから，一致する．

したがって，△UVW は正三角形であることが示せた．　**終**

(3)　△UVW の重心 G を表す複素数を g とすると

$$g=\frac{1}{3}\left\{\frac{3-\sqrt{3}\,i}{3}+\frac{(3-\sqrt{3}\,i)z+(3+\sqrt{3}\,i)}{3}+\frac{3+\sqrt{3}\,i}{3}z\right\}$$

$$=\frac{1}{9}\{3-\sqrt{3}\,i+(3-\sqrt{3}\,i)z+3+\sqrt{3}\,i+(3+\sqrt{3}\,i)z\}$$

$$=\frac{2}{3}(z+1)$$

である．ここで，条件より $|z-i|=\dfrac{1}{2}$ について，

z は点 i を中心とする半径 $\dfrac{1}{2}$ の円を描く

から，冒頭の条件である，z の虚部は正であることに注意すると

$$|z-i|=\frac{1}{2}$$

において，z はこの円周上をすべて満たしている．

このとき，$g=\dfrac{2}{3}(z+1)$ を z について解くと

$$z=\frac{3}{2}g-1$$

であるから，これを $|z-i|=\dfrac{1}{2}$ に用いると

$$\left|\frac{3}{2}g-1-i\right|=\frac{1}{2}$$

すなわち

$$\left|g-\frac{2}{3}(1+i)\right|=\frac{1}{3}$$

であるから，求める重心 G の軌跡は

中心が $\frac{2}{3}(1+i)$，半径が $\frac{1}{3}$ の

円である．　答

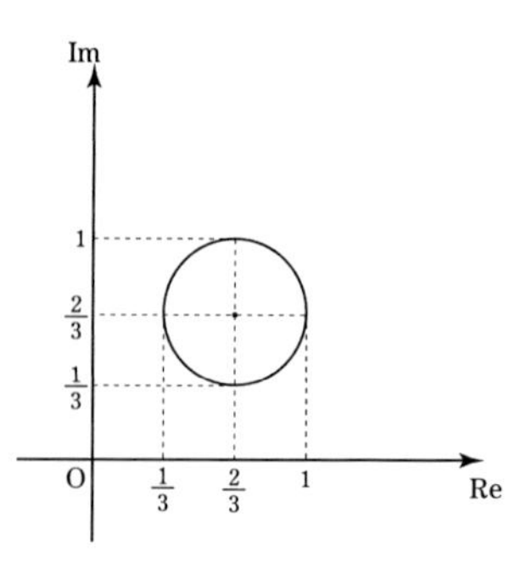

問題 4 - 4　◀◀北海道大

参考　複素数平面上における表現を確認しながら，$z=x+yi$ (x, y は実数) として考えてみることも一つの手続きである．また，第 1 章に回帰するような問題でもある．

解答

(1)　①は

$$|z|^2=4$$

すなわち

$$|z|=2$$

であるから，z は

原点 O を中心とする半径 2 の円周上に存在する点

である．

一方，②は

$$|z-0|=|z-(\sqrt{3}-i)|$$

であり，z は

点 O と点 $\sqrt{3}-i$ を結ぶ垂直二等分線上に存在する点である．

これらを図示すると，右の図のようになる．　答

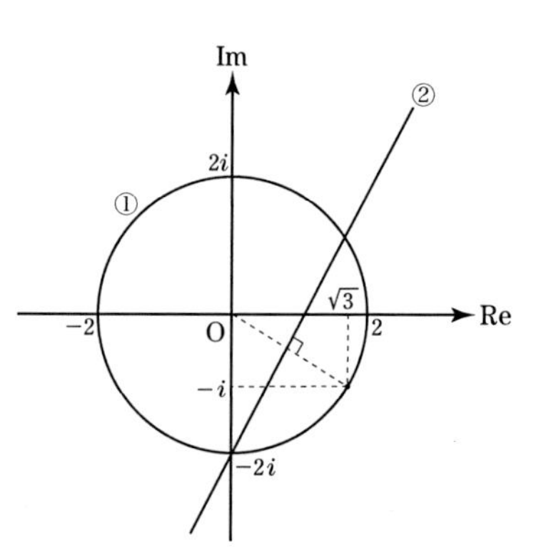

(2) (1) において，$z=x+yi$（x ,y は実数）とおくと，xy 平面上で

①は，円 $x^2+y^2=4$ であり，②は，直線 $y=\sqrt{3}x-2$ である．

連立させると

$$x^2+(\sqrt{3}x-2)^2=4$$

$$4x(x-\sqrt{3})=0$$

であり

$$x=0,\ \sqrt{3}$$

であるから，これに対応する y の値は

$$y=-2,\ 1$$

である．

したがって，①と②の共通解となる複素数は

$$-2i,\ \sqrt{3}+i$$ 答

である．

(3) (2) より

$$w=(-2i)(\sqrt{3}+i)$$

であり，これは

$$w=2\left(\cos\frac{3\pi}{2}+i\sin\frac{3\pi}{2}\right)\cdot 2\left(\cos\frac{\pi}{6}+i\sin\frac{\pi}{6}\right)$$

$$=4\left(\cos\frac{5\pi}{3}+i\sin\frac{5\pi}{3}\right)$$

である．

このとき，w^n は，ド・モアブルの定理より

$$w^n=4^n\left(\cos\frac{5n\pi}{3}+i\sin\frac{5n\pi}{3}\right)$$

であり，これが負の実数となる必要十分条件は，整数 k を用いると

$$\frac{5n\pi}{3}=(2k-1)\pi$$

が成り立つときであるから，これより

$$6k-5n=3 \quad \cdots\cdots ①$$

である．

ここで，①を満たす整数 $k,\ n$ の一つに

$$k=3,\ n=3$$

があり，①は

$$6(k-3)-5(n-3)=0$$

すなわち

$$6(k-3)=5(n-3)$$

である.

ここで, 6 と 5 は互いに素な整数であり, 整数 m を用いて

$$k-3=5m,\quad n-3=6m$$

と表せ, 2 式目より整数 n は

$$n=6m+3$$

すなわち

n は 6 で割ると 3 余る整数　　答

である.

■ 問題 4-5　◀◀九州大

［参考］ 本問では, あらゆることが盛り込まれており, 数学的な観点を複数確認できる All in one の問題といえる.

(1) 2 次方程式 (*) が実数解をもたないとき, (*) の判別式を D とすると

$$D=(4\cos\theta)^2-\frac{4}{\tan\theta}<0$$

であり, これは

$$\frac{4\cos^2\theta\sin\theta-\cos\theta}{\sin\theta}<0$$

すなわち

$$\frac{\cos\theta(2\sin 2\theta-1)}{\sin\theta}<0$$

である. ここで, θ は

$$0<\theta<\frac{\pi}{4}$$

であるから, $\sin\theta>0$　$\cos\theta>0$ より

$$2\sin 2\theta-1<0$$

である. これより

$$\sin 2\theta<\frac{1}{2}$$

であり

$$2\theta < \frac{\pi}{6}$$

すなわち，求める θ の値の範囲は

$$0 < \theta < \frac{\pi}{12}$$ 答

である.

(2)　α と β は共役な関係，すなわち $\overline{\alpha} = \beta$ であることがわかり，(＊) において，解と係数の関係より

$$\alpha + \beta = 4\cos\theta > 0,\ \alpha\beta = \frac{1}{\tan\theta} > 0 \quad \cdots\cdots ①$$

である.

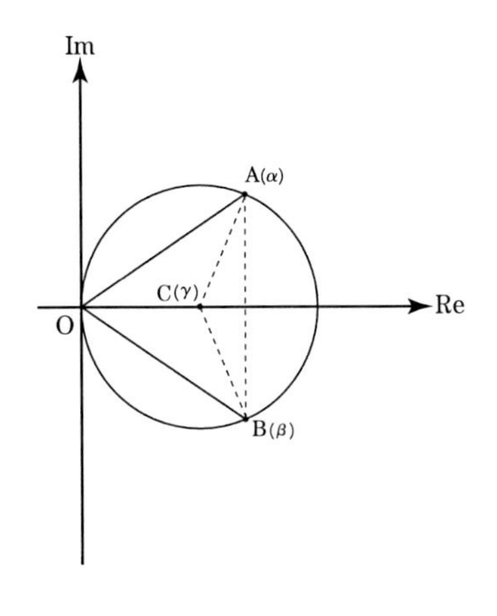

　ここで，OA＝OB であり，3 点 O，A，B を通る円の中心は実軸上に存在することがわかり，その中心を表す複素数 γ は実数である.

　このとき，円の中心 C から，3 点 O，A，B の距離は半径で等しいから

$$|\gamma| = |\alpha - \gamma| = |\beta - \gamma|$$

を満たし，左の 2 式について

$$|\gamma|^2 = |\alpha - \gamma|^2$$

より，これは

$$\gamma\overline{\gamma} = (\alpha - \gamma)(\overline{\alpha} - \overline{\gamma})$$

であり，γ は実数であるから，$\overline{\gamma} = \gamma$ である．また，$\overline{\alpha} = \beta$ であるから，上式は

$$\alpha\beta - \alpha\overline{\gamma} - \beta\gamma = 0$$

すなわち

$$(\alpha + \beta)\gamma = \alpha\beta$$

である．ここで，①より

$$\gamma = \frac{\alpha\beta}{\alpha + \beta} = \frac{1}{4\cos\theta \cdot \tan\theta} = \frac{1}{4\sin\theta}$$ 答

である.

(3) 三角形 OAC が直角三角形になるのは，3 点 A，B，C が同一直線上に並ぶときであり，線分 AB が (2) の円の直径であるから，線分 AB の中点が点 C である．

ここで，①より

$$\gamma = \frac{\alpha+\beta}{2} = 2\cos\theta$$

であり，(2) で得られた結果から

$$\frac{1}{4\sin\theta} = 2\cos\theta \qquad \cdots\cdots ②$$

を満たす θ を考えればよく，$x=\tan\theta$ とおくと

$$\sin\theta = \frac{x}{\sqrt{x^2+1}},\ \cos\theta = \frac{1}{\sqrt{x^2+1}}$$

であり，これを②に用いると

$$\frac{x}{x^2+1} = \frac{1}{8}$$

であるから，これより

$$x^2-8x+1=0$$

すなわち

$$x = 4\pm\sqrt{15}$$

である．ここで，$0<\theta<\frac{\pi}{4}$ であり，$0<\tan\theta<1$ であるから

$$\tan\theta = 4-\sqrt{15}$$ 答

である．

■ 問題 4-6　◀◀九州大／相反方程式と複素数平面／三角形の形状決定

参考

与えられた 4 次方程式は係数に対称的な数が並び，相反方程式である．相反方程式では

$$t = x+\frac{1}{x}$$

とおくなどして対応するが，これはジューコフスキー変換の手続きに似ている．

解答

(1)　与えられた4次方程式において，$x=0$ を代入すると

$$(\text{左辺})=1,\ (\text{右辺})=0$$

であるから，矛盾する．

　したがって，与えられた4次方程式は $x=0$ を解にもたないことがわかる．

ここで，$x \neq 0$ のもとで，与えられた4次方程式の両辺を x^2 で割ると

$$x^2-2x+3-\frac{2}{x}+\frac{1}{x^2}=0$$

すなわち

$$\left(x+\frac{1}{x}\right)^2-2\left(x+\frac{1}{x}\right)+1=0$$

であり，$t=x+\dfrac{1}{x}$　……①　とおくと，これは

$$t^2-2t+1=0$$

すなわち

$$t=1$$

である．

　これを①に用いると

$$x+\frac{1}{x}=1$$

であり

$$x^2-x+1=0$$

すなわち

$$x=\frac{1\pm\sqrt{3}i}{2}$$ 　答

である．

(2) △ABC の頂点 C を原点 O に一致するように平行移動し，移動後の3つの頂点 A, B, C をそれぞれ A′(α′), B′(β′), C(0) とすると

$$\alpha'=\alpha-\gamma,\ \beta'=\beta-\gamma$$

であり

$$\alpha=\alpha'+\gamma,\ \ \beta=\beta'+\gamma$$

であるから，これを与えられた式に用いると

$$(\alpha'-\beta')^4+(\beta')^4+(-\alpha')^4=0$$

であり，これを展開し整理すると

$$\alpha'^4-2\alpha'^3\beta'+3\alpha'^2\beta'^2-2\alpha'\beta'^3+\beta'^4=0$$

である．ここで，$\beta'\neq 0$ であるから，上式は

$$\left(\frac{\alpha'}{\beta'}\right)^4-2\left(\frac{\alpha'}{\beta'}\right)^3+3\left(\frac{\alpha'}{\beta'}\right)^2-2\left(\frac{\alpha'}{\beta'}\right)+1=0$$

であり，$x=\dfrac{\alpha'}{\beta'}$ とおくと，これは

$$x^4-2x^3+3x^2-2x+1=0$$

であるから，(1) の解より

$$x=\frac{\alpha'}{\beta'}=\frac{1\pm\sqrt{3}\,i}{2}=\left\{\cos\left(\pm\frac{\pi}{3}\right)+i\sin\left(\pm\frac{\pi}{3}\right)\right\}$$

すなわち

$$\alpha'=1\cdot\left\{\cos\left(\pm\frac{\pi}{3}\right)+i\sin\left(\pm\frac{\pi}{3}\right)\right\}\beta'$$

である．

したがって，

$\overrightarrow{\mathrm{OA'}}$ は，原点 O を中心に $\overrightarrow{\mathrm{OB'}}$ を $\pm\dfrac{\pi}{3}$ 回転させ等倍したもの

であるから，△OA′B′ は正三角形である．

これより，複素数平面上において，γ だけ平行移動しても △ABC の形状は変化しないから，

△ABC は正三角形　**答**

である．

問題 4-7　◀◀同志社大／相反方程式と複素数平面／四角形の形状決定

(1) 与えられた方程式 (∗) に，$x=0$ を代入すると，左辺と右辺で矛盾するから，$x=0$ は解にもたない．

$t=x+\dfrac{1}{x}$　……①　として，①の両辺を 2 乗すると

$$t^2=x^2+\frac{1}{x^2}+2$$

であり，方程式 (∗) は

$$\left(x^2+\frac{1}{x^2}\right)+c\left(x+\frac{1}{x}\right)+c=0$$

より

$$t^2+ct+c-2=0 \quad \cdots\cdots ※$$ 答

である．

(2) ①は

$$x^2-tx+1=0 \quad \cdots\cdots ②$$

であり，x は虚数解であるから，②の判別式から

$$t^2-4<0$$

すなわち

$$-2<t<2 \quad \cdots\cdots ③$$

であることが必要であり，(1) で定めた t に関する 2 次方程式※が③のところに異なる 2 つの実数解をもてばよい．このとき，

$$f(t)=t^2+ct+c-2=\left(t+\frac{c}{2}\right)^2-\frac{c^2}{4}+c-2$$

とおくと，

$$\begin{cases}-2<-\dfrac{c}{2}<2\\ -\dfrac{c^2}{4}+c-2<0\\ f(-2)=-c+2>0\\ f(2)=3c+2>0\end{cases} \quad \text{より，} \quad \begin{cases}-4<c<4\\ c^2-4c+8>0\,(\text{つねに成立})\\ c<2\\ c>-\dfrac{2}{3}\end{cases}$$

を同時に満たす c の範囲を考えればよいから，求める c の条件は

$$-\frac{2}{3}<c<2$$ 答

である．

(3) (2) のとき，方程式※，すなわち，$f(t)=0$ の 2 つの実数解を α, β とおくと，②より 2 つの 2 次方程式

$$x^2-\alpha x+1=0,\quad x^2-\beta x+1=0$$

が得られ，α, β はそれぞれ

$$-2<\alpha<2,\ -2<\beta<2$$

であり，第 1 式目から

$$x=\frac{\alpha\pm\sqrt{\alpha^2-4}}{2}=\frac{\alpha\pm\sqrt{4-\alpha^2}\,i}{2}=\frac{\alpha}{2}\pm\frac{\sqrt{4-\alpha^2}}{2}i$$

であるから，これを複素数平面上における点と考えると，原点 O からの距離は

$$\sqrt{\left(\frac{\alpha}{2}\right)^2+\left(\frac{\sqrt{4-\alpha^2}}{2}\right)^2}=\sqrt{\frac{\alpha^2+4-\alpha^2}{4}}=1$$

であり，この 2 つの虚数解は，複素数平面上で，原点 O を中心とし，半径 1 の円周上に存在することがわかる．

これと同様に考えると，第 2 式目から得られる虚数解

$$\frac{\beta}{2}\pm\frac{\sqrt{4-\beta^2}}{2}i$$

も原点 O を中心とし半径 1 の円周上に存在する．

ここで，第 1 式目から得られた虚数を $p,\ \overline{p}$，第 2 式目から得られた虚数を $q,\ \overline{q}$ とすると，この 4 つの点で作られる四角形が正方形であるのは，図のようにとっても一般性を失うものではない．

これより

$$p=\frac{1}{\sqrt{2}}+\frac{1}{\sqrt{2}}i,\quad \overline{p}=\frac{1}{\sqrt{2}}-\frac{1}{\sqrt{2}}i$$

$$q=-\frac{1}{\sqrt{2}}+\frac{1}{\sqrt{2}}i,\quad \overline{q}=-\frac{1}{\sqrt{2}}-\frac{1}{\sqrt{2}}i$$

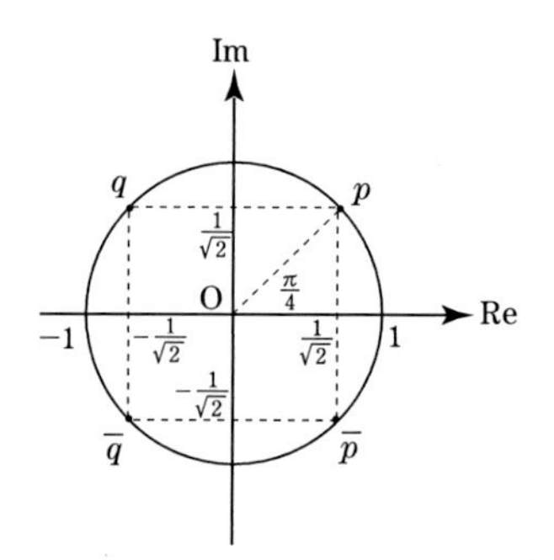

であり，$f(t)=0$ の 2 つの実数解を α,β において，解と係数の関係より

$$\alpha+\beta=-c$$

すなわち

$$c=-(\alpha+\beta)$$

である．

このとき

$$\alpha=p+\overline{p}=\sqrt{2},\quad \beta=q+\overline{q}=-\sqrt{2}$$

であり，求める c の値は

$$c=-(\sqrt{2}-\sqrt{2})=0$$

答

である．

問題 4-8　◀◀京都大／三角形の形状決定

z に関する方程式（＊）について，この（＊）の異なる 3 つの解が，すべて実数解であるとき，異なる 3 つの解は複素数平面上で，すべて実軸上に存在することになるから，三角形が作れず，条件に反する．

つまり，（＊）の異なる 3 つの解は 1 つが実数解 k，残り 2 つは虚数解であり，2 つの虚数解は共役な関係にあることになるから，2 つの虚数解を β, $\overline{\beta}$ と表すことにする．

このとき，実軸上に存在する k と，β, $\overline{\beta}$ の位置について，一辺の長さが $\sqrt{3}\,a$ の正三角形をなすのは，図のように（Ⅰ）と（Ⅱ）の場合が考えられる．

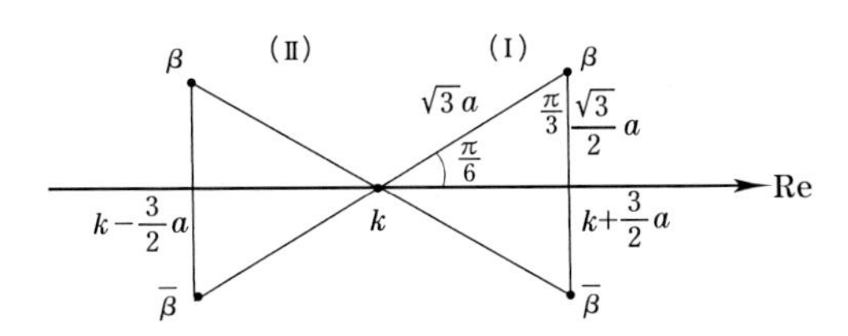

（Ⅰ）$\beta=k+\dfrac{3}{2}a+\dfrac{\sqrt{3}}{2}ai$，$\overline{\beta}=k+\dfrac{3}{2}a-\dfrac{\sqrt{3}}{2}ai$ のとき；

（＊）において，解と係数の関係より

$$\begin{cases} k+\beta+\overline{\beta}=-3a \\ k\beta+\beta\overline{\beta}+\overline{\beta}k=b \\ k\beta\overline{\beta}=-1 \end{cases}$$

であり，また，図において，

$$\frac{\beta+\overline{\beta}}{2}=k+\frac{3}{2}a$$

すなわち

$$\beta+\overline{\beta}=2k+3a$$

であるから，これを第 1 式目に用いると

$$k+(2k+3a)=-3a$$

より

$$k=-2a$$

である．

また，図において

$$\beta\overline{\beta}=\left(k+\frac{3}{2}a+\frac{\sqrt{3}}{2}ai\right)\left(k+\frac{3}{2}a-\frac{\sqrt{3}}{2}ai\right)$$

であり，これに $k=-2a$ を用いると

$$\beta\overline{\beta}=\left(-2a+\frac{3}{2}a\right)^2+\frac{3}{4}a^2=a^2$$

である．ここで，これを第 3 式目に用いると

$$-2a\cdot a^2=-1$$

であり

$$a^3=\frac{1}{2}$$

であるから，$a>0$ より

$$a=\frac{1}{\sqrt[3]{2}}$$

である．また，第 2 式目から

$$\begin{aligned}b&=k(\beta+\overline{\beta})+\beta\overline{\beta}\\&=-2a(2k+3a)+a^2\\&=-2a(-4a+3a)+a^2\\&=3a^2\\&=\frac{3}{\sqrt[3]{4}}\end{aligned}$$

が得られる．

したがって，この場合 $a,\ b$ は実数として存在し，このときの（＊）の異なる 3 つの解について，実数解 k は

$$k=-2a=-\frac{2}{\sqrt[3]{2}}=-\frac{\sqrt[3]{2}\cdot\sqrt[3]{2}\cdot\sqrt[3]{2}}{\sqrt[3]{2}}=-\sqrt[3]{4}$$

であり，虚数解 $\beta,\ \overline{\beta}$ は

$$\beta=-\frac{1}{2}a+\frac{\sqrt{3}}{2}ai,\ \overline{\beta}=-\frac{1}{2}a-\frac{\sqrt{3}}{2}ai$$

より

$$-\frac{1}{2\sqrt[3]{2}}\pm\frac{\sqrt{3}}{2\sqrt[3]{2}}i$$

である．

（II）$\beta=k-\dfrac{3}{2}a+\dfrac{\sqrt{3}}{2}ai,\ \overline{\beta}=k-\dfrac{3}{2}a-\dfrac{\sqrt{3}}{2}ai$ のとき；

（＊）において，解と係数の関係より

$$\begin{cases}k+\beta+\overline{\beta}=-3a\\k\beta+\beta\overline{\beta}+\overline{\beta}k=b\\k\beta\overline{\beta}=-1\end{cases}$$

であり，また，図において，

$$\frac{\beta+\overline{\beta}}{2}=k-\frac{3}{2}a$$

すなわち

$$\beta+\overline{\beta}=2k-3a$$

であるから，これを第 1 式目に用いると

$$k+(2k-3a)=-3a$$

より

$$k=0$$

である．

これを第 3 式目に用いると

$$0=-1$$

となり，左辺と右辺で矛盾が生じるから，これは不適．

よって，求める a, b は

$$(a,\ b)=\left(\frac{1}{\sqrt[3]{2}},\ \frac{3}{\sqrt[3]{4}}\right)$$

であり,（＊）の 3 つの解は

$$-\sqrt[3]{4},\ -\frac{1}{2\sqrt[3]{2}}\pm\frac{\sqrt{3}}{2\sqrt[3]{2}}i$$ 答

である．

■ 問題 4-9　◀◀東北大 / 媒介変数と三角関数

(1) 分母の実数化を行うと

$$z=\frac{-(t-i)}{(t+i)(t-i)}=\frac{-t+i}{t^2+1}=-\frac{t}{t^2+1}+\frac{1}{t^2+1}i$$

であるから, z の

実部は $-\dfrac{t}{t^2+1}$，虚部は $\dfrac{1}{t^2+1}$ 答

である．

(2) $z-\dfrac{i}{2}$ は

$$z-\frac{i}{2}=\left(-\frac{t}{t^2+1}+\frac{1}{t^2+1}i\right)-\frac{i}{2}=-\frac{t}{t^2+1}+\left(\frac{1}{t^2+1}-\frac{1}{2}\right)i$$

であるから

$$\left|z-\frac{i}{2}\right|=\sqrt{\left(-\frac{t}{t^2+1}\right)^2+\left\{\left(\frac{1}{t^2+1}-\frac{1}{2}\right)\right\}^2}$$

$$=\sqrt{\left(\frac{t}{t^2+1}\right)^2+\left(\frac{1}{t^2+1}\right)^2-\frac{1}{t^2+1}+\frac{1}{4}}$$

$$=\sqrt{\frac{t^2+1}{(t^2+1)^2}-\frac{1}{t^2+1}+\frac{1}{4}}$$

$$=\sqrt{\frac{1}{4}}$$

$$=\frac{1}{2}$$ 答

である．

(3) (2) の結果から

$$\left|z-\frac{i}{2}\right|=\frac{1}{2}$$

であるから，z は

中心 $\frac{i}{2}$，半径 $\frac{1}{2}$ の円周上の点 ……①

であるが，(1) より，z の実部と虚部をそれぞれ x, y に対応させると

$$x=-\frac{t}{t^2+1}\,,\ y=\frac{1}{t^2+1}$$

であり，実数 t が $-1\leqq t\leqq 1$ であることを加味すると

$$t=\tan\theta\quad\left(-\frac{\pi}{4}\leqq\theta\leqq\frac{\pi}{4}\right)$$

とおけるから，このとき

$$x=-\frac{\tan\theta}{\tan^2\theta+1}=-\sin\theta\cos\theta=-\frac{1}{2}\sin 2\theta$$

$$y=\frac{1}{\tan^2\theta+1}=\cos^2\theta=\frac{1+\cos 2\theta}{2}$$

であり，

$$\sin 2\theta=-2x\,,\ \cos 2\theta=2y-1$$

であるから，これを $\sin^2 2\theta+\cos^2 2\theta=1$ に用いると

$$4x^2+(2y-1)^2=1$$

すなわち

$$x^2+\left(y-\frac{1}{2}\right)^2=\frac{1}{4}$$

である．これは①に対応している．

また，$-\dfrac{\pi}{2} \leqq 2\theta \leqq \dfrac{\pi}{2}$ であるから

$$-\frac{1}{2} \leqq -\frac{1}{2}\sin 2\theta \leqq \frac{1}{2} \text{ より，} -\frac{1}{2} \leqq x \leqq \frac{1}{2}$$

$$\frac{1}{2} \leqq \frac{1+\cos 2\theta}{2} \leqq 1 \text{ より，} \frac{1}{2} \leqq y \leqq 1$$

である．

したがって，求める z の軌跡は図の実線部分である．

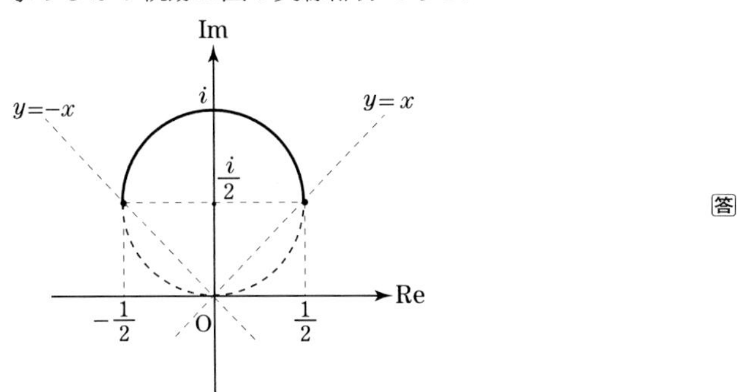

答

■ **問題 4-10**　◀◀千葉大／変換と軌跡

(1) 条件より，$\dfrac{z}{z+1}$ を表す点を X′ と書き，点 A′ は $\dfrac{1}{2}$ を表す点であるから，この点 A′ は実軸上に存在することがわかる．

また，$z=0$ を $\dfrac{z}{z+1}$ に用いると，点 O′ は複素数平面において，点 0 を表す．

ここで，点 P は複素数 $t+cti$ を表すから，点 P′ は複素数平面において

$$\frac{t+cti}{(t+cti)+1} = \frac{t+cti}{(t+1)+cti}\cdot\frac{(t+1)-cti}{(t+1)-cti} = \frac{(c^2+1)t^2+t+cti}{(t+1)^2+(ct)^2} \quad \cdots *$$

であり，実部と虚部より

$$\tan\theta(t) = \tan(\angle \mathrm{P'O'A'}) = \frac{ct}{(c^2+1)t^2+t} = \frac{c}{(c^2+1)t+1}$$

であるから，$t \longrightarrow +0$ とするとき，求める極限値 $\displaystyle\lim_{t\to+0}\tan\theta(t)$ は

$$\lim_{t\to+0}\tan\theta(t) = c$$

答

である．

(2) 点 Q を表す複素数を z とし，これが三角形 OAB（これは直角二等辺三角形である）の周上を動くものとする．また，これに対応する点 Q′ は

$\frac{z}{z+1}\,(z \neq -1)$ であり，ここで

$$w=\frac{z}{z+1}\quad (z \neq -1) \qquad \cdots\cdots ①$$

とし，$z=x+yi$ (x, y は実数) とおき，$w=X+Yi$ (X, Y は実数) とおくと，①より

$$w=\frac{x+yi}{(x+1)+yi}=\frac{x^2+y^2+x+yi}{(x+1)^2+y^2}$$

であるから

$$X=\frac{x^2+y^2+x}{(x+1)^2+y^2},\quad Y=\frac{y}{(x+1)^2+y^2} \qquad \cdots\cdots ②$$

が対応する．

逆に，①を z について，解くと

$$w(z+1)=z$$

より

$$(1-w)z=w$$

すなわち

$$z=\frac{w}{1-w}$$

であり，$w \neq 1$ である．

このとき，

$$z=\frac{X+Yi}{(1-X)-Yi}=\frac{(X+Yi)\{(1-X)+Yi\}}{(1-X)^2+Y^2}=\frac{X-X^2-Y^2+Yi}{(1-X)^2+Y^2}$$

であるから

$$x=\frac{X-X^2-Y^2}{(1-X)^2+Y^2},\ y=\frac{Y}{(1-X)^2+Y^2} \qquad \cdots\cdots ③$$

が対応する．

ここで，点 Q が三角形 OAB の周上を動くから，それぞれの辺上において，次のように場合分けを行う．

（Ⅰ）点 Q が線分 OA $(0 \leqq x \leqq 1,\ y=0)$ 上を動くとき；

③の第 2 式目から

$$Y=0$$

であり，これを③の第 1 式目に用いると

$$x=\frac{X-X^2}{(1-X)^2}=\frac{X}{1-X}$$

であるから，これを $0 \leqq x \leqq 1$ に用いると

$$0 \leqq \frac{X}{1-X} \leqq 1$$

である．

このとき

・左側不等式より，$0 \leqq X(1-X)$ であるから，$0 \leqq X \leqq 1$ であり，ここで，$X \neq 1$ であるから，

$$0 \leqq X<1 \qquad \cdots\cdots ④$$

である．

・右側不等式より，$X(1-X) \leqq (1-X)^2$ であるから，これは $2X^2-3X+1 \geqq 0$ であり，$(2X-1)(X-1) \geqq 0$ であるから

$$X \leqq \frac{1}{2},\ X \geqq 1 \qquad \cdots\cdots ⑤$$

である．

したがって，点 Q が線分 OA $(0 \leqq x \leqq 1,\ y=0)$ 上を動くとき，点 Q′ は④と⑤より

実軸上の $0 \leqq X \leqq \dfrac{1}{2}$ を動く．

（Ⅱ）点 Q が線分 AB $(0 \leqq x \leqq 1,\ 0 \leqq y \leqq 1,\ x+y=1)$ 上を動くとき；

③より

$$\frac{X-X^2-Y^2}{(1-X)^2+Y^2}+\frac{Y}{(1-X)^2+Y^2}=1$$

であり，これは

$$X-X^2-Y^2+Y=X^2-2X+1+Y^2$$

であるから

$$X^2+Y^2-\frac{3}{2}X-\frac{1}{2}Y+\frac{1}{2}=0 \qquad \cdots\cdots ⑥$$

すなわち

$$\left(X-\frac{3}{4}\right)^2+\left(Y-\frac{1}{4}\right)^2=\frac{1}{8}$$

である．また，$0 \leqq y \leqq 1$ と③より

$$0 \leqq \frac{Y}{(1-X)^2+Y^2} \leqq 1$$

であり，この中央項の分母は正であるから

$$0 \leqq Y \leqq (1-X)^2+Y^2$$

である．

この右側不等式より，

$$X^2+Y^2-2X-Y+1 \geqq 0$$

であり，⑥より

$$X^2+Y^2=\frac{3}{2}X+\frac{1}{2}Y-\frac{1}{2}$$

であるから，これを上式に用いると

$$\frac{3}{2}X+\frac{1}{2}Y-\frac{1}{2}-2X-Y+1 \geqq 0$$

すなわち

$$X+Y \leqq 1$$

である．

したがって，点 Q が線分 AB ($0 \leqq x \leqq 1$，$0 \leqq y \leqq 1$，$x+y=1$) 上を動くとき，点 Q′ は

$$\left(X-\frac{3}{4}\right)^2+\left(Y-\frac{1}{4}\right)^2=\frac{1}{8} \text{ の } Y \geqq 0,\ X+Y \leqq 1 \text{ の部分を動く．}$$

(Ⅲ) 点 Q が線分 OB ($0 \leqq y \leqq 1$，$x=0$) 上を動くとき；

③の第 1 式目より

$$X-X^2-Y^2=0 \qquad \cdots\cdots ⑦$$

すなわち

$$\left(X-\frac{1}{2}\right)^2+Y^2=\frac{1}{4}$$

であり，⑦より

$$X^2+Y^2=X$$

であるから，これを③の第 2 式目に用いると

$$y=\frac{Y}{(1-X)^2+Y^2}=\frac{Y}{X^2+Y^2-2X+1}=\frac{Y}{1-X}$$

である．これを $0 \leqq y \leqq 1$ に用いると

$$0 \leqq \frac{Y}{1-X} \leqq 1$$

であり，ここで，②より，$1-X=1-\dfrac{y^2}{1+y^2}=\dfrac{1}{1+y^2}>0$ であるから，

この不等式は

$$0 \leqq Y \leqq 1-X$$

である．

したがって，点 Q が線分 OB $(0 \leqq y \leqq 1,\ x=0)$ 上を動くとき，点 Q′ は

$$\left(X-\frac{1}{2}\right)^2+Y^2=\frac{1}{4} \text{ の } 0 \leqq Y \leqq -X+1 \text{ の部分を動く．}$$

以上，(Ⅰ)，(Ⅱ)，(Ⅲ) より，点 Q′ は図の実線部分を動く．

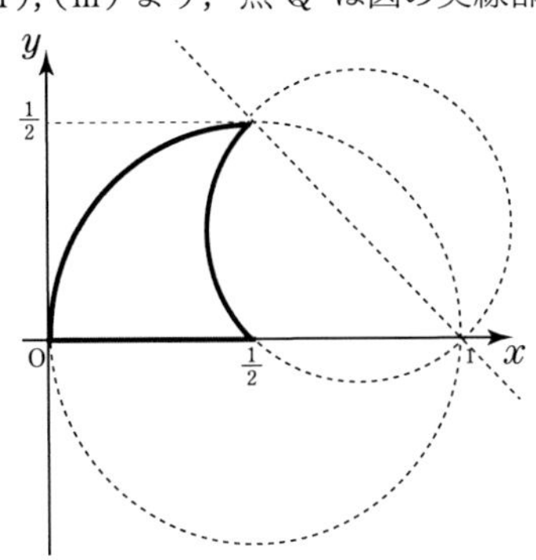

答

問題 4-11　◀◀京都大　改題／絶対値と偏角／ジューコフスキー変換

$z=r(\cos\theta+i\sin\theta)\left(1 \leqq r \leqq 2,\ -\dfrac{\pi}{4} \leqq \theta \leqq \dfrac{\pi}{4}\right)$ より，点 P は

右の図で色が塗られた部分とその境界を動く．

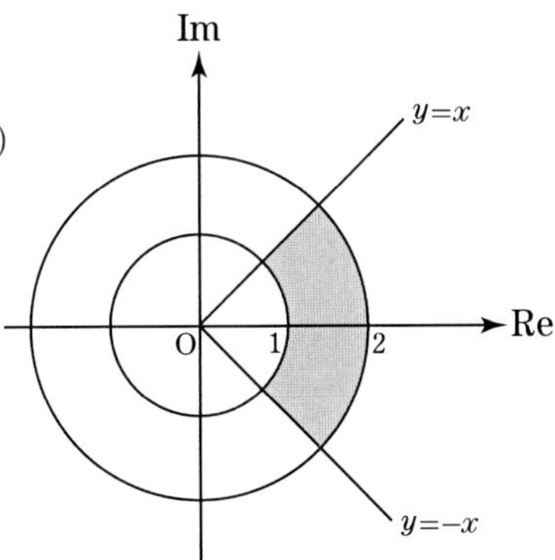

このとき，$w=z+\dfrac{1}{z}$ は

$$w=r(\cos\theta+i\sin\theta)+\frac{1}{r}(\cos\theta-i\sin\theta)$$

$$=\left(r+\frac{1}{r}\right)\cos\theta+i\cdot\left(r-\frac{1}{r}\right)\sin\theta$$

と表せ，ここで，

$w=X+Yi$ (X，Y は実数) とすると

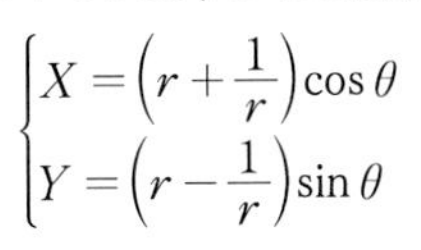

$$\begin{cases} X=\left(r+\dfrac{1}{r}\right)\cos\theta \\ Y=\left(r-\dfrac{1}{r}\right)\sin\theta \end{cases}$$

であり，この θ を $-\theta$ にした際には，$X \to X$, $Y \to -Y$ であるから，点Q は XY 平面において，X 軸対称であることがわかり，

$$\begin{cases} X=\left(r+\dfrac{1}{r}\right)\cos\theta \\ Y=\left(r-\dfrac{1}{r}\right)\sin\theta \end{cases} \quad \left(1 \leqq r \leqq 2,\ 0 \leqq \theta \leqq \frac{\pi}{4}\right) \qquad \cdots\cdots *$$

を考えればよい．

（Ⅰ）$r=1$ のとき；

$*$ は

$$\begin{cases} X=2\cos\theta \\ Y=0 \end{cases}$$

であり，点 Q は，

$Y=0$（X 軸）上の $\sqrt{2} \leqq X \leqq 2$ の部分を動く．

（Ⅱ）$1<r \leqq 2$ のとき；

$*$ より，r を固定し

$$\cos\theta=\frac{X}{r+\dfrac{1}{r}},\quad \sin\theta=\frac{Y}{r-\dfrac{1}{r}}$$

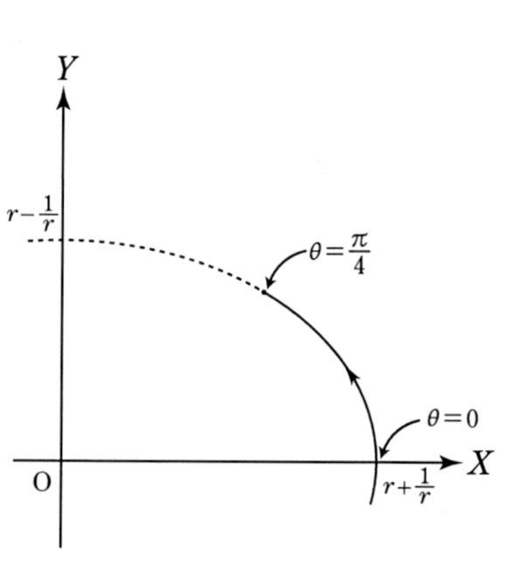

として，これを $\cos^2\theta+\sin^2\theta=1$ に用いると

$$\frac{X^2}{\left(r+\dfrac{1}{r}\right)^2}+\frac{Y^2}{\left(r-\dfrac{1}{r}\right)^2}=1$$

であり，これは楕円の一部分をなす．ここで，

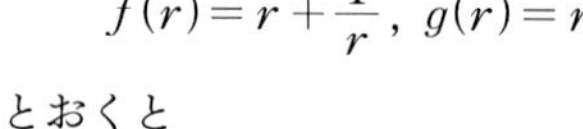

$$f(r)=r+\frac{1}{r},\ g(r)=r-\frac{1}{r}$$

とおくと

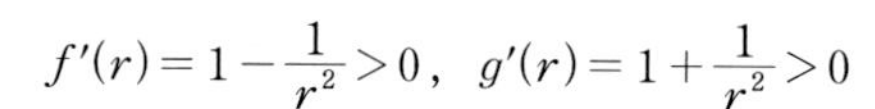

$$f'(r)=1-\frac{1}{r^2}>0,\quad g'(r)=1+\frac{1}{r^2}>0$$

であり，$1<r \leqq 2$ において，いずれも単調増加であり

$$2<f(r) \leqq \frac{5}{2},\quad 0<g(r) \leqq \frac{3}{2}$$

であることがわかる．

また，

$$f(r)+g(r)=2r,\quad f(r)-g(r)=\frac{2}{r}$$

であり，これらの辺ごとの積により

$$\{f(r)\}^2-\{g(r)\}^2=4 \qquad \cdots\cdots ①$$

を得るから，$\theta=\dfrac{\pi}{4}$ のとき，＊より

$$X=\frac{1}{\sqrt{2}}f(r),\ Y=\frac{1}{\sqrt{2}}g(r)$$

であり，これを①に用いると双曲線 $X^2-Y^2=2$ が得られる．

したがって，θ を $0\leqq\theta\leqq\dfrac{\pi}{4}$ で動かし，さらに，r を $1<r\leqq 2$ で動かすと，右の図のように，点Qは楕円 $\dfrac{X^2}{\left(\frac{5}{2}\right)^2}+\dfrac{Y^2}{\left(\frac{3}{2}\right)^2}=1$ の一部と双曲線 $X^2-Y^2=2$ の一部で囲まれた領域を動く．

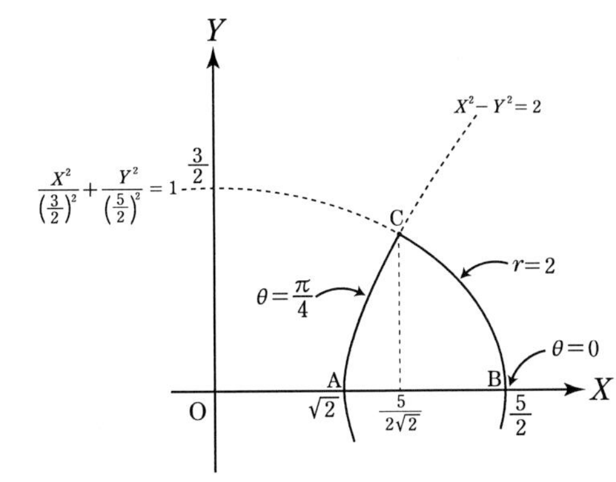

また，楕円と双曲線の交点の X 座標は，$\theta=\dfrac{\pi}{4}$ かつ $r=2$ であるから

$$X=\frac{5}{2}\cos\frac{\pi}{4}=\frac{5}{2\sqrt{2}}$$

である．

以上の考察により，求める面積は，次の 2 倍でよい．

$$S=\int_{\sqrt{2}}^{\frac{5}{2\sqrt{2}}}Y_{双}\,dX+\int_{\frac{5}{2\sqrt{2}}}^{\frac{5}{2}}Y_{楕}\,dX$$

ここで，$Y_{双}$ とは，$\theta=\dfrac{\pi}{4}$ を満たすときであるから

$$\begin{cases}X=\dfrac{1}{\sqrt{2}}\left(r+\dfrac{1}{r}\right)\\[2mm] Y=\dfrac{1}{\sqrt{2}}\left(r-\dfrac{1}{r}\right)\end{cases} \text{より，}\ \frac{dX}{dr}=\frac{1}{\sqrt{2}}\left(1-\frac{1}{r^2}\right),\quad \begin{array}{c|ccc} X & \sqrt{2} & \to & \dfrac{5}{2\sqrt{2}} \\ \hline r & 1 & \to & 2\end{array}$$

である．また，$Y_{楕}$ とは，$r=2$ を満たすときであるから

$$\begin{cases}X=\dfrac{5}{2}\cos\theta\\[2mm] Y=\dfrac{3}{2}\sin\theta\end{cases} \text{より，}\ \frac{dX}{d\theta}=-\frac{5}{2}\sin\theta,\quad \begin{array}{c|ccc} X & \dfrac{5}{2\sqrt{2}} & \to & \dfrac{5}{2} \\ \hline \theta & \dfrac{\pi}{4} & \to & 0\end{array}$$

である．

これより，S は

$$S=\int_1^2 Y_{\text{双}}\cdot\frac{dX}{dr}dr+\int_{\frac{\pi}{4}}^0 Y_{\text{楕}}\cdot\frac{dX}{d\theta}d\theta$$

$$=\int_1^2\frac{1}{\sqrt{2}}\left(r-\frac{1}{r}\right)\cdot\frac{1}{\sqrt{2}}\left(1-\frac{1}{r^2}\right)dr+\int_{\frac{\pi}{4}}^0\frac{3}{2}\sin\theta\cdot\left(-\frac{5}{2}\sin\theta\right)d\theta$$

$$=\frac{1}{2}\int_1^2\left(r-\frac{2}{r}+\frac{1}{r^3}\right)dr+\frac{15}{4}\int_0^{\frac{\pi}{4}}\frac{1-\cos 2\theta}{2}d\theta$$

$$=\frac{1}{2}\left[\frac{1}{2}r^2-2\log r-\frac{1}{2r^2}\right]_1^2+\frac{15}{8}\left[\theta-\frac{1}{2}\sin 2\theta\right]_0^{\frac{\pi}{4}}$$

$$=\frac{1}{2}\left(2-2\log 2-\frac{1}{8}\right)+\frac{15}{8}\left(\frac{\pi}{4}-\frac{1}{2}\right)$$

$$=\frac{15}{32}\pi-\log 2$$

であるから，求める面積は

$$\frac{15}{16}\pi-2\log 2$$ 答

である.

問題 4-12　◀◀東北大／ある図形をなすための条件

(1) 3 点 O，A，B が同一直線上にあることは

$$\overrightarrow{\mathrm{OB}}=k\overrightarrow{\mathrm{OA}}$$

を満たす実数 k が存在すればよいから，これを複素数を用いて表すと

$\dfrac{z^2}{z}$ が実数

すなわち

$$\frac{z^2}{z}=\overline{\left(\frac{z^2}{z}\right)}$$

が成り立てばよい.

これより

$$z^2\overline{z}-\overline{z}^2 z=0$$

であり

$$|z|^2(z-\overline{z})=0$$

であるから，

$z=0$　または　$z=\overline{z}$

すなわち，3 点 O，A，B が同一直線上にあるための必要十分条件は

z が実数であること　　答

である．

(2) 3 点 O，A，B で二等辺三角形をなすのは，次の 3 つの場合が考えられる．

（Ⅰ）OA = OB の二等辺三角形のとき；$|z|=|z^2|$

（Ⅱ）OA = AB の二等辺三角形のとき；$|z|=|z^2-z|$

（Ⅲ）OB = AB の二等辺三角形のとき；$|z^2|=|z^2-z|$

これらはそれぞれ

$$|z|=1,\ |z-1|=1,\ |z|=|z-1|$$

となり，点 z が存在する範囲は

$|z|=1$ は，原点 O を中心とする半径 1 の円周上

$|z-1|=1$ は，実軸上の点 1 を中心とする半径 1 の円周上

$|z|=|z-1|$ は，原点 O と点 1 を結ぶ線分の垂直二等分線上

である．

ところで，z が実数であるとき，z^2 も実数であるから，(1) で得られた実軸上は除く必要がある．

したがって，条件を満たす点 z が存在する範囲は図のようになる．

答

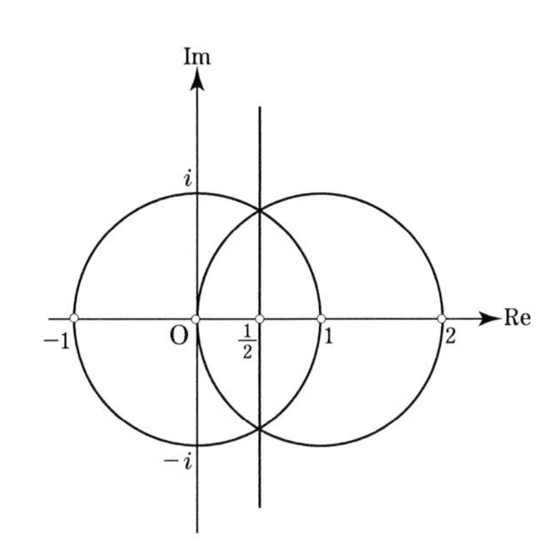

(3) $r>0$ とし，$z=r(\cos\theta+i\sin\theta)$ とおくと，条件から $0\leqq\theta\leqq\dfrac{\pi}{3}$ であるから，点 z は下図の太線部分のみを動く．

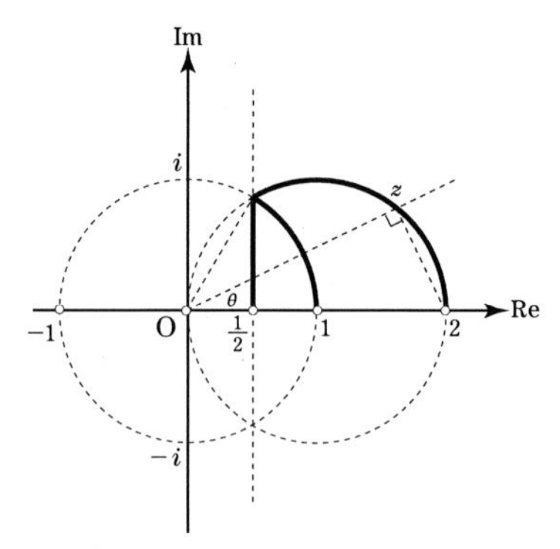

ここで，点 B を表す複素数 z^2 は

$$z^2 = r^2(\cos 2\theta + i\sin 2\theta)$$

であり，このとき，△OAB の面積を S とすると

$$S = \frac{1}{2}\cdot \mathrm{OA}\cdot \mathrm{OB}\cdot \sin\angle \mathrm{AOB}$$

$$= \frac{1}{2}\cdot r\cdot r^2\cdot \sin(2\theta - \theta)$$

$$= \frac{1}{2}r^3\sin\theta$$

である．

ここで，r が最も大きくなるのは，点 z が (2) の (Ⅱ)，すなわち，点 1 を中心とする半径 1 の円周上に存在するときであるから，この場合

$$r = 2\cos\theta$$

と表せる．これを上式に用いると

$$S = 4\cos^3\theta\sin\theta$$

であり，これを θ で微分すると

$$S' = -12\cos^2\theta\sin^2\theta + 4\cos^4\theta$$

$$= 4\cos^2\theta(\cos^2\theta - 3\sin^2\theta)$$

$$= 4\cos^2\theta(\cos\theta + \sqrt{3}\sin\theta)(\cos\theta - \sqrt{3}\sin\theta)$$

であるから，$0 \leqq \theta \leqq \frac{\pi}{3}$ において，$\cos^2\theta > 0$，$\cos\theta + \sqrt{3}\sin\theta > 0$ である．

そこで，$S' = 0$ とすると

$$\cos\theta - \sqrt{3}\sin\theta = 0$$

より

$$\tan\theta = \frac{1}{\sqrt{3}}$$

すなわち

$$\theta = \frac{\pi}{6}$$

である．

θ	0	$\cdots$	$\frac{\pi}{6}$	$\cdots$	$\frac{\pi}{3}$
S'		$+$	0	$-$	
S		↗	極大	↘	

これより，増減は右の表のようになるから

$\theta = \frac{\pi}{6}$ のとき，S は極大かつ最大

である．

したがって，求める三角形 OAB の面積の最大値は

$$S_{Max} = 4\cos^3\frac{\pi}{6}\sin\frac{\pi}{6} = 4\cdot\frac{3\sqrt{3}}{8}\cdot\frac{1}{2} = \frac{3\sqrt{3}}{4}$$ 答

であり，このとき，z は

$$z = 2\cos\frac{\pi}{6}\left(\cos\frac{\pi}{6} + i\sin\frac{\pi}{6}\right) = 2\cdot\frac{\sqrt{3}}{2}\left(\frac{\sqrt{3}}{2} + \frac{1}{2}i\right) = \frac{3}{2} + \frac{\sqrt{3}}{2}i$$ 答

である．

■ 問題 4-13　◀◀大阪大／複素数平面における和と積／垂直二等分線・アポロニウスの円

参考　与えられた条件は，いたってシンプルであり，複素数平面上において，和と積が織りなす数学的観点が，条件によって垂直二等分線やアポロニウスの円を彷彿させるものでありとても美しい．

解答

与えられた条件から，点 z は

$$\left|z - \frac{3}{2}\right| = r \quad \cdots\cdots *$$

を満たす．また，条件より $z + w = zw$ について，

$$(w-1)z = w$$

より，$w \neq 1$ のもとで

$$z = \frac{w}{w-1}$$

であり，これを $*$ に用いると

$$\left|\frac{w}{w-1}-\frac{3}{2}\right|=r$$

であるから，これは

$$\left|\frac{2w-3(w-1)}{2(w-1)}\right|=r$$

すなわち

$$|w-3|=2r|w-1| \qquad \cdots\cdots ①$$

である．

①の右辺において，$2r$ の値によって，w の軌跡は変化するから，次のように場合分けを行う．

（Ｉ）$2r=1$ のとき，すなわち，$r=\dfrac{1}{2}$ のとき；

①は

$$|w-3|=|w-1|$$

であり，点 w は複素数平面上において

実軸上の点 A(3) と点 B(1) を結ぶ線分 AB の垂直二等分線上に存在する．

（Ⅱ）$r>0$ かつ $r\neq\dfrac{1}{2}$ のとき；

①は

$$|w-3|=2r|w-1|$$

であり，実軸上の点 A(3)，B(1) に対し，点 w は線分 AB を $2r:1$ に内分する点 C と外分する点 D を直径の両端とする円（アポロニウスの円）上に存在する．

ここで，内分点 C は

$$\frac{2r\cdot1+1\cdot3}{2r+1}=\frac{2r+3}{2r+1} \qquad \cdots\cdots ②$$

である．

また，外分点 D(x) について

（ア）$0<2r<1$ のとき，すなわち，$0<r<\dfrac{1}{2}$ のとき，点 D は実軸上の点 A の右側にあり，線分 BD を $1-2r:2r$ に内分する点が A であるから

$$\frac{(1-2r)\cdot x+2r\cdot1}{(1-2r)+2r}=3$$

すなわち

$$x = \frac{3-2r}{1-2r} \qquad \cdots\cdots ③$$

である．

（イ）$2r>1$ のとき，すなわち，$r>\dfrac{1}{2}$ のとき，点 D は実軸上の点 B の左側にあり，線分 DA を $1:2r-1$ に内分する点が B であるから

$$\frac{3\cdot 1+(2r-1)\cdot x}{1+(2r-1)} = 1$$

すなわち

$$x = \frac{2r-3}{2r-1} \qquad \cdots\cdots ④$$

である．

このとき，線分 CD の長さは，②と③と④より

$$\left|\frac{3-2r}{1-2r} - \frac{2r+3}{2r+1}\right| \quad \text{または} \quad \left|\frac{2r+3}{2r+1} - \frac{2r-3}{2r-1}\right|$$

であり，この 2 式はいずれも

$$\begin{aligned}\left|\frac{2r+3}{2r+1} - \frac{2r-3}{2r-1}\right| &= \left|\frac{(2r+3)(2r-1)-(2r-3)(2r+1)}{(2r+1)(2r-1)}\right| \\ &= \left|\frac{8r}{(2r+1)(2r-1)}\right|\end{aligned}$$

であるから，これが直径より，円の半径は

$$\frac{4r}{|(2r+1)(2r-1)|}$$

である．

また，円の中心は

$$\begin{aligned}\frac{\dfrac{2r+3}{2r+1}+\dfrac{2r-3}{2r-1}}{2} &= \frac{(2r+3)(2r-1)+(2r-3)(2r+1)}{2(2r+1)(2r-1)} \\ &= \frac{4r^2-3}{(2r+1)(2r-1)}\end{aligned}$$

である．

したがって，点 w が描く図形は

- $r=\dfrac{1}{2}$ のとき，実軸上の点 2 を通り，実軸に垂直な直線．
- $0<r<\dfrac{1}{2}$，$r>\dfrac{1}{2}$ のとき，実軸上の点 $\dfrac{4r^2-3}{(2r+1)(2r-1)}$ を中心とする半径 $\dfrac{4r}{|(2r+1)(2r-1)|}$ の円．

である．　　答

問題 4 - 14　◀◀東京大

(1)　条件より

$$\begin{cases} f(0) = c = \alpha \\ f(1) = a + b + c = \beta \\ f(i) = -a + bi + c = \gamma \end{cases}$$

であり，第 2 式目と第 3 式目の辺ごとの和によって

$$(1+i)b + 2c = \beta + \gamma$$

であるから，これに第 1 式目の $c = \alpha$ を用いると

$$(1+i)b = \beta + \gamma - 2\alpha$$

すなわち

$$b = \frac{\beta + \gamma - 2\alpha}{1+i} = \frac{\beta + \gamma - 2\alpha}{2}(1-i)$$

である．

このとき，第 2 式目において，

$$c = \alpha,\ b = \frac{\beta + \gamma - 2\alpha}{2}(1-i)$$

を用いると

$$a + \frac{\beta + \gamma - 2\alpha}{2}(1-i) + \alpha = \beta$$

であり，これは

$$a = -\frac{\beta + \gamma - 2\alpha}{2}(1-i) - \alpha + \beta$$

であるから

$$a = \frac{1}{2}(\beta - \gamma) + \frac{1}{2}(-2\alpha + \beta + \gamma)i$$

である．

まとめると

$$a = \frac{1}{2}(\beta - \gamma) + \frac{1}{2}(-2\alpha + \beta + \gamma)i\ ,$$

$$b = \frac{\beta + \gamma - 2\alpha}{2}(1-i),\ c = \alpha$$　答

である．

(2)　$f(2) = X + Yi$ (X, Y は実数)　…… ① とし，条件から

$$f(2) = 4a + 2b + c$$

である．また，$f(0)$，$f(1)$，$f(i)$，すなわち α, β, γ はいずれも 1 以上 2 以下の実数であるから，これに (1) で得られた a, b, c を用いると

$$f(2)=2(\beta-\gamma)+2(-2\alpha+\beta+\gamma)i+(-2\alpha+\beta+\gamma)+(2\alpha-\beta-\gamma)i+\alpha$$

$$=(-\alpha+3\beta-\gamma)+(-2\alpha+\beta+\gamma)i \quad \cdots\cdots ②$$

であり，①と②より

$$\begin{cases} X=-\alpha+3\beta-\gamma \\ Y=-2\alpha+\beta+\gamma \end{cases}$$

であるから，点 $(X,\ Y)$ は

$$\begin{pmatrix} X \\ Y \end{pmatrix}=\alpha\begin{pmatrix} -1 \\ -2 \end{pmatrix}+\beta\begin{pmatrix} 3 \\ 1 \end{pmatrix}+\gamma\begin{pmatrix} -1 \\ 1 \end{pmatrix}$$

である．ここで，前 2 つについて

$$\begin{pmatrix} p \\ q \end{pmatrix}=\alpha\begin{pmatrix} -1 \\ -2 \end{pmatrix}+\beta\begin{pmatrix} 3 \\ 1 \end{pmatrix} \quad (1 \leqq \alpha \leqq 2,\ 1 \leqq \beta \leqq 2)$$

とおくと，点 $(p,\ q)$ は，右図のように平行四辺形 ABCD の周および内部を動く．

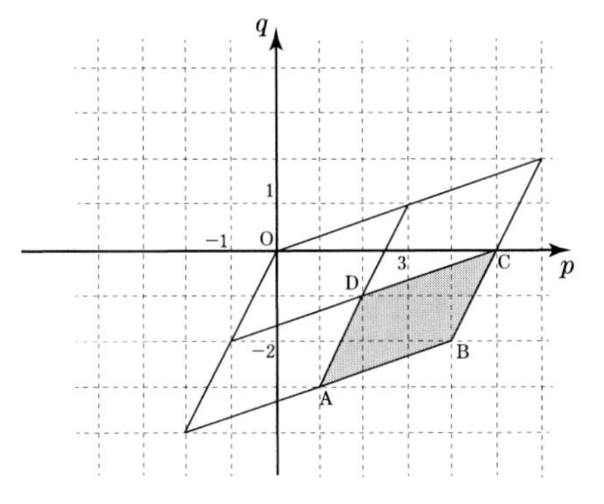

このことから，点 $(X,\ Y)$ は

$$\begin{pmatrix} X \\ Y \end{pmatrix}=\begin{pmatrix} p \\ q \end{pmatrix}+\gamma\begin{pmatrix} -1 \\ 1 \end{pmatrix}$$

であり，平行四辺形 ABCD を x 軸方向に -1，y 軸方向に 1 だけ平行移動し，さらに $1 \leqq \gamma \leqq 2$ の範囲を動かせばよい．

すなわち，$f(2)=X+Yi$ が動きうる範囲は下の図の色が塗られた部分である．ただし，境界は含む．

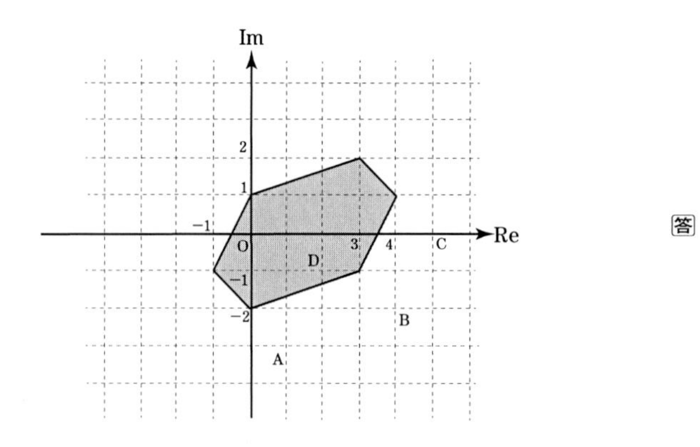

答

問題 4-15　◀◀東京慈恵医科大／ジューコフスキー変換／2 次曲線

(1) 条件より，

$$|z| = 1$$

であるから，

$$z = \cos\theta + i\sin\theta \quad (0 \leqq \theta < 2\pi)$$

と表しても，一般性を失うものではない．

このとき，$w = z + \dfrac{2}{z}$ より

$$w = \cos\theta + i\sin\theta + 2(\cos\theta - i\sin\theta) = 3\cos\theta + i(-\sin\theta)$$

であり，$w = u + vi$ であるから

$$u = 3\cos\theta,\ v = -\sin\theta$$

である．

これを $\cos^2\theta + \sin^2\theta = 1$ に用いると

$$\frac{u^2}{9} + v^2 = 1$$ 答

であり，これは楕円である．

(2) 複素数平面上における 3 つの点 α, β_1, β_2 を，xy 平面上における 3 つの点 $\mathrm{A}, \mathrm{B}_1, \mathrm{B}_2$ に対応させ，点 A の座標を (p, q) とし，点 $\mathrm{B}_1, \mathrm{B}_2$ の x 座標をそれぞれ b_1, b_2 とする．

このとき，条件より，(1) で得られた楕円の内部の点 $\mathrm{A}(p, q)$ を通り傾

きが m の直線を ℓ とすると，ℓ の方程式は

$$y-q=m(x-p)$$

すなわち

$$y=mx-mp+q$$

であるから，この直線 ℓ と楕円 $\dfrac{x^2}{9}+y^2=1$ を連立させると

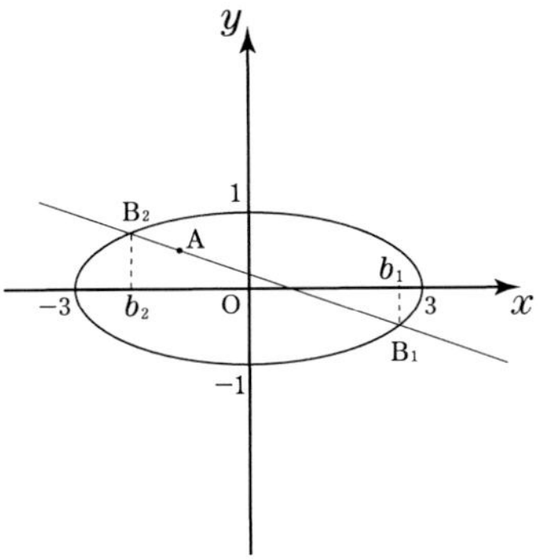

$$\frac{x^2}{9}+(mx-mp+q)^2=1$$

である．これは

$$(9m^2+1)x^2-18m(mp-q)x+9(mp-q)^2-9=0$$

であり，解と係数の関係より

$$b_1+b_2=\frac{18m(mp-q)}{9m^2+1},\quad b_1b_2=\frac{9(mp-q)^2-9}{9m^2+1} \qquad \cdots\cdots ①$$

が成り立つ．

ここで，複素数平面上における積 $|\beta_1-\alpha|\cdot|\beta_2-\alpha|$ は，xy 平面上において，2つの線分 AB_1 と AB_2 の積のことであるから

$$\begin{aligned}AB_1&=\sqrt{(p-b_1)^2+(q-mb_1+mp-q)^2}\\&=\sqrt{(p-b_1)^2+m(p-b_1)^2}\\&=|p-b_1|\sqrt{1+m^2}\end{aligned}$$

であり，これと同様にすると

$$AB_2=|p-b_2|\sqrt{1+m^2}$$

である．

このとき，これらの積は

$$AB_1\cdot AB_2=(1+m^2)|p^2-(b_1+b_2)p+b_1b_2|$$

であり，①をこれに用いると

$$\begin{aligned}AB_1\cdot AB_2&=(1+m^2)\left|p^2-\frac{18m(mp-q)}{9m^2+1}p+\frac{9(mp-q)^2-9}{9m^2+1}\right|\\&=\frac{1+m^2}{9m^2+1}|(9m^2+1)p^2-18m(mp-q)p+9(mp-q)^2-9|\\&=\frac{1+m^2}{9m^2+1}|p^2+9q^2-9|\end{aligned}$$

$$=\frac{9(1+m^2)}{9m^2+1}\left|\frac{p^2}{9}+q^2-1\right|$$

と表せ，いま点 $\mathrm{A}(p,\ q)$ は楕円の内部であり

$$\frac{p^2}{9}+q^2<1$$

であるから，上式は

$$\mathrm{AB_1}\cdot\mathrm{AB_2}=\frac{9(1+m^2)}{9m^2+1}\left(1-\frac{p^2}{9}-q^2\right) \quad \cdots\cdots ②$$

である．

これが最大となるのは，$\dfrac{9(1+m^2)}{9m^2+1}$ が最大となるときであり

$$\frac{9(1+m^2)}{9m^2+1}=\frac{9m^2+1+8}{9m^2+1}=1+\frac{8}{9m^2+1}$$

と変形できるから，$\dfrac{8}{9m^2+1}$ の分母が最小となるとき，すなわち，

$m=0$ のとき，$\dfrac{9(1+m^2)}{9m^2+1}$ が最大となる．

したがって，②が最大となるのは

点 A (α) を通る直線 ℓ が実軸に平行であるときである．　答

問題 4-16　◀◀長崎大／複素数と漸化式

(1) すべての自然数 n に対し，$|z_n|=1$ であることを，数学的帰納法によって証明する．

(Ⅰ) $n=1$ のとき，仮定より

$$|z_1|=1$$

であるから，成り立つ．

(Ⅱ) $n=k$ のとき，$|z_k|=1$ が成り立つと仮定する．

このとき，

$$|z_{k+1}|^2=\left|\frac{z_k-2}{2z_k-1}\right|^2$$

$$=\left(\frac{z_k-2}{2z_k-1}\right)\cdot\overline{\left(\frac{z_k-2}{2z_k-1}\right)}$$

$$= \frac{z_k - 2}{2z_k - 1} \cdot \frac{\overline{z_k} - 2}{2\overline{z_k} - 1}$$

$$= \frac{|z_k|^2 - 2(z_k + \overline{z_k}) + 4}{4|z_k|^2 - 2(z_k + \overline{z_k}) + 1}$$

$$= \frac{5 - 2(z_k + \overline{z_k})}{5 - 2(z_k + \overline{z_k})} \qquad (\because |z_k| = 1)$$

$$= 1$$

であるから，これは $n = k + 1$ のときも成り立つ．

以上，(Ⅰ) と (Ⅱ) より，すべての自然数 n に対し，$|z_n| = 1$ であることが示せた． 終

(2) (1) より，すべての自然数 n に対し，$|z_n| = 1$ であるから，点列 $\{z_n\}$ はすべて単位円周上に存在することがわかる．

ここで，

$$z_{n+2} = \frac{z_{n+1} - 2}{2z_{n+1} - 1} = \frac{\dfrac{z_n - 2}{2z_n - 1} - 2}{2 \cdot \dfrac{z_n - 2}{2z_n - 1} - 1} = \frac{z_n - 2 - 2(2z_n - 1)}{2(z_n - 2) - (2z_n - 1)} = \frac{-3z_n}{-3} = z_n$$

であるから，点 $\mathrm{P}_{n+2}(z_{n+2})$ と点 $\mathrm{P}_n(z_n)$ は一致することがわかる．

また，

$$\mathrm{P}_n\mathrm{P}_{n+1} = \mathrm{P}_{n-2}\mathrm{P}_{n-1} = \cdots\cdots = \mathrm{P}_1\mathrm{P}_2$$

であり，線分 $\mathrm{P}_n\mathrm{P}_{n+1}$ の長さは

$$\mathrm{P}_n\mathrm{P}_{n+1} = \mathrm{P}_1\mathrm{P}_2 = |z_2 - z_1| = \left| \frac{z_1 - 2}{2z_1 - 1} - z_1 \right| = \left| \frac{-2z_1^2 + 2z_1 - 2}{2z_1 - 1} \right|$$

であるから，点 $\mathrm{P}_1(z_1)$ を定めたとき，線分 $\mathrm{P}_n\mathrm{P}_{n+1}$ の長さは，n の値に関係なく一定であることが示せた． 終

(3) $|z_n| = 1$ であるから

$$z_{n+1} = \frac{z_n - 2}{2z_n - 1} = \frac{z_n - 2}{2z_n - 1} \cdot \frac{2\overline{z_n} - 1}{2\overline{z_n} - 1} = \frac{2|z_n|^2 - (z_n + 4\overline{z_n}) + 2}{4|z_n|^2 - 2(z_n + \overline{z_n}) + 1} = \frac{4 - (z_n + 4\overline{z_n})}{5 - 2(z_n + \overline{z_n})}$$

である．また，$z_n = x + yi$ より，$\overline{z_n} = x - yi$ であり

$$z_{n+1} = \frac{4 - (x + yi + 4x - 4yi)}{5 - 4x} = \frac{4 - 5x}{5 - 4x} + \frac{3y}{5 - 4x} i$$

であるから，$z_{n+1} = X + Yi$ より

$$X=\frac{4-5x}{5-4x},\ Y=\frac{3y}{5-4x} \quad \cdots\cdots ①$$

と表せる．

ここで，$x^2+y^2=1$ より，$-1\leqq x\leqq 1$，$-1\leqq y\leqq 1$ であり，①の分母は

$$5-4x>0$$

であるから，条件の $X<0$，$Y>0$ について，①より

$$4-5x<0,\ 3y>0$$

すなわち

$$x>\frac{4}{5},\ y>0 \quad \cdots\cdots ②$$

である．

ここで，$|z_{n+1}|^2=X^2+Y^2=1$ であるから，①をこれに用いると

$$\left(\frac{4-5x}{5-4x}\right)^2+\left(\frac{3y}{5-4x}\right)^2=1$$

であり，これは

$$16-40x+25x^2+9y^2=25-40x+16x^2$$

すなわち

$$x^2+y^2=1 \quad \cdots\cdots ③$$

を得る．

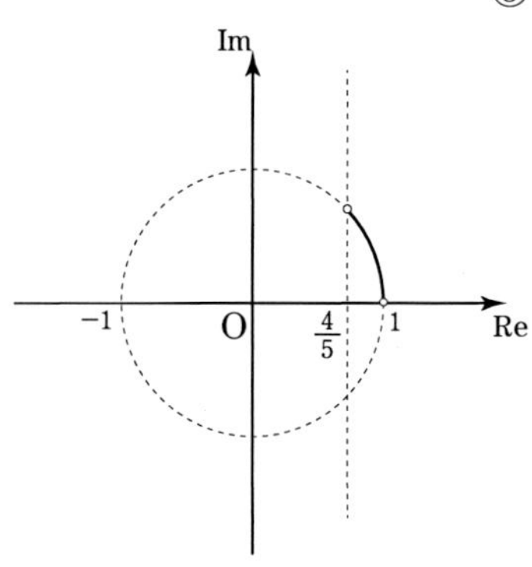

逆に，②と③が同時に成り立つとき，

$$X<0,\ Y>0,\ X^2+Y^2=1$$

が成り立つ．

したがって，②と③の共通部分が求める点 $P_n(z_n)$ の存在する範囲であるから，これを複素数平面上で図示すると，図の太線部分である．　答

(4)　$z_1=a+bi\,(a>0, b>0)$ に対し，$z_2=A+Bi$（A，B は実数）とおく．

このとき，すべての自然数 n に対し，$\triangle \mathrm{OP}_n\mathrm{P}_{n+1}$ が直角三角形となるのは，$\angle \mathrm{OP}_1\mathrm{P}_2$，$\angle \mathrm{OP}_2\mathrm{P}_1$ が直角ではないということであり，すなわち，$\angle \mathrm{P}_1\mathrm{OP}_2$ が直角である直角三角形になればよい．

ここで，(3) の①より

$$A=\frac{4-5a}{5-4a},\ B=\frac{3b}{5-4a} \qquad \cdots\cdots ④$$

であり，$z_2=A+Bi$ が

$$A<0,\ B>0,\ A^2+B^2=1$$

を満たすところに存在するとき，(3) で示したことを用いると，$z_1=a+bi$ の a, b は

$$\frac{4}{5}<a<1,\ b>0,\ a^2+b^2=1$$

を満たすから，$\angle P_1OP_2$ が直角の直角三角形になりうる．

一方，$z_2=A+Bi$ が

$$0<A<\frac{4}{5},\ B>0,\ A^2+B^2=1 \qquad \cdots\cdots ⑤$$

を満たすところに存在するとき，④より

$$0<a<\frac{4}{5},\ b>0,\ a^2+b^2=1 \qquad \cdots\cdots ⑥$$

となり，⑤と⑥を満たす z_1，z_2 に対し，$\angle P_1OP_2$ が直角になることはない．

したがって，前者のみが直角三角形となりうるから

$$z_2=\left(\cos\frac{\pi}{2}+i\sin\frac{\pi}{2}\right)\cdot z_1,\quad z_2=\frac{z_1-2}{2z_1-1}$$

を同時に満たすことを考えればよい．

これより

$$iz_1=\frac{z_1-2}{2z_1-1}$$

であり，

$$iz_1(2z_1-1)=z_1-2$$

であるから，両辺に $\overline{z_1}$ をかけると，$|z_1|^2=z_1\overline{z_1}=1$ より

$$i(2z_1-1)=1-2\overline{z_1}$$

である．

これに $z_1=a+bi$ を用いると

$$i(2a+2bi-1)=1-2a+2bi$$

であり，

$$-2b+(2a-1)i=(-2a+1)+2bi$$

であるから，複素数の相等より

$$-2b=-2a+1,\ 2a-1=2b$$

を得るものの，この 2 式は同じ式である．

ここで，$a^2+b^2=1$ と連立させると

$$a^2+\left(a-\frac{1}{2}\right)^2=1$$

となり，これは

$$8a^2-4a-3=0$$

であり

$$a=\frac{1\pm\sqrt{7}}{4}$$

であるから，$a>0$ より

$$a=\frac{1+\sqrt{7}}{4}$$

である．

また，

$$b=a-\frac{1}{2}=\frac{-1+\sqrt{7}}{4}>0$$

であり，条件を満たす．

以上より，求める a, b の値は

$$a=\frac{1+\sqrt{7}}{4},\ b=\frac{-1+\sqrt{7}}{4}$$ 答

である．

■ 問題 4-17　◀◀東京女子大

参考　方程式 $z^n=1$ は，1 の n 乗根として対応すると

$$z=\cos\frac{2k\pi}{n}+i\sin\frac{2k\pi}{n}\ (k=1,\ 2,\ 3,\ \cdots\cdots,\ n)$$

と表され，複素数平面上において，単位円周上に存在する n 個の点であり，n 個の頂点を結んでできる多角形は正 n 角形であるから，1 つの頂点を実軸上の点 1 に対応させると，重心は原点に一致するから

$$\sum_{k=0}^{n-1} z_k=1+z_1+z_2+\cdots+z_{n-1}=0$$

である．

解答

正 $2m$ 角形の頂点を $z_1, z_2, \cdots, z_{2m}$ とし，正 $2m$ 角形の中心を c とすると，対角線

$$z_1z_{m+1},\ z_2z_{m+2},\ \cdots,\ z_mz_{2m}\ \text{の中点はすべて一致する}$$

から

$$\frac{z_1+z_{m+1}}{2}=\frac{z_2+z_{m+2}}{2}=\cdots=\frac{z_m+z_{2m}}{2}=c$$

が成り立ち

$$(z_1+z_{m+1})+(z_2+z_{m+2})+\cdots+(z_m+z_{2m})=2c\cdot m$$

であるから，すなわち

$$\sum_{k=1}^{2m} z_k=2m\cdot c \qquad \cdots\cdots ①$$

である．

ここで，正 $4n$ 角形の頂点 $z_1, z_2, \cdots, z_{4n}$ に対し，この中心を α とすると，①より

$$(z_1-\alpha)+(z_2-\alpha)+\cdots+(z_{4n}-\alpha)=\sum_{k=1}^{4n} z_k-4n\cdot\alpha=4n\cdot\alpha-4n\cdot\alpha=0 \qquad \cdots\cdots ②$$

である．

このとき

$$\begin{aligned}\sum_{k=1}^{4n} {z_k}^2&=\sum_{k=1}^{4n}\{(z_k-\alpha)+\alpha\}^2\\&=\sum_{k=1}^{4n}(z_k-\alpha)^2+2\alpha\sum_{k=1}^{4n}(z_k-\alpha)+4n\cdot\alpha^2\\&=\sum_{k=1}^{4n}(z_k-\alpha)^2+4n\cdot\alpha^2 \qquad \cdots\cdots * \quad (\because\ ②)\end{aligned}$$

である．

一般に，正 $4n$ 形の中心 α に対し，

$$\angle z_k\alpha z_{k+1}=\frac{2\pi}{4n}=\frac{\pi}{2n}(=\theta)\ \ (k=1,\ 2,\ \cdots,\ 4n-1)$$

であり，ここで

$$|z_k-\alpha|=r\ \ (k=1,\ 2,\ \cdots,\ 4n)$$

とし，z_1 と α に対して，

$$\beta=z_1-\alpha=r(\cos\theta+i\sin\theta)$$

とおくと，ド・モアブル定理より

$$z_k - \alpha = \beta(\cos\theta + i\sin\theta)^{k-1}$$
$$= \beta\left\{\cos(k-1)\cdot\frac{\pi}{2n} + i\sin(k-1)\theta\cdot\frac{\pi}{2n}\right\}$$

であるから，これを 2 乗すると

$$(z_k - \alpha)^2 = \beta^2\left\{\cos\frac{(k-1)\pi}{n} + i\sin\frac{(k-1)\pi}{n}\right\} \quad \cdots\cdots ③$$

である．

また，$w_{k-1} = \cos\frac{(k-1)\pi}{n} + i\sin\frac{(k-1)\pi}{n}$ $(k = 1, 2, \cdots, 4n)$ とおくと，この w_{k-1} は 1 の $2n$ 乗根の 1 つの解であり，それらのすべての和について

$$w_0 + w_1 + w_2 + \cdots + w_{2n-1} = 0$$

であり，しかも

$$w_0 = w_{2n}, \ w_1 = w_{2n+1}, \ \cdots, \ w_{2n-1} = w_{4n-1}$$

であるから

$$\sum_{k=1}^{4n}(z_k - \alpha)^2 = \sum_{k=1}^{4n}\beta^2\cdot w_{k-1} = \beta^2\cdot 2(w_0 + w_1 + \cdots + w_{2n-1}) = 0 \quad \cdots\cdots ③$$

である．

したがって，＊について

$$\sum_{k=1}^{4n}(z_k - \alpha)^2 + 4n\cdot\alpha^2 = 0$$

であり，③より，これは

$$4n\cdot\alpha^2 = 0$$

であるから，$\alpha^2 = 0$ ，すなわち

$$\alpha = 0$$

である．

これで示せた．　終

■ 問題 4 - 18　◀◀青山学院大　改題

(1) 与式において，$z = 1$ とすると

$$(左辺) = 5, \quad (右辺) = 0$$

であり，矛盾するから，$z \neq 1$ である．

このとき，与式は

$$\frac{1-z^4 \cdot z}{1-z}=0$$

と変形でき，すなわち

$z^5=\underline{\underline{1}}$　　　　……**ア** 答

である．

また，$z=\cos\theta+i\sin\theta$ とおくとき，ド・モアブルの定理から

$$(\cos 4\theta+i\sin 4\theta)+(\cos 3\theta+i\sin 3\theta)+(\cos 2\theta+i\sin 2\theta)+(\cos\theta+i\sin\theta)+1=0$$

すなわち

$$(\cos 4\theta+\cos 3\theta+\cos 2\theta+\cos\theta+1)+i(\sin 4\theta+\sin 3\theta+\sin 2\theta+\sin\theta)=0$$

である．

よって，複素数の相等より，実部と虚部はそれぞれ

$\cos 4\theta+\cos 3\theta+\cos 2\theta+\cos\theta=\underline{\underline{-1}}$　　　　……**イウ** 答

$\sin 4\theta+\sin 3\theta+\sin 2\theta+\sin\theta=\underline{\underline{0}}$　　　　……**エ** 答

であり，また，$z^5=1$ より

$\cos 5\theta=\underline{\underline{1}}$，$\sin 5\theta=\underline{\underline{0}}$　　……＊　　　　……**オ，カ** 答

である．

さらに，$z^4+z^3+z^2+z+1=0$ において，$z=0$ とすると

(左辺)$=1$，(右辺)$=0$

であり，矛盾するから，$z\neq 0$ である．

このとき，$z^4+z^3+z^2+z+1=0$ の両辺を z^2 で割ると

$$z^2+\frac{1}{z^2}+z+\frac{1}{z}+1=0$$

であり，$t=z+\dfrac{1}{z}$ とおくことで，これは

$$(t^2-2)+t+1=0$$

すなわち

$t^2+t-1=0$　　……①　　(……$\underline{\underline{②}}$)　　　　……**キ** 答

を満たす．

さらに，$z=\cos\theta+i\sin\theta$ であるから

$$\begin{aligned}t&=(\cos\theta+i\sin\theta)+\frac{1}{\cos\theta+i\sin\theta}\\&=\cos\theta+i\sin\theta+\cos\theta-i\sin\theta\\&=2\cos\theta\ (\text{実数})\end{aligned}$$

であり

$$\cos\theta = \frac{1}{2}t \quad \cdots\cdots ② \qquad (\cdots\cdots④)$$ ……**ク** 答

である．したがって，①より

$$t = \frac{-1 \pm \sqrt{5}}{2}$$

であり，これを②に用いると

$$t = \frac{-1 \pm \sqrt{5}}{4}$$ ……**ケコ，サ，シ** 答

であるが，＊より

$$5\theta = 2\pi,\ 4\pi,\ 6\pi,\ 8\pi$$

すなわち，

$$\theta = \frac{2}{5}\pi,\ \frac{4}{5}\pi,\ \frac{6}{5}\pi,\ \frac{8}{5}\pi \quad \cdots\cdots ③$$

である．よって，偏角 θ のうち最小のものは

$$\theta = \frac{2}{5}\pi$$ ……**ス，セ** 答

であり，最大のものは

$$\theta = \frac{8}{5}\pi$$ ……**ソ，タ** 答

である．

(2) (1) の③より，偏角 θ が最小のものは $\theta = \frac{2}{5}\pi$ であるから，$\alpha = \cos\frac{2}{5}\pi + i\sin\frac{2}{5}\pi$ であり，複素数 $\alpha, \alpha^2, \alpha^3, \alpha^4$ は単位円周上に存在する．

すなわち，点 B(α)，C(α^2)，D(α^3)，E(α^4) であり，さらに点 A は点 1 を表すものとすると，

$$\mathrm{AB}\cdot\mathrm{AC}\cdot\mathrm{AD}\cdot\mathrm{AE} = |1-\alpha||1-\alpha^2||1-\alpha^3||1-\alpha^4|$$

である．

ここで，(1) より，$\alpha, \alpha^2, \alpha^3, \alpha^4$ は

$$z^4 + z^3 + z^2 + z + 1 = 0$$

の解であり，これらはすべて 1 ではなく，$\alpha, \alpha^2, \alpha^3, \alpha^4$ は $z^5 = 1$ を満たすから，

$$\begin{aligned}\mathrm{AB}\cdot\mathrm{AC}\cdot\mathrm{AD}\cdot\mathrm{AE} &= |1-\alpha||1-\alpha^2||1-\alpha^3||1-\alpha^4| \\ &= |1-(\alpha+\alpha^4)+\alpha^5||1-(\alpha^2+\alpha^3)+\alpha^5|\end{aligned}$$

$$
\begin{aligned}
&=|2-(\alpha+\alpha^4)||2-(\alpha^2+\alpha^3)| \\
&=|4-2(\alpha+\alpha^2+\alpha^3+\alpha^4)+(\alpha^3+\alpha^4+\alpha^6+\alpha^7)| \\
&=|4-2(-1)+(\alpha+\alpha^2+\alpha^3+\alpha^4)| \\
&=|4+2-1| \\
&=\underline{\underline{5}}
\end{aligned}
$$
答

である.

別解

複素数 z は $z^4+z^3+z^2+z+1=0$ を満たし，この解は $\alpha, \alpha^2, \alpha^3, \alpha^4$ であるから

$$(z-\alpha)(z-\alpha^2)(z-\alpha^3)(z-\alpha^4)=0$$

と表せ，

$$z^4+z^3+z^2+z+1=(z-\alpha)(z-\alpha^2)(z-\alpha^3)(z-\alpha^4)$$

のように，これは z の恒等式であるから，この両辺に $z=1$ を代入すると

$$5=(1-\alpha)(1-\alpha^2)(1-\alpha^3)(1-\alpha^4)$$

であり，

$$\mathrm{AB}\cdot\mathrm{AC}\cdot\mathrm{AD}\cdot\mathrm{AE}=|1-\alpha||1-\alpha^2||1-\alpha^3||1-\alpha^4|=5$$

で定まる.

(3)

$$
\begin{aligned}
&\frac{1}{2-\alpha}+\frac{1}{2-\alpha^2}+\frac{1}{2-\alpha^3}+\frac{1}{2-\alpha^4} \\
&=\left(\frac{1}{2-\alpha}+\frac{1}{2-\alpha^4}\right)+\left(\frac{1}{2-\alpha^2}+\frac{1}{2-\alpha^3}\right) \\
&=\left(\frac{1}{2-\alpha}+\frac{\alpha}{2\alpha-\alpha^5}\right)+\left(\frac{1}{2-\alpha^2}+\frac{\alpha^2}{2\alpha^2-\alpha^5}\right) \\
&=\left(\frac{1}{2-\alpha}+\frac{\alpha}{2\alpha-1}\right)+\left(\frac{1}{2-\alpha^2}+\frac{\alpha^2}{2\alpha^2-1}\right) \\
&=\frac{-\alpha^2+4\alpha-1}{-2\alpha^2+5\alpha-2}+\frac{-\alpha^4+4\alpha^2-1}{-2\alpha^4+5\alpha^2-2} \\
&=\frac{-\left(\alpha+\dfrac{1}{\alpha}\right)+4}{-2\left(\alpha+\dfrac{1}{\alpha}\right)+5}+\frac{-\left(\alpha^2+\dfrac{1}{\alpha^2}\right)+4}{-2\left(\alpha^2+\dfrac{1}{\alpha^2}\right)+5}
\end{aligned}
$$

である.

さらに，$t=z+\dfrac{1}{z}=\alpha+\dfrac{1}{\alpha}$ より，$\alpha^2+\dfrac{1}{\alpha^2}=t^2-2$ であり，$t^2+t-1=0$ であるから，

$$(\text{上式}) = \frac{-t+4}{-2t+5} + \frac{-(t^2-2)+4}{-2(t^2-2)+5}$$
$$= \frac{-t+4}{-2t+5} + \frac{-(-t+1-2)+4}{-2(-t+1-2)+5}$$
$$= \frac{-t+4}{-2t+5} + \frac{t+5}{2t+7}$$
$$= \frac{-4(t^2+t)+53}{-4(t^2+t)+35}$$
$$= \underline{\underline{\frac{49}{31}}}$$
答

である．

別解

一般に
$$x^5 - y^5 = (x-y)(x^4 + x^3y + x^2y^2 + xy^3 + y^4)$$
が成り立つから
$$x = 2,\quad y = \alpha^k$$
とおき，$z^5 = 1$ であるから
$$2^5 - (\alpha^k)^5 = (2-\alpha^k)(16 + 8\alpha^k + 4\alpha^{2k} + 2\alpha^{3k} + \alpha^{4k})$$
$$2^5 - (\alpha^5)^k = (2-\alpha^k)(16 + 8\alpha^k + 4\alpha^{2k} + 2\alpha^{3k} + \alpha^{4k})$$
すなわち
$$(2-\alpha^k)(16 + 8\alpha^k + 4\alpha^{2k} + 2\alpha^{3k} + \alpha^{4k}) = 31$$
であるから
$$\frac{1}{2-\alpha^k} = \frac{1}{31}(16 + 8\alpha^k + 4\alpha^{2k} + 2\alpha^{3k} + \alpha^{4k})$$
である．

これに $k = 1, 2, 3, 4$ を代入して辺ごとの和を考えると，
$$\frac{1}{2-\alpha} + \frac{1}{2-\alpha^2} + \frac{1}{2-\alpha^3} + \frac{1}{2-\alpha^4}$$
$$= \frac{1}{31}\{16\cdot 4 + (8+4+2+1)(\alpha + \alpha^2 + \alpha^3 + \alpha^4)\}$$
$$= \frac{1}{31}\{64 + 15\cdot(-1)\}$$
$$= \underline{\underline{\frac{49}{31}}}$$
答

である．

問題 4-19　◀◀立命館大　改題

(1) ド・モアブルの定理から，

$$z^7=\cos 2\pi+i\sin 2\pi=1$$ 答

である．

(2) (1) より，$z^7-1=0$ であるから

$$(z-1)(z^6+z^5+z^4+z^3+z^2+z+1)=0$$

であり，

$$z=1,\ z^6+z^5+z^4+z^3+z^2+z+1=0$$

である．

ここで，

$$z=\cos\frac{2}{7}\pi+i\sin\frac{2}{7}\pi\neq 1$$

であるから

$$z^6+z^5+z^4+z^3+z^2+z=-1$$ 答

である．

(3) $z+\dfrac{1}{z}$ は

$$\begin{aligned}z+\frac{1}{z}&=\cos\frac{2}{7}\pi+i\sin\frac{2}{7}\pi+\frac{1}{\cos\frac{2}{7}\pi+i\sin\frac{2}{7}\pi}\\&=\cos\frac{2}{7}\pi+i\sin\frac{2}{7}\pi+\cos\frac{2}{7}\pi-i\sin\frac{2}{7}\pi\\&=2\cos\frac{2}{7}\pi\ (\text{実数})\end{aligned}$$

であり，これで示せた． 終

(4) 与式は

$$(\text{与式})=\frac{z^6-\frac{1}{z^6}\cdot\left(-\frac{1}{z^2}\right)}{1-\left(-\frac{1}{z^2}\right)}=\frac{z^6+\frac{1}{z^8}}{1+\frac{1}{z^2}}=\frac{\frac{1}{z}+\frac{1}{z}}{1+\frac{1}{z^2}}=\frac{\frac{2}{z}}{1+\frac{1}{z^2}}=\frac{2}{z+\frac{1}{z}}=\frac{1}{\cos\frac{2}{7}\pi}$$

である．ただし，$z^7=1$ を用いている． 答

(5) (1) と (4) より

$$\frac{1}{\cos\frac{2}{7}\pi}=z^6-z^4+z^2-1+\frac{1}{z^2}-\frac{1}{z^4}+\frac{1}{z^6}$$

$$=z^6-z^4+z^2-1+z^5-z^3+z$$

$$=z^6+z^5-z^4-z^3+z^2+z-1 \quad \cdots\cdots ①$$

と表せる．

このとき，$\dfrac{1}{\cos\frac{4}{7}\pi}$，$\dfrac{1}{\cos\frac{6}{7}\pi}$ については，次のように，考えることができる．

ここで，$z=\cos\frac{2}{7}\pi+i\sin\frac{2}{7}\pi$（これは極形式）より，$z^2$ は，ド・モアブルの定理より

$$z^2=\cos\frac{4}{7}\pi+i\sin\frac{4}{7}\pi$$

であり，さらに，ド・モアブルの定理より

$$(z^2)^7=\cos 4\pi+i\sin 4\pi=1$$

である．

したがって，①において，$\cos\frac{2}{7}\pi$ を $\cos\frac{4}{7}\pi$，z を z^2 に置き換えることで

$$\frac{1}{\cos\frac{4}{7}\pi}=(z^2)^6+(z^2)^5-(z^2)^4-(z^2)^3+(z^2)^2+z^2-1$$

$$=z^5+z^3-z-z^6+z^4+z^2-1 \qquad (\because\ z^7=1)$$

$$=-z^6+z^5+z^4+z^3+z^2-z-1 \quad \cdots\cdots ②$$

となる．

これと同様にすると

$$\frac{1}{\cos\frac{6}{7}\pi}=(z^3)^6+(z^3)^5-(z^3)^4-(z^3)^3+(z^3)^2+z^3-1$$

$$=z^4+z-z^5-z^2+z^6+z^3-1 \qquad (\because\ z^7=1)$$

$$=z^6-z^5+z^4+z^3-z^2+z-1 \quad \cdots\cdots ③$$

となる．

このとき，①+②+③および (2) の結果を用いると

$$\frac{1}{\cos\frac{2}{7}\pi}+\frac{1}{\cos\frac{4}{7}\pi}+\frac{1}{\cos\frac{6}{7}\pi}=(z^6+z^5+z^4+z^3+z^2+z)-3=-4 \quad \boxed{答}$$

である．

（参考別解（略解）：(5) が単独で出題されたときを想定）

$\theta=\dfrac{2}{7}\pi$ とおくとき，$7\theta=2\pi$，すなわち，$4\theta=2\pi-3\theta$ であるから，

$$\cos 4\theta=\cos 3\theta$$

である．

ここで，$\cos\dfrac{2}{7}\pi=\cos\theta=x(\neq 1)$ とおくと，この $\cos 4\theta=\cos 3\theta$ は x の方程式

$$8x^3+4x^2-4x-1=0 \qquad \cdots\cdots \quad (*)$$

として得られる．

また，$\theta=\dfrac{4}{7}\pi$，$\dfrac{6}{7}\pi$ としても，$(*)$ が成り立つから，$(*)$ の解は

$$\cos\frac{2}{7}\pi,\ \cos\frac{4}{7}\pi,\ \cos\frac{6}{7}\pi$$

である．

このとき，解と係数の関係から

$$\begin{cases}\cos\dfrac{2}{7}\pi+\cos\dfrac{4}{7}\pi+\cos\dfrac{6}{7}\pi=-\dfrac{1}{2}\\ \cos\dfrac{2}{7}\pi\cos\dfrac{4}{7}\pi+\cos\dfrac{4}{7}\pi\cos\dfrac{6}{7}\pi+\cos\dfrac{6}{7}\pi\cos\dfrac{2}{7}\pi=-\dfrac{1}{2}\\ \cos\dfrac{2}{7}\pi\cos\dfrac{4}{7}\pi\cos\dfrac{6}{7}\pi=\dfrac{1}{8}\end{cases}$$

であり，求める式の値は

$$\frac{1}{\cos\frac{2}{7}\pi}+\frac{1}{\cos\frac{4}{7}\pi}+\frac{1}{\cos\frac{6}{7}\pi}=\frac{-\frac{1}{2}}{\frac{1}{8}}=-4 \qquad \text{答}$$

である．

おわりに

本書を読み終えられた読者の皆様は，いまどのように感じておられるでしょうか.
たった４章の構成で，図形に関するエッセンスを感受しながら，様々な問題や設問に対し，それらに取り組むことで，本書には，述べられていない考察で解決された人も多いのではないかと思っています．著者とは異なる考えを保有し問題を紐解いていくことは，世の中を固定化した考えで捉えることから脱却しており，それらの考え（読者の皆様の考え）は世の中を照らす礎となることは間違いないでしょう．本書がそのような役割をもって対応できているのであれば，本書が陳腐なものにうつるかもしれませんが，著者として本望であります．著者としては，基礎・基本的なことを個人的な視野で記述したものがほとんどですから，もしかすると偏った内容になっている場合もあるかもしれません.

一般的な読書とは，そこに書かれていることだけを拾うものではなく，その行間を埋め合わせる工程（操作）を楽しむものだと感じるところがあります．本書においても，それらを感じとって頂けるように配慮しましたから，親切な場面もあり，逆に不親切な部分もあるのではないのでしょうか．本書において，「綴ることができなかったのはなぜか」「なぜ綴っていないのか」を思い巡らしながら通読することで，図形に対するアプローチの幅を拡げることができるエッセンスを感受してほしいと願っています.

また，本書に掲載されていない問題も多くあるものと感じられているかもしれませんが，「はじめに」のところで述べさせて頂きましたように，網羅的な問題演習を望むのであれば，それらに対応するような専門書や演習書が世の中にはたくさんありますため，そちらを通して，本書と紡ぎ合わせていくことも実現可能と思います.

そのようなエッセンスも読者の皆様と共感できれば，これほど嬉しいことはございません．

さて，「学び」について，少し個人的な「記し」を述べておくと，どこかかしこで「学んだ」ことは「点」でありますが，いつしか，「点」と「点」が結ばれ「直線」となっている場合があったりします．また，「直線」と「直線」が交点を伴う場合には，新たな「点」が生じ，その「点」においても，何かしらの「学び」が生じていることが多々あります．そして，複数の「直線」を含む「面」がつくられている場合もあり，「学び」のフェーズがそれぞれによって異なるものの，その異なること（点・線・面）で学問的にも社会的にも，いくつかの問題が解決していることは，これまでの歴史から垣間見ることができるものです．それは，人と人とが出会い触れ合うことで，ある化学反応が伴ったり「変換」が実現することで，多くの物事が統括され世の中に実装されていくことに他なりません．算数は小学生の頃から学び，数学は中学生の頃から学びますが，問題を解いてお終いにするということではなく，その問題を通してどのようなことが成し遂げられるようになったのかを，過去の自分の「学び」と照らし合わせることで，その先に存在するよりよい「学び」を感じとることができるものだと思います．第2章で述べさせて頂きましたように，一つのことが，他のエッセンスを伴ったり，利活用の仕方が異なったりと，同じことをみているはずなのに，いろいろなことを成し遂げられることは，人の生き方にもつながるエッセンスがあるものと信じています．

最後になりましたが，本書を最後までお読み頂きありがとうございました．読者の皆様の前途に幸多きことを祈念し挨拶とさせて頂きます．

令和6年10月25日

鶴迫 貴司

三角比の表

角度	sin	cos	tan	角度	sin	cos	tan
0°	0.0000	1.0000	0.0000	45°	0.7071	0.7071	1.0000
1°	0.0175	0.9998	0.0175	46°	0.7193	0.6947	1.0355
2°	0.0349	0.9994	0.0349	47°	0.7314	0.6820	1.0724
3°	0.0523	0.9986	0.0524	48°	0.7431	0.6691	1.1106
4°	0.0698	0.9976	0.0699	49°	0.7547	0.6561	1.1504
5°	0.0872	0.9962	0.0875	50°	0.7660	0.6428	1.1918
6°	0.1045	0.9945	0.1051	51°	0.7771	0.6293	1.2349
7°	0.1219	0.9925	0.1228	52°	0.7880	0.6157	1.2799
8°	0.1392	0.9903	0.1405	53°	0.7986	0.6018	1.3270
9°	0.1564	0.9877	0.1584	54°	0.8090	0.5878	1.3764
10°	0.1736	0.9848	0.1763	55°	0.8192	0.5736	1.4281
11°	0.1908	0.9816	0.1944	56°	0.8290	0.5592	1.4826
12°	0.2079	0.9781	0.2126	57°	0.8387	0.5446	1.5399
13°	0.2250	0.9744	0.2309	58°	0.8480	0.5299	1.6003
14°	0.2419	0.9703	0.2493	59°	0.8572	0.5150	1.6643
15°	0.2588	0.9659	0.2679	60°	0.8660	0.5000	1.7321
16°	0.2756	0.9613	0.2867	61°	0.8746	0.4848	1.8040
17°	0.2924	0.9563	0.3057	62°	0.8829	0.4695	1.8807
18°	0.3090	0.9511	0.3249	63°	0.8910	0.4540	1.9626
19°	0.3256	0.9455	0.3443	64°	0.8988	0.4384	2.0503
20°	0.3420	0.9397	0.3640	65°	0.9063	0.4226	2.1445
21°	0.3584	0.9336	0.3839	66°	0.9135	0.4067	2.2460
22°	0.3746	0.9272	0.4040	67°	0.9205	0.3907	2.3559
23°	0.3907	0.9205	0.4245	68°	0.9272	0.3746	2.4751
24°	0.4067	0.9135	0.4452	69°	0.9336	0.3584	2.6051
25°	0.4226	0.9063	0.4663	70°	0.9397	0.3420	2.7475
26°	0.4384	0.8988	0.4877	71°	0.9455	0.3256	2.9042
27°	0.4540	0.8910	0.5095	72°	0.9511	0.3090	3.0777
28°	0.4695	0.8829	0.5317	73°	0.9563	0.2924	3.2709
29°	0.4848	0.8746	0.5543	74°	0.9613	0.2756	3.4874
30°	0.5000	0.8660	0.5774	75°	0.9659	0.2588	3.7321
31°	0.5150	0.8572	0.6009	76°	0.9703	0.2419	4.0108
32°	0.5299	0.8480	0.6249	77°	0.9744	0.2250	4.3315
33°	0.5446	0.8387	0.6494	78°	0.9781	0.2079	4.7046
34°	0.5592	0.8290	0.6745	79°	0.9816	0.1908	5.1446
35°	0.5736	0.8192	0.7002	80°	0.9848	0.1736	5.6713
36°	0.5878	0.8090	0.7265	81°	0.9877	0.1564	6.3138
37°	0.6018	0.7986	0.7536	82°	0.9903	0.1392	7.1154
38°	0.6157	0.7880	0.7813	83°	0.9925	0.1219	8.1443
39°	0.6293	0.7771	0.8098	84°	0.9945	0.1045	9.5144
40°	0.6428	0.7660	0.8391	85°	0.9962	0.0872	11.4301
41°	0.6561	0.7547	0.8693	86°	0.9976	0.0698	14.3007
42°	0.6691	0.7431	0.9004	87°	0.9986	0.0523	19.0811
43°	0.6820	0.7314	0.9325	88°	0.9994	0.0349	28.6363
44°	0.6947	0.7193	0.9657	89°	0.9998	0.0175	57.2900
45°	0.7071	0.7071	1.0000	90°	1.0000	0.0000	—

著者紹介：

鶴迫 貴司（つるさこ・たかし）

1977 年大阪府生まれ．立命館大学数学物理学科卒業．同大学院修士課程修了．
東山中学・高等学校数学教師．

主な著書：

『現代の大学入試数学 I
もしこの問題に出会わなかったとしたら？　図形編』

『現代の大学入試数学 II
もしこの問題に出会わなかったとしたら？　場合の数・確率・整数編』

『現代の大学入試数学 III
もしこの問題に出会わなかったとしたら？　極限・微分・積分編』

『数学エッセンスと問題演習①　——場合の数・確率・整数論』

（以上 現代数学社）

数学のエッセンスと問題演習 ②

2024 年 12 月 21 日　　初版第 1 刷発行

著　者　　鶴迫貴司

発行者　　富田　淳

発行所　　株式会社　現代数学社
〒 606–8425 京都市左京区鹿ヶ谷西寺ノ前町 1
TEL 075 (751) 0727　FAX 075 (744) 0906
https://www.gensu.co.jp/

装　幀　　中西真一（株式会社 CANVAS）

印刷・製本　　山代印刷株式会社

ISBN 978-4-7687-0649-7　　Printed in Japan

● 落丁・乱丁は送料小社負担でお取替え致します．